www.tredition.de

Gerald Schneider

# Das Meer und das Leben

Als Ozeanforscher auf See

www.tredition.de

Verlag und Druck: tredition GmbH, Halenreie 40-44, 22359 Hamburg

ISBN
Paperback:     978-3-347-14565-8
Hardcover:    978-3-347-14566-5
e-Book:       978-3-347-14567-2

Alle Abbildungen und Grafiken sind vom Autor mit Ausnahme derjenigen, für die die Quellen an Ort und Stelle genannt sind.

Für Jonas,

für die Zukunft.

„Die große Welle von Kanagawa" (Ausschnitt), Katsushika Hokusai, 1830 – 1832, wikimedia commons, gemeinfrei

Die Darstellung könnte ein Reflex auf die Tsunamis in japanischen Gewässern sein. Beeindruckend insbesondere die Darstellung der Gischt, die aus vielen Händen und greifenden Fingern zu bestehen scheint. Symbol für den besitzergreifenden Charakter des Meeres und der damit einhergehenden Bedrohung, aber auch für das Ergriffensein durch eine lebenslang anhaltende Faszination.

## Ein Lebensgefühl

Der Frühnebel lichtet sich,
Du machst die Leinen los,
erst Bug dann Heck.

Du fährst in die Kieler Förde raus,
am Seefischmarkt vorbei, dann Düsternbrook.

Am Kanal sammeln sich die Schiffe,
ein Lotsenboot kommt von der Arbeit.

Du passierst Friedrichsort Leuchtturm
und winkst den Anglern zu.

Dann weitet sich die Bucht,
die ersten Wellen ziehen heran, der Wind frischt auf,
Möwen folgen dem Schiff.

Der erste Sonnenstrahl.
Du fährst nach Norden.
Volle Kraft voraus, 10 Knoten.

Die Jungs machen ihre Arbeit,
Du hast die Fahrtleitung.

Und Du weißt, Du bist ein Meeresforscher.
Gibt's was Besseres auf der Welt?

# Inhalt

# Vorwort

Diese Aufzeichnungen gehen auf meine Forschungsfahrten und die dabei geführten Tagebücher zurück. Sie handeln von längeren und kürzeren Seefahrten, von den Wachtörns, der täglichen Routine eines Meeresforschers, menschlichen Schwächen und tragischen Ereignissen. Der Kern des Buches aber, das, worum sich die Geschichten letztendlich ranken, ist die Natur. Die Natur des Meeres und seiner Bewohner in ihrer Schönheit, Wildheit und ihrer zunehmenden Verletzlichkeit.

Dafür mag es einleitend hilfreich sein, die Besonderheiten meereskundlicher oder ozeanographischer Forschungsfahrten in den Blick zu nehmen, denn es handelt sich um einen Seefahrtstyp von stark eigenem Gepräge, das mit einem sehr intensiven See-Erleben verbunden ist.

Es gibt die unterschiedlichsten Arten zur See zu fahren: Als Tourist auf einem Kreuzfahrtschiff zum Beispiel, als Segler oder als Seemann auf einem Handelsschiff. Bei keiner dieser Tätigkeiten geht es aber um das Meer an sich, um sein Inneres. Für den Kreuzfahrttouristen ist das Meer eine Erholungsstätte, für den Segler in vielen Fällen „nur" eine Sportarena, wenngleich eine wunderschöne, dem Seemann ist sie Verkehrsweg. Kennzeichnend ist, dass die Aktivitäten auf die Oberfläche des Meeres begrenzt bleiben.

Nicht so dem Meeresforscher, denn die Oberfläche des Ozeans ist für ihn der Eingang zu einer anderen Welt, einem anderen Universum. Ihn interessiert gerade das, was unter der Oberfläche liegt. Ihn Interessiert das Meer an sich.

Der Meeresforscher will die Geheimnisse der Tiefe ergründen, verstehen, was da unten vorgeht, das Leben und Weben studieren. So gesehen besteht eine enge Verwandtschaft zur Fischerei, denn beide wollen aus den Tiefen der See das für Sie Wesentliche heraufholen. Der eine den Fisch, der andere Zahlen, Daten, Zusammenhänge. Deshalb ist es auch nicht verwunderlich, dass die Anfänge der Meeresforschung eng mit Fragen der Fischerei verbunden waren.

Dies hat aber zur Folge, dass sich auch in anderer Hinsicht die Forschungsreisen von den üblichen Seefahrten unterscheiden. Im Zentrum der „normalen" Seefahrt steht das Überwinden von Strecken und die Verbindung zweier Punkte auf der Weltkugel, es sind distanzbetonte Reisen. Demgegenüber werden bei wissenschaftlichen Meeresreisen nur bestimmte Regionen aufgesucht und es wird sehr lange auf vergleichsweise engem Raum gearbeitet.

So habe ich im Frühsommer 1993 an einer Untersuchung im Nordatlantik auf bzw. in der Nähe von 47° N 20° W teilgenommen. Mehr als zwei Wochen haben wir in einem Gebiet gearbeitet, dass nur ca. 100 x 100 Seemeilen umfasste. Im Jahre 1983 legte ich 4000 Seemeilen vor der westafrikanischen Küste zwischen dem weißen und dem grünen Kap in etwas mehr als vierzig Tagen zurück. Wie wenig das ist, mag man darin erkennen, dass ein Frachtschiff in diesem Zeitraum 15 000 Seemeilen oder mehr „gemacht" hätte. Forschungsreisen sind zeitbetonte Reisen in ein eng umschriebenes Seegebiet. Sie sind „Kreuzfahrten" oder besser „Kreuz- und Quer- Fahrten" im wahrsten Sinne des Wortes.

In einem Buch von Arved Fuchs stieß ich auf folgende Zeile: „Der Sinn einer Seereise erfüllt sich erst beim Landfall". Für uns nicht! Der Sinn der Seereise ist die See. Das ist der Unterschied: Das ultimative Ziel des Kauffahrteischiffes ist der Hafen, das ultimative Ziel des Forschungsschiffes das Meer. Frachtschiffe „überbrücken" die Meere, Forschungsschiffe erkunden sie.

Von dieser Art der Seefahrt möchte ich hier berichten und dem Leser in einer Collage von Einzelszenen meine und unsere Erlebenswelten, unsere Freude beim Forschen und einige wichtige Naturaspekte vorstellen und allgemeinverständlich erläutern.

Dies beinhaltet auch die immer mehr zunehmende Bedrohung der Meere und die steigenden Nöte ihrer Bewohner. Dabei soll es hier nicht um eine depressive Schwarzmalerei gehen, aber es gilt doch, sich immer wieder bewusst zu machen, dass der „Blaue Planet" auf dem Weg zum „Grauen Planeten" ist. Trotzdem, oder vielleicht gerade deswegen, darf man sich immer noch und weiterhin schlicht an den Schönheiten erfreuen und nicht immer nur das Negative wahrnehmen. Denn nur wer sich am Schönen erfreut, wird es auch bewahren wollen.

Auch Kreuzfahrten sind entgegen vieler gegenteiliger Meinungen noch erlaubt, denn die wirklichen Probleme liegen viel, viel tiefer und ein Verzicht auf Kreuzfahrten würde die Probleme des Meeres in keiner Weise lösen. Es wäre noch weniger als der Tropfen auf den heißen Stein. Und wie soll man das „richtige", das offene, Meer lieben lernen, wenn nur Forscher auf ihm rumfahren dürfen und professionelle Seeleute? Strandspaziergänge und Küstenbesuche sind nicht das Meer, nicht der Ozean.

Zu Beginn der nun folgenden Reise begeben wir uns aber nun zunächst auf eine kleine Nordseeinsel. Dorthin, wo alles vor zweiundfünfzig Jahren seinen Anfang nahm.

Souvenirs der besonderen Art: Schiffs- und Expeditionsstempel.

Scherzhafter „Notschrei" einer Gruppe Doktoranden nach sechs Wochen Afrikaexpedition (Auszug aus dem Gästebuch des Forschungsschiffes „Meteor").

# Die Insel

Dass ich mal zur See gehen würde, war nicht vorhersehbar. Niemand meiner unmittelbaren Vorfahren ist jemals zur See gefahren. Die väterliche Linie war erdgebunden. Der Urgroßvater Steinsetzer, der Großvater Ingenieur, der Vater Ingenieur. Das Erdgebundene überwog auch bei den mütterlichen Vorfahren, die aus Ostpreußen stammten. Kein Drang zur See also.

Oder doch? Immerhin hatte mein Großvater väterlicherseits ein sehr starkes Interesse an der klassischen Seefahrt. Eine kleine, aber wohlsortierte Bibliothek führte in die Welt der alten Großsegler. Verwegene Kap-Hoorn-Umrundungen, die rasanten Törns der Teeklipper, die Erfolge der „Flying-P-Liner" und das Leben von Kapitänen wie Hilgendorf gehörten bald zu den Heldengeschichten meiner Kindheit. Daneben baute er Modelle von Segelschiffen, verfügte über eine Reihe entsprechender Pläne, ist aber selbst nie über Helgoland hinausgekommen und streifte im Wohnzimmersessel bei einem Glas Rotwein durch die Ozeane.

Es gab auch noch andere Bücher in der Familie. Hans Hass berichtete in „Drei Jäger auf dem Meeresgrund" und „Manta – Teufel im Roten Meer" über seine Tauchgänge in der Karibik bzw. im Roten Meer. Gerade das letzte Buch – Anfang der 50er Jahre gekauft und daher eine Kleinigkeit älter als ich – liegt mir besonders am Herzen, denn viele Jahre später habe ich z. T. an den gleichen Stellen gestanden wie dieser Pionier der Unterwasserreportagen.

Zusätzlich formten vielleicht gewisse Schallplatten im elterlichen Haushalt mein kindliches Gemüt. So erfuhr ich von Hans Albers, dass nachts um halb eins auf der Reeperbahn ordentlich was los sei, Käpt'n Bye-Bye aus Schanghai ein Lumpenstrump wäre und er immer wieder irgendeinen mir bis heute unbekannten Schiffsführer bat, ihn in die Ferne mitzunehmen.

Als Besonderheit ist mir noch der Weihnachtsabend 1962, mein achter, in Erinnerung. An diesem Tage hatte ein so genanntes „Kofferradio" Einzug in unser Haus gehalten. Mein Vater trieb eine Sendung auf, die Weihnachtsgrüße an Seeleute auf allen Meeren ausstrahlte. Da hieß es dann sinngemäß: „Tante Karla wünscht ihrem Neffen auf MS Blankenfels im Seegebiet vor Brasilien ein schönes Weihnachtsfest. Oma Liselotte schließt sich den Grüßen aus der Heimat an". Der nächste Gruß ging ins Mittelmeer, dann auf einen Fischdampfer im Nordatlantik, es folgten Ostasien, Australien, Afrika, Rotes Meer... Sollte ich mich tatsächlich richtig erinnern, so haben wir den ganzen Weihnachtsabend den Grüßen in alle Welt gelauscht. Jedenfalls hat mich die Sache ungeheuer beeindruckt. So weit verstreut fahren Menschen auf dem Meer und alle grüßen sie!

Es wäre aber völlig verfehlt, in diesen kleinen Mosaiksteinchen eine wesentliche Basis für meine späteren Interessen entdecken zu wollen. Die Familie war bereits 1956 nach Köln umgezogen und alles ging seinen normalen Gang. Arbeit, Schule, Haushalt. Gutbürgerlich halt. Die Seefahrt war für mich genauso interessant wie die durchaus achtbare und vielleicht später zu wählende Laufbahn als Cowboy. Auch ein Urlaub an der See wurde nicht zu einem Schlüsselerlebnis.

Aber die heile Welt zerbrach! Mein Vater war als Ingenieur mit Aufsichtsarbeiten bei dem Bau von Sodawerken häufig im osteuropäischen Ausland beschäftigt. Während einer dieser Einsätze in Polen kam er durch einen Arbeitsunfall ums Leben. Ich war gerade 11 geworden. Damit setzte eine Entwicklung ein, die viele Jahre später auf Forschungsschiffen ihren vorläufigen Abschluss finden sollte.

Etwa ein Jahr nach diesem familiären Desaster beschloss meine Mutter, meine weitere Erziehung und Schul"karriere" in die Hände von Internatslehrern zu legen. Wahrscheinlich fürchtete sie, dem auf die Pubertät zuschreitenden Söhnchen nicht die Führung angedeihen lassen zu können, die sie für nötig hielt. Der nun vaterlose Knabe kam also zwecks besserer Erziehungsmöglichkeiten in ein Internat. Erst nach Aachen, dann nach Langeoog und letztendlich nach St. Peter-Ording.

Meine Mutter nahm wohl an, dass sie nicht hinreichend in der Lage wäre, das zu geben, was ein Vater einem heranwachsenden Jungen vermitteln muss. Damit hatte sie Recht. Nicht Recht hatte sie hingegen mit der Vermutung, ein Internat könne so etwas leisten. Aber ich will nicht schlecht reden, denn vor allem die drei Jahre auf Langeoog und das weitere in St. Peter – Ording wurden für mich die wahrscheinlich wichtigsten in meinem Leben. Zumindest mit Bezug auf meine Berufswahl.

So saß nun ein Stadtkind aus Köln mitten in einer dörflichen Struktur im Meer. Der Leser mag vielleicht einen „negativen" Kulturschock vermuten, aber mit 14 ist es damit noch nicht so weit her. Wichtiger war, dass die erwachende Persönlichkeit eine innere Heimat fand. Seit diesen Jahren fühle und bezeichne ich mich als Norddeutscher, mag die Kultur, die Landschaft und die Menschen. Zu dem Rheinland im Allgemeinen und Köln im Besonderen hatte ich in den Kinderjahren keine innere Bindung aufgebaut und als mich das Leben viele Jahre später vorübergehend wieder an den Rhein zurückspülte, war dies keine Heimkehr, sondern bedurfte einer vorsichtigen Annäherung.

Es konnte in meiner Zeit auf Langeoog naturgemäß nicht ausbleiben, mit der Nordsee in Kontakt zu kommen. Im Süden geht die Insel vornehmlich als Grünland in die Wattregion der ostfriesischen Inselwelt über, im Westen und Norden dagegen zieht sich ein endlos scheinender Strand rund um die Insel, jenseits dessen sich die offene Nordsee bis zum Horizont erstreckt. Von dem Internat waren es vielleicht 15 Gehminuten bis in die Dünen- und Strandregion und so verbrachten wir dort viel von unserer Freizeit.

Das noch kindlich – jugendhafte Herumtollen im Sand, die Inspektion des Strandanwurfes, Baden und was sonst noch an Freizeitaktivitäten möglich ist, eröffneten mir die Überreste der Meeresfauna und –flora. Seien es nun die unvermeidlichen Muscheln und Schnecken, Seeigelgehäuse, Algen, Tange oder die ebenfalls unvermeidlichen Quallen, die Möwen in der Luft und der eine o- der andere an Land geworfene und verendete Fisch. Gelegentlich fanden wir auf unseren Streifzügen auch einen toten Seehund. Mit großem Einschussloch irgendwo im Körper, denn zu dieser Zeit war die Jagd auf Seehunde noch er- laubt.

Auf irgendeine Weise kam ich an das Buch „Der Strandwanderer" von Paul Kuckuck. Das war ein seit Ende des 19. Jahrhunderts ständig neu aufgelegter Führer zur Lebenswelt der Nord- und Ostsee. Voll mit Informationen über die Biologie der jeweiligen Tiere, hat er sich über die Jahrzehnte (natürlich mit Ein- arbeitung der notwendigen Korrekturen und Ergänzungen) auf dem Buchmarkt gehalten. Mit diesem Strandwanderer erfuhr ich mehr über das Leben meiner Funde und begann, mich für mehr zu interessieren als nur für den äußeren Reiz.

Auf diese Weise erfuhren wir auch, dass es in der Nordsee Haie gibt. Das war etwas für unsere jugendliche Abenteuerstimmung. Sofort besorgten wir uns Angelmaterialien. Haken, Leine, irgendjemand hatte erfahren, dass man ei- nen Stahlvorfach benötigt, damit der Hai die Leine nicht durchbeißen kann, und weitere Utensilien. Uns war klar, dass die Monsterjagd nicht vom Strand zu be- werkstelligen ist. Es musste schon tieferes und offeneres Wasser sein. Wir wähl- ten die äußere Hafenumgrenzung als geeigneten Ort für unsere zukünftigen Heldentaten und sofort flogen die hakenbewährten Leinen ins Wasser. Mit fins- ter entschlossenem Gesicht, motiviert bis in die Haarspitzen und mit ange- spannten Muskeln erwarteten wir den ersten Kampf mit irgendeinem Unge- tüm.

Es passierte aber nichts. Natürlich, ohne Köder kann das ja nichts werden. Also durchstöberten wir die kleinen, auch bei Ebbe mit Wasser gefüllten Teiche nach geeigneten Köderorganismen. Zu Ihrem persönlichen Pech ließen sich ei- nige Aalmuttern – etwa 10 – 20 cm lange Fische, deren Brut aussieht wie kleine Aale – fangen. Sie kamen an die Haken und warteten bald darauf, von einem Hai gefressen zu werden. Aber es passierte wieder nichts. Es passierte nie et- was, die einzigen Opfer waren gequälte Aalmuttern. So steckten wir die Sache auf, die Begeisterung war genauso schnell dahin, wie sie gekommen war. Zum Glück für die überlebenden Köderfische.

Eine völlig anders gestaltete Stätte für biologische Studien lag direkt vor der Haustür. Zwischen dem Internat und dem eigentlichen Schulgebäude lag ein kleiner Bach – Ringschloot genannt -, den wir auf den Weg zur Schule mittels Brücke überqueren mussten. Die Ufer senkten sich vergleichsweise steil ca. 1 m unter das allgemeine Bodenniveau, die Hänge waren dick bewachsen und das Rinnsal selbst quälte sich durch dieses Dickicht.

Der ca. 75 cm breite Bach war leider keine Schönheit, da er z. T. als Müllkippe benutzt wurde, ökologisch war er aber wohl noch einigermaßen in Ordnung. Jedenfalls beherbergte er größere Mengen an Stichlingen, im Frühjahr schwärmten die Kaulquappen durch die Uferregionen. Erdkröten siedelten in der Nähe, diverse Insekten und Insektenlarven lebten im Wasser und Libellen umschwirrten die Uferregion.

Hier gab es immer etwas zu entdecken. Eine Erdkröte zog in unsere Stube ein, wurde aber nach zwei Tagen, als sie morgens um fünf Uhr zu „singen" begann, großzügig wieder in die Freiheit entlassen. Meine erste ernsthaftere Studie, die wenigstens etwas in die wissenschaftliche Richtung ging, war die Aufnahme von Wachstumskurven von Kaulquappen. Ich hatte mir ein breites und flaches Gefäß als Aquarium besorgt, Wasserpflanzen hineingelegt und mit etlichen Kaulquappen ausgestattet. Jeden Tag holte ich ordentlich alle nacheinander heraus, vermaß sie mit Hilfe eines Lineals und notierte penibel die Ergebnisse in einer Tabelle. Ich begann mich nun in der Tat für Biologie zu interessieren.

Dieses aufkeimende Interesse wurde in vorzüglicher Weise von Frau W., meiner Biologielehrerin, unaufdringlich und geschickt gelenkt und gesteigert. Letztendlich war sie die Schlüsselperson auf dem Weg in einen für die Familientradition neuen Beruf. Wahrscheinlich wären meine Interessen irgendwann im Sande verlaufen, hätte sie nicht meine überschüssigen Kräfte in sinnvolle Aufgaben eingebunden, Anerkennung und Ansporn vermittelt und mich in allen Belangen dieses Geschäftes unterstützt. Sie tat genau das, was einen guten Lehrer ausmacht: Begeisterung wecken, Schüler so lenken, dass sie Talente und Aktivitäten entfalten können ohne sich unter Druck zu fühlen und in den Fachfragen als gern konsultierte Person bereit zu stehen.

In irgendeinem der drei Sommer auf Langeoog fand ich am Strand kleine, durchsichtige Gallertkugeln von ca. 1 cm Durchmesser. Unwissend brachte ich die noch leidlich lebenden Exemplare zu Frau W., die mir erklärte, dass es sich um Rippenquallen und in diesem Falle um die in der Nordsee häufige „Seestachelbeere" handele. Diese Gruppe stellt einen eigenen Tierstamm dar, besteht wie alle Quallen zu etwa 95 – 98 % aus Wasser, ist aber mit den eigentlichen Quallen nicht verwandt. Interessant ist ihre Fortbewegung. Am Körper ziehen acht Reihen von kleinen Plättchen über den ganzen Körper, die wie eine Unzahl kleiner Ruder das Tier schwimmend vorantreiben. Aber ich könne mir doch am Strand neue besorgen, diese in ein Gefäß mit Seewasser geben und die Art und Weise der Fortbewegung am lebenden Objekt studieren.

Gesagt, getan und nur wenige Tage später schwammen drei oder vier Exemplare dieser durchsichtigen, grazilen Tiere in einem Gefäß. Die nun folgenden Beobachtungen waren recht aufschlussreich. Die acht Plättchenreihen, die namengebenden Rippen, waren in ständiger Bewegung, das Tier drehte sich, wendete, schwamm elegante Schleifen, legte den Rückwärtsgang ein wenn es an den Becherrand stieß und schwamm in anderer Richtung weiter.

Es war nicht ganz einfach, das Antriebsprinzip genau zu durchschauen, aber ich gewann allmählich Klarheit. Die Plättchen schlagen wie eine Welle nacheinander von oben nach unten. Wie ein Ruderboot mit 10 Riemen, wo der vordere zuerst durchzieht, dann der zweite, der dritte usw. In der Fachsprache nennt man das metachron (Im Gegensatz zu synchron). Dieser metachrone Schlag der Plättchen, die aus zusammengeklebten Härchen bestehen, treibt das Tier vorwärts.

Ich machte Aufzeichnungen und Skizzen so gut es ging. Was aber, wenn das Tier zu Seite wollte? Es war nicht schwer herauszukriegen, dass das Tier völlig nach dem Ruderbootprinzip arbeitet. Soll die Richtung gewechselt werden, stoppen einige „Rippen" ihre Aktivität und während die anderen weiterschlagen, kommt eine elegant geschwommene Kurve zustande. Dann werden alle anderen „dazugeschaltet" und es geht mit voller Kraft auf neuem Kurs weiter.

Diese Arbeit katapultierte mich in Biologie auf einen vorderen Zensurenplatz. Wollte man philosophieren, so könnte man in dieser Arbeit eine Vorahnung späterer Ereignisse sehen, denn ich hatte das erste Mal mit einem Planktonorganismus „gearbeitet" und rund 10 Jahre später schrieb ich über exakt die gleichen Tiere meine Diplomarbeit.

Es war sowieso eine Zeit der „ersten Male". Die erste Zigarette, der erste Alkohol, das erste Mal die Feststellung, wie angenehm sich Mädchen anfassen (Klammerblues bei „Hey Jude", ich denke die Älteren erinnern sich). Und das erste Rauschgift auf der Insel!

Was sich in der bisherigen Schilderung nach ländlicher Idylle und Lausbubengeschichten ausnahm, war nur eine Facette des Internatslebens. Die andere bestand aus Auflehnung. Wir waren glühende Kommunisten, verachteten die bürgerliche Gesellschaft und gründeten die „RotZLang", die Rote Zelle Langeoog. Selbstverständlich lehnten wir die bürgerliche Kleidung ab und bestanden auf unbedingte Individualität.

Also besorgten sich ca. 200 Mädchen und Jungens alte grüne Parka, möglichst aus Vietnam-Beständen, und – der absolut letzte Schrei – wenn möglich mit Einschussloch. Die Haare wuchsen, die Bärte sprossen, man rauchte Rothändle – Zigaretten aus Verbundenheit mit der Arbeiterschaft, vor allem aber weil es zu jener Zeit in der Packung noch 12 Stück für eine Mark gab, während die anderen Firmen schon auf 11 Zigaretten pro Schachtel umgestellt hatten. Die Zeit von Beatles, Beach Boys etc. ging langsam zur Neige und Jimmy Hendrix und Janis Joplin dröhnten durch die Internatsgänge, das „Woodstock-Konzert" war eine der häufigsten Platten, dicht gefolgt vom Soundtrack aus „Easy Rider".

Die Autorität der Lehrer ging vor allem aus Gründen innerer Führungsschwäche den Bach ab. Ein Lehrer flog aus dem Schuldienst, weil er sich mit einer Schülerin eingelassen hatte, einen erwischten wir mal nachts beim Küssen mit der Kollegenfrau und einige andere Vorfälle waren nicht geeignet, in diesen kritischen Zeiten einen festen Kurs zu steuern. Einen einzigen gab es da, der als Steuermann geeignet gewesen wäre, wieder Ordnung zu schaffen. Er hieß im Internatsjargon nur „Urk", nannte sich im wahren Leben Herr W. und war der Mann der schon erwähnten Biologielehrerin.

Raubeinig, einäugig (Kriegsschaden) und absolut unbestechlich war er meist ein Schrecken für uns, aber konsequent, gerade und nicht nachtragend. Je nach Situation konnte er uns „zusammenfalten" aber genauso gut sich rührend um einen kümmern. Leider erkennt man erst in späteren Jahren, wie viel Positives uns ein so gerader, wenn auch gelegentlich unbequemer Mensch gibt.

Er unterrichtete Physik und Chemie und bestand hier wie im alltäglichen Leben auf absolute Klarheit. Ein Beispiel aus dem Chemieunterricht: Er hatte dies und das zusammengemengt und in der Flüssigkeitsphase stiegen Blasen auf. Urk fragte: „Was seht ihr?" und ich antwortete vorwitzig und gut unterrichtet „Es steigt Wasserstoff auf". Das war zu viel. Ob ich denn Röntgenaugen hätte, raunzte er mich an, oder wie ich denn bitte schön den Wasserstoff erkennen könne? Bescheidenheit bei mir: „Es steigen Blasen auf". „Aha". Dann kam die Erklärung, die endlich in der Feststellung gipfelte, dass es sich dabei um Wasserstoff handele. Immer erst schön die Beobachtung machen, dann nachdenken über die Zusammenhänge, dann Erklärungen abgeben. Nicht umgekehrt.

Originell war auch das morgendliche Wecken. Die Tür flog auf, Urk betrat die Arena und verkündete ziemlich laut „Auf, auf, der Tag ist schon zu Ende". Den üblichen Kommentar unsererseits, dass wir dann ja liegen bleiben könnten, hörte er schon nicht mehr, weil er bereits im nächsten Zimmer war.

Er hatte es nicht leicht, die häufig berauschten oder übermüdeten und wenig schulinteressierten Schüler aus dem Bett zu bekommen. Aber bei ihm standen wir doch schon in der Rekordzeit von 5 – 7 Minuten, was sonst kein Lehrer fertigbekam. Auf Grund seines Charakters hat er die verschiedenen Zusammenbrüche des Internats als einziger „überlebt" hat und ist – wenn ich recht informiert bin – bis in die 80er Jahre seinem Beruf nachgegangen.

Irgendwann wurde der Direktor in die Wüste geschickt und nun begann ein innerer Machtkampf um die Direktorenstelle, Einfluss im Lehrerkollegium und was weiß ich noch. Die Herren und Damen Lehrer waren so sehr mit ihren Angelegenheiten beschäftigt, dass eine ordentliche Erziehung – oder vielleicht besser Lenkung – der Schülerschaft nicht mehr möglich war. Allein Urk hielt die Fahne hoch und sich nach meiner Kenntnis aus allen Intrigen raus. Er hatte sein Ansehen bei uns, die meisten anderen sind als „Wischiwaschi" mit Recht in Vergessenheit geraten.

Doch halt, der Mathelehrer ist mir noch in Erinnerung. Nicht wegen besonders pädagogischer Fähigkeiten, die er vielleicht gehabt hat, an die ich mich aber nach rund 50 Jahren nicht mehr so recht erinnere, sondern weil ich durch ihn das erste Mal etwas von dem deutschen Forschungsschiff „Meteor" erfuhr. Als Student hatte er eine große Reise mitgemacht und erzählte uns davon. Allerdings hinterließ dies nicht so einen tiefen Eindruck auf mich, dass es mir besonders im Gedächtnis blieb. Erst als ich 13 Jahr später auf derselben „Meteor" fahren sollte und in die Vorbereitungen zu der Reise eingebunden war, erinnerte ich mich an Herrn D. und seine Erzählungen.

Beeindruckender waren für mich ganz andere Dinge. Es war im Nordseegymnasium üblich, jedes Jahr einen Schulausflug per Schiff nach Helgoland zu machen. Am besagten Tag lag morgens die „Atlantis", später die „Seute Deern", völlig leer im Langeooger Hafen, die Schüler- und Lehrerbande strömte an Bord und dann ging es los. Insgesamt habe ich drei dieser Ausflüge mitgemacht, wobei der zweite als praktische Berufsvorbereitung angesehen werden kann. Kurz nach dem Ablegen passierten wir das Accumer Ee, das Seegatt zwischen Baltrum und Langeoog, und erreichten die an diesem Tag höchst bewegte offene Nordsee.

Sofort begann das Schiff unangenehm und stark zu arbeiten. Bei schönem Sonnenschein hatten wir kräftigen Wind, weiße Schaumkronen zierten die See, Sprühkaskaden flogen durch die Luft und krachend landete „Atlantis" immer wieder in Wellentälern, schob sich auf neue Wasserberge, raste wieder in die Tiefe. Die Bugwelle wälzte sich bis auf Schanzkleidhöhe vom Schiff weg, die Schüler taumelten über die Decks und die Gänge. Eine richtig angenehme Seefahrt also.

Aber so weit war ich da noch nicht, denn nach nur 20 Minuten in diesem Chaos begann die Seekrankheit. Meine Güte, ging es mir schlecht. Ich glaube, ich habe alles von mir gegeben was ich hatte. Den anderen ging es nicht viel besser. Braune Fetzen flogen durch die Luft, landeten an Deck, an den Scheiben, dem einen oder anderen an die Kleidung. Eine richtige ekelige Schweinerei. Allerdings nahm ich das alles nur noch wie durch Nebel wahr und eigentlich fand ich es auch höchst uninteressant.

Der einzige Anblick, der mir noch richtig klar in Erinnerung blieb, ist das Bild unseres kurz vor der Pensionierung stehenden Deutschlehrers. Hans-Otto saß kerzengerade mit der Zeitung und einer Tasse Kaffee im Inneren des Schiffes und ließ sich durch das ganze Drama überhaupt nicht aus der Ruhe bringen. Keine Spur von Seekrankheit, ich hatte das Gefühl, er nähme von dem „Unwetter" überhaupt keine Notiz. Hätte mir einer prophezeit, dass ich später auch so etwas zustande bringen würde, ich hätte ihn schlicht für verrückt gehalten. Mir ging es doch so schlecht!

Als dann allerdings die Insel vor uns auftauchte, begann es schon etwas besser zu werden und nach 10 Minuten auf festem, aber doch irgendwie schwankendem Boden war die Seekrankheit vorbei. Sie hat mich nie wieder heimgesucht, ich war nach zweieinhalb üblen Stunden seefest geworden. Heute kann ich es mir eigentlich nicht vorstellen, dass das gereicht haben soll, aber da ich nie wieder eine Seekrankheit hatte, muss es wohl so gewesen sein.

Auf Langeoog spitzten sich die Verhältnisse langsam zu. Das Rauschgiftdezernat war des häufigeren auf der Insel. Haschisch und LSD gab es nahezu in jedem Zimmer, wobei die Versorgung mit „Stoff" ein wichtiges Thema war, denn eine „Szene" hatte Langeoog nun nicht zu bieten. Also musste Nachschub besorgt werden, wenn einer von uns auf das Festland fuhr.

Machten sich z. B. Paule oder Holly aus Ostfriesland nach Hamburg auf, so hatten sie eine Menge Geld in der Tasche und einen großen Auftragszettel. Nicht selten kam dann Paule mit einem Stück Haschisch auf die Insel, das die Größe einer Tafel Schokolade hatte. In einer verschwiegenen Minute wurde dann mittels Silberpapier und Briefwaage dieser Barren entsprechend der finanziellen Einlage der Auftraggeber verteilt. Insgesamt gesehen jedoch, kehrten die einzelnen Schüler nach einer Experimentalphase mit Cannabis entweder in die Reihen der „Alkoholiker" zurück oder entschieden sich für LSD und härtere Sachen. Völlig ohne Rauschmittelkonsum war fast keiner unserer Kollegen und die wenigen, die nichts konsumierten, wurden von uns nicht gut behandelt.

Ich verzichtete aber nach einem viertel Jahr intensiven und durchaus lustigen und angenehmen Haschisch- und Marihuanakonsums. Da ich weder „psychedelische Musik" mochte noch den Worten von Timothy Leary glaubte, fiel mir das nicht schwer. Ich denke, dem Leser mögen diese Andeutungen über die Zustände in dem Internat Ende der 60er / Anfang der 70er Jahre genügen.

Was mir jedoch lieber in Erinnerung ist, sind die Nächte am Meer. Bei dem geschilderten Erziehungschaos wird der Leser sicherlich nicht ernsthaft erwarten, dass wir die Abende und Nächte wohlerzogen in unseren Buden bzw. Betten zubrachten. Besonders während des Sommers entwichen viele gegen 22 oder 23 Uhr durch die Fenster, wobei wir, die im Erdgeschoss wohnten, denen aus dem 1. Stock freizügig unsere Fenster zu Verfügung stellten. Wenn wir zurück waren, ließen wir immer die Fenster einen Spalt breit für noch abwesende Kumpel offen. Es konnte daher passieren, dass nachts um drei sich eine Gestalt durch das Fenster zwängte und auf leisen Sohlen durch das Zimmer und aus der Tür herausschlich.

Vor allem während des Sommers führten mich die nächtlichen Ausflüge oft alleine in die Dünen, eine bei Dunkelheit merkwürdig geheimnisvolle Landschaft. Den Wanderer umgab eine ungewohnte Stille und nur die Schritte knirschten im Sand oder beim Marsch über die Vegetation. Gelegentlich unterbrach der scharfe Pfiff des Austernfischers die Ruhe. Bei Annäherung an das Meer wurde das Donnern der Brandung hörbar und mit Erreichen des letzten Hügelkammes wurde der Blick frei auf die schwarze Wasserfläche und die hellen Brandungsstreifen. Der Himmel zeigte im Norden noch eine deutliche Aufhellung. So etwas kannte ich noch nicht, begriff aber, dass es die nach Norden zunehmende Sommerhelligkeit war. Irgendwo da oben war es jetzt taghell obwohl die mitternächtliche Ruhe auch dort eingekehrt war.

Ich konnte stundenlang im weichen Sand auf dem letzten Dünenvorposten liegen und aufs Meer starren. Mal bei Brandung, mal bei ruhiger See und leisem Geplätscher. Sehr selten war auch schwaches Meeresleuchten zu beobachten. Am Strand hinterließen die Schritte kurzzeitig leuchtende Spuren und ein durch den Sand gezogener Stock erzeugte eine leuchtende Linie. Das waren verzauberte und „romantische" Stunden, die manch einer meiner Kollegen durch die benebelten Köpfe nicht erlebt hat. Dafür habe ich aus Müdigkeitsgründen am nächsten Morgen den Ausführungen der Lehrer nicht recht folgen können.

Überhaupt erzeugten die Jahreszeiten sehr unterschiedliche Stimmungen und Landschaften, die mich sehr bald in ihren Bann zogen. Auf Langeoog lernte ich das Gespür für die Natur, die See sowie das Wesen und die „Seele" einer Landschaft. Mein Inneres begann die äußeren Eindrücke durch Stimmungen zu reflektieren und mit heiteren, schwermütigen, einsamen, gespannten, traurigen Emotionen zu beantworten. Wenn im Herbst die Nebel über das Meer und die Insel zogen, verschwand die Insel in gräulichem Nichts. Von der See war nichts zu erkennen und der Strand verlor sich in grau-weißer Watte. Das gleiche galt für die restliche Insel und monoton röhrten die Nebelhörner durch das Nichts. Strandwanderungen waren in der Regel einsame Spaziergänge und nicht ganz ohne Risiko.

Die fehlende Orientierung kann einen vor allem bei Ebbe in unangenehme Situationen bringen. Folgt der Wanderer z. B. dem entblößten Strand zu weit seewärts, besteht die Gefahr durch leere Rinnen zu laufen. Bei aufkommender Flut füllen sich aber diese Rinnen zuerst und können den Strandläufer von der Insel abschneiden. Ganz davon abgesehen, dass man ohne Kompass bei Nebel nicht weiß, in welche Richtung man wirklich geht. Tatsächlich auf die Insel zu oder womöglich im Kreis?

Ein Kamerad und ich haben das einmal erlebt. Es war wieder einer dieser nebligen Herbsttage. Wir hatten uns zu einem Strandspaziergang entschlossen und wanderten parallel zum Dünenverlauf nach Westen. Wie es so bei Gequatsche geht, wir achteten nicht auf den Weg und entfernten uns immer weiter von den Dünen bis sie nicht mehr zu sehen waren. Das fiel uns aber nicht auf. Plötzlich erschien an unserer rechten Seite eine dunkle Wand im Nebel. Wir waren verblüfft. In dieser Richtung lag die See, da konnte nichts sein. Nur Meer und die nächste Insel, Baltrum. War bei dieser Ebbe so viel Wasser abgelaufen, dass wir trockenen Fußes nach Baltrum gelangt waren? Unwahrscheinlich. Was war das?

Wir marschierten einfach mal darauf los und staunten nicht schlecht, als wir die uns in allen Einzelheiten vertraute Langeooger Dünenlandschaft wiedererkannten. Wir waren ganz offensichtlich im Kreis gelaufen. Weg von den Dünen zur Linken, dann einen großen Kreisbogen bis wir die Dünen wieder auf unserer Rechten hatten. Hätten wir uns vor Erscheinen dieser geisterhaften Wand zur Rückkehr entschlossen, wären wir völlig in die falsche Richtung, nämlich zum Meer, gelaufen, mit möglicherweise unangenehmen Folgeerscheinungen.

Ganz anders waren die Eindrücke bei herbstlichen Stürmen und Orkan. Die grauen Wolken jagten über den Himmel, die Möwen schossen ohne Flügelschlag mit Höchstgeschwindigkeit über die Insel. Von überall war ein Rasen und Pfeifen zu hören, ein Vorwärtskommen gegen den Wind war nur mit Mühe möglich. Ein Gehen mit dem Wind war fast noch gefährlicher. Wir wurde geschoben und gedrückt und hätten wir zu laufen begonnen, wir hätten nicht wieder aufhören können, bis wir auf die Nase gefallen wären. Der Regen kam nahezu waagerecht und klatschte gegen die Fensterscheiben. Wer draußen zu tun hatte, sah zu, dass er sein Geschäft schleunigst erledigte, um wieder in die warme Stube zu kommen.

Eine Inspektion des aufgewühlten Meeres war für mich aber immer alle Anstrengungen wert. Gut eingepackt wanderte ich durch die Dünen. Der Flugsand kroch durch alle Löcher in der Kleidung und schmirgelte mir das Gesicht. Die Augen nahezu geschlossen, quälte ich mich über die Hügel und reinigte meine Augen in den windarmen Tälern. Erklomm ich den nächsten Dünenhügel packte der Wind zuerst den Kopf, dann den ganzen Körper und drohte mich auf die Seite zu werfen. Es war eine anstrengende Plackerei in diesem Sturmgetöse unterwegs zu sein.

Aber lohnend. Schon aus weiterer Entfernung drang das Gedröhn der Brandung durch den Aufruhr und der letztendliche Blick auf das Meer entschädigte für die Anstrengungen. Graue, weißgesträhnte Wasserberge wanderten auf die Insel zu, verwandelten sich in dunkle, bedrohlich wirkende Wände, brachen sich und brandeten als gewaltige Gischtwälle donnernd auf den Sand. Dabei ging dieser ganze Vorgang relativ langsam vor sich. Dem sehr gemächlichen Aufsteilen der Wellen folgte ein nahezu zeitlupenhaftes Überschlagen. Dann aber ging es sehr schnell. Sobald die Woge sich gebrochen hatte, raste der entstehende Wasserschwall, gelegentlich schätzungsweise mehr als einen Meter hoch, über den Strand, knallte gegen die Dünen, sprengte Teile aus diesem Schutzwall heraus und verlief sich. Dann kam aber auch schon der nächste Schwall. Der uns bekannte Strand war nicht mehr vorhanden, es raste nur eine wilde Wasserfläche wo wir vielleicht ein paar Tage vorher noch spazieren gegangen waren.

Der Winter ist für den wahren Kenner die schönste Zeit auf den Inseln. Das Heer der Touristen ist auf ein Minimum reduziert, viele Läden haben geschlossen und eine erholsame Ruhe tritt auf den Eilanden ein. Besonders bei schönem Wetter, bei knackigem Frost, klarer, reiner Luft und wunderbarem Sonnenschein kann man – gut verpackt in Troyer, Parka, Handschuhen und Mütze – stundenlang über den Strand wandern. Unter den Schuhen kracht der Sand, dessen Oberfläche vielleicht einen halben bis einen Zentimeter gefroren ist, und durch den man bei jedem Schritt durchbricht. Das Meer liegt als ruhiger Spiegel vor einem und nur die unvermeidlichen Möwen zanken sich um angespülte Nahrungsbrocken. Der Spaziergänger ist weitgehend allein und kann seinen Gedanken und Spinnereien freien Lauf lassen.

Allerdings kann der Winter auch Überraschungen bereithalten. In Erinnerung sind mir dabei zwei Episoden in dem sehr kalten Winter 69/70. Ab Anfang Dezember bis in den März hinein lagen die Tiefsttemperaturen fast immer unter dem Gefrierpunkt mit „Spitzenwerten" um – 8° C, während die Höchsttemperaturen nur wenige Plusgrade erreichten, sehr häufig aber auch bei – 4 bis – 2 ° C „hängen blieben". In jenen Monaten bildete sich Eis auf der Nordsee und große Stapel an Eisschollen trieben an den Strand und wurden zu abstrakten Kunstwerken zusammengeschoben. Das Meer machte einen eher arktischen Eindruck und einer meiner Spaziergänge endete etwas abrupt, als ich noch 20 bis 30 Meter vom Wasser entfernt war. Es krachte nämlich unter meinen Füßen und ich stand bis an die Waden in eiskaltem Wasser. Das war tatsächlich eine unangenehme Überraschung und es war nicht leicht wieder auf festen Boden zu gelangen, da mir der Boden immer unter den Füßen zerbrach. Was war passiert? Die letzten Tage waren nahezu windstill gewesen, aber eine leichte Brise trieb von der Insel auf das Meer. Die ruhige Wasserfläche hatte sich vom Strand her mit einer Eiskruste überzogen, die durch Flugsand getarnt worden war, so dass kein Unterschied zwischen dem eigentlichen Strand und der Eisfläche erkennbar war. Ich marschierte also über das am Rand gefrorene Meer und bin an den dünnen Stellen in der Nähe des offenen Wassers eingebrochen.

Im gleichen Winter erlebte die ganze Insel eine Ausnahmesituation. Irgendwann zerriss eine treibende Eisscholle das im Watt liegende Versorgungskabel.

Damit gab es auf der ganzen Insel kein Licht, kein Fernsehen, kein Kochen und – keine Heizung! In dem kalten Wetter hatten sich sämtliche Bäume und Sträucher mit einer Eisschicht überzogen, die der Vegetation ein völlig erstarrtes Aussehen gab. Das begann sich nun nach wenigen Stunden auch an den Häusern zu wiederholen. Die Räume kühlten langsam aber unaufhaltsam aus. Ein alter Ofen in einem der Gruppenräume wurde reanimiert, dem Verlust von warmen Mahlzeiten versuchten einige Lehrer durch das Erhitzen von Würstchen über dem Bunsenbrenner zu begegnen. Der wärmste Ort war das Bett – mit Hose und Pullover natürlich.

Unter den Schülern herrschte eine gespannte Aufgeregtheit, denn so etwas hatten wir noch nicht erlebt. In reiferen Jahren hätte ich darüber resümiert, wie abhängig wir mittlerweile vom Strom und den Errungenschaften der Zivilisation sind - das mit dem Anfeuern des Ofens wurde nämlich nichts Richtiges - , so aber beschäftigte mich die vermehrte Freizeit, denn der Unterricht war bis auf weiteres ausgesetzt. Fast zwei Tage konnten wir zusehen, wie sich unsere Heimstatt allmählich in einen Eispanzer verwandelte. Dann aber gab es wieder etwas Warmes zu essen, denn mit großen Hubschraubern war die Bundeswehr gekommen und hatte tatsächlich „Gulaschkanonen" und viele, sehr viele dicke Decken mitgebracht. Auch an anderer Stelle wurde an unserer „Rettung" gearbeitet, denn das zerbrochene Kabel wurde in der Nacht repariert oder ausgetauscht und am nächsten Morgen zog wieder die Wärme in die Langeooger Häuser ein.

Nach drei Jahren auf der Insel war das Vergnügen vorbei und ich wanderte nach St. Peter-Ording und später nach Hannover weiter. Aber da hatte mich das Meer schon gefangen genommen und bis heute nicht mehr aus seinen Klauen gelassen. Für mich stand jedenfalls nach der Zeit in Langeoog fest: Du wirst Meeresbiologe!

Allerdings gab es auch eine Zeit, wo ich Seemann werden wollte. Ich bereitete mich auch vor und studierte neben den Schulbüchern die Seestraßenordnung, die Fahrwasserbetonnung und Lichterführung bei Schiffen, sowie die terrestrische Navigation. Später sollte ich bei unseren Kapitänen die Navigation, einschließlich der astronomischen Navigation noch einmal von Grund auf lernen. Auch mit dem Sextanten kann ich umgehen. Und bis heute ist mir mein „reines" Seemannsherz und mein Interesse an der Seefahrt erhalten geblieben. Für den Beruf lockte jedoch die Wissenschaft letztendlich ein klein wenig mehr. Und so zog ich nach dem Abitur nach Kiel, studierte biologische und physikalische Ozeanographie sowie Zoologie. Auf diese Weise konnte ich meine Seefahrtsinteressen und meine wissenschaftlichen Neigungen vereinigen. Dann war ich bereit, in die (wissenschaftliche) Welt hinauszutreten.

# Fünf Wochen im Fisch

Auf die Minute um 12:30 Uhr legte das Fischereiforschungsschiff „Anton Dohrn" am 13. März 1980 zu seiner 98. Fahrt ab, durchquerte bei unsichtigem Wetter die Bremerhavener Schleusen und machte sich mit Kurs auf die Nordostecke Schottlands auf den Weg. Der Auftrag: Erkundung der Nutzfischbestände und der Fischbrut in den westbritischen Gewässern. Die Fahrtzeit: 33 Tage. Geschätzte Gesamtdistanz: 4000 Seemeilen. Wissenschaftliches Personal: 3 Frauen, 8 Männer.

Diese erste Ozeanreise hat für mich eine besondere Bedeutung. Zunächst erschloss sie mir sowohl im sprichwörtlichen als auch im übertragenen Sinne neue Horizonte jenseits von Nord- und Ostsee sowie Mittelmeer. Darüber hinaus führte sie mich aber auch in die Gedankenwelt und die handwerklichen Grundbegriffe der Hochseefischerei ein, mit der ich mich vorher nicht beschäftigt hatte. Das änderte sich mit dieser Reise grundlegend, denn ich entwickelte Interesse an diesem Gewerbezweig, dessen große Ära zur Zeit meiner Reise bereits dem Ende nahe war. Einen Hauch davon habe ich glücklicherweise noch „life" miterlebt, denn alle Besatzungsmitglieder entstammten der Hochseefischerei und sie haben mir manches gezeigt und erklärt, was ich mir sonst theoretisch hätte anlesen müssen.

In geradezu lächerlichem Gegensatz zu der Bedeutung, die ich dieser Reise persönlich zumesse, steht die Art und Weise, wie ich auf die Fahrt gekommen bin. Die Studienordnung sah für Adepten des Faches Biologische Meereskunde vor dem Diplom eine zusammenhängende, mindestens einwöchige Seereise vor. Vor meinem letzten Semester stehend, brachte mich daher ein Zettel am Schwarzen Brett des Instituts mit etwa folgender Aufschrift auf Trab: „Studentische Hilfskraft für fünfwöchige Fischereiforschungsfahrt in die westbritischen Gewässer gesucht. Telefon soundso." Nach ein paar Telefonaten und einem persönlichen Gespräch hatte ich meine „Heuer". So entstehen aus kleinen unscheinbaren Samenkörnern wunderbare Blumen.

Die Nordsee durchquerten wir schnell und ohne besondere Vorkommnisse und passierten den Pentland Firth, die Seestraße zwischen der Nordküste Schottlands und den Orkney – Inseln. Dort trafen wir noch das Fischereiforschungsschiff „Walther Herwig", das nach sechswöchiger Island-Expedition auf der Heimreise war. Wir übernahmen per Schlauchboot Dietmar, der nun uns noch für fünf Wochen verstärken sollte. Diese lange Zeit war für ihn kein Problem, denn er war ein ehemaliger gestandener Berufsfischer, der andere Törns mitgemacht hatte als diese beiden. Er sollte unser erfahrenster Mann werden.

Als das Schlauchboot angekommen war, kamen zuerst drei gleich große Metallkisten an Bord. Eine Kiste enthielt einen Super-8 Filmprojektor mit diversen Filmen, die zweite ein Tonbandgerät mit entsprechenden Bändern und die dritte dann die wenigen Habseligkeiten und Klamotten, die Dietmar für 11 Wochen Atlantik benötigte. Wir konnten ja waschen. Zuletzt kam der Besitzer selbst fröhlich grinsend an Deck. Wir waren vollzählig, es konnte losgehen.

Wir dampften zu den Hebriden. Dort begrüßte uns eine ausgewachsene Windstärke 9. Eigentlich sollten am Morgen des dritten Seetages die fischereibiologischen Arbeiten mit dem Grundschleppnetz beginnen, aber als es hell wurde, hatten wir bereits seit Stunden „Kopf auf See", dampften also mit kleiner Fahrt gegen die raue See an und hatten keine Netze außenbords. Das Meer war ein graues Chaos mit Wellen von etwa 4 m Höhe. Das war jedenfalls die Schätzung der Schiffsleitung. Überall waren Schaumstreifen auf dem Wasser, hin und wieder trieben weggerissene Gischtschwaden über das Meer und gelegentlich legte sich das Schiff bedenklich auf die Seite oder stieß hart mit dem Bug in die See.

Auf Forschungsfahrten ist es nicht sinnvoll, so schweres Gerät wie ein Grundschleppnetz bei solch einem Wetter auszubringen. Ein herumrutschendes oder bei den Schiffsbewegungen um sich schlagendes Teil kann schnell jemanden verletzen und nicht zuletzt kann auch das Gerät selbst Schaden nehmen. Dies zu riskieren war bei unserem Dienstauftrag nicht nötig. Sicherlich hätten wir uns anders entschieden, wenn wir in der kommerziellen Fischerei tätig gewesen wären, denn hier bedeutet jeder ausgefallene Hol einen möglichen hohen Geldverlust. Aber kein noch so schönes Forschungsergebnis rechtfertigt den leichtfertigen Einsatz der Gesundheit von Mannschaft und Wissenschaftlern.

Wir „Frischlinge" konnten natürlich nicht umhin, Fotos zu machen, wobei von der Brückennock die beste Übersicht herrschte. Es stellte sich aber später eine gewisse Enttäuschung ein, denn die Bilder wirkten flach und die eigentliche Wellenhöhe war nicht realistisch wiedergegeben. Es ist sehr schwer, von Seegang vernünftige Fotos zu machen, da je nach Standort unterschiedliche Effekte ins Spiel kommen. Generell wirken die Wellen auf den meisten Fotos niedriger als sie sind, da man nicht, oder zumindest nicht vollständig, in die Täler hineinschauen kann.

Ich habe später Bilder aus der Fischerei zu Gesicht bekommen, die eine nahezu ruhige See zeigen. Einige aus der Wasserfläche ragende Mastspitzen oder das hoch aufgerichtete Heck eines Fischdampfers zeigen offensichtlich ein

Wrack an. Nichts dergleichen, die Schiffe waren voll funktionsfähig und in Ordnung, wohl aber in gewaltigen Wellentälern einer äußerst schweren See teilweise verborgen. Von diesen Tälern war aber auf dem Foto nichts zu sehen, da der Blick der Kamera nur die hintereinander liegenden Wellenkämme aufgezeichnet hat, die durch die perspektivische Verkürzung wie eine einzige Wasserfläche erscheinen.

Andererseits lässt sich unter günstigen Umständen, nämlich Sekundenbruchteile bevor die heranwandernde Woge das Schiff zu heben beginnt, auf dem Bauch liegend und durch ein Speigatt fotografierend, eine ordinäre Welle zur Wasserwand hochstilisieren. So wird aus Sturm ruhige See und aus gemächlichem Gewoge Weltuntergang. Nichts kann besser lügen als ein Foto – und es wird noch nicht einmal rot dabei.

Etwas unerwartet ließ der Sturm am späteren Vormittag plötzlich nach, der Seegang beruhigte sich, blauer Himmel und Sonnenschein wandelten das düstere Geschehen der Nacht und des Vormittages in heitere Arbeitsstimmung. Die Mannschaft begann sich an den Netzen zu schaffen zu machen und schon bald versank der Riesensack des Grundschleppnetzes in den Fluten. Schwimmer und Bodenroller, ein für uns nicht leicht zu durchschauendes Leinengewirr und die großen Scherbretter folgten nach. Die Trossen waren straff gespannt, in langsamen Umdrehungen liefen die Winschtrommeln und zeigten immer neue sauber aufgewickelte Lagen der Kurrleinen, während achteraus gerade noch der riesige bräunliche Netzsack unter der Wasseroberfläche erkannt werden konnte. Dann war er weg.

Das Meer glitzerte jetzt aus allen Richtungen, da die Wellen das Sonnenlicht aus allen möglichen Positionen zurückwarfen. Immer mehr „Leine" lief von den beiden Winschen, die sehr schön synchron drehten, ein großer Schwarm von Vögeln hatte sich eingefunden und erfüllte die Luft mit erwartendem Gekreisch und Gekrächze. Sie wussten, was bald geschehen würde, denn hier in der Ecke wird viel gefischt. Dann folgte die Schleppphase, die bei Forschungsfischereien in der Regel auf 30 Minuten beschränkt ist und endlich begannen sich die beiden Trommeln rückwärts zu drehen, die Trossen kamen binnenbords und standen wie Saiten eines Musikinstrumentes unter Spannung. Bei kleinen ruckartigen Bewegungen schwang die gespannte Trosse und sprühte Wassertropfen in alle Richtungen. Aber sonst verlief alles sehr ruhig, routiniert und mit vorsichtiger, aber klarer Bestimmtheit.

Die Männer standen auf ihren Posten und erinnerten mit den roten Helmen und dem gleichfarbigen Nackenschutz an Feuerwehrleute. Dann wurde wieder der riesige Sack direkt unter der Wasseroberfläche sichtbar und nur wenige Minuten später war alles an Deck. Das Ende des Netzes – der Steert, häufig auch Cod-end genannt, - wurde hochgehievt und so erkannten wir die insgesamt doch eher magere Fangmenge. Wie durch Geisterhand bewegt, öffnete sich eine breite Deckluke direkt unterhalb des Netzes, ein Mann sprang hinzu, öffnete die so genannte Codleine und sofort ergoss sich der Fang durch das zuvor zugebundene Ende des Netzes in die Luke. Die Fische fielen auf eine Rutsche und landeten in einem durch die Schiffswände und eine Balkenkonstruktion gebildeten Auffangraum.

Nun hieß es „Gummistiefel an" und rein in den Fisch. Einer von uns stieg in den Auffangraum, schuf sich mit dem Fuß etwas Platz und begann die Fische aus dem Raum zu werfen. Die anderen sortierten die Tiere entsprechend der Arten in verschiedene Körbe, wobei vor allem die typischen Marktfische also z. B. Dorsche, Schellfische, Seelachs (Köhler), Rotbarsche und Plattfische fein säuberlich getrennt wurden, während „uninteressante" Arten wie Knurrhähne, Seeskorpione und dergleichen gemeinsam in einem Korb landeten.

„Anton Dohrn" ex „Walther Herwig (I)". Foto: Persönliche Ablichtung in den 80er Jahren von einem im Institut ausgehängten großformatigen und gerahmten Bild. Der Quelle des Originals ist mir unbekannt.

Jeder Korb wurde mit einer starken Federwaage gewogen, so dass wir den Gesamtfang der verschiedenen Arten ermittelten. Die Körbe mit den Marktfischen wanderten dann in das Labor. Dort wurde jeder Fisch auf einem speziellen, an einen überdimensionalen Zollstock erinnernden Brett vermessen und die jeweils festgestellte Länge notiert. Sollte bis zu diesem Zeitpunkt noch irgendein Vertreter aus der Dorschfamilie überlebt haben, schlug jetzt seine letzte Minute, denn allen diesen Tieren wurden mit großen Messern die Köpfe an einer bestimmten Stelle abgetrennt. Anschließend entnahm einer der Spezialisten die Gehörsteinchen oder Otolithen aus dem Gleichgewichtsorgan der Fische und gab es für die späteren Analysen in ein entsprechend beschriftetes Papiertütchen.

Warum das Ganze, wozu diese Anstrengungen? Wir leben ja in der Zeit stark überfischter Bestände und stehen gelegentlich kurz davor, bestimmte Fischsorten auszurotten. Die Fischflotten aller Nationen entnehmen etwa 90 Millionen Tonnen pro Jahr. Das sind 10 – 20 Millionen Tonnen mehr als alle Seevögel der Welt fressen. In den letzten 40 Jahren haben nach einer Auswertung von Fangzahlen die Fischbestände in allen Meeresregionen um ca. 80 % abgenommen. Da jedoch bereits vor dem erfassten Zeitraum gefischt wurde, schätzen Experten, dass in den Meeren – egal ob tropisch, gemäßigt oder kalt – nur noch etwa 10 % der ehemaligen Bestände leben.

Historische Berichte zeugen von ungeheuren Fischmengen. Nehmen wir z. B. Makrelen. Das Auftauchen der Schwärme wurde in England von den Steilküsten beobachtet, wobei es durch die dicht gedrängten Fischleiber zu Verfärbungen des Seegebietes kam und – wenn die Makrelen auf der Jagd waren – zu einem Aufruhr führte, der an siedendes Wasser erinnerte. Ähnliches wird aus den amerikanischen Gewässern berichtet. Für die Kieler Förde gibt der Altmeister der deutschen Fischereibiologie, Friedrich Heincke, folgende Beobachtung wieder: „Dr. Claudius, damals Prorektor an der Kieler Anatomie, sah sie am 10. August [1851] bei dem Fischerdorf Möltenort gegenüber der Festung Friedrichsort in dichten Scharen unter der Oberfläche nach Nordost ziehen. Wo sie schwammen, sah die Meeresoberfläche so aus, als wenn eine schwache Brise darüberführe. Zahllose Makrelen sprangen aus dem Wasser".

Ich kenne die Kieler Förde wie meine Westentasche, bin aber nie auch nur ansatzweise einem solchen Phänomen begegnet. Die reichen Fischbestände existieren nicht mehr. Gerade zum Zeitpunkt dieser Fahrt bestand ein striktes Fangverbot auf Hering in der Nordsee. Nach dem Krieg stiegen die Fangerträge für Nordseehering innerhalb weniger Jahre drastisch an und erreichten Entnahmeraten von 70 % der vorhandenen Bestände pro Jahr. Das hält keine Population längere Zeit durch und so brachen die Heringsbestände völlig zusammen. Aus ähnlichen Gründen wurden Anfang der 90er Jahre die Grand Banks vor der kanadisch / amerikanischen Ostküste für die Fischerei geschlossen. Ein Fanal, galt diese Gegend doch seit dem 16. Jahrhundert als das Füllhorn für Fischersleut. Im Grunde leben wir in einer deprimierenden Situation.

Die Verantwortlichen versuchen daher einen Schlingerkurs zwischen maximaler Ausbeute und möglichst großem Schutz einzuhalten. Das Zauberwort ist dabei die Fangquote, also die Menge Fisch, die von einer Nation pro Jahr in bestimmten Gewässern gefangen werden darf. Die Ermittlung der Fangquoten stützt sich zu einem erheblichen Teil auf solche Populationserhebungen, wie ich sie hier beschreibe, ist aber auch ein Politikum und manche wissenschaftliche Empfehlung ist in den entsprechenden Verhandlungen genauso über Bord gegangen wie bei uns die Fischabfälle.

Wissenschaftlich gesehen mussten wir ermitteln, welche Mengen an Nutzfischen im betrachteten Seegebiet vorhanden waren, wie die Größenverteilung und wie die Altersstruktur der Population aufgebaut war. Leider mögen uns die Fische nicht sagen wie alt sie sind und so mussten wir versuchen, es auf andere Weise herauszubekommen. Dabei kann die Länge einen ersten Hinweis geben. Fische wachsen nämlich im Gegensatz zu fast allen anderen Wirbeltieren ihr Leben lang, d. h. je größer ein Fisch ist, desto älter ist er auch. Da wir in etwa die Größe der Fische in einem bestimmten Alter aus verschiedenen früheren Forschungen kennen, lässt sich umgekehrt aus der Größe auf das etwaige Alter schließen.

Allerdings funktioniert das Verfahren nur bei jüngeren Fischen einigermaßen genau, da sie schnell wachsen. Alte Fische wachsen nur noch so langsam, dass eine sichere Abgrenzung der Altersstufen nicht mehr möglich ist. Dabei kommt auch die individuelle Lebensgeschichte der Tiere störend ins Spiel. Ein Fisch der z. B. nie unter sonderlich guten Futterbedingungen gelebt hat, ist gegebenenfalls genau so groß wie ein jüngeres Tier, das aber einen reichen Tisch hatte. Auch das Leben in unterschiedlichen Wassertemperaturen kann sich bei dieser Methode störend auswirken. Außerdem gibt es wie beim Menschen auch bei Fischen von Natur aus, also genetisch bedingt, besonders großwüchsige und besonders kleinwüchsige Tiere. Die Längenmethode ist daher etwa nur bis zu einem Alter von fünf Jahren erfolgreich, danach verschwimmen die Wachstumssignale und eine klare Abgrenzung ist nicht mehr möglich. Da wir aber wissen, dass z. B. Kabeljau über 20 Jahre und einige Plattfische sogar bis an die fünfzig Jahre alt werden können, reicht die Längenmethode nicht aus.

Deshalb bedient man sich zusätzlich einer anderen Methode. Im Gleichgewichtsorgan der Fische, also in jener anatomischen Struktur, die es dem Fisch erlaubt, sich im Raum zu orientieren, gibt es so genannte „Gehörsteine" oder Otolithen. Es handelt sich dabei um Kalkklümpchen, die je nach Orientierung des Fisches unterschiedlich auf die Sinneszellen einwirken und so dem Fisch ermöglichen, festzustellen, wie es um ihn bestellt ist. Die Otolithen werden mit zunehmendem Alter größer, wachsen also. Bricht man nun eines dieser Gehörsteinchen durch, so kann man mit einer starken Lupe konzentrische kreisförmige Wachstumszonen erkennen, die Wachstumsringen bei Bäumen ähneln und auf gleiche Weise, nämlich durch verlangsamtes Wachstum im Winter, zustande kommen. Man braucht also nur noch die Wachstumszonen der Otolithen durchzuzählen und kennt das Alter der Fische.

Mit Hilfe dieser Daten und mit komplizierten mathematischen Methoden lässt sich in etwa ausrechnen, wie viel Fische einem Bestand entnommen werden dürfen, ohne ihn zu gefährden. Dies ist die Basis für die festzulegende Fangquote, die für jede Art und jedes Seegebiet jährlich neu ermittelt wird. Zusätzlich wird die Maschenweite der fangenden Netze festgeschrieben, um so ein

Entkommen der Jungfische, die sich ja noch vermehren sollen, zu gewährleisten. Letzteres hat aber, wie neuere Forschungen zeigen, einen unangenehmen Nebenaspekt. Es entkommen nicht nur die Jungfische, sondern auch ältere, aber von Natur kleinwüchsigere Exemplare. Diese haben dadurch eine höhere Überlebenschance und so züchten wir möglicherweise ungewollt zwergenwüchsige Fischbestände, was sich wiederum negativ auf den Markt auswirken und zudem ökologische Folgen haben könnte, die wir heute noch nicht überblicken.

kehren wir aber nun wieder zu den Basiserhebungen auf der „Anton Dohrn" und unsere Fahrt im Frühjahr 1980 zurück. Nachdem die oben beschriebenen Fang- und Laborarbeiten durchgeführt waren, hatten wir die erste Station erledigt. Die erste Schlacht war somit geschlagen, Hände und Gummikleidung mit einer Mischung aus Blut, Schleim, Eingeweideresten und Schuppen verschmutzt, die Akteure waren etwas abgekämpft und die Fische tot.

Die kläglichen Reste wurden per Hand oder mittels eines Förderbandes außenbords gegeben, wo die ständig hungrige Seevogelschar auf sie wartete und sich mit ohrenbetäubendem Lärm auf die Fischabfälle stürzte. Allerdings bekamen die Vögel durchaus nicht alles, denn nicht geringe Mengen wanderten in die Schiffskombüse und landeten bei Zeiten auf unserem Tisch, während ein anderer Teil als so genannter „Heimatfisch" eingefroren wurde.

Jeder der dazu Lust hatte, schnitt sich ein Filet oder entweidete einen ganzen Fisch, verpackte alles in separate und mit Namen beschriftete Tüten und brachte es in die Tiefkühlung. Nach Ende der Reise wurden dann die jeweiligen Tüten von ihren Besitzern mit nach Hause genommen und stellten eine nette Ergänzung der Mahlzeiten dar. Leider starb diese angenehme Sitte einige Jahre später aus, da einige Kollegen meinten, mit dem Heimatfisch zuhause ein großes Geschäft landen zu können. Es erfolgte ein Verbot des Anlandens dieser Deputate und die Sache war dahin.

Nach dieser ersten von insgesamt 137 Fischereistationen begannen wir das Routinegeschäft: Etwa alle 20 Seemeilen war eine Untersuchung geplant, wobei wir in einem gewissen Abstand der Küste nach Süden folgten, mal weiter westlich, dann wieder etwas östlicher ausscherten, aber niemals den Bereich mit Wassertiefen unter 200 m verließen. Diese Region ist der so genannte Kontinentalschelf, gewissermaßen nichts anderes als ein untergetauchtes oder überschwemmtes Stück Kontinent. Die uns bekannten Landmassen setzen sich in der Regel unter Wasser noch ein wenig fort, erreichen irgendwann eine Tiefe von 200 oder 250 m und fallen dann sehr steil zum eigentlichen Ozeanboden ab, der im Mittel bei 3500 m unter der Meeresoberfläche liegt. Diese Schelfregionen sind typischerweise besonders fruchtbar und stellen die klassischen Fischereizonen dar. Wir konzentrierten uns aus diesem Grund zunächst auf diese Region.

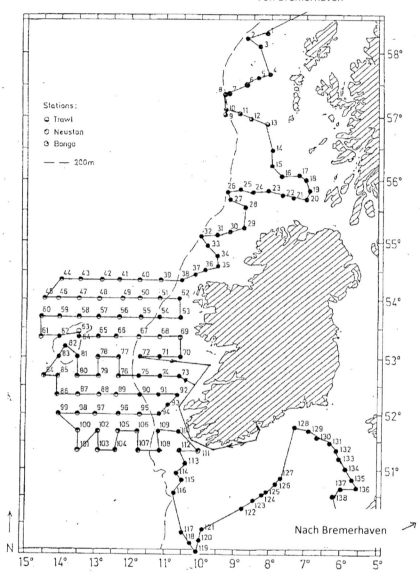

Der Kurs der „Anton Dohrn" und die Stationen auf der Fischereireise rund um die britischen Inseln. Es wird vielleicht verständlich, warum ich im Vorwort von Kreuz-und-Quer-Fahrten sprach. Ähnlich sah es vor Westafrika, im Roten Meer usw. aus.

Mit dem Fischereiprogramm vergingen die Tage. Aussetzen des Netzes, einholen des Fanges, Fische sortieren, messen, wägen, schlachten und dann die Schlachtabfälle wieder außenbords geben. Hei, das war ein Fest für die vielen hungrigen und immer kreischenden Seevögel. Seit wir den Atlantik erreicht hatten, zogen wir wie eine Rauchfahne eine gewaltige Schar an Vögeln hinter uns her. Alle möglichen Möwen folgten dem Schiff in erwartender Gespanntheit, denn sie erkennen Fischereifahrzeuge (wahrscheinlich schon am Geruch) sofort.

Heringsmöwen, Silbermöwen, Dreizehenmöwen dazu diverse Lummen folgten uns auf allen Kursen. Es war alles da, was in der Möwenwelt Rang und Namen hat, dazu die Eissturmvögel, jene entfernten Verwandten der südlichen Albatrosse, die unentwegt in akrobatischem, schnellen Flug über die Meeresoberfläche segelten. Allein, die ganz großen fehlten. Sie, die mächtige Bürgermeistermöwe, die größte des Nordatlantiks, und die nicht weniger gewaltige nordische Rasse der Mantelmöwe sollte ich erst später bei meiner privaten Spitzbergenfahrt zu Gesicht bekommen.

Wenn die Schlachtabfälle außenbords gingen, steigerte sich das Gekrächze dieser wilden Schar zu einem nahezu hysterischen Geschrei und alles schoss ins Wasser, um einen Happen zu erhaschen. Die Möwen stürzten in die See, tauchten kurz unter, schlugen mit den Flügeln und starteten mit einem Bissen im Maul in die Luft. Natürlich verfolgt von diversen Kollegen, die ihnen den Happen wieder abjagen wollten.

Das Wasser „kochte", die Luft war erfüllt von Gekreische. Aber all dies war Stümperei gegen das was uns die Könige des Nordatlantiks boten, die Basstölpel. Diese großen und ungeheuer hübschen Vögel besuchten uns in regelmäßigen Abständen, vermieden es aber, sich zu weit von ihren Standplätzen zu entfernen. In gewaltigen Geschwadern kamen sie daher in unregelmäßigen Abständen von irgendeiner Insel angerückt. Der Himmel überzog sich mit diesen weißen Vögeln, deren Flügelenden schwarz abgesetzt sind und die ein orangefarbenes oder ins gelbliche spielendes Kopfgefieder sowie einen grünlichen Schnabel und eine ebensolche Augenbinde tragen.

Die Perfektion jedoch zeigten sie bei der Jagd. Während die Möwen sich aus unteren Bereichen tumb ins Wasser stürzten, stiegen die Basstölpel in die Höhe, kippten nach vorne über schossen wie Pfeile der See entgegen. Auf den letzten 10 Metern oder so, legten sie die Flügel vollständig an den Körper an, so dass sie grazil wie ein Kunstspringer elegant und sehr schnell im Wasser verschwanden. Während die Möwen mit wildem Geflatter an der Meeresoberfläche und nur wenig darunter beschäftigt waren, schossen die Basstölpel wie Pfeile in die See. Immer wieder ein überragendes Bild.

Nur kurz nach unserer Abreise hatte ich mich mit dem Wetterfunker angefreundet, saß hin und wieder in seiner mit Technik vollgestopften Dienstbude und ließ mir die verschiedenen Geräte und die jeweiligen Wettersituationen erklären. Wie Wäschestücke hingen vergangene und aktuelle Wetterkarten an den Wänden. Sie wurden mittels eines speziellen Plotters auf merkwürdig silberfarbenes Papier gedruckt und die Sammlung demonstrierte die Entwicklung der atmosphärischen Druckverteilung im Nordatlantik. Hier ein dickes Tief, dort ein kleines Hoch, eine Kaltfront strich wie ein Riesenfinger über den Atlantik, ganz unten im Süden waren die Ausläufer des Azorenhochs zu erkennen.

Von besonderer Erheiterung war immer die Bestimmung der Luftfeuchte. In einer speziellen, drehbaren Holzkonstruktion, die an eine Faschingsratsche erinnerte, waren zwei Thermometer untergebracht. Das eine ganz normal, das andere mit Watte umwickelt. Nachdem die Watte mit Wasser angefeuchtet war begann die Messung: Die Ratsche wurde über dem Kopf in kreisenden Bewegungen geschleudert bis sich eine konstante Temperatur auf beiden Thermometern eingestellt hatte. Allerdings zeigten beide Thermometer unterschiedliche Werte. Das feuchte Thermometer zeigte einen geringeren Wert an, da die Verdunstung des Wassers dieses Thermometer kühlte. Mit Hilfe der Trockentemperatur und der Temperaturdifferenz zwischen beiden Thermometern ließ sich an Hand von Tabellen oder entsprechenden Grafiken die Luftfeuchte bestimmen. Das Verfahren des „Prügelns" (so genannt nach dem Erfinder des Gerätes, einem Herrn Prügel) wirkte ein wenig altertümlich und erinnerte an die „Heldenzeit" der Wissenschaft. Im Übrigen war aber alles modern und auf dem neuesten Stand der Zeit.

Unser Verhältnis zur Besatzung war anfangs etwas kühl. Mit der Schiffsleitung, den Offizieren, dem älteren Schiffsarzt ging es sehr gut, aber mit den Deckleuten wurden wir zunächst nicht richtig warm. Sie nahmen uns nicht für sonderlich voll, was sich zumindest teilweise daraus erklären ließ, dass wir noch nicht viel getan, „gezeigt", hatten und natürlich in dieser etwas unbekannten Fischereimaterie auch häufiger mal irgendwo im Weg standen. So kam denn mal hier und da eine dumme Bemerkung oder ein völliges „Übersehen" der Anwesenheit. Das besserte sich aber als sie merkten, dass wir durchaus unsere Nachttörns gehen konnten, den einen oder anderen Seemannsknoten zusammenbrachten und auch sonst keine akademischen „Klugschnacker" waren. Außerdem verhalf der gemeinsame Konsum der einen oder anderen Schnapsflasche durchaus zu einem besseren Verhältnis.

Mit zwei Mitgliedern der Deckscrew hatte ich ein engeres Verhältnis aufbauen können. Hein, der Bootsmann, war schon älter, vielleicht Ende Vierzig oder Anfang Fünfzig, während Peter kaum älter als ich, aber viel kräftiger und massiger war (böse Zungen würden „dicker" sagen), dabei aber mein Gardemaß von geschlagenen 1,70 m aufwies. Mit beiden kam ich gut zurecht und es war in dieser neuen Materie schon von Vorteil, Unterstützung von erfahrenen „Kollegen" zu erhalten. Dabei ging es nicht nur um schiffstechnische oder fangtechnische Hilfe, einschließlich eines Schnellkurses im Netzflicken, sondern um die viel wichtigere Einordnung der zwischenmenschlichen Beziehungen. Fast alle dummen oder sogar abfälligen Bemerkungen waren meist nicht so ernst gemeint, aber die Ausdrucksweise auf einem Fischereischiff entspricht nicht der eines Damenkränzchens. Da half es schon, wenn einem erklärt wurde, dass dieser oder jener zwar ein alter Brubbelbär, aber sonst ganz in Ordnung sei. Auch rechtzeitige Aufklärung über Schrullen, Vorlieben und Abneigungen erleichterten die Kommunikation ganz erheblich. Auf diese Weise halfen mir meine beiden Mentoren über die Unsicherheiten der ersten Tage hinweg.

Die Fänge an den einzelnen Stationen waren sehr unterschiedlich. Mal ein randvolles Netz mit Dorschen bzw. Kabeljau, Schellfischen, Köhler, dem gestreckten Leng, hin und wieder ein Rotbarsch, verschiedene Plattfische, unter denen sehr selten sogar ein Steinbutt in den Fischraum fiel, dann aber auch wieder Stationen mit wenig oder fast gar keinem Fisch. Den Minusrekord der Reise brachte der 20 März: Zwei große Quallen und sechs Seeigel. Nicht selten war das Netz voll mit kleinen Katzen- und Dornhaien, die uns aber gar nicht interessierten und daher völlig umsonst gestorben waren. Obwohl wir sie gleich wieder ins Wasser entließen, hatte keiner die Fangprozedur überlebt. Sie sind einfach zu empfindlich und „normale" Fische gleicher Größe sind wesentlich belastbarer.

Unsere wichtigsten „Zielfische": Der Dorsch (Gadus morhua, oben) und die Makrele (Scomber scombrus, unten). Zwar untersuchten wir alle „Marktfische", aber auf die beiden kam es uns besonders an (Grafikbearbeitung nach eigenen Aufnahmen)

Gelegentlich fingen wir Besonderheiten. So erwischten wir einmal einen gewaltigen Glattrochen von fast zwei Meter Länge und 75 kg Gewicht, ein anderes Mal einen 1,5 Meter messenden Seeteufel. Dieser Fisch ist einer der grässlichsten unserer Fauna: Groß, gut getarnt und mit einem Maul, dessen Breite etwa 1/3 der Körperlänge entspricht. Der meist auf dem Boden ruhende Fisch wendet eine perfide Jagdtechnik an. Ein isolierter, leicht gebogener Flossenstrahl in der Nähe des Maules wedelt mit einem daran haftenden Hautlappen langsam vor dem Tod bringenden Schlund hin und her. Vorbeikommende Fische, ihrerseits an einem guten Happen interessiert, untersuchen dieses merkwürdige Ding. Und dann passiert es! Mit einem mächtigen Ruck öffnet sich blitzartig das Maul, was häufig durch eine aufrichtende Körperbewegung begleitet wird. Ein gewaltiger Sog reißt das Opfer in den zähnestarrenden Rachen, aus dem es kein Entrinnen gibt, da die nach hinten gerichteten Zähne die Mundöffnung wie Palisaden verschließen. Der Seeteufel frisst Plattfische, Schellfische, Katzenhaie, ja sogar tauchende Vögel. Gelegentlich steigt er aber auch in das freie Wasser auf und soll angeblich sogar an der Oberfläche schwimmende Vögel von unten angegriffen und gefressen haben. Der Geschmack des Fleisches steht im krassen Gegensatz zu dem hässlichen Aussehen, denn es ist sehr gut, kommt aber vorsichtshalber unter anderem Namen in den Handel.

Neben den Fischen gelangten mit dem Netz immer wieder andere Organismen an Deck. Seesterne und Seeigel, Krabben, Muscheln und Schnecken, Quallen und einiges mehr. Das ist der sogenannte „Beifang". Auf diese Ausbeute warteten vor allem wir jungen Leute, denn es ist besonders bei „Einsteigern" üblich, irgendetwas zu sammeln. Botaniker sammeln Pflanzen, zukünftige Insektenforscher Käfer und wir sammelten halt Meerestiere, wobei Seesterne, Seeigel, Schnecken und Muscheln die absoluten Favoriten waren. Ich kann mich noch gut des entsetzten Gesichtes einer Freundin erinnern, die, meinen Kühlschrank kontrollierend, auf die Sammlung an konservierten Krebschen und Würmern in der Gemüseschale stieß.

Da dieser Sammeltrieb offenbar allen Biologen eigen ist, blieb es nicht aus, dass an Bord hin und wieder um begehrte Objekte ein kleiner Streit entstand. Dann wurde gehandelt und gefeilscht, dass es einem orientalischen Basar alle Ehre gemacht hätte. Auf diese Weise konnte ich einige interessante Schnecken für meine Sammlung requirieren und besonders erfreut war ich über den Besitz einer atlantischen Koralle mit dem Namen Caryophylla. Korallen gibt es durchaus nicht nur in den Tropen, sondern auch in kälteren Gewässern, wo sie sogar Riffe bauen. Allerdings in größeren Tiefen und von den meisten Menschen unbeachtet.

Dieser Beifang, so schön er für den Sammler sein mag, ist Zeuge für die Belastung der Bodenbewohner durch die Fischerei. Ich hatte einmal die Möglichkeit, so ein Netz unter Wasser bei der Arbeit zu beobachten. Natürlich nicht direkt, sondern auf einem Film, der für fangtechnische Untersuchungen mittels einer automatischen Kamera am Meeresboden aufgenommen worden war. Das Bild zeigte zunächst einen flachen, sandigen Untergrund in nicht allzu großer Tiefe, denn das natürliche Licht durchflutete noch die Wassersäule. Da neben der Kamera auch noch Hydrofone (also Unterwasser-Mikrofone) am Boden angebracht waren, wurden auch die Geräusche deutlich. Erst zeigte der Film nichts, dann aber ertönte aus dem Lautsprecher ein heftiges Geklapper und Geschepper, ein Pfeifen, Rasseln und Klirren, das schnell lauter wurde. Im Bild erschien ein dunkles Etwas und dann kam es herangerauscht, das Netz. Wie ein riesiger Sack erschien es im Bild, es jagte mit den Bodenrollern und Bobbins über den Grund, stieß hart an irgendeinem Stein an, hob vom Boden ab, bohrte sich anschließend in den Sand, dass dichte Wolken aufgewirbelt wurden. Derweil steigerte sich die Geräuschkulisse zu einem infernalischen Lärm. Der Film zeigte die ganze Breite der Netzöffnung, das Chaos, was am Meeresboden jetzt entstand, dann schob das ganze immer noch heftig quietschend an der Kamera vorbei.

Als sich die Sandwolken gelegt hatten, wurde das Ergebnis des Zuges sichtbar, denn das Grundschleppnetz hinterließ eine breite und lange Spur der Verwüstung. Tiere die nicht entkommen können, seien sie nun zu langsam, festgewachsen oder eingegraben, werden in allen solchen Fällen in breiter Front plattgewalzt. Das gleiche gilt für eine mögliche Pflanzendecke. Ist das Netz vorbei, liegen in der Schleppspur Unmengen an sterbenden, toten und zerdrückten Krebsen, Muscheln, Seesternen und Seeigeln. Tief im Boden lebende Muscheln sind aus dem Boden gegraben und schutzlos möglichen Feinden ausgesetzt. Allerdings, des einen Leid, des anderen Freud: Räuber aus den Nachbargebieten finden einen reichen und bequem „abzuräumenden" Tisch. Sie wandern daher gezielt in die Schleppstreifen ein. Diese Problematik ist sicher bei gelegentlich befischten Gebieten nicht übermäßig kritisch, aber in häufig besuchten Regionen kommt es zu langfristigen Umstellungen in den Lebensgemeinschaften. Das ist z. B. in der Nordsee der Fall. Pro Jahr wird rein rechnerisch etwa der gesamte Nordseeboden einmal „abgefischt", wobei z. B. vor der holländischen Küste der Boden bis zu siebenmal im Jahr umgepflügt wird.

Außerdem dürfen die Verluste nicht übersehen werden, die zwar gefangen, aber wieder ins Meer geworfen werden. Seien es nun zu kleine Fische der gewünschten Art, falsche Fische oder der Beifang an wirbellosen Tieren. Bei der Seezungenfischerei (zugegeben das krasseste Beispiel) wurden damals pro Kilo angelandeter, marktfähiger Fische bis zu 10 kg Fischabfälle und bis 7 kg Wirbellosen-Abfälle ins Meer zurückgeworfen. Das Verhältnis von 1 kg Speisefisch zu 17 kg getöteter Organismen ist ein hoher Preis. Auf die Dauer zu hoch. Denn eins darf nicht übersehen werden: Die Fische leben zu einem überwiegenden Teil von diesen Bodenorganismen, es wird also die Nahrungsgrundlage zerstört. Ähnliches gilt übrigens auch für die Aquakultur, denn die Vorstellung, diese neue Technik würde der Ausbeutung der Meere entgegenwirken, ist leider nicht korrekt. Zurzeit werden nämlich mehrere Kilo „Industriefisch" als Nahrung benötigt, um 1 kg Aquakulturfisch aufzuziehen.

Wie der Zustand der Fischpopulationen in unserem Untersuchungsgebiet war, konnten wir auch daran erkennen, dass wir während der ganzen Fahrt nur ein Tier gefangen haben, dass mit Fug und Recht als „alter Kabeljau" bezeichnet werden konnte. Mit ihm allerdings, dem „Riesenkabeljau", hatten wir unsere Freude. Bevor wir uns an dieses „Ungetüm" wagten, bearbeiteten wir zunächst die normal dimensionierten Fische. Unser Kabeljau war still, atmete schlapp vor sich hin und machte bald einen insgesamt geschwächten Eindruck. Dies änderte sich aber dramatisch, als Dietmar ihn auf das Messbrett legen wollte. Mit aller Macht begann der Fisch um sich zu schlagen, wobei mal der vierschrötige, mit markstückgroßen Augen besetzte Kopf, mal der mächtige Schwanz auf den Tisch knallte. Dietmar konnte den Fisch nicht halten, durch die wüsten Zuckungen entwand er sich und tobte alleine weiter.

Nächster Versuch: Der Kopf war schnell auf das Messbrett gedrückt, alleine, was machte man mit dem Schwanz? Ihn ebenfalls auf das Brett zu drücken ging zwar, aber der Mittelteil hob und senkte sich andauernd, so dass der Fisch einfach nicht ruhig lag und keine Ablesung erfolgen konnte. Nach einigen weiteren fruchtlosen Versuchen warf sich Dietmar in ganzer Länge auf den Fisch und presste ihn nach unten, wir sprangen bei und lasen schnell die Markierungen des Messbrettes ab, nachdem wir den Schwanz irgendwo zwischen Dietmars Beinen und den Kopf rechts neben einer Schulter gefunden hatten: 126 cm! Vielleicht waren es auch nur 124 oder 128 cm, so genau ließ sich das nicht feststellen, da der Fisch nun zwar ruhig, aber leicht schräg lag.

Der Bursche war alt, sehr alt, wahrscheinlich so an die zwanzig Jahre und wog immerhin lässige 26 Kg.

Es gibt übrigens keine klare Regel, wann ein Dorsch ein Dorsch oder ein Kabeljau ist. Häufig werden beide Bezeichnungen synonym verwendet, andere bezeichnen die Jungfische als Dorsche und die Erwachsenen als Kabeljau, es gibt regionale Unterschiede oder berufsbedingte Verabredungen. Bei uns war alles unter einem Meter ein Dorsch, darüber ein Kabeljau, aber auch dies hat keine Allgemeingültigkeit. Fest stand jedoch, dass es sich um die Art *Gadus morhua* aus der Familie der Gadidae (Dorschartige) handelte. Das genügt dem Biologen.

Was war das für ein glückbehafteter Fisch! Er ist nicht wie mehr als 99 % seiner Brüder und Schwestern als Ei oder Larve im Maul irgendeines Räubers gelandet. Die Chance war extrem gering, aber er hat es überlebt. Er ist auch nicht als Jungfisch gefressen worden – auch nicht von anderen Kabeljauen, denn Kannibalismus ist bei Dorschen kein Problem und überhaupt nicht anrüchig. Er ist gewachsen, hat gekämpft, sich fortgepflanzt, gefressen, sicher auch Kannibalismus betrieben und ist von keinem Fischernetz erwischt worden. Er ist stattlich geworden, er ist alt geworden. Er hat immer das Glück auf seiner Seite gehabt. Bis heute.

Das sind die Fische, die früher im Kabeljaufang üblich waren. Große Burschen von mehr als einem Meter Länge, bis anderthalb Meter heran und gelegentlich noch etwas länger. Alte Schwarz-Weiß-Fotos zeigen die Fischer mit ihrem Fang. Sie posierten insbesondere mit den großen Dorschen. Exemplare mit im Tod aufgerissenen Mäulern beinahe in der Größe eines Mannkopfes, stark, muskulös und auf ihre Weise Selbstbewusstsein ausstrahlend.

Stolz und lachend schauen die Fischer in die Kamera und transportieren zwischen den Zeilen – oder wohl besser zwischen den „Körnern" – die Botschaft einer noch vorhandenen Beziehung zwischen Fischer und Fisch. Der Fisch war Beute, in einer ehrlichen, aufreibenden und für beide Seiten kräftezehrenden Jagd gefangen. Nicht umsonst hieß damals das Sitzmöbel, auf dem der „Alte" während der Fangtätigkeit saß, der „Jagdsitz".

Diese Bilder stammen meist noch aus der Zeit der alten Seitenfänger. Mit dem Aufkommen der Heckfänger, neuer Detektionstechniken zum Auffinden der Schwärme und insbesondere der großen Fabrikschiffe werden solche Bilder seltener und bleiben schließlich fast ganz aus. Das hat nicht nur mit der Technologie zu tun, sondern auch mit einer veränderten Beziehung, einer veränderten Einstellung. Der Fisch wurde zur Ware. Da war kein Hauch mehr von Kampf oder ungewissem Ausgang. Man „erntete" ab. Aus dem Netz in die Dose. Die hohe Effizienz dieser Fang- und Verarbeitungsmethoden ließen die Bestände schrumpfen. Der Fisch wurde schneller gefangen als er wachsen und sich fortpflanzen konnte. Das Ergebnis: Die Großen und Alten fehlen und an Jungen mangelt es.

Nun, unserer hatte bisher alle Gefährdungen überlebt. Aber nun lag er hier. Gefangen, schwer nach Luft ringend und umgeben von vier Männern mit besudelten Gummischürzen und mit schweren, scharfen Messern in den Händen. Mörder einiger hundert Artgenossen.

Aber er hatte wieder Glück. Wir wussten, was jetzt kommen müsste. Aber auch nicht einer hob die Hand. Wie wir da so standen, hätte man eine Stecknadel fallen hören, so ruhig war es, und zwischen uns vieren entstand auf magische Weise und ohne Gespräch die gleiche Botschaft, die gleiche Gesinnung. Ich würde es fast einen heiligen Moment nennen: Nicht töten! Nicht töten!

Das klingt pathetisch, aber ich möchte es dennoch so ausdrücken, seine Größe und seine enorme körperliche Präsenz lähmten unseren Arm. Objektiv – und hier war er wieder mit Glück behaftet - war er für uns wissenschaftlich sowieso uninteressant, da er dermaßen aus der Masse herausstach, dass er in Bezug auf die Populationsstruktur keinen wirklichen Aussagewert hatte. Wir begriffen ihn aber auch auf eine tiefere Weise als etwas Wunderbares. Etwas, dass es kaum noch gibt, was nicht jeder zu sehen bekommt. Ein lebendes Mahnmal – stellvertretend für die anderen die Frage stellend „Warum verfolgst Du mich?"

Wir ließen ihn am Leben und seine nächste Toberei beförderte ihn in einen der unter dem Tisch stehenden Körbe. Da fiel uns dann auf, dass, wenn wir ihn schon nicht schlachten wollten, wir ihn auch nicht ersticken lassen sollten. Also trugen wir unseren Kabeljau an Deck und warfen unseren „Königsdorsch" über das Schanzkleid.

Das Tier war verdutzt und reagierte für ein paar Sekunden nicht. Wir befürchteten schon das Schlimmste. Dann aber schoss er in zwei großen, hektischen Kreisen unter der Oberfläche dahin und verschwand schwanzwedelnd grüßend in die Tiefe. Ein glückhafter Fisch. Er war wieder einmal davongekommen.

Einige Blessuren dürfte er davongetragen haben, aber Dorsche sind zähe Burschen und nach einiger Erholungszeit wird er noch ein gutes Stück Leben genossen haben. Frei nach Wilhelm Busch: „Vierzehn Tage war der Dorsch so krank, jetzt schwimmt er wieder, Gott sei Dank".

In diesem Zusammenhang fällt mir ein Cartoon ein, der ein paar Jahre nach der Fahrt mit leichten Variationen durch die Institute kursierte. Man sieht zwei Fische, die sich im Meer begegnen. Der eine ganz normal, der andere mit völlig zerfledderten Flossen, abgekratzten Schuppen und schielenden Augen. Ein erbarmungswürdiger Anblick. Fragt der Gesunde: „Hai?". Antwortet der andere: „Nee, Forschungsschiff!"

Wie sah nun unsere Freizeit aus? Der Tag hat bekanntlich 24 Stunden, von denen aber 12 - 14 Stunden auf die Arbeit entfielen. Die Schlafdauer hatte sich auf ca. sechs Stunden eingependelt, so dass - etwa eine Stunde für alle Mahlzeiten mit berücksichtigt - ungefähr drei bis fünf Stunden reine Freizeit übrig waren, die sich aber inselartig über den ganzen Tag verteilte. In diesen Zeiten schauten wir entweder irgendetwas im Fernsehen, schrieben Briefe oder Tagebücher, hockten bei Kameraden auf der Stube, gingen an Deck spazieren und observierten den Ozean nach irgendwelchen Lebewesen.

Oder wir spielten Tischtennis. Unter dem Arbeitsdeck war eine Tischtennisplatte aufgestellt. Bereits am zweiten Tag unserer Reise fanden sich die ersten Spieler ein und eigentlich waren jeden Abend fast alle „Eingeschifften" sowie der eine oder andere von der Mannschaft aktiv dabei. Einzelkämpfe wechselten mit Doppeln, die wiederum von einem erheiternden „Rundlauf" unterbrochen wurden. Diese Sportart war unsere wesentliche Bewegungsquelle und trug auch sehr zur Kurzweil bei. Besonders bei Seegang soll man nicht glauben, der Ball käme auch dort an, wo man ihn erwartet oder wo man ihn hinhaben möchte. Während der Ball stur seine Flugbahn beibehält „kippt" das Schiff weg und der Spieler schlägt sehr elegant daneben. Mancher „Angreifer" hat schon mit verdutztem Gesicht seinem Schmetterball nachgeschaut, der erfolglos verpuffte, da die Platte nicht mehr an der anvisierten Stelle war. Immer wieder eine erheiternde Angelegenheit.

Nicht zu vergessen sind die Mahlzeiten, die wir in schöner Regelmäßigkeit und bei gutem Appetit zu uns genommen haben. Sie stellten immer die wesentlichen Eckpunkte des Tages dar, denn das Essen war reichlich und gut. Meist gab es bereits zum Frühstück etwas Warmes, was mir zwar eine noch unbekannte, aber letztendlich doch angenehme Sitte war. Als Beispiel für unsere Speisefolge habe ich mal eine der kleinen Karten abgeschrieben, die wir jeden Morgen frisch getippt in der Messe vorfanden. Der Plan für den 19. März 1980 lautete:

07 : 30: Frühstück:     Pampelmuse, nach Wahl Bratwurst, gebratenen Fisch, Hawaiitoast oder Karamelsuppe, Brot, Marmelade, Honig, Käse, Kaffee oder Tee

11: 30: Mittag:     Vorsuppe (Consomme), Goulasch mit Spätzle oder Kartoffeln - Für jeden so viel er kann. Apfel

15:00: Kaffee:Kaffee, Tee, Kuchen oder Kekse

17:30: Abendbrot:     Gefüllte Paprikaschote mit Reis oder Kartoffeln Sechs Sorten Wurst, zwei Sorten Käse, Brot, Joghurt, Milch oder Tee.

Wir befürchteten, bei der guten Verpflegung später in Bremerhaven wieder von Bord „gerollt" werden zu können. Dabei ist die eben gegebene Liste nicht ganz typisch, da Fisch naturgemäß eine etwas größere Rolle spielte als angegeben. Mir persönlich bereitete es eine besondere Freude, wenn der kleine Räucherofen auf dem Arbeitsdeck angefeuert wurde. Dann gab es nämlich abends frisch geräucherte Makrelen. Noch halbwarm, frisch und von einem unvergleichlichen Geschmack. Eine ungeheure Delikatesse.

Das Wetter hatte uns bereits in den ersten Tagen der Fahrt fast die gesamte Palette des im Nordatlantik Möglichen dargeboten. Von Sturm mit Windstärke 10 bis zur völlig flachen See bei vorfrühlingshaftem Sonnenschein und nur leisem Luftzug. Als besonders beeindruckend empfand ich die teilweise grandiosen Wolkenlandschaften. Regenfronten zogen als schwarze Bänke über den Horizont und löschten die Sonne teilweise oder ganz aus. Scheinwerferartige isolierte Sonnenstrahlen brachen durch Wolkenlücken und überzogen die jetzt graue See mit malerischen, silbrigen Flecken.

An anderen Tagen wiederum trug ein blauer Himmel grandiose, bizarr gestaltete weiße Wolkengebirge, die scheinbar vom Horizont aufstiegen und bis über unsere Köpfe reichten. Dann wieder hetzten zerrissene Wolkenfetzen von stürmischen Winden getrieben über den Himmel und erinnerten an wagnerschen „Walkürenritt". Jeder Abend zeigte einen anderen Sonnenuntergang. Mal ging die rote Scheibe vor einem dunstigen Horizont zu Bett, dann wieder ließ die Sonne den Himmel noch einmal in den verschiedenen Nuancen des Farbspektrums aufleuchten und gelegentlich ging die Sonne gar nicht unter weil wir vollkommenes Grauwetter hatten. Es war abwechslungsreich, beeindruckend, schön.

Eine Abwechslung besonderer Weise bekamen wir am 21. März. Der Tag begann mit Bezug auf das Wetter etwas unentschieden, schien aber schön werden zu wollen. Am späteren Vormittag sahen wir jedoch aus Nordwest eine weißlich-graue „Wand" heranziehen, die uns bald erreichte und plötzlich standen wir in heftigstem Schneetreiben mit Windgeschwindigkeiten um 37 Knoten (Windstärke 8).

Dieser Rückfall in den Winter hielt den ganzen Tag und die Nacht an. Die Decks überzogen sich mit einer weißen Decke und wurden teuflisch glatt, so dass das Arbeiten im Freien zu einer ekligen Angelegenheit wurde. Das hielt jedoch einige Kollegen nicht von einer zünftigen Schneeballschlacht ab, die große Erheiterung hervorrief.

Meine mittlerweile üblich gewordenen Abendspaziergänge an Deck ließ ich an dem Tag ausfallen, es war mir einfach zu kalt und abscheulich. Immer noch Schneetreiben bei scharfem Wind, dazu in Episoden Spritzkaskaden aus dem Ozean. Es war überhaupt niemand an Deck, was eine merkwürdige Atmosphäre ergab. Durch den Lichtkegel der Deckbeleuchtung trieben die Schneeflocken, ein Block bewegte sich rhythmisch und mit leicht quietschendem Geräusch in seiner Aufhängung, der Wind orgelte in den Drähten und jenseits des Schanzkleides sah ich nur Schwärze und gelegentlich die leichte Helligkeit einer schaumgekrönten Welle. Der Wind ging durch alle Kleidung, pfui Teufel, ab in die Messe!

Am 23. März erreichten wir das Arbeitsgebiet vor der Westküste Irlands. Hier standen insgesamt knapp 80 Stationen an, die vornehmlich der Erhebung von Fischbrut und Plankton dienten. Die Fischerei spielte nur eine untergeordnete Rolle, da die Wassertiefe bis über 3000 m reichte, also für unsere Schleppnetze viel zu tief war. Die 80 Stationen waren in einem rechteckigen Seegebiet von 140 x 180 Seemeilen regelmäßig und mit einem Abstand von jeweils 20 Seemeilen voneinander angeordnet.

Eine derart regelmäßige Anordnung von Untersuchungsstationen nennen die Meeresforscher „Stationsgitter" oder „Grid", wobei im internen Gebrauch das lässigere „Matratze" verwendet wird. Würde also jemand fragen, was wir gemacht hätten und ich hätte kurz „Matratze gefahren" geantwortet, jeder Kollege hätte gewusst, was gemeint ist. Wir begannen an der küstennächsten und nord-östlichsten Station, fuhren zunächst auf 54° 20' N mit exakt geradem Westkurs in den Atlantik hinaus und arbeiteten alle 20 Meilen die jeweils anstehende Station ab. Nach der letzten Station ging es 20 Seemeilen direkt nach Süden auf 54° 00' Nord und dann mit Ostkurs wieder auf die Küste zu. Dann 20 Meilen nach Süden, wieder raus in den offenen Atlantik usw. Immer hin und her.

Ein „satter" Fang Makrelen kommt rein (oben) und landet in unserem Auffangraum (unten). Viel Arbeit für die Wissenschaft, aber auch eine Delikatesse nach Durchlaufen des Räucherofens.

Diese Änderung der Untersuchungsstrategie bedingte auch eine Anpassung des Arbeitsrhythmus. Hatten wir bisher nur am Tage gefischt, so wurde nun Tag und Nacht durchgearbeitet. Dazu hatten wir vier Leute aus Kiel zwei Wachtrupps gebildet. Jochen – mein Kabinenkamerad und „Macker" – und ich hatten die Wachen von 0 – 6 Uhr und 12 – 18 Uhr, während Gunnar und eine isländische Studentin mit Namen Lovisa von 6 – 12 bzw. 18 – 24 Uhr für die Fänge zuständig waren.

Diese Wacheinteilung war nicht von Ungefähr. Gunnar hatte die Eigenart, nach dem Mittagessen ein Schläfchen zu halten. „Nur ein Viertelstündchen – auf dem kleinen Zeiger" wie er sich auszudrücken pflegte. Nun, wir ließen dem „alten Mann" (er war ja schon über Vierzig!) seine drei Stunden Ruhe. Er hatte in seinem Leben bereits genug gearbeitet.

In Island geboren und aufgewachsen, ging er schon früh zur Fischerei und schuftete auf dem Nordatlantik. Bei jedem Wetter, Tag und Nacht, mit wenig oder fast keinem Schlaf und den körperlichen Strapazen, die dieser knallharte Beruf mit sich bringt. Dagegen war unsere Fischerei hier ein gemütlicher Spaziergang. Manches aus dieser Periode hatte wohl Narben auf der Seele hinterlassen, denn gelegentlich erzählte er davon. Vor allem immer wieder die Geschichte, wie ihnen weit draußen auf dem Atlantik das Trinkwasser ausging und sie das Kondenswasser von den Wänden der Fischräume auffingen. Eine Flüssigkeit voll mit den Verschmutzungen, die sich bei der Fischerei so an den Wänden ablagern und von einem Geruch und Geschmack, der jenseits jeder Vorstellung unseres Allerweltslebens lag.

Irgendwie aber schaffte er den Absprung in das sehr viel ruhigere wissenschaftliche Gewerbe. Er kam nach Deutschland, heiratete, arbeitete bei uns am Institut, war immer bescheiden und freundlich, offenbarte also genau die Charakterzüge, die jene Menschen adeln, die wirklich etwas erlebt haben. Es war angenehm mit ihm zu arbeiten, denn wir konnten eine Menge von ihm lernen und meine ziemlich gute Kenntnis der nordatlantischen Fischfauna verdanke ich ihm. Nebenbei war er auch einem guten Tropfen nie abgeneigt, aber ich habe bei ihm nie einen wikingerähnlichen Rausch gesehen.

Aber unruhigen, wikingischen Unternehmensgeist trug er offensichtlich doch noch im Blut, denn einige Zeit nach unserer Fahrt brauchte er mal wieder eine Abwechslung und ging für einige Jahre nach Malaysia. Dort half er, wissenschaftliche Standards und Methoden einzuführen, kehrte aber letztendlich wieder nach Deutschland zurück. Und dann starb er. Völlig unerwartet war er plötzlich tot. Es geschah bei einem Familienbesuch auf Island und so kehrte der alte Kämpe doch wieder heim auf seine Insel im Nordatlantik, die er einst verlassen hatte, um sein Leben den Fischen zu widmen.

Für die Bestandserhebungen am Plankton und der Fischbrut verwendeten wir zwei Netztypen: Das so genannte Bongonetz und den Neustonschlitten. Das

Bongonetz (siehe Seite 49) besteht aus einem achtförmigen Rahmen an den die zwei, etwa drei Meter langen Netze befestigt werden. Diese Netze sind sehr fein und hatten in unserem Falle Maschenweiten von 0,3 und 0,5 mm. Am Ende sind abnehmbare Fangsäcke, in denen sich das Plankton und die Fischbrut sammeln. Damit das Netz im Wasser aber stabil gezogen werden kann und sich nicht etwa zu drehen oder aufzurichten beginnt, gehört zur vollständigen Ausrüstung des Gerätes ein so genannter Scherfuß. Das ist ein hydrodynamisch geformter, schwerer Metallkörper, der ein wenig an einen futuristischen Düsenjäger, allerdings mit nach unten gerichteten Flügeln erinnert. Dieser Scherkörper sorgt für eine ruhige Führung des Netzes. Die achtförmige Rahmenkonstruktion erinnert ein wenig an Bongotrommeln, was dem Netz auch den Namen gegeben hat, wobei wieder im internen Gebrauch nach einem berühmten Professor der Begriff „Hempels Hosen" in Umlauf war.

Viele Fischeier sind aber kaum in der Wassersäule anzutreffen, da sie Öltröpfchen enthalten und durch deren Auftrieb an der Wasseroberfläche schwimmen. Diese Eier werden von dem Bongonetz nicht hinreichend erfasst, weshalb wir noch den Neustonschlitten verwendeten. Katamaranähnlich aufgebaut, trägt die Konstruktion zwei übereinander angebrachte Planktonnetze, die direkt die Wasseroberfläche und die Schicht darunter durchseihen. Auf diese Weise kamen wir z. B. auch an die Eier vom Kabeljau heran.

Die Probennahme lief immer nach dem gleichen Modus ab. Schauen wir uns daher die nachfolgende repräsentative Szene im Detail an: In einer bestimmten Kabine sitzen zwei hoffnungsvolle Jungakademiker, der eine liest, der andere füllt Seite um Seite in seinem Reisetagebuch. Das Telefon klingelt und aus dem Hörer vernehmen wir gerade noch die schnarrende Stimme des Wachhabenden: „Es ist gleich so weit, in zehn Minuten auf Station". Unsere beiden Adepten erheben sich und schreiten gemessenen Schrittes, aber durchaus ohne Verzögerung in das Labor. Nun müssen die Probentöpfe beschriftet werden, die Fangbeutel, zwei für das Bongo, zwei für den Neustonschlitten, werden noch einmal kurz durchgesehen und die Fangprotokolle soweit es möglich ist ausgefüllt: Stationsnummer, Uhrzeit, Wetterbedingungen.

Dann geht es an Deck. Die Fangbeutel werden an den Netzen befestigt. Dann folgt eine der wichtigsten Tätigkeiten, das Ablesen der Strommesser und die Notierung des Wertes im Fangprotokoll. Die Plankton- bzw. Fischbrutuntersuchungen zielen darauf ab, die Menge der Organismen im Meerwasser zu ermitteln.

Dafür muss aber festgestellt werden, wie viel Wasser während des Fanges durchfischt wurde. Zu diesem Zweck sind in den Öffnungen des Bongonetzes zwei Strommesser angebracht, die aus einem kleinen Propeller und einem mechanischen Zählwerk bestehen. Wenn das Netz durch das Wasser gezogen wird, dreht sich der Propeller und das Zählwerk springt pro Umdrehung um eine

Einheit weiter. Da nun bekannt ist, dass 3,5 Umdrehungen auf jeden gezogen Meter entfallen, ist die durchfischte Wegstrecke leicht zu errechnen. Dieser Wert wird mit der Öffnungsfläche des Netzes multipliziert und man erhält als Ergebnis das durchfischte Wasservolumen in Kubikmeter.

Nachdem der aktuelle Stand des Zählwerkes ermittelt ist, befindet sich auch bereits das Schiff in Position, der Windenmann hievt das Netz über den A-Galgen steuerbords achtern an, dann drücken wir das Netz über die Bordwand, es wird gefiert, das Fanggerät verschwindet im Ozean und wird allmählich bis auf eine Tiefe von 150 m herabgelassen. Während dieser Prozedur fährt die „Anton Dohrn" mit lediglich 3 Knoten, so dass das Netz bereits während des Fierens langsam durch das Wasser gezogen wird.

Der nächste Weg führt auf die Brücke. Dort müssen unsere jungen Leute darüber wachen, wann das Netz in 150 m Tiefe angekommen ist. Dazu ist oberhalb des Netzes ein Druckmessgerät angebracht, dessen Signale durch ein in dem Stahlseil verlegtes Kabel (ein sog. „Einleiterkabel") auf einen Schreiber geleitet wird. Der Schreibstift zeichnet nun die kontinuierlich zunehmende Wassertiefe auf das Papier, während das automatisch vorrückende Papier die Schiffsbewegung simuliert. Es entsteht also eine schräge absteigende Linie. Ist die 150 m - Tiefenmarkierung erreicht, wird der Mann an der Winde informiert und beginnt sofort zu hieven.

Auf dem Schreiber erscheint nun eine aufsteigende schräge Linie, so dass die Figur des gesamten Fanges einem breiten V ähnlich sieht. Da der Fang während der „schrägen" Phasen erfolgt, spricht man im Berufsjargon von „Schräghol". Das Gegenteil dazu wäre z. B. der Vertikalhol, bei dem das Schiff steht und das Netz bis auf eine bestimmte Tiefe gefiert und anschließend sofort gehievt wird. Ein Horizontalhol dagegen wird wieder bei fahrendem Schiff durchgeführt, beschränkt sich aber nur auf eine Tiefe. Die Schräghols haben gegenüber dem Vertikal- und dem Horizontalhol den Vorteil, dass ein großes Wasservolumen und viele Tiefenhorizonte befischt werden.

Die Netzwache ist mittlerweile wieder beim A-Galgen angekommen, schaut ins Wasser und erkennt in den grünlichen Fluten als hellen Schimmer das auftauchende Netz. Durchbricht das Gerät die Wasseroberfläche wird es noch ca. 2 m gehievt und dann müssen die Netzbeutel mit einem Schlauch abgespritzt werden. Dadurch gelangen auch alle Organismen die an den Netzwandungen hängen geblieben sind in den Fangsack. Anschließend wird das Netz an Bord genommen.

Dort bleibt es erst einmal unbeachtet liegen, denn die Jungs setzen den Neustonschlitten aus, der für 15 Minuten wie ein Katamaran über die Meeresoberfläche tänzelt, wobei die Netze alles Getier absammeln, das in den oberen 20 - 30 cm des Meeres lebt. Während dieser Phase werden die Strommesser im Bongonetz erneut abgelesen, die Fangsäcke werden abmontiert und in das

Labor gebracht. Dann kommt der Neustonschlitten wieder an Deck, das Schiff nimmt sofort volle Fahrt auf und begibt sich ohne Verzug zur nächsten Station.

Wir setzen das Bongonetz aus. Die beiden Netze haben unterschiedliche Maschenweiten (300 und 500 μm) und erlauben so, das Größenspektrum des Planktons etwas differenziert zu erfassen.

Zwischen den beiden Netzen erkennt man den Scherfuß, der für eine ruhige Führung des Netzes im Wasser verantwortlich ist.

Der Neustonschlitten sammelt alles ab, was an der Oberfläche treibt. Unter anderem die für die Bestandserhebungen wichtigen Fischeier.

Die Station ist jedoch erst wirklich abgeschlossen, wenn im Labor alle Fänge in die jeweiligen Probentöpfe umgefüllt sind, der Papierkram erledigt ist und noch ein wenig aufgeklart wurde. Die beiden Jungakademiker begeben sich in ihre Kammer, setzen sich an den Tisch. Der eine liest, der andere schreibt Tagebuch. Bis das Telefon klingelt. So oder so ähnlich liefen alle Plankton- und Fischbrutfänge ab. Die 80 Stationen vor Irland und die knapp 140 auf der gesamten Reise.

Diese Arbeiten bedeuteten für uns eine deutliche Umstellung. Die abendlichen Tischtennisrunden entfielen, da wir gegen 20 Uhr zu Bett gingen, um vor der Nachtwache noch zu Schlaf zu kommen. Trotzdem überzog unsere Köpfe im Laufe der nächsten Tage eine zunehmende Müdigkeit, da wir beide noch nicht auf Nachtarbeit trainiert waren. Ich habe später gerne und immer freiwillig die Nachtschichten von 0 – 6 gemacht, aber auf dieser ersten Fahrt hing mir noch der übliche „bürgerliche" Lebensrhythmus nach, bei dem eben in der Nacht geschlafen wird.

Unangenehm waren vor allem die Wartezeiten zwischen den Stationen, die ungefähr immer eine Stunde betrugen. Zunächst versuchten wir, diese Zwischenräume mit etwas Schlaf zu füllen, was sich aber nicht bewährte, denn wenn das Telefon klingelte, erwachten wir völlig verdreht und waren müder als davor. Also ließen wir das bleiben und nutzten die Zeit, um ein paar Super-8-Filme zu schauen. Meist mit sehr obszönen Inhalten. Wir stellten aber nach dem 25. Film fest, dass sie immer die gleiche Story erzählen und das Ende auch immer das Gleiche ist. Hast du einen Film gesehen, kennst du alle.

Also Licht an in der Kabine, Kaffee aus der Messe holen, einige Arbeiten erledigen und an Deck im frischen Wind spazieren gehen. Den toten Punkt hatten wir immer so zwischen drei und vier Uhr morgens. Wenn die Dämmerung über den Horizont kroch, ließ auch die Müdigkeit etwas nach und wie Licht am Ende des Tunnels war das Ende der Nachtschicht abzusehen. Um sechs Uhr war dann Wachwechsel, dann ging's unter die Dusche und um halb acht zum Frühstück. So gegen neun verholten wir uns noch einmal für zwei Stündchen in die Koje, standen aber rechtzeitig auf, um punkt halb zwölf das Mittagessen einzunehmen, denn um zwölf war wieder Wachbeginn.

Natürlich waren besonders die Nachtschichten mit unangenehmen „Vorkommnissen" garniert. So wurde einmal Jochen beim Einholen des Neustonschlittens durch diesen zu Boden gerempelt, da eine Windböe dem ganzen Gerät einen kräftigen Stoß gab. Einige Tage später passte der Windenfahrer beim Einholen des Bongonetzes nicht auf und ließ das ganze Gerät unvermittelt aus ca. 1,5 m Höhe auf Deck fallen. Meine Füße konnte ich vor dem aufschlagenden Scherfuß noch rechtzeitig in Sicherheit bringen, aber der Netzrahmen knallte auf den Scherfuß und wurde in einer federnden Bewegung wieder nach oben geschleudert, wobei er mir kräftig einen unter die Nase gab. So sah ich mir den anschließenden sehr schönen Sonnenaufgang mit einem Taschentuch vor der Nase an, um die Blutung zu stillen.

Der Autor während der Freiwache auf dem Achterdeck der „Anton Dohrn", 1980.

Zum Angeben war gerade kein größerer Hai verfügbar...

Foto: Voss, 1980 überlassen.

Die kitzeligste Situation erlebten wir aber mit dem etwa einen Zentner wiegenden Scherfuß. Der Fang mit dem Bongonetz war beendet, das Gerät hing bereits wieder zum Hereinnehmen an der Steuerbordseite. Gerade als wir nach dem Scherfuß vor uns greifen wollten, legte sich die „Dohrn" in einer mächtigen Welle stark nach Steuerbord über. Der Scherfuß schwang daher weit von der Bordwand ab. Dann ging das Schiff in die Gegenbewegung über und wie ein Geschoss raste nun der Scherfuß auf uns zu. Vorausberechneter Endpunkt der Fahrt: Unsere Gesichter. Wir haben uns sofort hinter die Bordwand geworfen und erwarteten jeden Moment, das 50-Kilo-Monstrum über uns hinwegschwingen zu sehen. Dazu kam es aber nicht, denn das Schiff legte sich soweit nach Backbord, dass der Scherfuß mit ohrenbetäubendem Getöse an das stählerne Schanzkleid knallte und dort hängen blieb. Diese Situation relativer Ruhe haben wir genutzt, blitzschnell aufzutauchen, uns des Dinges zu bemächtigen und ordentlich an Bord zu nehmen.

Ich sehe an den Aufzeichnungen in meinen Tagebüchern wie sich die Sicht der Dinge mit der Erfahrung gewandelt hatte. Leichte Verletzungen, Rempler durch Geräte, die Notwendigkeit, rechtzeitig die Füße beiseite zu nehmen, durch Wellenbewegung angeheiztes, wild schwingendes Gerät über Deck und ähnliche Unannehmlichkeiten habe ich später öfters erlebt. Aber eine Notiz in den Tagebüchern war mir das nicht mehr wert, es war Bestandteil des Tagesgeschäftes geworden. Nur auf dieser ersten Reise meinte ich noch, solche Sachen als Besonderheiten festhalten zu müssen.

Rund eine Woche nach Beginn der Planktonfänge kam dann vom Kapitän die erlösende Nachricht: „Kinders, letzte Station, danach Ablaufen nach Cork". Na, diese Nachricht beflügelte sowohl die Wissenschaftler als auch die Stammbesatzung. Es war von Anfang an bekannt, dass wir unsere Reise für ein Wochenende in Irland unterbrechen würden, aber niemand wusste so genau, wann das nun war. Wir vermuteten, etwa in der Mitte der Fahrt und erwarteten daher täglich die Bekanntgabe des Termins, aber die Leitung ließ uns bis zum Zeitpunkt des Ablaufens im Unklaren.

Nun wurde das Schiff landfein gemacht. Die einzelnen Arbeitsgruppen reinigten ihre Gerätschaften und verstauten sie provisorisch, denn falls Besuch an Bord käme, sollte keine Unordnung einen Schatten auf unser schönes Schiff werfen. Jochen und ich ordneten unsere Kabine, wechselten die Bettwäsche und selbst den sonst immer chaotischen Schreibtisch verwandelten wir mit Geduld in ein einigermaßen passables Möbelstück. Peter, der Steward, arbeitete sich mit Lappen und Spezialmittel durch die Kammern und reinigte die Messingeinfassungen der Bullaugen bis sie in Hochglanz erstrahlten.

Am intensivsten war jedoch die Mannschaft in Aktion. In Ölzeug eingekleidet und mit Schrubber, Scheuermittel und Wasserschlauch rückten sie allen Verschmutzungen in den Fischereilaboren zu Leibe. Boden, Decke und Wände wurden eingeseift, abgeschrubbt und mit sehr viel Wasser aus den Schläuchen sauber gespritzt. Dabei waren die Jungs in wunderbarer Stimmung. Es wurden unanständige und lustige Lieder bei der Arbeit gesungen, ab und zu „swingte" einer im Tanzschritt zum nächsten Arbeitsgang und insgesamt herrschte ein Jauchzen und Geplapper, wie es schon lange nicht mehr im Schiff zu hören war

Hätten wir ein kleines Fischerboot überholt, so wäre dessen Besatzung einer „Anton Dohrn" ansichtig geworden, die mit voller Fahrt durch den Ozean rauschte. Sie hätten die Männer mit Schläuchen, Schrubbern und Besen über Deck wuseln, aus den Speigatten sich ergießende Kaskaden von Wisch- und Spülwasser sowie das große Aufklaren an Deck beobachten können. Dann hätten sie gewusst: Dieses Schiff geht in den Hafen. Aber wir haben keine Fischer getroffen, denn auf der gesamten Reise haben wir lediglich drei Schiffe zu Gesicht bekommen: Die „Walther Herwig", ein Küstenschutzboot und später das Fischereischutzboot „Fridtjof". Zufallsbegegnungen hat es nicht gegeben, alle Treffen waren entweder von uns arrangiert oder durch unsere Anwesenheit ausgelöst.

Den Nachmittag des nun dienstfreien Tages verbrachten alle mit den Planungen des Landaufenthaltes. Gunnar und der Fahrtleiter empfahlen auf jeden Fall das Seemannsheim, Jochen, Lovisa, Fritz – ein Hamburger Student - und ich beschlossen, uns ein Auto zu mieten und in den beiden Tagen zwei Touren in den Südwesten des Landes zu unternehmen. Auch die Mannschaft machte sich so ihre Gedanken. Als ich zum abendlichen Spaziergang auf dem Achterdeck erschien, saßen sechs oder sieben von ihnen wie die Hühner auf der Stange in intensivem Gespräch nebeneinander.

Einer sprach mich direkt an: „Na, willst du auch morgen in den Puff, willst du auch mal wieder so richtig fi......" Ich war baff, aber wie bereits gesagt, die Wortwahl auf einem Fischereischiff entspricht nicht der eines Damenkränzchens. Völlig wider Erwarten hatte ich eine schlagfertige Antwort parat und brubbelte sinngemäß, dass ich vor der Reise so viele Damen beehrt hätte, dass mir jetzt „dort" noch alles weh täte und ich daher lieber einen Pub aufsuchen würde. Schallendes Gelächter von der Hühnerleiter quittierte meine Aufschneidereien. Danach wendete sich das Gespräch wieder ernsthafteren Themen zu und ich setzte nach ein paar Minuten und einer Flasche Bier meinen Spaziergang fort.

Cork, die wichtigste Stadt im irischen Südwesten, liegt am Ende einer tiefen, fjordähnlichen Bucht, deren Eingang wir bereits während der Vormittagsstunden des nächsten Tages erreichten. Zu unserem Verdruss war jedoch ein Einlaufen nicht möglich, da ungünstige Tidenverhältnisse und das Fehlen eines Lotsen dies verhinderten. So übten wir uns in Geduld, schliefen noch ein wenig und warteten die kommenden Ereignisse ab. Natürlich wurde der am frühen Nachmittag eintreffende Lotse freudig begrüßt und schon bald nahm „Anton Dohrn" wieder Fahrt auf und war schnell von Land umgeben. Der große Ozean blieb hinter uns zurück und das Schiff schob sich langsam durch eine ruhige, fast unbewegte Wasserfläche an den grünen Landschaften vorbei.

Mit der Zeit jedoch erschienen die ersten Häuser an beiden Ufern und das Auftauchen eines hohen Kirchturmes kündigte die Passage des Städtchens Cobh an, das wohl mal bessere Zeiten gekannt hatte. Früher, als der Ort noch Queenstown hieß, hielten hier von Europa kommende Passagierdampfer, um die letzten Reisenden vor der transatlantischen Überfahrt nach Amerika aufzunehmen. Unter anderem auch die berühmte „Titanic". Davon ist aber nichts mehr zu sehen oder zu spüren. Vorbei an bunten Häuschen, Flecken grünen Landes und z. T. begleitet von auf Uferstraßen fahrenden Autos strebten wir immer weiter in das Buchtinnere bis der Anblick deutlich städtischer und geschäftiger wurde. Der Eingang zum Corker Hafen wird auf der Backbordseite durch einen kleinen, burgähnlichen Gebäudekomplex namens Blackrock Castle markiert. Schiffe aus aller Herren Länder lagen im Hafen, darunter ein großer Chinese, neben dem ein auf der Pier stehender VW-Käfer wie ein Spielzeugauto wirkte.

Die Schiffsführung war ein wenig nervös und rannte mit Walkie-Talkies über die Decks, da unser Gefährt in dem recht engen Hafenbecken, das im Übrigen nichts anderes darstellt als den Mündungsbereich des River Lee, drehen musste, um mit der Steuerbordseite an dem Kai festzumachen. Es wäre äußerst ungünstig gewesen, da irgendwo im Wege zu stehen und so betrachten wir die ganze Prozedur vom Peildeck und erhaschten einen ersten Blick über die Stadt mit ihren Kirchtürmen, grünen Kuppeln, der Patricks Bridge, Mensch und Autos. Eine ungewohnte Geräuschkulisse drang an unser Ohr: Gehupe, quietschende Kräne, ein allgemeiner, nicht näher zu definierender Geräuschteppich und dazwischen die Kommandos der Schiffsführung. Trossen werden übergeben, um Poller gelegt, durchgeholt. Das Schiff nähert sich langsam dem Ufer, Autoreifen als stoßfangende Fender schützten die Bordwand vor unnötigen Beschädigungen. Ein leichter Ruck markiert das „Anlegen", dann trat Ruhe an Bord ein. Die Gangway verband bald Schiff und Land. Es konnte losgehen.

Und es ging los! Während wir „Jungvolk" noch in der Betrachtung der Hafenszenerie vertieft waren und so langsam vom Peildeck herunterstiegen, verließ die Mannschaft nahezu explosionsartig das Schiff. Nur wenige Minuten nach Ende der Manöver erschienen sie in kleinen Grüppchen. Gut gelaunt, scherzend, sehr unternehmungslustig dreinschauend. Und was für ein schmucker Anblick! Vorbei war es mit Jeans und gammeligen Pullovern. Nein, in blauen, grauen und dunklen Anzügen und in hochglanzpolierten Schuhen waren sie kaum wiederzuerkennen. Die Haare frisch gewaschen, sauber rasiert und ganz deutlich betörende Duftwolken verbreitend schritten sie über die Gangway dem Abenteuer entgegen. Elegant, elegant, nur wollte hier und dort die Wortwahl nicht so recht zum feinen Äußeren passen. So leerte sich das Schiff in Windeseile, nur der Wachhabende blieb an Deck zurück. Schließlich sollten ja keine Unbefugten, womöglich „Hafengesindel", während der allgemeinen Freizeit an Bord kommen können.

So waren wir dann wahrscheinlich die letzten, die das Schiff in aller Gemütlichkeit verließen und erst einmal ordentlich durch die Stadt stromerten. Unsere kleine Gruppe, Jochen, Lovisa, Fritz und ich, wanderten die Patricks Street entlang, schauten in das eine oder andere Kaufhaus, in die Markthallen, in irgendwelche skurrilen Gassen. Die Stadt macht einen guten Eindruck, mit hübscher Bebauung, übersichtlichem Verkehr und freundlichen Menschen. Hinter den Prachtfassaden gab es allerdings auch dunkle, weniger schöne Straßen und Gassen, „englische" (man verzeihe mir das Wort) Backsteinhäuschen, weniger gute Lebensverhältnisse, vielleicht sogar Armut. Aber alles in allem wirkte der Gesamteindruck ganz normal und mit der typischen sozialen Bandbreite europäischer Hafenstädte.

Mittlerweile war es dunkel geworden und nun strebten wir ernsthaft dem Pub zu. Da wir uns ja nicht auskannten, war das nächstbeste einigermaßen seriös wirkende Lokal unser Ziel. Das Betreten gestaltete sich allerdings etwas schwierig, da der Laden gut gefüllt und die Theke wegen etwa drei Reihen davorstehender Menschen und nicht unerheblichen Tabakqualmes nur zu ahnen, aber kaum zu sehen war. Eigentlich machten wir die Theke nur als die Quelle großer Gläser mit dunklen schaumgekrönten Getränken ausfindig, die in den Raum gereicht wurden. Alle Sitzgelegenheiten waren vergeben, jedoch leisteten uns einige leere Bierkisten sehr guten Ersatz und mit viel Geduld hielten wir dann endlich unser Guinness in den Händen. Klugerweise bestellten wir bei Erhalt der ersten Getränke gleich die zweite Runde, was sich als vorteilhaft herausstellte und so haben wir das Verfahren den ganzen Abend weiterexerziert.

Der englische oder in diesem Falle der irische Pub ist bei weitem nicht nur eine Stätte erheblichen Alkoholkonsums sondern in fast noch stärkerem Maße Gesprächsforum, wo jeder mit jedem quatscht und ein nicht zu überhörender Lärmpegel herrscht. Manchmal wird musiziert und gesungen und praktisch in jedem Etablissement hängt irgendwo eine Dartscheibe und Pfeile fliegen durch die Luft.

Da die Iren in der Regel ein kontaktfreudiges Völkchen sind, waren auch wir bald in ein Gespräch mit irischen Studenten eingebunden, was uns nach der zungenlockernden Wirkung zweier Guinness und der völligen Missachtung englischer grammatikalischer Feinheiten nach dem vierten Guinness sehr gut gelang. Auf diese Weise hatten wir einen durchaus netten Abend bis gegen 23 Uhr die bekannte Aufforderung „Last order, please" das Ende des Kneipenabends andeutete. Die letzten Biere wurden verteilt und kurz nach halb zwölf standen wir auf der Straße und zogen ziellos noch ein wenig durch die Stadt.

Die Straßen waren nun ruhig und nahezu menschenleer, allerdings drangen ab und zu einige Geräusche aus einem der „Clubs" an denen wir vorbeikamen. In diese Clubs gelangte man nur nach Gesichtskontrolle und Zahlung eines ordentlichen Eintritts, weswegen sie von der 23-Uhr-Regelung ausgenommen waren. Wir verspürten aber keine Lust, in solch einem Laden unser Geld zu versuseln und wanderten zurück zum Hafen.

Dort war inzwischen die „Anton Dohrn" von der auflaufenden Flut gehoben worden, so dass die Gangway schräg nach oben lief. Wir unterhielten uns noch ein wenig mit dem Wachhabenden als in der merkwürdig fahlen und punktuellen Hafenbeleuchtung eine rundliche Figur in verräterischen Mäandern langsam dem Schiff zustrebte. Das konnte nur Peter sein. Er war es auch und kroch die Gangway mehr oder weniger auf allen Vieren hoch. Der Anzug war deutlich zerknittert, der Schlips fehlte. Bei uns angekommen, fluchte er bös' auf die Weiber und erzählte uns die Geschichte, weshalb er aus dem Puff rausgeflogen war. Dabei hängte er sich an meine Schulter wie ein Doppelzentner Fischmehl und ich musste mich gehörig anspannen, damit wir beide nicht über Deck kugelten. Die Details seines Abenteuers erspare ich dem Leser, aber als er sich nach einer halben Stunde vorsichtig unter Deck bemühte, schimpfte er noch immer vor sich hin. Dass die Weiber nicht wüssten was sie wollten, mal so, mal so, und das einem armen Fischersmann und überhaupt und blah und blah.

Wir folgten Peters Beispiel und verzogen uns in die Kojen. In der Nacht soll es auf dem Schiff noch zu einem riesigen Radau und einer Prügelei unter einigen Mannschaftsmitgliedern gekommen sein. Irgendeiner hatte eine Bordsteinschwalbe aufs Schiff gemogelt (wo war da eigentlich der Wachhabende??) und andere wollten auch mal ran. Da der „Auftraggeber" aber nicht teilen mochte, kam es zu Problemen. Ich habe davon nichts mitgekriegt und geschlafen wie ein Bär.

Samstagvormittag erkundeten wir noch ein wenig die Stadt, mieteten uns dann aber zu viert ein Auto und fuhren eine größere Tour durch den Süden des Landes. Das Ziel war zunächst der berühmte „Rock of Cashel" eine beeindruckende Anlage sakraler Bauten auf einem gewaltigen, 90 m hohen Eiszeitfelsen. Von oben hatten wir einen sehr schönen Blick auf die unter uns liegende Landschaft, die Hore Abbey und die Ebene von Tipparary. Die Ruinen waren nicht weniger beeindruckend und boten uns die Reste einer großen Kathedrale, einer kleineren Kapelle (Cormac's Chappel), Friedhofsanlagen, einem runden Wehrturm und andere Zeugen der irischen Geschichte.

Es ist schade, dass der ganze Komplex im 17. Jahrhundert aufgegeben und dem Verfall preisgegeben wurde. Angeblich lag das an einem trägen Bischof, der zu faul gewesen sein soll, immer den Weg auf das Felsplateau antreten zu müssen. So ließ er das Dach der großen Kathedrale abtragen, machte sie willentlich unbrauchbar und ließ dann im Tal eine neue Kirche bauen. Von Cashel fuhren wir nach Cahir, wo wir eine bekannte Burg besichtigen wollten. Die hatte aber bereits ihre Tore geschlossen und so begnügten wir uns bei Kaffee und Kuchen mit einem Blick von außen. Durch die wunderschöne Landschaft kehrten wir dann auf unser Schiff zurück.

Am zweiten Tag, Sonntag also, ging es dann in den Südwesten des Landes. Nach Glengariff, auf einem Teil des „Ring of Kerry" durch das Gebirge, dann zu den Lakes of Killarney, Kenmare und über Macroom zurück nach Cork. Leider hatten wir nicht so gutes Wetter, es regnete ziemlich oft und heftig. Die Fahrt über den bekannten Pass von Molls Gap ermöglichte uns leider nicht die großartige Sicht, die ich ein Jahr zuvor auf einer Irlandtour kennen gelernt hatte. Auch die Lakes of Killarney waren an dem wolkenverhangenen Tag nicht das, was sie sonst zu bieten hatten.

Zu einer interessanten Episode kam es in Kenmare. Wir hatten in einem mitgebrachten Reiseführer gelesen, dass es dort ein keltisches Steinkreisheiligtum geben sollte. Das wollten wir uns ansehen. Im Ort angekommen, fanden wir aber keine Hinweise auf die Attraktion. Also fragten wir Passanten. Aber wie heißt „Steinkreis-Heiligtum" auf Englisch? Wir versuchten die verschiedenen Varianten, wobei der erste Versuch mit „Stone-Circle" völlig daneben ging, denn wir ernteten nur Gesichter nackten Unverständnisses. Also beschrieben wir unser Ziel, nun verstand man uns zwar, aber niemand wusste, wo das Ding war.

Endlich trafen wir dann aber jemanden, der uns sowohl verstand als auch den Weg kannte. Die Antwort brachte nun aber uns in Schwierigkeiten. „Sie fahren diese Straße runter, biegen nach rechts ab, dann die dritte Straße links. Am Ende geht es dann in einen Feldweg über, dem Sie in einer Gabelung wieder nach links folgen, dann bei der großen Eiche rechts. Dort lassen sie am besten das Auto stehen, klettern über den dort vorhandenen Viehzaun, überqueren die Wiese, folgen dem anderen Zaun nach rechts bis dort ein weiterer Zaun anschließt. Dort klettern Sie rüber und dann sind es nur 100 bis 200 m. Schönen Tag auch".

Gut, dass wir zu viert waren, um alle diese Details im Kopf zu behalten. Aber das Unwahrscheinliche gelang: Nach mehreren Klettereien, dem Überqueren einiger vom Regen völlig aufgeweichter Wiesen, mit eingesauten Schuhe und nasser Kleidung standen wir vor einem exakt arrangiertem Kreis aus 15 Steinen, die ca. 50 cm hoch waren. In der Mitte der ca. 20 m großen Anlage war ein etwas höherer aber nicht wirklich beeindruckender Zentralstein niedergelegt. Insgesamt sehr interessant und schön, dass man so etwas einmal gesehen hat, aber letztendlich war der Weg dorthin das eigentlich Beeindruckende.

Abends, nachdem wir das Auto abgegeben hatten, ging es dann noch einmal in den Pub und, als dieser um 10 Uhr schloss, in das nahe gelegene Seemannsheim mit dem schönen Namen „Anchor House". Bereits bei Eintritt wurden wir angenehm überrascht. Der Chef des Unternehmens, ein Geistlicher, begrüßte uns per Handschlag, zwei hübsche junge Damen regelten den Empfang und baten uns, Name, Geburtsdatum, Nationalität und Schiff in ein großes Gästebuch einzutragen. Nachdem diese Formalitäten mit viel Freundlichkeit von beiden Seiten erledigt waren, standen uns entweder eine Disco, ein Keller mit Billardtischen oder eine Bar zu Verfügung.

Da die Disco viel zu laut und die Billardtische alle belegt waren, entschieden wir uns für die Bar. Der Raum war einem sehr großen Wohnzimmer ähnlich eingerichtet. Sessel, Sofas, Teppiche auf dem Boden und Bilder an den Wänden. Der einzige Unterschied bestand in einer Bar, an der Herr Pastor persönlich das Bier ausschenkte. In einer der großen Sofalandschaften saßen einige Kollegen traulich mit Iren beim Guinness vereint. Wir gesellten uns dazu. Auf einmal meinte eine der anwesenden Damen, wir könnten doch mal was singen, holte eine kleine Trommel hervor und schon legten die Iren los.

Es folgten nun drei sehr schöne Stunden, in denen wir mehr oder weniger abwechselnd irische und deutsche Volkslieder und gemeinsam die typischen, meist international bekannten Seemannslieder sangen, wobei jeder seiner eigenen Textversion folgte. Über die Qualität möchte ich hier keine Aussage machen, aber schön laut war es. Es wurde viel gelacht und geScherzt, wobei die gute Stimmung noch getoppt wurde, als ein ziemlich betrunkener Seemann irgendeiner nordischen Nationalität mitsamt seinem Barhocker umfiel und über die Teppiche kugelte. Er nahm's gelassen, rappelte sich wieder auf und verlangte nach dem nächsten Bier, was ihm auch ohne Moralpredigt zugestanden wurde.

Da Sonntag war, schlossen die Pubs ja schon um zehn, unser Pastor aber hatte Schank-Sondererlaubnis bis 23 Uhr. Um viertel nach elf ließ er daher das massive Metallrollo der Bar runter. Bier gab es aber dennoch, denn er verkaufte es aus dem Lager durch die Tür. Das Gesetz macht Auflagen für die Bar, von Lagern und Türen, so meinte er, hätte er aber beim besten Willen nichts entdecken können. Es war ein sehr schöner Abend.

Als wir alle zusammen untergehakt in breiter Front singend dem Schiffe zustrebten, hatten wir noch ein irisches Ehepaar im Schlepptau, mit dem wir uns bis morgens um vier an Bord noch um zwei Flaschen Whisky kümmerten. Dann kam der Abschied, die Iren begaben sich zu ihrem am Hafen stehenden Auto (!), winkten noch einmal und dann waren sie weg. Morgens um neun quälte ich mich aus der Koje. Da waren wir bereits seit drei Stunden auf See und der Alltag hatte uns wieder.

Ausgesprochen unlustig nahmen wir die Arbeiten wieder auf, aber bereits nach der ersten Nachtschicht waren wir wieder im „Törn". Wie ich dabei leider feststellen musste, hatte mein Ölzeug einige Löcher bekommen, die ich mit Klebeband mehr oder weniger schlecht flickte. Fahrradflickzeug eignet sich zur Reparatur wesentlich besser, aber ich hatte natürlich keines dabei und die Klebebandabdichtungen fielen bald wieder ab. Punktuelle Durchnässung der Kleidung begleitete mich daher bis zum Ende der Reise, aber ich nahm es stoisch.

Am 5. April hatten wir mit der Position 112 vor der südwestlichsten Ecke Irlands die letzte Planktonstation und kehrten zu unserem anfänglichen, durch die Fischerei dominierten Arbeitsrhythmus zurück. Wir befanden uns mittlerweile in der Keltischen See, dem südlichen Gebiet zwischen Irland und England (50 – 52° N, 5 – 10° W), das uns mit ruhiger See und wenig Wind überraschte. An einigen Tagen, insbesondere in der Nähe der Scilly Islands, herrschte Nebel bzw. unsichtiges Wetter, aber auch sonnige Abschnitte bei wunderschön blauer See wurden uns geschenkt.

Das war erfreulich, denn bei allen Beteiligten war mittlerweile der Elan geschwunden. Unsere Arbeiten liefen wir am Fließband, ohne Vorkommnisse und Besonderheiten. Dies spiegelt sich auch in meinen originalen Tagebuchaufzeichnungen, die von Tag zu Tag dürrer wurden, weil es kaum noch etwas zu vermelden gab. Es stellte sich eine gewisse Langeweile ein, die aber glücklicherweise nicht zu Spannungen im zwischenmenschlichen Bereich führte. Allerdings, ganz ohne Interpunktionen verliefen die Tage nun auch wieder nicht. Einige Ereignisse sorgten auch in dem zweiten Teil der Fahrt für Abwechslung.

Zunächst machten wir uns über unsere Planktonfänge her und durchmusterten die Proben nach Besonderheiten. Dabei stellte sich heraus, dass wir in großen Mengen die Eier des Blauen Wittlings gefangen hatten. Der Blaue Wittling gehört zur Dorschfamilie, ist also mit Kabeljau, Schellfisch, Köhler usw. verwandt, erreicht ca. 50 cm und zeichnet sich durch eine schwarze Mundhöhle und schwarze Innenseiten der Kiemendeckel aus.

Wittling (Merlangius merlangus), ein enger Verwandter des Blauen Wittlings (Micromesistius poutassou). Grafikbearbeitung nach eigener Aufnahme.

Wirtschaftlich ist er nicht besonders interessant, wird gelegentlich als „Industriefisch" angelandet, soll aber angeblich gut schmecken. Nach Gunnars Aussagen war bisher aber nicht bekannt, wo die Populationen des mittleren Nordatlantik laichen. Nun wussten wir es: Vor der Westküste Irlands, denn unsere Proben waren massiv mit Eiern dieser Fischart durchsetzt. Diese Entdeckung war zwar nicht gerade nobelpreiswürdig, aber wir hatten das befriedigende Gefühl, dass sich unsere Arbeit jetzt schon gelohnt hatte.

Die zweite Unterbrechung der Bordroutine war vor allem kulinarischer Natur. Vor den Scilly-Islands holten wir ein ganzes Netz an Kaisergranat aus der See. Dieser Krebs, etwa 20 cm lang und etwas an einen zu klein geratenen Hummer erinnernd, schmeckt sehr gut. Wissenschaftlich für uns ohne Wert, feuerten wir abends einen großen Wasserkessel im Fischlabor an und bereiteten uns eine köstliche Krebsmahlzeit. Irgendwo aus der Schiffslast brachte die Mannschaft etliche Flaschen an roten bulgarischen Sekt ans Tageslicht und so kam es bei einem herrlichen Sonnenuntergang zu einem „Traumschiffmenu", das zu jeder Kreuzfahrt gepasst hätte. Vor allem freuten wir uns, dass wir für das Ganze fast nichts zu bezahlen hatten, während andere dafür tief in die Tasche greifen mussten.

Die dritte Überraschung kam am Ostersamstag als unsere Mädels meinten, wir könnten doch abends mal eine kleine Feier mit Eierlikör machen. Der Vorschlag wurde sofort angenommen und so machten sich Dietmar und die Studentinnen an die Arbeit: In einer Metallschüssel wurde die Eiergrundmasse hergestellt, mit Vanille und anderen Zutaten abgeschmeckt und anschließend wurde dies großzügig mit Alkohol aufgefüllt. Mit einer Flasche Whisky, einer Flasche Wodka und einer Flasche „Charly Peng", unsere Bezeichnung für Scharlachberg. Dann wurde das „Zeugs", wie wir es später nannten, auf leere Seltersflaschen gezogen.

Abends, nach Ende der Arbeiten, drängten sich alle in Dietmars Kammer und dann hieß es „Hoch die Tassen". Dietmar warf sein Tonband mit Seemannsliedern an und dann wurde gelacht und diskutiert, wahre und eher erdachte Geschichten erzählt und ein lustiger Abend nahm seinen Lauf.

Gegen halb zehn kam Peter zu uns. Mit einem leicht wankenden Gang, der nichts Gutes verhieß. Dietmar bot ihm sofort ein Glas „Zeugs" an. Peter lehnte ab, er hätte für heute genug und wollte nur mal sehen, was bei uns los sei. Da war er aber bei Dietmar an den Falschen geraten. Ob er denn kein echter Seemann wäre? Nur ein Gläschen Eierlikör, dass muss ein Mann schon noch vertragen können! Oder wolle er jetzt Landratte werden? Ich denke Du bist Fischer! Schon alles verlernt? Na ja, es kam wie es provoziert wurde, Peter nahm das „Gläschen" – ein randvolles jener 250 ml Trinkgläser, die wir auch benutzten – und leerte es mannhaft in einem Zug.

Peter schaute auf einmal so komisch, schwankte, würgte leicht, stellte die Augen auf „Null" und viel einfach um. Wir haben ihn in seine Kammer getragen und in die Koje gelegt.

Der Höhepunkt unseres kleinen „Bordfestes", die feinere Umschreibung für „Gesaufe", kam, als Dietmar und zwei von uns auf den engen Kabinentisch stiegen und Arm-in-Arm zu Hans Albers einen wilden Beat stampften. Wir drei mussten dabei gehörig aufpassen, nicht vom Tisch zu fallen und auch nicht mit den Köpfen gegen die Kabinendecke zu stoßen. Es war eine gigantische Fete.

Und ein gigantischer Kopfschmerz am nächsten Morgen. Wir waren aber schon wieder klar als uns die vierte Überraschung geboten wurde. Bei schönstem Nachmittagswetter arbeiteten wir gerade an unseren Geräten als uns plötzlich von der Brücke der Ruf „Wale! Wale steuerbord achtern" elektrisierte.

In der Tat, in der angegeben Richtung wälzte sich eine kleine Herde von Grindwalen durch das Meer. Es waren wohl 15 bis 20 Tiere, genau ließ sich das in dem Reigen auftauchender und abtauchender blauschwarzer, kräftiger und glänzender Rücken nicht feststellen. Die Wale zogen ruhig quer zu unserem Kurs hinter dem Heck entlang, einige sprangen aus dem Wasser und fielen mit viel Getöse und spritzendem Wasser wieder zurück. Ein überwältigender Anblick, der so lange die Arbeit unterbrach, bis sie in der Weite der See nicht mehr zu erkennen waren.

Leider konnte Hein, unser Bootsmann und einer meiner Mentoren an Bord, diese Walbegegnung nicht mehr sehen. Wir mussten ihn am Karfreitag krankheitsbedingt auf das heimlaufende Fischereischutzboot „Fridtjof" geben. Nach Aussage des Schiffsarztes hatte er „irgendwas mit dem Kreislauf". Schwindelgefühle, der Blutdruck war nicht so wie er sollte und er litt unter diversen unspezifischen Malaisen. Der Arzt wollte ihn gerne an Land und in ein Hospital schicken.

Die Fischereischutzboote waren eine segensreiche Einrichtung für die Fischerei. Sie begleiteten die Fangflotten auf ihre Fangplätze in das Nordmeer, nach Labrador oder nach Grönland und unterstützten die Fischer in allen möglichen Belangen. Sei es die meteorologische Beratung, die technische Hilfeleistung, ihre besondere Zuwendung im Schadensfalle oder natürlich die Hilfestellung bei Krankheiten, Unfällen usw. Wie schnell ist in dem harten Fanggewerbe ein Bein gebrochen, ein Finger gequetscht oder ein schwerer Unfall passiert. Eine an Deck prasselnde See kann den unaufmerksamen Fischer gegen Poller und Winschen schlagen, Stahltrossen ihm die Finger absägen, ein wild um sich schlagendes Scherbrett zertrümmert ohne Aufhebens Knochen und erschlägt Männer. Das Nordmeer ist ja nicht gerade für das beste Wetter bekannt und erhöht das Risiko „etwas abzubekommen" drastisch. Daneben sind natürlich auch normale Krankheiten nicht auszuschließen. Bis hin zu einem kariösen, schmerzenden Zahn.

Die Fischereischutzboote waren also einerseits eine große Hilfe für die Fischer. Allerdings führten die Boote auch Kontrollaufgaben durch, wenn zum Beispiel Einschränkungen bzgl. der Maschenweite der Netze, der Fangmengen etc. vorlagen. Mit dem Rückgang der Fischerei verschwanden auch die Fischereischutzboote von den Ozeanen und operieren meines Wissens heute nur noch in Nord- und Ostsee bzw. in der Wirtschaftszone.

Als Hein aber erkrankte, da pflügten sie noch durch die Ozeane und wir konnten die heimlaufende "Fridtjof" nutzen, unserem Bootsmann beste Hilfe angedeihen zu lassen. Aber dazu musste er erst einmal auf das Schiff. Während geübte Seemannshände das Schlauchboot bereit machten, wurde Hein auf einer Trage an Deck gebracht. Nun war noch eine wichtige Angelegenheit zu erledigen. Da Hein während des Transfers auf der Trage bleiben musste, waren Rettungswesten so an der Trage anzubringen, dass der Bootsmann nicht bei einem Unglück samt Trage im Atlantik versank. Die Trage sollte schließlich nicht zur Bahre werden. Also stürzte die halbe Mannschaft mit Schwimmwesten bewaffnet an die Arbeit und innerhalb weniger Minuten war alles erledigt.

Allerdings, ein kritischer und prüfender Blick führte zu allgemeinem Gelächter, scherzhaften Bemerkungen und selbst Hein – bleich und verschwitzt – rang sich ein müdes Lächeln ab. Es zeigte sich, dass deutlich mehr Westen an den

Beinen als am Kopfteil waren. Unser Hein hätte also im Ernstfalle schöne trockene Füße behalten, dabei aber den Kopf ständig unter Wasser gehabt. Man machte Bemerkungen, die sich Hein als Boje vorstellten und einer meinte, wenn man ihm vorher die Schuhe auszöge, würde er zur ersten Stinkboje des Atlantiks. Die Fischer und anderen Fahrensleute würden dann am Geruch den rechten Weg finden. Genug der Hänseleien! Die Rettungswesten wurden umgeschiftet und nur wenig später gingen Schlauchboot, Hein und zwei Begleitleute auf die Reise. Dann trennten sich die Schiffe, „Fridtjof" fuhr nach Hause und wir bearbeiten weiter unser Messprogramm.

Am 10. April machten wir den letzten Hol der Reise. Sofort nachdem das Netz an Bord war, wurde „Dampf aufgemacht" und die Heimreise durch den Kanal und die südliche Nordsee angetreten. Am 14. April 1980, so gegen 11:30, waren wir wieder in Bremerhaven fest. In meinem originalen Tagebuch der Fahrt steht auf der letzten Seite das kurz gefasste Fazit:

„Ca. 4000 Seemeilen, ca. 300 Landmeilen, 138 Stationen, 137 Fischereihols, 536 Planktonproben, Hunderte von Zigaretten, eine Legion ungezählter Bierflaschen, einige Kratzer und Beulen und eine Unmenge von schönen und interessanten Eindrücken".

Nachhaltiger war aber etwas, dass mir nicht aus dem Kopf ging und zunehmend für mich an Bedeutung gewann: Unsere Begegnung mit dem großen Kabeljau – jenem, mit dem wir einen „lustigen Kampf" auszuführen hatten. Wir waren fünf Wochen auf See, haben – wie gesagt - 137 Mal das Schleppnetz bemüht und dabei zwischen Nordschottland und südlich von Irland 30.000 Quadratseemeilen, also gerundet 100.000 Quadratkilometer, untersucht. Wir haben nur diesen einen gefangen. Einen einzigen!

# Ein Sturm

Wir ahnten, was uns bevorstand. Als sich Wissenschaftler und Mannschaft an diesem Freitag zum Frühstück in der Messe zusammenfanden, raste bereits seit 18 Stunden ein Sommersturm mit mittleren 80 km / h, also Windstärke 9, über die Ostsee. In Böen waren Spitzen bis 100 Stundenkilometer gemessen worden, was fast der Windstärke 11 entspricht. Aber noch war es nicht so weit, da die Abfahrt von Rönne auf Bornholm erst nach dem Mittagessen erfolgen sollte.

Zu jener Zeit bestand ein internationales Messprogramm zur Überwachung von wichtigen Umweltparametern in der Ostsee, an dem sich alle Anrainerstaaten beteiligten. Bestandteil des Programms waren auch regelmäßige Treffen von Wissenschaftlern zum Austausch von Ergebnissen, aber auch zum Vergleich der angewendeten Fang- und Messmethoden. Ein solcher Workshop war jetzt nach Bornholm anberaumt.

So sah die Bevölkerung der Insel eine Flotte von Forschungsschiffen in den Hafen einlaufen: Die gastgebenden Dänen schickten die „Gunnar Thorson", Polen kam mit der „Hydromet", die DDR mit „Penck", wir mit unserem dreißig Meter messenden Forschungskutter „Alkor". Die Schweden und Finnen liefen ein. Und dann kamen die Russen. Mit einem „Schlachtschiff", der „Georgy Ushakov", einem riesigen, über 100 Meter langen Forschungsschiff, das mit verdächtig viel Antennen ausgestattet war und eine ganze Pier allein benötigte.

Den größten Teil der Woche verbrachten wir in Besprechungen und Arbeitsgruppen, aber am Donnerstag sollte ein praktischer Methodenvergleich auf See stattfinden. Also verließen alle Schiffe den Hafen und dampften in nordwestlicher Richtung bis zu einer vorgegebenen Position. Am Morgen hatte sich ein leichter Wind erhoben, der aber ungeheuer schnell an Geschwindigkeit zunahm. Bereits am Mittag überschritt die Windgeschwindigkeit das erste Mal die 70 km / h – Grenze und schwoll weiter an. Die See sprang ebenfalls sofort an, was sich auf den Schiffen durch immer stärker werdendes, unangenehmes Stoßen und Schaukeln bemerkbar machte und dazu führte, dass zur Mittagszeit alle Schiffe ihre Positionen verließen und hinter Bornholm in Landschutz gingen. Hier konnten wir in Ruhe unsere Arbeiten beenden.

Als wir zur Rückfahrt wieder freies Wasser erreichten, blies uns der Wind mit Macht entgegen, die Flaggen der Schiffe standen brettsteif und knatterten im Wind. Der Himmel war eine Mischung aus Wolken und Sonne, was zu einer sehr malerischen Marmorierung des Meeres mit dunkleren Flecken und hellgrünen Bereichen führte.

Unsere „Alkor" arbeitete schon ganz erheblich und die ersten Gischtspritzer kamen über den Bug. Den anderen kleineren Schiffen ging es ähnlich, allein „Georgy Ushakov" schien unbeeindruckt. Jeder verzog sich so schnell es ging in den Hafen, wobei die armen Dänen am meisten auszuhalten hatten: Als Gastgeber postierten sie sich schwankend und rollend unweit der Hafeneinfahrt und warteten als höfliche Gastgeber bis der letzte drin war.

Die Nacht brachte kein Nachlassen des Windes, es wehte ungebremst weiter. Als ich im Dunkeln noch einen Spaziergang durch den menschenleeren Hafen unternahm, war die Luft angefüllt mit dem Brausen des Windes, dem Geklapper der Fahnenmasten, den hohen Pfeiftönen, die der Wind in den Antennen der Schiffe verursachte und dem dumpfen Gebrüll der Brandung, die sich außen an die Hafenanlagen entlud. Keine angenehme Atmosphäre und ein Hinweis darauf, was uns erwartete.

Den Vormittag des letzten Tages verbrachten wir damit, das Schiff seeklar zu machen. Alle noch nicht festgezurrten Kisten wurden gelascht, bereits erfolgte Laschings kontrolliert. Die besonders schweren Geräte wurden von der Mannschaft professionell gesichert. Die Filtrationseinheiten – wesentliche Werkzeuge von biologischen Meeresforschern – wurden mit jeweils zwei Schraubzwingen an den Labortischen unverrückbar fixiert. Jeglicher Kleinkram, Kugelschreiber, Pinzetten, Schreibunterlagen, Notizbücher, Kurzzeitwecker und was wir sonst noch benötigten, verschwand in Schubladen, die anschließend verschlossen wurden. Wo das nicht ging, wurden die Schubladen mit starkem Klebeband gegen Aufgehen gesichert. Eimer wurden zu Türmen zusammengepresst, hingelegt und festgekeilt.

Dann kamen die Messe und die Kabinen dran. Alle persönlichen losen, harten und generell leicht beweglichen Gegenstände verschwanden in Koffern und Taschen. Im Waschraum wurden alle Seifen, Duschmittel, Rasierapparate eingesammelt und sicher weggestaut. Schuhe verschwanden in den Schränken, die sich langsam zum Bersten füllten. Dann wurden die Schränke verschlossen.

Nach 2 ½ Stunden waren wir seeklar und bereit, es mit dem Sturm aufzunehmen. Vorher versammelten sich aber die Wissenschaftler noch einmal zu einem abschließenden Treffen. Wir versicherten uns gegenseitig, gute Arbeit geleistet zu haben, hoben die freundschaftliche und konstruktive Atmosphäre zwischen allen Beteiligten aus den politisch doch sehr unterschiedlichen Ländern hervor, besprachen weitere Termine und wünschten uns gegenseitig eine gute Heimreise.

Um 12:30 Uhr ging es dann los. Nach festgelegtem Plan verließ ein Schiff nach dem anderen den Hafen, alle Signalhörner wurden zum letzten Gruß betätigt, so dass ein ohrenbetäubendes Gedröhn den Hafen erschütterte, das mir eine Gänsehaut über den Rücken jagte. Es wirkte angesichts des Chaos „da draußen" wie ein gemeinsamer Kampfschrei vor der Schlacht, der kraftvolle Ausdruck gemeinsamer Entschlossenheit.

Siggi, unser einstmals aus der Fischerei gekommener Steuermann, huschte an mir vorbei, sagte kurz und unbeeindruckt „Na, dann woll'n wir mal" und verschwand im Ruderhaus. Dann folgte das übliche Ritual: Die Maschine begann zu vibrieren, wie immer beim Anlassen des Motors wurde eine fauchende, schwarze Rauchwolke vom Schornstein ausgespuckt, vom Wind zerblasen und sofort weggeweht. Ein Mann enterte an Land und löste die Leinen, dann der Sprung aufs Schanzkleid und von da ins Schiff. Die Propeller schäumten das Hafenwasser auf und „Alkor" löste sich vom Land.

Währenddessen zeigt uns der Wind noch einmal deutlich, was er von uns hielt, denn „Georgy Ushakov" gelang es nicht, von der Pier loszukommen. Unglücklicherweise waren sie auf der Luvseite fest, so dass der Sturm mit Macht auf den Schiffskörper drückte. Die Mannschaft löste die Leinen, das Schiff schor von der Pier ab, aber – zack – hatte sie der Wind wieder gegen den Steg gedrückt. Das geschah noch ein zweites Mal und erst im dritten Anlauf gelang es dem Kapitän durch veränderte Maschinenmanöver sich im wahrsten Sinne des Wortes freizuschwimmen. Dann strebten auch sie erfolgreich der Ostsee zu.

Wir hatten den Hafen noch gar nicht richtig verlassen als uns die erste Welle bös' erwischte. Das Schiff sackte über Backbordbug weg, kassierte die volle Wucht der Welle, die sich daraufhin in einen Gischtberg auflöste und einmal über die ganze Backbordseite tobte. Dabei schickte sie auch einen entsprechenden Wasserstrahl in das offene Bulleye der Kombüse. Der Koch war gerade mit dem Aufklaren nach dem Mittagessen fertig als sich der Wasserschwall über die Geräte und den Fußboden ergoss. Smutje lief rot an, schloss aber ganz ruhig das Bullauge, drehte sich zu uns um und meinte: „So, Jungs, das war's. Kochen wegen übertriebenen Seegangs gestrichen."

Das kannten wir schon: Wenn „Alkor" zu viel Bewegung machte, konnte der sonst unerschütterliche Koch nicht mehr sicher arbeiten und in der Messe hätte es auch nichts mehr genützt, die Tischtücher anzufeuchten und die Schlingerleisten an den Tischen hochzuklappen. Das Geschirr wäre im hohen Bogen darüber geschleudert worden. In solchen Fällen wurden Brot, Butter, Käse und Wurst irgendwo seegangsicher bereitgestellt und wir würden uns, wie schon öfter, bei Bedarf und Hunger irgendwo festkeilen und versuchen, Brote zu schmieren. Eine Hand für den Mann, eine Hand für das Butterbrot.

Dreißig Meter und 240 Bruttoregistertonnen gegen eine toll gewordene Ostsee! Nach dem Zwischenfall mit der Welle hatte der Steuermann das Schiff besser in die See gebracht und bald danach lag der schützende Hafen hinter uns. Dann ging es los! Ich kletterte so gut es ging aufs Brückendeck und postierte mich neben dem Ruderhaus. Die Ostsee hatte ihr sonst friedliches Gesicht verloren. Bis an den Horizont nur die aufragenden Wellenkämme, gekrönt mit Schaumstreifen, manchmal überbrechend und mit über die See wandernden weggerissenen Gischtschwaden. Da zunächst fast ausnahmslos die Sonne schien, entstand ein ästhetisches Bild aus blau-grünem Wasser, den weißen Schaumköpfen, den Brechern sowie den zarten, halbtransparenten Schleiern der weggerissenen Gischt. Der Himmel war blau, aber diverse kleine weiße Sturmwölkchen wurden über den Himmel gejagt.

Unser Forschungskutter „Alkor". Quelle: Wikimedia commons, gemeinfrei, Foto: F. Magnusson, Kiel

Das Schiff war eine einzige ständige Bewegung. Die Wellen kamen aus West, also genau aus der Richtung, in die wir mussten. Wie es sich gehört, nahm der Steuermann die Wellen nicht direkt von vorn, sondern in einem spitzen Winkel nach Backbord. Wenn wir in eine Woge stießen, so traf sie also zunächst die Steuerbordseite, krachte gegen den Bug, wurde in meterhohe Gischtkaskaden zerschlagen, die mit dem Wind achteraus und an der Steuerbordseite entlang geweht wurden. Ich krallte mich am Schanzkleid fest und versuchte so gut es ging, dem Furor ins Gesicht zu schauen, wobei mir gelegentlich Gischtreste mit der Kraft des Sturmes ins Gesicht geklatscht wurden.

Als besonders beeindruckend, ja geradezu beängstigend empfand ich mehr die Wellentäler als die Wellen selbst. Hatte „Alkor" einen Wellenkamm überklommen, gähnte vor dem Bug ein entsetzlich klaffendes Loch, es war, als würde das Schiff in einen brodelnden Abgrund stürzen. Tief lag die Wasserober-fläche nun unter dem Bug und während die Fahrt abwärts ging, sah ich die nächste Woge heranziehen. Wie in Zeitlupentempo wanderte die blau-grüne, glasig wirkende Wassermasse auf das Schiff zu und zeigte uns ihre ganze Höhe. Schaumstreifen zogen sich die Flanken hinauf, auf der Hauptwelle hatten sich unzählige kleine Sekundärwellen aufgesattelt und obenauf saß die gischtende, in der Sonne schneeweiß leuchtende Krone.

Dann krachte der Bug gegen die Wasserwand. Es erfolgte der harte Schlag, das Aufplatzen der Woge, die Gischtschauer. Das Schiff zitterte in allen Verbän-den, der Bug hob sich und der Wasserberg rollte unter uns durch. Dann kam der nächste Abgrund, der nächste glasige Berg, der nächste Schlag, das nächste Stöhnen des Schiffes. In breit angelegter Prozession zog Wellenkamm auf Wel-lenkamm gegen das Schiff.

Gelegentlich konnten wir bereits in größerer Entfernung eine besonders hohe Welle heranziehen sehen. Dann kolkte die See noch tiefer aus, der Was-serberg türmte sich noch höher auf und schien fast das Schiff zu überragen, meine Hände krampften sich fester um das Schanzkleid und gleichzeitig neigte ich den Körper schräger nach vorn, die Beine „verankerten" sich weiter hinten. Ich merkte deutlich einen schnelleren Herzschlag, der Adrenalinspiegel stieg drastisch an.

Dann folgte die Kollision. Eine Riesenfaust schlug der „Alkor" vor den Bug, meine Arme und Beine nahmen spürbar die Belastung auf und zitterten. Eine gewaltige Schaumkaskade jagte frei über Bord, verhüllte kurzzeitig die Brücke, überzog mich mit Sprühwasser und wurde weiter über Bord geweht. Es ent-stand für einen kurzen Zeitraum eine völlige Stille im Schiff und jeder an Bord merkte, dass wir standen. Festgenagelt, ohne jegliche Fahrt über Grund, ohne Fahrt durchs Wasser. Betäubt. Aber das war innerhalb weniger Sekunden vor-bei. Dann machte „Alkor" tapfer weiter. Es war beeindruckend, Furcht einflö-ßend, aber auch schön und ästhetisch.

Dies waren die Momente, wo ich die Seefahrt liebte, weil Sie mir etwas zeigte, was ich sonst nicht gekannt hätte. Dies waren aber auch die Momente, wo ich die See verfluchte, weil sie mir das antat. Es ist belastend, stunden- oder – wie zu anderen Gelegenheiten im Nordatlantik - tagelang angestrengt ir-gendwo zu stehen oder zu sitzen, jede Bewegung musste dem bockenden Schiff abgerungen werden. Ein vernünftiges Gehen war nicht möglich, wir mäandrier-ten in den Gängen zwischen den Wänden.

Der Besuch auf der Toilette war ein Abenteuer für sich. Das „männliche" Geschäft im Stehen war natürlich völlig tabu und im Sitzen sollte man sich an den beiden Handgriffen rechts und links von der Toilette festhalten. Dann kam der Punkt, wo man die Hose hochziehen wollte. Auch hier galt die goldene Re-gel „Eine Hand für den Mann, eine Hand für die Hose". Aber eine Hose lässt sich nur schlecht mit einer Hand bedienen, zieht man rechts, kommt die Hose links nicht mit, sondern sitzt schief am Leib. Also nun mit links, dann wieder rechts! Allmählich wurde ich der Situation Herr, aber selbst solche trivialen Dinge bereiten erhebliche Schwierigkeiten.

So etwas schreiben sie nicht, die Autoren von schlechten Seefahrtsromanen oder die Landratten, die abwegige Lieder zu Stande bringen. „Wir lieben die Stürme, die brausenden Wogen, der eiskalten Winde raues Gesicht" oder „Wenn der Sturmwind sein Lied singt, dann winkt mir der Großen Freiheit Glück". Pah, zum Teufel mit diesen Narreteien! Mir ist kein Seemann und kein Meeresforscher bekannt geworden, der auch nur andeutungsweise diesem Bild entsprochen hätte. Der Mann der Handelsschifffahrt will seine Waren schnell und sicher von A nach B bringen, der Fischer will in Ruhe fischen und sehnt sich nicht danach, einen Kampf mit herumschlagenden Scherbrettern und wild gewordenen Bobbins auszufechten zu müssen. Der Meeresforscher letztendlich ist daran interessiert, seine Instrumente und Netze in das Meer zu senken und auch heil wieder an Deck zu bekommen.

Stürme passieren und sind zwangsläufiger Bestandteil der Bordroutine und des Berufslebens. Manchmal kann man ihnen ausweichen, ein anderes Mal nicht und dann muss man halt durch. Aber dass sich die Mannschaften freuen, nun endlich mal einer ordentlichen Bewährungsprobe gegenüberzustehen und im Sturm die „Freiheit der See" zu genießen, ist ein großer Unsinn.

Ich ging nach unten und stellte etwas erstaunt fest, dass ich auf einem Geisterschiff fuhr. Keine Menschenseele in der Messe oder sonst irgendwo. Die Damen und Herren Wissenschaftler hatten sich offensichtlich in die Koje begeben und auch von der Mannschaft war niemand zu entdecken. Wozu auch? Es gab im Moment für die Decksleute nichts zu tun. Alles war ordentlich aufgeklart, es gab keine Probleme und gearbeitet wurde auch nicht.

Doch halt, hier quälte sich Harms, unser Maschinist, aus seinem Allerheiligsten tief unten im Schiffsbauch. Bei üblem Wetter sind zumindest zwei Leute an Bord hellwach und konzentriert bei der Arbeit: Der Wachhabende auf der Brücke und der Maschinenverantwortliche. Die Maschine ist nun mehr als sonst das Herzstück des Schiffes. Fiele die Maschine aus......Nicht auszudenken!

Nun, unser Kollege musste ordentlich kämpfen, um den schräg nach unten führenden Niedergang zu erklimmen. Bei jedem Eintauchen neigten sich die Stufen der Horizontalen zu, während beim Aufreiten auf die Wellen unser Mann eine fast senkrecht nach oben führende Leiter zu erklimmen hatte. Dann ging es wieder abwärts und Harms wurde nach vorne gekippt. Hand für Hand und Fuß für Fuß kletterte er nach oben, zog sich durch das Schott und meinte breit grinsend mit seinem typisch grimmigen Humor zu mir: „Seefahrt tut not – aber warum müssen gerade wir dabei sein?".

Wir setzten uns dann auf eine Zigarette auf jene, allen „Alkor"-Fahrern wohl bekannte Holzbank auf dem Achterdeck. Das Heck vollführte dabei die wüstesten Bewegungen. Mal zeigte es steil nach oben und wir sahen nichts als Himmel, dann ging es rasant in die Tiefe, die Welle quoll als Wasserwand hinter dem Heck hervor und es war nichts zu sehen als Wasser.

Und Bornholm. Zu unserem Erstaunen stellten wir fest, dass die Insel noch nicht hinter dem Horizont verschwunden war. Eigentlich hätte sie lange außer Sicht sein sollen, aber unsere Fahrt über Grund war durch die anrennenden Seen derart reduziert, dass wir kaum vorankamen. Es war klar, dass wir unsere übliche Passagezeit von rund 18 Stunden in den Wind schreiben konnten und die geschätzte ETA – Estimated Time of Arrival – von 7 Uhr in der Frühe das Papier nicht wert war, auf der sie notiert stand.

Mittlerweile war ich der Fülle optischer Eindrücke von vorbeiziehenden Wellen, Gischtkaskaden und dem tanzenden Heck überdrüssig, begab mich in meine Kabine und ließ mich so wie ich war auf die Koje fallen. Erst jetzt, als ich ein wenig zur Ruhe kam, wurde ich gewahr, welchen Lärm der ganze Aufruhr verursachte. Von überall drangen Geräusche auf mich ein: Oben in der Kombüse hatte ich im Vorbeigehen das Geschepper von Tellern gehört, die im Schrank gegen einander schlugen, im Waschraum gurgelte der Abfluss, in irgendeinem Spind rollte ein Gegenstand permanent gegen die Wand, wieder zurück, erneut gegen die Wand. Tock – Tock – Tock und so fort. Wahrscheinlich eine nicht ordentlich gestaute Flasche Rasierschaum. Ein Teil der Innenverkleidung in der Kabine knarrte im Rhythmus der Wellen.

Das waren aber nur Nebengeräusche. Über allem war das laute Gepolter, wenn das Schiff in die See stieß. Es ging durch den ganzen Rumpf, als würden gewaltige Vorschlaghämmer rhythmisch auf den Schiffsleib schlagen. Dazu das Klirren der Ketten in den Ankerkästen. Jedes Eintauchen in die See war mit einer martialischen Geräuschkulisse verbunden, denn der hohle Schiffskörper wirkte wie ein Resonanzboden. Da unsere Spinde zum Bug ausgerichtet waren, hatte ich das Gefühl, gleich würden die Türen auffliegen und das Wasser mit wildem Schwall in die Kammer stürzen. Jedenfalls hörte es sich so an, wenn die See auf den Rumpf einprügelte, wobei sich der Effekt noch dadurch verstärkte, dass die vier Spindtüren bei jeder Welle gleichzeitig wie im Chor hin- und her klapperten.

Meine drei Kollegen hatten sich ebenfalls in die Kojen verholt. Einer lag mit offenen Augen und an die Decke gerichteten Blick da, einem ist es tatsächlich gelungen, einzuschlafen und der Dritte lag zusammengekrümmt auf der Seite und dachte vielleicht an bessere Tage. Akute Seekrankheit wurde aber bei niemandem beobachtet.

Erst als ich lag, spürte ich am eigenen Leibe die körperliche Belastung, der wir in dem starken Seegang ausgesetzt waren. Immer wenn „Alkor" in das Wellental fiel, hob sich der Körper ein wenig und befand sich nahezu im freien Fall, wurde ganz leicht und gelegentlich kitzelte es im Bauch so lustig. Wenn anschließend das Schiff in die See stieß, wurde ich wiederum mit brutaler Gewalt auf die Matratze gepresst, mein Körper deformierte sich, wurde schwer. Als wenn zusätzliche Gewichte auf mir lägen. Das Blut stieg mir zu Kopf, wobei ich sehr unangenehm den Druckanstieg in den Halsschlagadern wahrnahm. Dann wurde ich wieder leicht und der Zyklus wiederholte sich. Mein Körper wechselte – bildlich übertrieben – zwischen einer hochovalen und einer breitovalen Form. So ging es Stunde für Stunde, ohne Pause.

Diese rhythmischen Deformationen, vor allem das fast atemraubende Zusammengepresst-Werden, sind mir als besonders ekliges Gefühl sehr klar in Erinnerung geblieben und ich benötige meine Tagebücher nicht, um mich ihrer in der Ostsee und bei verschiedenen ähnlichen Situationen im großen Ozean lebhaft und mit Abscheu zu erinnern. Seefahrt tut not – aber warum müssen gerade wir dabei sein?

Wie hoch waren nun unsere Wellen? Diejenigen, die mich danach gefragt haben, waren in der Regel mit den „Na so drei bis dreieinhalb, maximal vier Meter" häufig nicht zufrieden und machten ein leicht enttäuschtes Gesicht. Wahrscheinlich kannten sie die Beschreibungen der Beaufort-Skala, bei der für die Windstärken 9 bzw. 10 von „hohen Wellenbergen" und von „sehr hohen Wellenbergen" die Rede ist. Das widersprach sich dann mit meinen Angaben. Aber, die Diskrepanz beruht auf einem Missverständnis.

Die Beaufort-Skala – zurückgehend auf den 1774 in Irland geborenen Admiral seine Majestät Sir Francis Beaufort – gibt Beschreibungen der See für einen so genannten „ausgereiften" Seegang. Der Seegang oder die Höhe von Wellen ist nicht allein von der Windstärke abhängig, sondern auch von der Dauer und der Wegstrecke, auf die der Wind Zugriff hat. Im Prinzip weiß das jeder, denn niemand erwartet ernsthaft während eines sommerlichen Gewittersturmes von zwei Stunden Dauer eine wirklich entscheidende Veränderung der Wellenhöhen am Strand. Genauso erwartet niemand während eines herbstlichen Orkans in der norddeutschen Tiefebene, dass der Dorfteich als 15-Meter-Welle neben das Teichbett springt.

Also, ein ausgereifter Seegang, mit maximalen Wellenhöhen ist abhängig von der Windgeschwindigkeit, der Dauer und der effektiven Zugriffslänge des Windes. Ein ausgereifter Seegang der Windstärke 9 erzeugt mittlere Wellenhöhen von 11 m und Maximalwellen von über 20 Meter. Dies aber nur, wenn es zuvor mindestens 52 Stunden gestürmt hat und der Wind eine Wirklänge von fast 1000 Seemeilen hatte. Eine Windstärke 11 benötigt für einen ausgereiften Seegang über 100 Stunden und 2500 Seemeilen!

Ich habe mich nie dazu hinreißen lassen, Wellenhöhen zu schätzen. Das ist aus verschiedenen optischen Effekten nur mit sehr viel Erfahrung möglich. Zunächst ist das Meer ein Raum ohne Dimensionen, denn Schätzungen sind nur mit Vergleichen möglich. Die Höhe eines Baumes schätzen wir an Land im Vergleich zu uns bekannten Gegenständen, wie z. B. an der Höhe von Häusern, von Autos oder Menschen. Diese sind unsere inneren Messlatten, mit denen wir an Land sehr gut zurechtkommen.

Auf dem Meer gibt es die aber nicht. Viele Leser werden schon einmal die Erfahrung gemacht haben, dass sie an einem Strand stehen und ein Schiff über dem Horizont auftauchen sehen. Es wird größer und größer und dann ist es voll sichtbar, ein enormer „Kasten". Nähert sich aber nun das Schiff dem Land und fährt in den Hafen ein, reduziert sich die scheinbare Größe auf ein normales Maß, denn nun können wir unser inneres Metermaß anwenden. Am Horizont der freien See ist das nicht der Fall, der Horizont ist scheinbar „unendlich" weit weg und deswegen wird das Schiff höher wahrgenommen als es ist.

Aber noch aus einem zweiten Grund sind Wellenschätzungen kritisch: Die Wellenhöhe ist die Differenz zwischen dem höchsten Punkt der Welle und dem tiefsten des Tales. Beide Punkte liegen aber nicht senkrecht übereinander, sondern um viele Meter versetzt. Wir neigen daher dazu, die Länge der Flanke einer Welle in die Höhenschätzung miteinzubeziehen. Bei vier Meter hohen Wellen beträgt die Länge der Wellenflanke etwa 10 m. Diese Länge verwenden wir unwillkürlich auch zur Höhenschätzung. Wenn wir also aus der Ferne einen Wellenberg auf uns zurollen sehen, schauen wir auf die Flanke und schätzen daraus die Höhe. Fast immer deutlich zu hoch.

Ich halte mich daher lieber an Tabellen, die die Ozeanographen entwickelt haben und schätze die Wellenhöhen anhand der vorliegenden Bedingungen. In dem hier beschriebenen Fall lag also Windstärke 9 – 10 vor, die aber bisher nur rund 20 Stunden gewirkt hatte. Die Zugriffslänge entsprach etwa dem Abstand zwischen der Schleswig-Holsteinischen Ostküste und Bornholm. Das sind rund 180 – 200 Seemeilen. Die kurze Wirkzeit und die ebenfalls relativ kurze Wirklänge erlauben aber nur die Ausbildung eines ausgereiften Seeganges entsprechend der Windstärke 6. Das sind dann Wellen bis maximal vier Meter und um drei Meter im Mittel. Das mag die Romanleser enttäuschen, aber so etwas in einem 30-Meter-Kutter tatsächlich abzureiten ist eine andere Geschichte, denn unser Schiffchen erreichte Steigwinkel in Längsachse von bis zu 30° und Neigungswinkel (Krängung) in zumindest einem Fall von über 30°. Das ist „ordentlich" Bewegung.

Noch etwas ergibt sich aus dem Gesagten. Da der Wind eine bestimmte minimale Zugriffslänge für einen ausgereiften Seegang benötigt, gibt es in der Ostsee auch bei schwerstem Orkan nur einen Seegang entsprechend Windstärke 7. Für mehr ist die Ostsee zu klein. Aber Vorsicht, eine „ausgereifte sieben" hat Wellen bis 9 Meter, das sind drei Stockwerke!

Kehren wir aber nun wieder auf unser durchgeschütteltes Schiffchen zurück. Während der Aufruhr draußen unbeeindruckt weiterging, bin ich ein wenig in den Schlaf gesackt. Aber nicht tief, denn die Bewegungen und die Geräusche drangen immer noch zu mir durch. Plötzlich war da noch einer im Spiel: Mein Magen. Der wollte doch tatsächlich etwas zu essen! Also wälzte ich mich aus der Koje, begab mich nach oben und tat ihm den kleinen Gefallen.

Festgekeilt schmierte ich mir mit Schwierigkeiten ein paar Brote, setzte mich an Deck und stellte fest, dass da noch andere waren. Vereint saßen wir zusammen und schauten in den hereinbrechenden Abend. Bornholm war nun tatsächlich hinter dem Horizont verschwunden, die Sonne stand schon sehr niedrig und von Osten legte sich langsam die Dunkelheit über die aufgewühlten Wassermassen. Die tief stehende Sonne verlieh den vorbeiziehenden Gischtkaskaden den gleichen goldenen Schein, den auch die Gischtkronen der Wellen jetzt trugen. Die Seen selbst wirkten dagegen bereits fast schwarz, wodurch ein wunderschönes Farbenspiel in Verein mit dem tiefen, dunklen, die Nacht ankündigenden Blau des Himmels entstand. Dann verlosch die Sonne und sofort ging die eben noch schöne Szenerie in ein mattes, aber tristes Grau über.

Jeglicher Zauber war wie mit einem Schlag verschwunden. Im Westen glühte der Himmel aber noch in kräftigen gelben Tönen und ich eilte schnell auf das Brückendeck. Wir fuhren diesem Himmel und den schwarz wie Scherenschnitten erscheinenden Wellen entgegen. Diese Kontraste und optischen Effekte entschädigen zumindest mich jedes Mal für das Ungemach, bei Sturm so durchgeschüttelt zu werden.

72

Ich war gerade wieder zurück, da passierte es: Es gab einen heftigen Schlag und eine mannshohe Wassermauer brach vom Bug kommend über das Schanzkleid herein, tobte sich auf dem Achterdeck aus und „taufte" meine Kollegen ziemlich heftig. Teils lachend, teils fluchend und grummelnd verließen sie ordentlich nass den Ort des Geschehens. Ich blieb dagegen vollkommen trocken, denn ich saß auf der schon genannten Holzbank – und die war hinter einem zum Brückendeck steil hochgezogenen Teil des Schanzkleides, einem toten Winkel für das Wasser. Allerdings kam ich mir für Sekundenbruchteile so vor, als stände ich hinter einem Wasserfall.

So viel Glück hatte ich ein Jahr später vor Westafrika nicht. Wieder kam die See an Bord, riss mich und Peter von den Beinen und spülte uns über Deck. Ich konnte mich noch an dem schweren eisernen Rollenblock einer Talje festhalten, aber Peter wurde erst von der Reling gestoppt, die damit ihre Aufgabe erfüllte. Aber jetzt verstand ich, wie Seeleute auf Nimmerwiedersehen über Bord gewaschen werden können und wie ungeheuer schnell das geht!

Als dann die Nacht da war, verschwand alles in der Finsternis und die Wellen waren nur noch im Schein der Schiffsbeleuchtung zu sehen. Das wirkt immer unheimlich, da sie Seen wie aus dem Nichts auftauchen und wegen der geringen Beleuchtung nur in Ausschnitten zu sehen sind. Auch von der Fahrt ins Tal erkennt man nichts, das Schiff scheint in einen dunklen Abgrund zu fallen. Mit etwas Glück sieht man die Schaumkrone aufleuchten, die die nächste Welle ankündigt. Sie erscheint noch höher als am Tage, denn ist das Meer schon während der Helligkeit dimensionslos, so ist es dies während der Nacht besonders. Der Blick in den Himmel dagegen war Schwindel erregend. Die Sterne vollführten einen tollwütigen Tanz, hielten keine Position und der Mast torkelte wie ein schwer Betrunkener vor dem dunklen Firmament in wüsten Kreisen hin und her.

Ich begab mich unter Deck, machte mir noch eine Flasche Bier auf und verschwand dann für diese Nacht in der Koje. An Schlaf war natürlich nicht zu denken. Ständig wurde ich im Bett herumgestoßen, das Gepolter der See machte mich immer wieder wach, sackte ich gerade mal ein wenig weg, veranstalte irgendeine ungebärdige Welle einen besonderen Aufruhr und schon war ich wieder in der Wirklichkeit. Das ständige Liegen auf dem Rücken bereitete mir mit der Zeit Kreuzschmerzen und so rollte ich mich ab und zu einmal rundum. Auf der Seite zu liegen war ein Ding der Unmöglichkeit, ich wurde entweder sofort auf den Bauch oder zurück auf den Rücken geworfen. So schlichen die Stunden dahin. Kontrollen der Uhrzeit zeigten aber, dass ich doch immer mal wieder für eine halbe oder eine ganze Stunde eingeschlafen sein muss. Aufgefallen ist es mir aber nicht.

Ein neuer Tag. Aber wie sah es draußen aus! Die Bewegungen, das ständige Stampfen und Rollen des Schiffes hatten nicht nachgelassen. Bei Nachfrage erzählte mir der Käpt'n, dass wir in der Nacht viele schwere Böen der Stärke 10 gehabt hätten. Der Himmel war an diesem Tag grau in grau, die See grau und mit weißen Gischtstreifen wild überzogen, die vorbeifliegenden Gischtfetzen graue, hässliche Wolken, die das Deck einnässten und uns mit kalten, feinen Tröpfchenschleiern überzogen.

Eigentlich sollten wir jetzt in Kiel einlaufen, aber wir standen gerade mal querab Gedser Rev, hatten mithin erst zwei Drittel der Strecke geschafft. Nach und nach erschienen die Kameraden an Deck und fragten sich, was sie hier eigentlich wollten. Ein schnelles Brot auf die Hand, eine Zigarette und dann? Untätigkeit ist das Schlimmste, was es an Bord geben kann. Niemand hat während einer Forschungsreise etwas gegen einen gelegentlichen freien Tag. Da kann man Ausschlafen, Briefe oder Karten schreiben, die Wäsche richten usw. Aber nichts zu tun zu haben und dann noch schlechtes Wetter. Nein Danke! Michael – früher bei der Bundeswehr auf der „Gorch Fock" gefahren und daher einiges gewohnt - erschien an Deck, schaute sich den Spektakel angewidert an, meinte nur „Mein Gott, wie trostlos!", machte auf dem Absatz kehrt und verschwand wieder in seiner Koje. Ja, das war eine wirklich gute Idee und so wurde das Deck geräumt.

Aber nichts dauert ewig. Bis zum Mittag hatten wir uns bis nach Fehmarn durchgekämpft, wo sich der Kapitän entschloss, durch den Fehmarnsund und unter Landschutz nach Kiel zu fahren. Der Seegang ließ fast schlagartig nach. Das Schiff belebte sich wieder, alles kam aus den Kojen an Deck, um frische Luft zu atmen. Auch die Mannschaft erschien wieder vollständig auf der Bildfläche und ging irgendwelchen kleineren Arbeiten nach. Wir schauten in die Labore, um zu prüfen, ob alles heil geblieben war. Der Koch entschloss sich, seine Küche wieder in Betrieb zu nehmen und richtete noch ein warmes Mittagessen für alle. Kurz, das Leben zog wieder in die Räumlichkeiten von „Alkor" ein. Mit neun Stunden Verspätung liefen wir dann in die Kieler Förde ein, waren kurz danach fest und um einige Erfahrungen reicher.

# Wale, Haie und anderes Getier

Weniges ist von einer derart überwältigenden Impression wie das Erscheinen großer Wale auf See. Eben noch zieht das Schiff auf spiegelglatter Wasserfläche seinen Kurs über einen leeren Ozean, da bildet sich unvermutet eine große Aufwölbung im Wasser, in deren Zentrum der Beobachter eine dunkle Masse zu erkennen meint. Ehe er diesen Gedanken aber zu Ende gebracht hat, öffnet sich die Meeresoberfläche, es scheint eine kleine Insel aufzutauchen. Sofort entsteht eine Fontäne aus Luft und Wasserdampf, der deutlich zu hörende und mit dem tiefen hohlen Unterton riesiger Lungen einhergehende „Blas" der Wale.

Der Wal gleitet durch das Wasser, taucht wieder leicht ab, erscheint erneut an der Oberfläche. Er wirft Wellen auf, die über seinem Rücken von allen Seiten kommend immer wieder zusammenschlagen, ähnlich einer Sandbank, die in der ansteigenden Flut verschwindet. Jetzt scheint er sich auf die Seite zu wälzen, schaumiges Wasser treibt nach allen Richtungen auseinander.

Dann erkennt der Ozeanreisende eine zweite Fontäne, kurz danach etwas weiter weg noch eine dritte und es folgen noch andere. Kräftige braunschwarze Rücken begleiten das Schiff ein Stück. Immer wieder steigen die Atemwolken auf, mal bei diesem, dann bei jenem. Die Rücken – viel mehr bekommt man in der Regel nicht zu sehen – tauchen rhythmisch auf und ab, eine kleine Flosse wird sichtbar.

Einer der Wale will nicht rasten. Wie eine Dampflock zieht er durch das Meer, der Kopf verschwindet unter Wasser, der Körper zieht nach, dann ist der Kopf wieder oben, die Atemwolke steigt auf, der Rumpf wird sichtbar, der Kopf verschwindet wieder. In eleganten Wellen schwimmt er enorm kraftvoll durch sein Element, jedes Auf- und Abtauchen bringt ihn eine Körperlänge weiter und seine rhythmisch in die Luft geblasenen Atemwolken erinnern mich an den Rauchausstoß aus den Schornsteinen jener Dampfloks, die zu meiner Kindheit noch üblich waren.

Das mag albern wirken, aber tatsächlich erschien in dem Moment vor meinem geistigen Auge eine mächtige Lokomotive im Bahnhof. Wie überall der Rauch hervordringt, ein unwilliges Zischen und Pfeifen aus den Ventilen oder was auch immer kommt und die Maschine einem mächtigen Raubtier direkt vor dem Sprung gleicht. Und wenn es dann losging! Geräusche, Dämpfe, die Signalpfeife hallt durch den Bahnhof, aus dem Schornstein kommen dunkle Rauchwolken und dann das charakteristische Fauchen, dieses expressive „Wuff-Wuff-Wuff". Erst langsam beginnend, dann schneller werdend. Der ganze Zug vibriert, die Treibstangen, Kuppelstangen und Kolbenstangen übertragen die Kraft auf die Räder. Dann gibt es kein Halten mehr. Dies hat mich immer in den Bann geschlagen als Kind und die gleichen Empfindungen kamen wieder als ich diesen kraftvollen Wal sah.

Ich sehe zwei andere Wale, die entweder ein Paar oder aus anderen Gründen mit sich beschäftigt sind. Sie umschwimmen einander, die Rückenflossen tauchen abwechselnd auf, dazu ein rundes Stück Rücken. Dicht darüber kreischende Möwen, Geflatter über den Riesen. Haben sie irgendwelche Nahrung, die auch für die Möwen interessant ist? Es ist nicht zu erkennen. Auf einmal beugen sich die schwarzen Rümpfe nach unten, der Schwanzstiel wird sichtbar und dann erheben beide Wale synchron ihre riesige Fluke über den Meeresspiegel. Bruchteile von Sekunden scheint nichts zu passieren, die Fluken stehen senkrecht und völlig ruhig im Wasser. Dann geht es abwärts. Die Fluken verschwinden. Weg.

Der Rest der Gruppe wendet nach Steuerbord und beginnt sich zu entfernen. Sie folgen der „Lokomotive". Von den Körpern ist bald nichts mehr zu erkennen, da sie beim „Marsch" kaum, oder doch zumindest nur wenig über den Meeresspiegel ragen. Allein die abwechselnd aufsteigenden Fontänen sind noch längere Zeit in immer weiterer Entfernung zu erkennen, bis auch sie nicht mehr von der silbrig glänzenden See und dem hellen Himmel zu unterscheiden sind. Nur wenige Minuten sind seit dem geisterhaften Auftauchen dieser Meeresriesen vergangen und schon haben sie sich wieder in den Weiten des Ozeans verloren.

Dieses immer wieder überwältigende und auf eine merkwürdige Weise auch ergreifende Bild bot sich mir das erste Mal in einem der fruchtbarsten Meeresgebiete der Welt. Nur an wenigen Stellen der Erde gibt es ebenso krasse Unterschiede zwischen der öden, wüstenhaften Wildnis des Landes und einer lebensstrotzenden See wie vor den Küsten Mauretaniens und des Senegal. Unsere Fahrt hatte das so genannte Auftriebsgebiet vor Nordwestafrika zum Ziel. Bedingt durch die ablandigen bzw. zur Küste parallel wehenden Passatwinde wird Wasser von der Küste weggedrängt und durch Tiefenwasser ersetzt. Dieses Tiefenwasser ist randvoll mit Nährstoffen für eine hohe Produktion an Planktonpflanzen, die nun in den vollen Genuss der Sonneneinstrahlung gelangen. Das Phytoplankton vermehrt sich schnell und färbt das Wasser grün.

Wo es aber viel Phytoplankton gibt, da sind auch viele Planktontiere (Zooplankton), die sich im Angesicht des Nahrungsüberflusses ebenfalls bestens entwickeln und deren Feinden, Fischen, Seevögeln und letztendlich auch Walen einen reichen Tisch bescheren. So kommt es, dass sich seewärts der toten, weitgehend unbelebten Sahara ein Garten Eden gebildet hat, in dem seit Menschengedenken die „Walfische" Nahrung finden – und der ein gern aufgesuchter Jagdgrund für Walfänger war.

Diese Auftriebsregionen – neben NW-Afrika vor allem vor den Küsten Namibias, Kaliforniens und Perus gelegen - standen in den 1970er und Anfang der 80er Jahre im Zentrum der meeresbiologischen Forschung der meisten Nationen. Insbesondere Franzosen, Engländer, Amerikaner, aber auch die Deutschen engagierten sich vor NW-Afrika. So kam auch ich auf eine Fahrt in diese Gegend.

Starthafen war St. Cruz auf Teneriffa, wobei wir das Glück hatten, bereits zwei Tage vorher auf der Insel einzutreffen und daher noch Zeit fanden, eine ausgiebige Rundfahrt zum Teide-Vulkan zu unternehmen. Abends stürzten wir uns in den kanarischen Karneval, der mit viel Musik, Tanz und Lebensfreude durch die Straßen pulste. Erst weit nach Mitternacht gelangten wir in unsere Kojen auf der „Meteor", dem 1964 in Dienst gestellten „Weißen Schwan des Nordatlantiks".

Die „Meteor" (1964). Quelle: Wikimedia commons, gemeinfrei, Autor: Hannes Grobe, AWI.

Am nächsten Morgen ging es mit Kurs auf Afrika aus dem Hafen. Dienstlich bemühten wir uns die nachfolgenden 44 Tage um das Plankton, also um die schon erwähnten meist mikroskopisch kleinen, im Wasser schwebenden Pflanzen und Tiere. Unsere Reise war eine der letzten in dieser umfassenden Forschungsperiode und so ging es bei den Arbeiten in erster Linie um die Klärung von Detailfragen, da die „großen" Beobachtungen schon rund zehn Jahre vorher gemacht worden waren. Unabhängig davon hofften wir natürlich, nebenbei auch größere und spektakulärere Tiere zu Gesicht zu bekommen als unsere Kleinkrebse.

Es ließ sich gut an, denn bereits am zweiten Tag auf See überraschten uns zwei Delfine, die neben der „Meteor" auftauchten und in parallelen Sprüngen ein sehr schönes Bild abgaben. Danach aber sahen wir für zehn Tage nur die einsame, leere See. Kein Hai, kein Wal, kein Vogel, kein Schiff. Nur Wellen, Wind, Sonne, eine scheinbar leblose Wasserwüste. Das stimmte natürlich nicht so ganz, denn im Wasser wurden wir der Vielzahl der kleinen, zarten Organismen ansichtig, die wir Tag für Tag in unserem Labor untersuchten. Aber größere Tiere? Fehlanzeige!

Der Wechsel kam am 12. Tag der Reise. Während wir gerade unseren Arbeiten nachgingen, erscholl plötzlich über Bordlautsprecher die Nachricht „Wale an Backbord". Sofort ließ jeder der konnte alles liegen, griff sich sein Fernglas oder seinen Fotoapparat und stürmte an Deck. Innerhalb kurzer Zeit waren die Labore leer und das Achterdeck voll. Aber wo waren die Wale? Nirgendwo eine Flosse, keine Rückenkontur durchbrach den Seespiegel. Enttäuscht gingen wir wieder auseinander, aber nur wenige Minuten später erklang die gleiche Stimme, diesmal aber aufgeregter, aus dem Lautsprecher. „Wale diesmal an Steuerbord". Die gleiche Massenflucht aus den Laboratorien.

Und richtig, diesmal waren sie da. Ein Trupp Schwertwale oder Orcas marschierte quer zu unserem Kurs und schickte sich an, direkt hinter unserem Heck vorbeizuschwimmen. Wenn ich damals richtig gesehen habe, dann waren da ein Bulle und einige Weibchen unterwegs. Eines der Tiere zeigte jedenfalls die hohe, gerade und steife Finne, die nur den Bullen eigentümlich ist, während die Weibchen eine kürzere und zudem leicht gebogene Rückenflosse haben.

Die Orcas pflügten in „Marschfahrt" durch das Wasser und in regelmäßigen Abständen bekamen wir die charakteristischen ovalen weißen Zeichnungen am Kopf zu Gesicht. Sofort wurden die Kameras hochgerissen und unzählige Fotos gemacht. Außer von mir, denn ich hatte meinen Apparat in der Kabine und wollte die seltene Begegnung nicht unterbrechen.

Es mag merkwürdig klingen, aber ich habe zwar häufig Wale gesehen, aber nur wenige Fotos von ihnen gemacht. Entweder hatte ich gerade die Kamera nicht zur Hand oder die Objekte waren doch so weit weg, dass die Aufnahme zum „Suchbild" geworden wäre. Ich habe mir unzählige Bilder ansehen dürfen, die eine leere Wasserfläche zeigten und bei denen der stolze Fotograf erläutern musste, dass dieser graue Fleck dort hinten der Wal sei. „Ah, ja, wie interessant!"

Unsere Schwertwale taten uns leider nicht den Gefallen, direkt hinter dem Heck und damit in unmittelbarer Nähe des Schiffes vorbeizuziehen. Etwa 30 oder 40 Meter vorher tauchten sie ab und verschwanden in der Tiefe. Kurze Zeit später sahen wir sie auf halber Strecke zum Horizont wieder, dann waren sie von der Szenerie verschwunden.

Als wäre ein Bann gebrochen, bekamen wir in der Folgezeit in mehr oder weniger regelmäßigen Abständen Wale zu Gesicht. Allerdings gab es in vielen Fällen nur den „Blas" zu sehen, selten mal ein oder mehrere Tiere in unmittelbarer Nähe. Wir hofften alle auf besonders spektakuläre Aktionen, denn z. B. hatte noch niemand an Bord gesehen, wie sich so ein 30-Tonner aus dem Wasser wuchtet und dann der Länge nach auf das Wasser klatscht. Bei diesem Defizit blieb es leider, denn sie furchten lediglich langsam durch das Wasser und seihten das Plankton aus der See. Friedliche Äser, deren Auftauchen in mir immer das Gefühl vermittelte, an etwas Majestätischem Anteil zu haben. Gelegentlich hörten wir sie sogar nachts irgendwo da draußen schnaufen und prusten, gesehen haben wir aber nichts.

Die spektakulären Bilder blieben aber nicht ganz aus, da mir und wenigen anderen eine besondere Vorstellung geboten wurde. Am 18. Tag der Reise kam bedingt durch Schwierigkeiten mit den Geräten unser Zeitplan durcheinander. Es ergab sich daher, dass wir erst eine viertel Stunde vor dem Mittagessen mit dem Hieven des Plantonnetzes beginnen konnten, das wir bis auf 750 m Tiefe hinuntergelassen hatten. Während des Fanges beträgt die Hievgeschwindigkeit nur 0,3 m / s, so dass der gesamte Fangvorgang aus dieser Tiefe rund 45 Minuten dauert.

Da ich für das ordentliche Einbringen des Netzes verantwortlich war und während des Hievens niemals meinen Platz am Gerät verlassen würde, fiel das Mittagessen für mich aus. Diese Einstellung von mir und praktisch allen Kollegen hat übrigens zu einem Scherzwort geführt, das gerne immer mal wieder die Runde machte: Bei Seenot funken auch die Meeresforscher SOS – Save Our Samples, Rettet unsere Proben.

Punkt halb zwölf verabschiedeten sich also die Kollegen und strömten in die Messe, das Deck leerte sich, so dass nur noch Fiete, der die Winde bediente, ich, sowie die Verantwortlichen auf der Brücke im Dienst waren. Plötzlich deutete Fiete mit ausgestrecktem Arm auf den Horizont und meinte, dass dort etwas im Gange wäre. Mit meinem Feldstecher kamen wir der Sache schnell auf den Grund: Delfine. Aber nicht einer oder zwei, auch nicht ein Dutzend, nein, Hunderte von Delfinen, eine unübersehbare Menge jagte durch das Wasser.

In kurzen, schnellen und flachen Sprüngen kamen sie von achtern heran und hatten das Schiff bald erreicht. Die ganze Meeresoberfläche wimmelte von Delfinen, die hierhin und dorthin schossen und, soweit das Auge reichte, die See mit kleinen weißen Gischtfontänen überzogen. Dabei war dieses Heer keine einheitliche Masse, sondern aus vielen, vielen kleineren Gruppen von fünf, sechs oder sieben Tieren zusammengesetzt.

So ein „Familienverband" schwamm und sprang eng zusammen, dann folgte nach allen Seiten eine größere Lücke, dann kam der nächste Verband. Das ganze riesige Delfinfeld war also strukturiert. Aber alle Delfine hatten die gleiche Zugrichtung und es war ihnen offenbar sehr dringlich. Nicht einer ließ sich vom Schiff zu einem Aufenthalt verleiten oder von seinem Generalkurs ablenken. Alle schossen an der „Meteor" vorbei und verschwanden Richtung bugseitigem Horizont.

Ich hatte so etwas einmal auf einem Foto gesehen und war nun entzückt, dieses in der Realität mitzuerleben. Eine geschlagene viertel Stunde zogen die Tiere an uns vorbei, immer neue Delfine tauchten auf und obwohl die Vorderen kaum noch zu erkennen waren, schlossen sich von hinten immer noch neue an. Wir ließen derweil die Arbeit ruhen und gaben uns diesem seltenen Ereignis hin. Auch die Brückenbesatzung machte keinen „Trara", die übliche Meldung über Lautsprecher entfiel und während unsere Kameraden tief gebeugt über ihren Tellern vor sich hin mümmelten, genossen wir den privilegierten Anblick, der sich auf der Reise nicht mehr wiederholen sollte.

Die sonderbarste Situation mit Walen erlebte ich allerdings vor der norwegischen Küste, wobei es sich genau genommen um eine Beobachtung an Menschen handelte. Ich hatte schon immer den Wunsch gehabt, per Schiff in die eisigen Regionen des Nordmeeres vorzustoßen und so machte ich endlich eine Fahrt auf einem kleineren ukrainischen Kreuzfahrtschiff. Bremerhaven, Shetland, Färöer, Island, Jan Meyen, Spitzbergen, Bäreninsel, Norwegen waren die Reisestationen.

Wir befanden uns bereits auf der Rückfahrt vor der norwegischen Küste irgendwo zwischen Bodö und Trondheim. Die Sonne stand tief und goss einen goldenen Glanz über die See. Wir saßen in der Lounge des Schiffes als eine Mitreisende plötzlich aus ihrem Sessel schoss und unter „Da, Da!" oder ähnlichen Erstaunensrufen mit dem Finger aus dem Fenster deutete. In größerer Entfernung vom Schiff zeigten sich erst eine, dann noch zwei andere hohe, gerade Rückenflossen, die schwarz mit dem abendlich goldenen Wasser kontrastierten. Es gibt auf dieser Welt nur ein Wesen, dass eine solche Rückenflosse aus dem Wasser streckt, der Orca, respektive die Orcabullen.

Hier wanderte ein kleiner Trupp Schwertwale. Die Mitreisenden sammelten sich an dem Fenster und da es nun mal meine Profession ist, gab ich einige Erklärungen zum Besten, die mit großem Interesse aufgenommen wurden. Ich war daher nicht wenig erstaunt, als einige Zeit später – die Begegnung war längst vorbei – durch den Bordlautsprecher bekannt gegeben wurde, dass es

sich nicht um Wale gehandelt hätte. Nach Aussagen der uns auf diesem See-
stück begleitenden norwegischen Reiseleitung gäbe es in dieser Gegend keine
Wale.

Wir sprachen die Dame daraufhin an, aber sie blieb bei ihrer Meinung, dass
es sich keinesfalls um Wale gehandelt haben könnte, da es hier keine gäbe. Im
Norden, ja, da wäre das nahezu alltäglich, aber hier nicht. Um was für Tiere es
sich gehandelt hatte könne Sie zwar auch nicht sagen, aber Wale wären es sicher nicht gewesen.

Nun, wir waren alle baff. Da recken mindestens drei Riesentiere ihre so charakteristischen Finnen in den Himmel, aber das gibt es nicht, weil es das aus
irgendwelchen Gründen nicht geben kann. Merkwürdig, dachte ich, so etwa
könnte eine Diskussion im ausgehenden Mittelalter stattgefunden haben. Ein
Phänomen wird von allen sichtbar beobachtet, ist aber nicht existent, weil bei
Aristoteles oder in der Bibel nichts darüber zu finden ist. Nun gut, die Meinung
der Mitreisenden zerfiel in zwei Lager: Die einen glaubten mir, die anderen der
Reiseleitung. Eine durchaus interessante Erfahrung, die Spekulationen über die
Beobachtungsfähigkeit des Menschen, das Vertrauen auf die eigene Urteils-
kraft und den Glauben an Autoritäten zuließ.

Doch zurück in warme Gewässer. Es wäre verfehlt, das Tierleben vor der
westafrikanischen Küste auf die Wale zu reduzieren. Es gab immer etwas zu
sehen. Mal waren es Raubmöwen, dann wieder irgendwelche anderen Seevögel. Ein Kormoran suchte sich sogar die „Meteor" für mehrere Tage als Stand-
quartier aus. Jeden Tag unternahm er seine Fischzüge und kehrte immer wieder
auf unser Schiff zurück, um sich zu erholen, die Flügel zu trocknen und zu schlafen. Er besuchte uns sogar in den Laboren, patschte mit seinen kräftigen Füßen
auf den Tischen umher, hatte relativ wenig Scheu vor den Menschen, ließ sich
aber nicht anfassen. Nach etwa einer halben Woche wurden die Exkursionen
länger, die Aufenthaltszeiten kürzer und irgendwann blieb er ganz aus.

Das „Blut des Ozeans" ist aber das Plankton, jene geheimnisvolle Schwebe-
welt, die in nicht auszudrückenden Zahlen die Meere bevölkern. Das pflanzliche
Plankton, das unter Nutzung von Stickstoff, Phosphor und anderen Nährstoffen
Kohlendioxid bindet und daraus organische Masse aufbaut, wobei Sauerstoff
freigesetzt wird, trägt etwa zur Hälfte zum gesamten Sauerstoffgehalt der Atmosphäre bei. Diese Zellen sind klein, sehr klein. Wir wissen heute, dass die
meisten unter 2 Mikrometer, also 2 / 1000 mm groß sind. Diese Winzlinge sind
die eigentlichen Produzenten im freien Wasser des Weltmeeres. Von ihrer Leistung hängt letztendlich alles ab, die Menge des Zooplanktons, die Anzahl der
Fische und letztendlich sind auch die Wale von diesen Winzlingen abhängig.

Um eine Vorstellung zu geben, was für immense Zahlen auftreten, ein Beispiel: Nehmen wir an, dass in einem Liter Meerwasser eine bestimmte mikroskopische Art mit nur einer einzigen Zelle vertreten ist – was in der Praxis so gut

wie „nichts" ist -, so tritt sie in einem Kubikkilometer Meerwasser (was praktisch im Vergleich zum Weltmeer ebenfalls „nichts" ist) mit 1.000.000.000.000 Individuen auf! Dabei ist die Wahrscheinlichkeit sehr hoch, dass wir als Wissenschaftler diese Zelle nicht finden, denn die enorm vielen anderen Organismen gebieten uns, nur einen Bruchteil eines Liters zu analysieren.

Das Zooplankton, also die dem Plankton angehörenden Tiere sind typischerweise deutlich größer, bleiben in der Regel aber unter 1 mm, wobei es jedoch auch mehrere Meter lange Vertreter gibt. Dies sind meist Quallen oder Staatsquallen. Das Wort Plankton bezieht sich übrigens nur darauf, ob ein Organismus sich gegenüber Meeres- bzw. Wasserströmungen behaupten kann oder nicht. Ist er hauptsächlich von den Strömungen abhängig, dann zählen wir ihn zum Plankton, kann er seinen Weg wählen wie er will, gehört er zum Nekton.

Typische Nektontiere sind Fische und Tintenfische. Das Zooplankton ist vielgestaltig und umfasst – Insekten ausgenommen - praktisch alle Tierstämme, die wir kennen. Dazu gehören auch Formen, die es weder im Süßwasser noch gar an Land gibt. Wer sich ein breites zoologisches Wissen erwerben möchte, studiere das Plankton. Er wird Formen zu sehen bekommen, die ihresgleichen suchen.

Mit diesen Pflanzen und Tieren beschäftigten wir uns hauptsächlich, wobei es richtig interessant wurde, wenn sich die Nacht auf die See senkte. Es herrscht eine allgemeine Tendenz, dass viele im Meer lebenden Tiere des Nachts an oder zumindest in die Nähe der Oberfläche steigen, zum Morgen und tagsüber sich dagegen in größere Tiefen zurückziehen. Das gilt auch für das Plankton: Unsere Nachtfänge waren viel reicher als die vom Tage und zeigten in der Regel auch die interessanteren Tiere. Seien es nun Leuchtgarnelen, die unvermeidlichen Kleinstkrebse, Quallen und Schnecken, räuberische glasartige Würmer oder anderes. In mancher Nacht fingen wir in den oberen 50 m das Fünffache von dem, was wir nur einige Stunden zuvor bei Helligkeit erbeutet hatten.

Diese Verschiebung beruht auf einer der mächtigsten Tierwanderungen der Erde, einem der großen Wunder unseres Planeten, das aber wohl am wenigsten wahrgenommen wird. Die meisten Nachtwanderer im Plankton leben tagsüber in Tiefen von 200 – 400 m und beginnen gegen Sonnenuntergang mit dem Aufstieg. In allen Ozeanen und damit weltweit machen sich Myriaden von Organismen bei hereinbrechender Dämmerung auf einen langen, langen Weg. Nur wenige Stunden später sind sie an der Oberfläche.

In vielen Fällen stehen die wartenden Organismen während des Tages in einigen hundert Meter Wassertiefe so dicht und so massiv angereichert in der Wassersäule, dass Sie ohne Probleme mit dem Echolot detektiert werden können und als breite dunkle Schicht auf den Anzeigen erkennbar sind. Dies ist das seit langem bekannte Phänomen der DSL-Schicht, der Deep Scatering Layer. Im Roten Meer konnten wir dies einmal schön nachverfolgen, denn die Schicht war in ca. 250 m Tiefe sehr deutlich zu erkennen, verlagerte sich zum Abend hin dann nach oben und rückte der Oberfläche immer näher. In einer Tiefe von wenigen Zehnermetern löste sie sich dann auf. Ich habe die Ausdrucke des Plotters für Demonstrationszwecke mit nach Hause genommen, später aber wohl bei einem meiner Umzüge verloren. Schade eigentlich.

Das wirklich beeindruckende dieser Wanderung ist aber nicht die absolute, sondern die relative Wegstrecke. Die wandernden Tierchen sind in der Regel nur einige Millimeter lang und meistern in dieser kurzen Zeit eine Differenz, die etwa einhunderttausend oder mehr Körperlängen entspricht. Vergleiche hinken zwar immer, aber ein Mensch müsste im gleichen Zeitraum 170 – 190 Kilometer zurücklegen, Elefanten sogar mehr als das Doppelte. Auch im Kleinen finden wir also Großes, aber wir machen uns keine Gedanken darüber, da uns die Lebensäußerungen derartig kleiner Tiere eigentlich fremd sind.

Verglichen mit Planktonorganismen gibt es nur geringe Unterschiede in der Körpergröße zwischen Menschen, Elefanten und sogar Dinosauriern. Ja sogar das größte Tier, das je auf Erden gelebt hat, der Blauwal, übertrifft uns an Länge nur um das 15fache, während das Gewicht ca. 2000 Mal größer ist. Einen der größeren Planktonkrebse übertreffen wir aber an Länge um das 1000fache und unser Gewicht ist etwa 1 Milliarde Mal höher als das des Kleinkrebses. Plankton ist für uns eine völlig andere Welt, die wir nicht mit unseren Maßstäben bewerten können. Wir haben letztendlich keinen anderen Zugang zu diesem Lebenskreis als unsere wissenschaftlichen Methoden und ich glaube, die liefern häufig nicht die wichtigsten Informationen.

Theorien zum Sinn dieser Vertikalwanderungen gibt es genügend. In den 1950er Jahren spekulierte die Wissenschaft, ob hier möglicherweise eine Strategie zur Schonung der Nahrungsreserven vorliegen könnte. Denn während die Tiere tagsüber in der Tiefe sind, so meinte man, könne sich das Pflanzenplankton reichlicher vermehren, seinen Bestand sichern und dabei gleichzeitig für die nachts erscheinenden Weidegänger einen reichlicheren Tisch bereiten. Warum aber wandern dann auch die Räuber? Und Pflanzenfresser gibt es auch während des Tages genügend, denn durchaus nicht alle Tiere wandern. Die nicht wandernden Organismen kämen sogar in den Genuss des frischesten „Grüns", während den Nachtwanderern nur noch die Reste blieben.

Später gab es eine Hypothese, dass die tagsüber in die Tiefe sinkenden Organismen einen energetischen Vorteil besäßen. In der Tiefe ist es kalt, der Stoffwechsel dieser wechselwarmen Tiere würde heruntergesetzt, der Nahrungsbedarf sinken und somit die angelegten Körperreserven geschont. Aber was ist mit dem täglich zu vollziehenden kräftezehrenden und für einen Planktonorganismen unendlich langen Weg nach oben? Hier wird verstärkt Energie benötigt und Nahrung verbrannt. Rechnet sich die Geschichte? Wir wissen es nicht. Was in der Regel nicht bedacht wird, ist, dass das Wasser für diese kleinen Organismen extrem zäh ist. Verglichen mit ihrem Volumen und Gewicht haben sie eine enorme Oberfläche, die als Reibungsfläche fungiert. Bezogen auf den Menschen erfahren kleine Plankter einen Widerstand im Wasser, der etwa so ist, als würden wir in Honig schwimmen. Macht es da noch Sinn zu wandern? Wohl doch, aber warum?

Vielleicht als Schutz? Die wandernden Organismen weichen nach dieser Hypothese während des Tages ihren optisch jagenden, also auf Augen und Helligkeit angewiesenen Räubern aus. Nur im Schutze der Nacht könnten sie es wagen, an die Oberfläche zu kommen. Aber in der Tiefe gibt es ebenfalls viele Räuber und diese sind bestens daran angepasst, auch ohne Licht ihre Opfer zu erhaschen. Die Wanderer begäben sich in diesem Falle aus dem einen Höllenschlund in einen anderen, wahrscheinlich sogar noch gefährlicheren.

Unsere Theorien mögen nicht so recht überzeugen, zumal wir uns im Bereich von Zweckfragen bewegen. Ein wahrlich gefährliches Pflaster für Naturwissenschaftler, da menschenbezogene Vorstellungen auf einen Lebenskreis projiziert werden, zu dem wir als Landorganismen einer – wie wir gesehen haben – völlig anderen Größenordnung gar keinen Zugang haben. All die eben angesprochenen Hypothesen könnten ja auch so formuliert sein: „Wenn ich ein planktischer Kleinkrebs wäre, dann würde ich..., um...!"

Ich habe mich im Laufe der Jahre an den Gedanken gewöhnt, dass wir nicht alles erklären können. Wenn Wittgenstein der Meinung ist, dass sich noch nicht einmal Menschen wirklich verstehen, weil es an einer gemeinsamen, klar für jeden zu dechiffrierenden Sprache fehlt, wie wollen wir dann diese Phänomene erklären, für die wir keine „Antennen" haben und zu denen wir nie vorher im Laufe der Millionen Jahre unserer Entwicklungsgeschichte Kontakt hatten. Ist die Welt nicht auch deshalb schön, weil es Dinge gibt, die wir zwar beschreiben, messen, wiegen und in ihrer zeitlichen Abfolge analysieren können, die uns aber von ihrem innersten Wesen her fremd bleiben, die ein letztes Geheimnis bewahren?

Wenn sich die Nacht über das Meer legte, stiegen aber auch andere Gestalten aus der Tiefe auf, Kalmare, die schnellsten und intelligentesten Jäger aus dem Heer der wirbellosen Tiere. Nur kurz nach Einsetzen der Dunkelheit konnten wir ihre stromlinienförmigen spindelförmigen Körper unter der Oberfläche dahinziehen sehen. Manche hatten es sehr eilig und schossen mit hoher Geschwindigkeit quer durch unser Gesichtsfeld, andere waren in gemütlicherer Stimmung, schwammen ein wenig im Kreis, blieben an der Stelle, bewegten sich immer wieder mal ein wenig hierhin oder dorthin, aber wie auf ein Kommando „zischten" sie am Ende einer solchen ruhigen Phase plötzlich in die Dunkelheit der See. Sie erschienen mit uhrwerkähnlicher Regelmäßigkeit ca. eine Stunde nach Sonnenuntergang und blieben sie einmal aus, so wunderten wir uns und vermuteten Ungeheures. Irgendetwas mochte in der See nicht stimmen und die Kalmare blieben lieber in der Tiefe. Das war aber selten und Gründe konnten wir nicht herausfinden.

Die meisten Kalmare waren rötlich gefärbt, daneben kamen aber auch gelbliche und weiße Tiere vor. Dazu muss ich aber betonen, dass praktische alle Tintenfische sehr schnell die Farbe ihrer Haut wechseln können und daher in der Lage sind, sich sehr schnell zu tarnen, aber auch ihren Gemütszustand darzutun. Kaum ein Tier trägt seine Emotionen offener auf einem Tablett einher wie ein Tintenfisch. Beobachten wir zwei kämpfende Rivalen, so erleben wir ein Wechselspiel der Hautfarben, dass von völligem Weiß quer durch das ganze Farbspektrum reicht und in einem fast schwarz zu nennendem Purpur enden kann. Dabei wechselt die Farbe bei Bedarf in Sekundenbruchteilen, denn anders als z. B. bei Fischen wird jede Farbzelle der Haut separat durch Nerven und Muskeln angesteuert, so dass willentlich jede einzelne Farbzelle betätigt, gewissermaßen „angeschaltet" werden kann. Wie dies alles durch das sehr komplexe Gehirn koordiniert wird, ist immer noch eines der großen Geheimnisse der Biologie.

Wenn ich also die meisten Tiere als rötlich beschreibe, so ist das kein Hinweis auf bestimmte Arten, sondern nur die schlichte Feststellung, dass die Kalmare in dem Moment gerade diese Farbe hatten und sie sich vielleicht alle in einem ähnlichen emotionalen Zustand befanden. Bei unseren täglichen Beobachtungen konnten wir feststellen, dass die Kalmare von dem Schiff, genauer gesagt von dem Licht, das die „Meteor" auf die grünlich erscheinende dunkle Wasserfläche warf, angelockt wurden. Ist das nicht merkwürdig? Da verbringen unsere Tintenspritzer den größten Teil des Tages in der Tiefe, meiden die Helligkeit, steigen bei Nacht an die dunkle Oberfläche und haben dann nichts anderes zu tun, als auf den ersten besten Lichtfleck in der See zuzuschießen und zu schauen, was sich dort tut.

Kalmare sind intelligent, neugierig und ständig hungrig. Dies nutzten unsere Mannschaft und unser Schiffsarzt, der wegen ausbleibender Krankheitsfälle vor Langeweile fast verging, zu nächtlichen Angelvergnügungen. Kalmare fängt man mit einem bestimmten Haken, den die einen „Pilke", die anderen schlicht Kalmarhaken nennen. Im Prinzip besteht die Pilke aus einem pfriemförmigen Grundkörper von etwa 5 cm Länge an den ein oder mehrere Kränze dicht beieinanderstehender und stark gebogener Metallhaken angebracht sind. Die Krümmung der einzelnen Haken geht zur Route, die Spitzen zeigen also zum Angler. Wenn die Leine ausgeworfen ist, werden die Pilken mit kräftigen Bewegungen der Route durch das Wasser gezogen. Der Kalmar sieht einen „fliehenden Gegenstand", nähert sich und fängt die Pilke mit seinen beiden kraftvollen und ungeheuer schnell zuschlagenden Fangarmen. Dutzende von kleinen Häkchen bohren sich in das Fleisch der Fangarme und um den Kalmar ist es geschehen.

Immer wenn ich am frühen Morgen an Deck erschien, konnte ich die „Strecke" der erlegten Kalmare begutachten. Mal waren es sechs Tiere, dann mal 10 oder 12, die nächste Nacht war der Fang wieder weniger ertragreich und so wechselte das von Nacht zu Nacht. Bei den frisch an Bord gekommenen Tieren konnte ich das letzte Farbspiel dieser herrlichen Wirbellosen beobachten. Gerade an Deck gelegt, passierte einige Sekunden nichts, dann aber begann ein heftiges, nervöses Flackern der Farben in allen Variationen. Die unterschiedlichen Wellen liefen sehr schnell von einem zum anderen Ende des Körpers und es schien, als würden Flüssigkeiten im Inneren hin- und her gepumpt. Aber es waren nur die rasend schnellen Veränderungen der Hautfarbzellen. Da die Farben auch den Gemütszustand dieser Tiere widerspiegeln, meinte ich während dieser Phase die Verzweiflung, die Ratlosigkeit und die Angst des Kalmars nachempfinden zu können. „Wo bin ich, mein Gott, was ist mit mir, ich bekomme keine Luft, nein, bitte nicht!", so etwa würde ein Mensch reagieren. Können wir wirklich sicher sein, dass Kalmare nicht ähnliche Emotionen aufweisen?

Nach dieser Phase färbte sich das Tier völlig dunkelbraun und behielt diese Farbe einige Zeit bei. Dann erbleichte er und wechselte in ein silbrig irisierendes Weiß, dem ein ungeheuer schöner schwachgoldener Ton folgte. Das Ende kündigte sich an, die Arme wurden bleich, die Flossen noch einmal braun, noch ein letztes Mal gab der Tintenfisch die namengebende bräunliche Flüssigkeit von sich. Sie hatte ihn doch so oft geschützt. Mit seiner letzten Kraft spritzte er die Tinte weit über Deck. Aber vergeblich, das dunkle Auge wurde ausdruckslos. Er war tot.

Diese Szene berührte mich immer wieder neu. Die ganzen nervösen Reaktionen der Haut und der Blick in das große, dunkle und merkwürdig ausdrucksstarke Auge sagten mir, dass er litt. Ich bin überzeugt, dass auch diese hochkomplexen und intelligenten Wirbellosen ein subjektives Leidensempfinden haben. Wir sprechen ihnen das gerne ab, wollen es uns vorbehalten und unsere angebliche Sonderrolle im Kreis des Lebendigen unterstreichen. Mit wenig Mühe gestehen wir es natürlich auch unseren Hunden und Katzen zu, Affen selbstverständlich, bei Rindviechern sieht es schon dünner aus und Fischen sprechen wir es in ungeheurer Arroganz schlicht ab.

Neuere Forschungen legen jedoch den Verdacht nahe, dass zumindest einige Fische auch über subjektives Empfinden und Ansätze von Ich-Bewusstsein verfügen. Natürlich ist so etwas schwer beweisbar, schon allein deshalb, weil unsere Begriffe nur mit höchster Vorsicht auf Fische übertragbar sind. Aber, wer Schmerzen wahrnehmen kann, wird wohl auch Angst fühlen können. Angst ist ein ungeheuer starker und lebenserhaltender Trieb. Wer keine Angst hat, kommt zu früh um. Im Gegensatz zu den Opfern menschenverachtender Heldenideale, leben in freier Natur diejenigen am längsten, die sich nach dem Motto „Lieber fünf Minuten lang feige, als ein Leben lang tot" zum rechten Zeitpunkt aus dem Staub machen. Und was für Wirbeltiere gilt, dürfen wir zumindest den höchstentwickelten Wirbellosen nicht deshalb absprechen, weil sie anatomisch anders gebaut sind. Ich begann zu zweifeln, ob Angeln wirklich ein „männlicher" Sport ist.

Derartige feinfühlige Zimperlichkeiten erlaubte ich mir allerdings bei der großen „Thunfischschlacht" nicht. Der Tag war eigentlich schon vorüber. Ich saß in meiner Kabine, schrieb noch schnell an meinem Reisetagebuch und wollte anschließend in die Koje kriechen. Auf einmal gab es aufgeregte Stimmen, Gelaufe in den Gängen und an Deck einen allgemeinen Rumor. So etwas deutete immer etwas Besonderes an. Als ich den Niedergang aufenterte, kam mir bereits Ulli mit einem kleinen Thunfisch in der Hand entgegen und stammelte atemlos „Schnell, schnell, das ganze Meer ist voller Thunfische, wo sind die anderen Angeln?" Na, das war etwas! Ich also rauf, an Deck drängte sich schon eine große Menschentraube auf der Steuerbordseite.

Der Blick über die Reling war überwältigend. In dem Lichtkreis des Schiffes schossen unabsehbare Mengen von kleinen Thunfischen, so etwa 50 – 70 cm lang, durch das dunkle Meer. In heller Aufregung jagten die Körper durch das Wasser, hierhin und dorthin, zurück, quer zur allgemeinen Bewegungsrichtung. Dicht an dicht drängten sich die Leiber, stießen aneinander, überholten ober- oder unterhalb der Schwarmkollegen, verzögerten kurzfristig die Geschwindigkeit, aber nur, um wenige Zehntelsekunden später mit höchster Beschleunigung auf irgendein uns nicht erkennbares Ziel loszuschießen. Keine Zweifel, die Tiere waren auf der Jagd. Wahrscheinlich hatten sie irgendeinen Schwarm kleinerer Fische entdeckt und waren nun dabei, diesen „leerzuräumen".

Da kamen auch schon die anderen Angeln. Die Brücke rief über Lautsprecher durch, dass das Gewimmel von der Back noch besser zu übersehen sei. Zusammen mit „Doc", also unserem Schiffsarzt, und einigen anderen stürmten wir zu dem angegebenen Ort und in der Tat war der Blick in diesem dunkleren Teil des Schiffes trotz aller Aufregung atemberaubend. Der Mond stand hoch am Himmel und tauchte einen weiten Bereich des Meeres in sein kaltes, weißliches Licht, so dass dieser Seeabschnitt silbrig glänzte. Als dunkle Schatten oder Striche unterbrachen kleine Wellen die gleichmäßige Lichtreflektion. Dazwischen aber war eine Bewegung in der Meeresoberfläche, die an leicht kochendes Wasser erinnerte. Es spritzte und blubberte. Immer wieder schnellte ein Fischkörper aus dem Wasser und war als schwarzer Schattenriss im Mondlicht kurz zu erkennen. Dann fiel er wieder in das Meer und ein anderer schnellte sich in die Luft. Eine ungeheure Impression.

In der Nähe des Schiffes war natürlich das Fischgewimmel durch unseren erhöhten Standpunkt besser zu übersehen und es bot sich wieder das Bild der aufgeregt jagenden Masse. Nun gingen die Angelleinen außenbords. Ohne jeden Köder am Haken, nur nackter, spitzer, todbringender Stahl. Aber ob Köder oder nicht, Thunfische in dieser erregten, ja geradezu hysterischen Jagdstimmung beißen in alles, was sich bewegt oder im Wege ist. Es dauerte daher eigentlich nur ein paar Sekunden bis der erste festsaß und unter Mühe des mit diesem Wild unerfahrenen Anglers an Deck geholt wurde. Dann kam der Zweite, dann noch einer und noch einer. Insgesamt holten wir vier Stück aus dem Wasser und die gesamte Angelcrew 9 oder 10.

Die Kraft der Fische ist eine Pracht, wir konnten sie nur mit Mühe in den Händen halten, klar, sie kämpften um ihr Leben. Der Tunfisch ist ein hoch angepasster Jäger der Hochsee und enorm schnell während der Jagd. Einige Arten schaffen 75 Stundenkilometer und der in die gleiche zoologische Gruppe (Makrelenfische) gehörende Segelfisch soll sogar über 100 km pro Stunde erreichen. Der Leib ist eine Verkörperung der perfekten Stromlinie und wie wir uns selbst überzeugten, können selbst die Brustflossen in kleine Vertiefungen am Körper eingelegt werden, damit die ideale Linienführung nicht gestört wird.

Die Muskulatur ist stark und wird durch einen roten blutähnlichen Stoff mit den großen Mengen an Sauerstoff versorgt, die so ein hochgezüchteter Jagdschwimmer benötigt. Dieser Stoff ist übrigens auch für die dunkle Färbung von Tunfisch- und Makrelenfleisch verantwortlich, während z. B. Dorsch und Schellfisch auf Grund des Fehlens dieses Myoglobin genannten Muskelfarbstoffes die bekannte weiße Färbung aufweisen. Zu einem sind Thunfische allerdings nicht fähig: Sie können trotz ihres enorm hohen Sauerstoffbedarfs nicht aktiv atmen! Normalerweise presst ein Fisch mit pumpenden Bewegungen des Maules Wasser vom Mund zu den Kiemen, der Tunfisch beherrscht diese Bewegung aber nicht und braucht sie auch eigentlich nicht. Er lässt das Maul offenstehen und allein durch die Schwimmbewegung wird das Wasser über die Kiemen gedrückt. Schwimmt er nicht - was keinem gesunden Thunfisch passiert - kann er jedoch nicht atmen und erstickt.

Aus diesem Grund litten unsere Fische sehr schnell unter quälender Atemnot. Ein starker Knüppel und ein Schlag auf den Schädel, der von einem knirschenden Geräusch quittiert wurde, beendete das Drama. Nun kamen die Schlachtmesser an die Reihe und ich fühlte mich an meine Fischereifahrt in den Nordatlantik erinnert. Aber Thunfische zu schlachten ist auf Grund des hohen Blutanteils eine unästhetische Schweinerei. Gleich nachdem der Bauch aufgeschlitzt war und die Eingeweide auf Deck gefallen waren, flossen große Mengen von Blut aus dem Tier. Über das Messer, unsere Hände, über den Boden. Nachdem wir alle unsere vier Tiere geschlachtet und ausgenommen hatten, war das Deck mit großen Blutlachen bedeckt.

Dann aber geschah das, was uns allen einen erschreckten Gesichtsausdruck bescherte: Unsere toten und längst ausgenommenen Fische begannen sich plötzlich zu bewegen und heftig über Deck zu springen. Hergen, unser Chemiker, wandte sich angewidert und mit einem leichten Würgen in der Kehle ab und meinte nur, dass Angler nur Angler wären, weil Fische nicht schreien könnten. Vielleicht hat er Recht, denn das Bild der tanzenden Leichen war in der Tat auch für Profis etwas gewöhnungsbedürftig. Mit der Zeit wurden die Fische aber wieder ruhiger und wir trösteten uns mit der Annahme, dass die Fische durch unseren Knüppelschlag, den aufgeschlitzten Bäuchen und dem hohen Blutverlust längst tot waren als die gruselige Szene begann. Das Herumspringen kommt durch äußere Reize auf das Nervensystem zu Stande und funktioniert autonom vom Gehirn. Etwas vereinfacht ausgedrückt übernimmt hier das Rückenmark Teile der Funktion des Gehirns, so dass z. B. Flucht und Abwehr auch ohne Zwischenschaltung des Gehirnes und somit schneller vonstattengehen können als wenn es erst in der Zentrale gesteuert werden müsste. Die Thune haben übrigens später in gegrillter Form sehr gut geschmeckt.

Zu den seltenen Ereignissen unserer Fahrten gehörte das Auftauchen der „Geister aus der Tiefe", womit ich die Tiefseefische meine, die sich sowohl im Nordatlantik als auch vor Westafrika gelegentlich in unsere Netze verirrten. Wer zum ersten Mal diese Tiere zu Gesicht bekommt, muss seine Vorstellung von Fischen drastisch erweitern, denn in den flachen Gewässern gibt es dafür keine Entsprechungen.

Generell sind die meisten Tiefseefische tiefschwarz gefärbt, einige tragen an den Seiten silbrige Schuppen und fast alle verfügen über Leuchtorgane. Zu unseren häufigeren Fängen gehörten die so genannten Leuchtsardinen oder Myctophiden. Diese Fischchen sind nur einige Zentimeter lang, haben silbrige Seitenschuppen und je nach Art unterschiedlich angeordnete Leuchtorgane. Sie sind sehr zahlreich in den „mittleren" Meerestiefen, kommen bis ca. 600 m Tiefe vor, wandern aber nachts bis in die Oberflächenbereiche und fressen dort Plankton.

Wir nahmen an, dass unsere Thunfische vor Westafrika einen Schwarm dieser Leuchtsardinen ausgemacht und sich in rasender Fressgier auf sie gestürzt haben. Genau genommen können wir diese Tiere aber nicht als Tiefseefische bezeichnen, sondern es wäre günstiger sie „Dunkelfische" zu nennen, da sie ja bis an die Oberfläche, wenn auch nur während der Nacht, kommen.

Das sieht bei den Beilfischen schon anders aus. Ein Netzzug bis in 750 m Tiefe förderte einige dieser etwas merkwürdigen Fischlein nach oben, deren Name sich aus ihrer Körpergestalt erklärt. Der Vorderkörper ist relativ hoch gebaut, geht dann aber ziemlich unvermittelt in einen schmalen Hinterkörper über, was zusammen von ferne an ein Beil erinnert. Sie sind selbstverständlich schwarz und haben ebenso selbstverständlich Leuchtorgane und bringen es gerade mal auf wenige Zentimeter. Sie finden sich vorwiegend in Tiefen zwischen 900 und 1800 Metern.

Ein ähnliche Tiefenverteilung zeigen auch die Stomiatiden, von denen wir im Nordatlantik eines und vor Westafrika ein anderes Stück erwischten. Auch hier nachtschwarze Farbe, lang gestreckter Körper, Leuchtorgane an den Seiten. Die Länge beträgt gerade mal 20 cm, aber sie haben bezogen auf ihre Größe ein fürchterlich großes Maul und lange spitze Zähne. Ein Bartfaden am Kinn mag als Lockmittel fungieren.

Derlei Tiere fanden sich gelegentlich in den Netzen, aber eines Nachts bemerkte einer unserer Angler einen heftigen Zug auf der Schnur und förderte eine fast 70 cm lange schwarze Schlangenmakrele aus dem Wasser. Ein elender Fisch mit einigen großen Zähnen im Maul und einer widerlich klebenden Haut. Wer den Fisch anfasste, blieb an der Haut kleben und wenn man sich losriss, riss man dem Fisch das Stück Haut vom Körper, so dass das helle Fleisch zum Vorschein kam. Schlangenmakrelen leben vor allem in den tropischen und subtropischen Gewässern bis in etwa 1000 m Tiefe.

Diese schwarzen Genossen erinnerten immer daran, dass wir mit unseren Arbeiten nur an der Oberfläche des Ozeans kratzten. Das Meer hat eine Oberfläche von rund 360 Millionen $km^2$ und ein Volumen von 1350 Millionen $km^3$. Nehmen wir als Oberflächenschicht die oberen 300 m an, so beträgt ihr Volumen etwa 110 Millionen $km^3$. Mit anderen Worten etwa 90 % der See liegen im so genannten Dämmerungsbereich oder gehören der schwärzesten Tiefsee an. Die Vorstellung des Ozeans als lichtdurchfluteten, produktiven Wasserkörper, wie wir Ihn aus dem Fernsehen kennen, mit Walen, Korallenriffen, reichem Tier- und Pflanzenleben liegt völlig daneben. Das Meer ist weithin dunkel, kalt und von kleinen, schwarzen oder braunen Fischen, glasartig transparenten Quallen, knallroten Krebsen, anderen skurrilen Krabbelwesen und gelatinösen Seegurken belebt und von merkwürdigen Lichtblitzen durchzuckt.

Diese Lichtäußerungen der Tiefseetiere müssen auf jeden Biologen einen besonderen Eindruck machen. Wenn wir vor Westafrika Leuchtgarnelen (Euphausiden) fingen, setzten wir sie in einem dunklen Raum in ein wassergefülltes Glas. Mit Glück gingen dann auf einmal die Lichter an und ein unirdisch blauer bis rötlicher Schein durchleuchtete das Glas. Wir waren immer wieder gefangen von dieser Erscheinung und mochten uns daran nicht sattsehen.

Zwar kannte man seit der zweiten Hälfte des 19. Jahrhunderts diese schwarzen Tiere und wusste auch durch Beobachtungen an halbtoten Exemplaren etwas von der Bedeutung der Leuchtorgane, aber in Natur hatte sie natürlich niemand gesehen. Es war der amerikanische Zoologe William Beebe, der entschlossen und erfolgreich diesem Zustand ein Ende machte und daher mit Recht als Pionier und Initiator der bemannten Tiefseeforschung gelten kann.

In einer Stahlkugel von gerade mal 1,37 m Innendurchmesser waren er und sein Ingenieur Otis Barton die ersten Menschen, die in die Tiefsee eindrangen. Nach mehreren prospektiven Tauchgängen wurde am 15. August 1934 unweit Bermuda eine Tiefe von 923 m erreicht. Immer wieder erwähnt das Logbuch dieser Fahrt die ungewöhnlichen Lichterscheinungen und ich will hier einen kurzen Auszug aus dem Bericht bringen, der dem Leser einen Eindruck von dem vermittelt, was Beebe und Barton damals gesehen haben, was den meisten Menschen bis heute verborgen ist und auch Kameraaufnahmen und Fernsehbilder nur ungenügend vermitteln können.

Wer kann den wohl beängstigenden, aber auch faszinierenden Eindruck in einer kleinen, unbequemen, kalten und feuchten Stahlkugel, die zudem nur durch ein einziges Seil mit dem tragenden Schiff an der Oberfläche verbunden ist, nachfühlen, wenn man bei Vogelgezwitscher und einer guten Tasse Kaffee vor dem Fernseher sitzt? Beebe schreibt:

| | |
|---|---|
| „295 m – | *Wände [der Stahlkugel] werden sehr kalt. Keine Fische, nur dann und wann kleine Lichter.* |
| 335 m – | *Lichter werden dichter, 4 oder 5 auf einmal.* |
| 357 m – | *Ein ganzes Netz von Licht.* |
| 488 m – | *Viele Würmer; ganze 50 Lichter strahlen auf das Fensterglas* |
| 610 m – | *Lichter hier sind prächtig.* |
| 619 m – | *Menge Lichter kommen und gehen.* |
| 637 m – | *Jetzt gespenstische Erscheinungen in allen Richtungen, wie Meteore, die überall hinschießen.* |
| 670 m – | *Habe nie einen so dunklen Ort gesehen, ist der dunkelste auf der ganzen Welt.* |
| 747 m – | *Großer Fisch oder Wal kam ganz in die Nähe. Konnte gerade seinen Umriss sehen. War mindestens 6 m lang.* |
| 845 m – | *So schwarz draußen, dass ich nicht sehen kann. Und was für Lichter!* |
| 853 m – | *Barton erblickt etwas, was so ähnlich aussieht wie ein riesiges Halsband silberner Lichter...Wundervolle Lichter draußen. Wasser mit Lichtern angefüllt....* |
| 900 m – | *Jetzt kommt ein Licht auf mich zu".* |

Mich erfüllen diese Worte mit einer ungeheuren Faszination, auch wenn die Bemerkung zum dunkelsten Ort auf der Welt die Beklemmung spüren lässt, die wahrscheinlich jeden erfüllen würde, der in diese fremde Welt eindringt

Die uns bekannten und in diversen Büchern und Fernsehsendungen dargestellten Lebensräume der Oberflächenschichten sind also – was das Volumen angeht - eine absolute Marginalie. Die meisten Meeresbiologen arbeiten in Bereichen der oberen 200 m, nur wenige haben sich der Tiefsee verschrieben, dem größten Lebensraum auf diesem Planeten. Das Bonmot, dass wir mehr über den Weltraum als über die Tiefsee wissen hat eine gewisse Berechtigung, auch wenn wir in den letzten 20 oder 30 Jahren in dieser Beziehung wesentlich mehr Fortschritte gemacht haben als in den hundert Jahren davor. Wir wissen nun, dass die Tiefsee durchaus kein gleichförmiger Lebensraum ist, ja dass sogar an einigen Stellen eine Lebensfülle herrscht, die einen Vergleich mit den Korallenriffen nicht zu scheuen braucht.

Bedingt durch geologische Aktivitäten gibt es Flecke, an denen heiße, mit Mineralien und diversen chemischen Substanzen angereicherte Wassermassen aus dem Erdkörper in die Tiefsee dringen. Bakterien können Teile der chemischen Substanzen zur Energiegewinnung nutzen und bieten daher größeren Organismen einen reichen Tisch. Würmer von bis zu einem Meter Länge leben in dichten Kolonien, Muscheln mit 20 cm Schalenlänge sowie riesige Mengen weißer, gespenstischer Krabben sind die sichtbarsten Anzeichen dieser inselartig auftretenden und weit voneinander verstreuten Oasen.

Diese Ökosysteme leben völlig unabhängig von der Sonne und die erste, zufällige Entdeckung dieses „Hot-Spots" biologischer Aktivität am Tiefseegrund durch das Tauchboot „Alwin" gehört zu den weltbildverändernden Entdeckungen während meiner Studienzeit. Und der unerwarteten Entdeckungen ist kein Ende, so haben Wissenschaftler vor einigen Jahren in 2400 m Tiefe, in angeblich schwärzester Nacht, Bakterien entdeckt, die mit Licht (!) Photosynthese treiben. Die Organismen leben in der Nähe heißer Tiefseequellen, die neben dem Quellwasser aufgrund verzwickter Vorgänge auch ein extrem schwaches Licht aussenden. Dieses fast nicht messbare Licht kann jedoch von den Bakterien dank eines hoch empfindlichen Sensorkomplexes genutzt werden.

Aber so schön das ist, diese Gärten sind nicht repräsentativ für die Tiefsee als Ganzes. Im Wesentlichen herrscht in den kalten, tiefen Wassermassen der Mangel vor und nahezu alle Nahrung der Tiefsee wird in der Oberflächenschicht erzeugt. Nur in den oberen lichtdurchfluteten 100 – 200 m können die diversen Pflanzen neue Nahrung schaffen, um praktisch das ganze Meer, also sowohl die Oberflächenschicht als auch die Tiefsee, zu alimentieren und etwa so viel Sauerstoff zu produzieren wie alle tropischen Regenwälder zusammen. Mag die Oberflächenschicht auch marginal in ihrer Größe sein, von ihrer Bedeutung für das Ökosystem Meer ist sie es durchaus nicht und daher macht es auch Sinn, sich ihrer mit höherer Intensität anzunehmen als der Tiefsee.

Mit Tiefseefischen bekam ich noch in einem völlig anderen und außerdem ziemlich überraschenden Zusammenhang zu tun. Viele Jahre nach der Westafrikafahrt arbeitete ich im Sylter Wattenmeer. Dabei half ich, wenn es meine eigenen Forschungen erlaubten, aus Spaß und Interesse einem befreundeten Fischereibiologen bei seiner Hamenfischerei zwischen den Inseln Sylt und Römö. Der Hamen ist ein passiv fangendes Netz und bestand in unserem Falle aus einem rechteckigen Rahmen von ca. 3 x 4 Meter Kantenlänge. In diesen Rahmen war das Netz eingespannt. Mit dem Forschungsschiff „Heincke" lagen wir in der „Tiefen Rinne", dem Kanal zwischen den beiden genannten Inseln vor Anker. Der Hamen wurde in den Tidenstrom gestellt und dann warteten wir, was während einiger Stunden in das Netz getrieben wurde.

Meist waren es nur wenige Fische, dafür aber umso mehr kleine Quallen. Eines Nachts jedoch fiel uns ein kleines Fischchen auf, nur 4 oder 5 cm lang, völlig schwarz, aber an den Flanken zeigten sich die kleinen silbrig glänzenden Punkte der Leuchtorgane. Es war ein Tiefseefisch. Eindeutig. Aber was, so fragten wir uns, hat der hier im Wattenmeer zu tun? In der „Tiefen Rinne" beträgt die Wassertiefe gerade mal 36 m, die meisten Nordseebereiche sind nicht viel tiefer und von einer Tiefsee zeigt dieses Meer überhaupt keine Spur. Wir kamen überein, den Fisch zu konservieren und später einem Spezialisten zuzuleiten. Waren wir über diesen Einzelfund schon erstaunt, so steigerte sich das Erstaunen noch, als wir wenige Tage später einen zweiten von diesen Burschen aus dem Quallenhaufen zogen. Nach äußerem Anschein war es die gleiche Art. Auch er wurde für den Spezialisten aufgehoben.

Leider trennten sich unsere beruflichen Wege kurz danach, so dass ich nicht mehr erfahren habe, was aus der Sache geworden ist. Es gibt für mich aber nur eine Erklärung, wie diese Tiefseefische nach Sylt gekommen sind. Wahrscheinlich gehörten sie zu den Arten, die nachts bis in Oberflächennähe aufsteigen. Während sie also wahrscheinlich jenseits der Nordsee im Atlantik gerade ihren nächtlichen Oberflächenjagden nachgingen, hat sie eine starke Meeresströmung in die Nordsee getragen. So etwas kommt im Prinzip häufig vor und ist nichts Besonderes, dass es aber auch Tiefseefische erwischen kann, war mir neu. Unsere Fischchen sahen sich unter dieser Annahme auf einmal gefangen. Sie waren in flachere Regionen gespült und konnten sich nicht mehr in die Tiefe zurückziehen. Sie waren also Gestrandete.

Nun verlaufen die Strömungen in der Nordsee gegen den Uhrzeigersinn und alles was durch den Kanal oder östlich von Schottland aus dem Atlantik in die Nordsee gelangt, landet irgendwann in der Deutschen Bucht und im Wattenmeer. So auch unsere kleinen Fische, deren ungewöhnliche Reise dann in unseren Probentöpfen endete. Vielleicht waren sie auch der klägliche Rest eines ganzen Schwarmes, von denen die meisten schon Opfer der diversen Räuber geworden waren. Nur sie, die letzten, legten Zeugnis ab. Aber das ist es, was mich immer an der Biologie begeistert hat: Die belebte Natur hält immer eine Überraschung für dich bereit. Du lernst etwas im Lehrbuch, findest es x-mal bestätigt und glaubst, so ist es. Aber dann kommt ein kleines Fischlein daher und belehrt dich, dass es noch andere Möglichkeiten gibt.

Vor Westafrikas Küsten sah ich auch meinen ersten „richtigen" Hai, also das, was man landläufig unter Hai versteht, nicht die kleinen Dorn- und Katzenhaie unserer Gewässer. Ich denke, ich verrate mittlerweile dem Leser nichts Neues mehr, wenn ich bemerke, dass es natürlich während der Nacht geschah, der für Biologen deutlich interessanteren Tageszeit auf See. Wir waren gerade auf Station und standen kurz davor, dass Planktonnetz an Bord zu nehmen. Der helle Widerschein des Netzes war schon in dem beleuchteten Teil des Meeres zu erkennen, als sich eine große, dunkle Gestalt in den Lichtkegel schob. Ein schwarzer, sehr eleganter, geschmeidiger Körper von ca. 2 m Länge. Die Brustflossen standen wie Tragflächen vom Körper ab, während der Schwanz mit langsamen pendelnden Bewegungen für den Vortrieb sorgte.

Der Hai war natürlich die Attraktion des Abends und zog alle auf Wache befindliche Leute an der Reling zusammen. Fiete in seinem Windenstand brüllte immer etwas von „Blauhai, Blauhai", einige meinten erkennen zu können, dass der große Fisch versuchte, in unser Netz zu beißen. Davon habe aber zumindest ich nichts bemerkt. Der Hai zog einige elegante Kurven durch den Lichtkegel, verschwand aber bald wieder in der Finsternis der nächtlichen See. Dieser Begegnung folgten noch einige andere, wobei wir einmal einen wirklich mächtigen Hammerhai in einiger Entfernung vom Schiff zu Gesicht bekamen, aber alles in allem, waren Haie während dieser Fahrt eher die Ausnahme.

Die beeindruckendste Begegnung mit Haien hatte ich erst vier Jahre später bei einer Reise in das Rote Meer. Bereits zwei Tage nach der Passage des Suez-Kanals erschien der erste dieser eleganten Burschen beim Schiff und begleitete uns einige Zeit. Die weißen Spitzen an den Flossen wiesen ihn als einen Vertreter der so genannten Weißspitzenhaie aus, die häufig in und um Korallenriffe, gelegentlich aber auch weiter draußen in der offenen See leben. Insbesondere der Hochsee-Weißspitzenhai ist häufig fernab der Küsten anzutreffen. Unsere Vertreter gehörten aber zu den Haien, die die Nähe von Korallenriffen bevorzugen und davon gibt es im Roten Meer mehr als genug.

Nahezu täglich hatten wir Besuch von diesen Tieren, wobei wir feststellen konnten, dass sie ein besonderes Interesse für unsere Geräte hatten, die wir an den Stationen ins Wasser ließen. Sie schauten sich die verschiedenen Netze, Greifer, Stechröhren für Bodenproben und die anderen Dinge, die wir zwecks Erhebung wissenschaftlicher Daten verwendeten, immer sehr interessiert an. Haie gelten als neugierig, was wir nach diesen Beobachtungen auch bestätigen können, aber aggressive Verhaltensweisen traten nie auf. Warum auch, wenn ich eine Kiste Mineralwasser in die Küche stelle, kontrolliert unsere Katze diesen neuen Gegenstand sehr genau und beschnuppert ihn von allen Seiten. Das Neue muss ja erkannt und „registriert" werden. Genau das taten die Haie auch mit diesen merkwürdigen Dingern, die da im Wasser hingen oder langsam durch ihren Lebensraum gezogen wurden.

Dann kam der Tag der Dauerstation. In den meisten Fällen vollzogen sich die Forschungsfahrten in der Weise, dass nacheinander eine Reihe vorher festgelegter Positionen, die Stationen, angefahren wurden. War die Station erreicht, wurden die notwendigen Messungen durchgeführt, die Proben entnommen und dann ging es auch gleich weiter zur nächsten Station. Gelegentlich jedoch wurden diese Dauerstationen eingelegt, wobei das Schiff zwei oder drei Tage an einer Position blieb und die verschiedensten Messungen in bestimmten zeitlichen Abständen, also z. B. alle zwei Stunden, regelmäßig wiederholt wurden.

Dies sollte helfen, die tageszeitlichen Veränderungen im Untersuchungsgebiet erkennen zu können. Die eilige Fahrt von Station zu Station liefert natürlich Fänge, die mal am Morgen, mal am Nachmittag und auch mal in der Nacht gemacht wurden. Die Variation der Messparameter und der Planktonzusammensetzung ist daher nicht nur auf regionale, sondern auch auf tagesperiodische Unterschiede zurückzuführen, was die Aussagefähigkeit der Daten einschränkt. Um diesem Mangel wenigstens teilweise abzuhelfen, dienten die Dauerstationen dazu, diese tagesperiodischen Schwankungen zu erfassen und so eine gewisse Korrektur bei der Interpretation der Daten zu ermöglichen.

Unser Schiff lag also auf Dauerstation im zentralen Roten Meer unweit der Hafenstadt Port Sudan. Die Nacht kam und wie während dieser Fahrt üblich, bildete sich um die – mittlerweile neue, 1986 in Dienst gestellte - „Blaue Meteor" ein schwarzer Saum auf der Wasseroberfläche. Dieser dunkle Saum um das Schiff wurde von Abertausenden kleiner Insekten gebildet. Halobates ist das einzige Insekt, das die Weiten der See erobert hat. So bedeutsam diese Tiergruppe an Land und z. T. im Süßwasser ist, das Meer blieb Ihnen verschlossen. Im Meer herrschen die Krebse, an Land die Insekten. Bis auf wenige Ausnahmen, z. B. Keller- und Rollasseln, haben es die Krebse nicht vermocht, sich dauerhaft auf dem Land anzusiedeln, die Insekten nicht im Meer. Die Ausnahme sind die Halobatiden, die mit den Wasserläufern unserer Binnengewässer verwandt sind, ähnlich aussehen und wie diese ebenfalls auf der Wasseroberfläche laufen.

Halobates lebt vorwiegend in den subtropisch-tropischen Bereichen und kommt mit fünf Arten vor. Es sind Räuber, die mit einem Rüssel gelatinöse Organismen wie Quallen anstechen und Körpersäfte saugen, selbst aber kleineren Fischen und wohl auch einigen Seevögeln als Nahrung dienen. Ihre Eier heften sie an treibende Gegenstände wie Federn, Holzstücke, heutzutage auch an leere Flaschen, Plastikmüll und dergleichen mehr.

Sie kamen jeden Abend bei Beginn der Nacht zum Schiff gerannt und drängelten sich in derart hoher Dichte, dass es unmöglich war, eine Planktonprobe zu erhaschen, ohne nicht gleichzeitig eine große Zahl dieser Tiere ebenfalls zu fangen, die später aber die Auswertung erheblich behinderten. Jedes Mal, wenn ich dieses Gewusel sah, beschlich mich die Frage, was diese Tiere wohl bei Sturm machen. Können sie ihn „abreiten" oder werden sie umgewälzt? Ein Massensterben dürfte in diesem Fall wohl die Folge sein. Aber das wissen die Halobatiden wohl nur allein.

Kurz nach 23 Uhr erschienen zwei Haie beim Schiff und patrouillierten an der Steuerbordseite. Ich hatte bis Mitternacht nichts zu tun und war wie die meisten Kollegen an Deck. Es war noch warm, satte 25 °C, die Wassertemperatur lag bei 27° C. Also die typische Wintersituation im Roten Meer, denn im Sommer hat das Wasser bis zu 32° und die Luft kann gut mal 45° - 50° erreichen. Ich war froh, dass wir einen Wintertörn hatten.

So sahen wir leicht bekleidet an die Reling gelehnt den Raubfischen bei ihren Kontrollrunden zu. Einer von der Mannschaft warf ihnen sein Wurstbrot vor die Schnauze, an dem er selbst eben noch mit „langen Zähnen" gekaut hatte. Die Haie taten zunächst uninteressiert und blieben in einiger Tiefe. Einer von ihnen begann aber dann das Brot langsam zu umkreisen, kam bis kurz unter die Oberfläche, näherte sich der treibenden Scheibe, wendete sich wieder ab, kam erneut zurück. Dann aber zielte er entschlossen, die Rückenflosse durchbrach die Wasseroberfläche, wobei die weiße Spitze in der Schiffsbeleuchtung hell aufleuchtete. In dieser Haltung wurde der Fisch immer schneller, kurz vor dem Brot tauchte der Kopf ein wenig aus dem Wasser, ein Platsch, eine schnelle Wendung, das Brot war weg.

Ermuntert durch diesen Erfolg holte man dies und das an Fressbarem zusammen, wobei ein Hagel von übrig gebliebenen Brötchen auf die Wasseroberfläche niederging. Diese alten Schrippen lockten nun wirklich keinen der beiden Haie aus der Reserve und so wurde Olav mit einem großen „Hallo" begrüßt als er mit einem Eimer gefrorener Dorschköpfe an Deck erschien. Olav studierte bestimmte räuberische Krebse in den tiefen Regionen des Roten Meeres und benutzte die Köpfe als Köder. Da er so viel eingelagert hatte, um offensichtlich alle Krebse der Welt anzulocken, kostete ihn die Herausgabe dieses Deputats keine Seelenqual.

Der Eimer wurde nun an ein Tau gebunden und so ins Wasser gehängt, dass sich die Eimeröffnung nur etwa 20 cm unter der Meeresoberfläche befand. Zunächst bekamen die Haie keine Witterung, doch konnten wir bei genauerem Hinsehen erkennen, wie sich eine weißliche Fahne von Säften der im warmen Wasser schnell auftauenden Dorschköpfe zu verbreiten begann. Außerdem fiel der eine oder andere Kopf bedingt durch den leichten Wellengang aus dem Eimer und sank in die Tiefe. Das aber blieb den Haien natürlich nicht verborgen, sie entdeckten die absinkenden Köder, schossen auf sie zu und verschlangen sie ohne Zögern.

Nun ist es aber so, dass ein sinkender Dorschkopf im Wasser sowohl Geruchs- als auch Geschmacksstoffe wie eine Spur hinterlässt, der man mit den entsprechenden Sinneswerkzeugen rückwärts folgen kann. Genau dies tat einer der Haie. Nachdem er einen der Köpfe gefressen hatte, wendete er und stieg mit pendelnden Bewegungen des Vorderkörpers langsam in die Höhe. Als die aus dem Eimer wabernden Gerüche stärker wurden, beschleunigte er, schoss aus dem Wasser und verschwand kopfüber im Eimer. Sein Wüten unter den Dorschköpfen wurde von mächtigen Schwanzschlägen begleitet und der Körper wand sich in kraftvollen Schwüngen, sodass das aufgepeitschte Meerwasser bis zu uns hoch spritzte. Was sollte ich mehr bewundern, diese muskulösen, eleganten Bewegungen oder die geradezu archaisch anmutende Entschlossenheit, sich Nahrung zu verschaffen? Jedenfalls dauerte das Ganze nur wenige, sehr eindrucksvolle Sekunden, dann riss das für diese massive Kraft etwas zu dünn ausgelegte Tau und Eimer, Dorschköpfe und Hai verschwanden in der Tiefe.

Nach dieser Vorstellung musste ich mal wieder arbeiten. Seit 10 Uhr morgens hatten wir alle zwei Stunden Proben gezogen und Messungen gemacht, Plankton für die Artenanalyse fixiert, Proben filtriert, Salzgehalte bestimmt. Kurz vor ein Uhr war ich wieder an Deck, aber die Haie hatten sich verzogen. Dafür gab es etwas anderes: Im Wasser trieb eine gallertige Masse von 25 – 30 cm Länge und 10 cm Breite. Wir hätten uns nicht weiter Biologen nennen dürfen, hätten wir diese Traube nicht sofort mit einem eilends herbeigeholten Kescher eingefangen. Die Masse bestand aus einer Unzahl kleiner Kugeln mit schwarzen Punkten.

Unter der Stereolupe erlebten wir eine Überraschung, denn wir hatten Tintenfischlaich gefangen. Die Kugeln waren die Eier, während die schwarzen Punkte niedliche kleinste Kalmare waren, die mit pulsierenden Bewegungen sich in ihrem Ei und noch geschützt vor der Umwelt auf ihr Leben im Ozean vorbereiteten. Sie glichen in ihrer Bewegungsweise durchaus den Erwachsenen, denn sie schwammen mittels Kontraktionen des Körpers und einer dadurch hervorgerufenen Rückstoßbewegung in ihrem natürlichen Aquarium herum.

Faszinierend, ich hatte so etwas noch nicht gesehen und konnte mich gar nicht losreißen von diesem Anblick. Die Körper der zukünftigen Herrscher unter den Wirbellosen waren nahezu kugelig und im Wesentlichen transparent, zeigten aber eine Menge kräftiger dunkelbrauner Punkte. Die Ärmchen waren noch kurz, die Bewegungen linkisch. Wie das bei Kindern halt so ist. Wir haben den Laichballen wieder dem Meer übergeben, aber einen kleinen Anteil für unser Aquarium zurückbehalten in der Hoffnung, den Schlupf und die ersten Schritte im freien Wasser zu beobachten. Sie sind aber leider vorher alle eingegangen.

Um zwei Uhr und um vier Uhr war dann wieder Probenarbeit angesagt, aber als ich um ½ 5 an Deck erschien, waren mittlerweile drei Haie beim Schiff. Müßig, zu fragen, ob es die gleichen waren, zu denen sich ein dritter gesellt hatte.

Die wachhabenden Mannschaftsmitglieder beschlossen nun, einen dieser Haie zu fangen. Den vermeintlichen Erzfeind aller Fahrensmänner. Viele Seeleute können mit Meerestieren nichts anfangen außer sich der Frage hinzugeben: Fangbar oder nicht fangbar? Mit der feinen Unterscheidung der Fangbaren in essbares und nur zum Vergnügen zu erlegendes Wild. Ein großer fast 20 cm langer Haken wurde an einem kräftigen Tau befestigt, dessen anderes Ende um den Spillkopf eine Winde gewickelt wurde. Sollte der Fisch beißen, wollte man sich nicht mit den Finessen der Angelkunst auseinandersetzen, sondern das Wild mit brachialer Windengewalt an Deck zerren. Hier kam nicht das elegante Florett zum Einsatz, sondern die Streitaxt.

Nach diesen Vorbereitungen wurden Speckschwarten und Wurststücke in das Wasser geworfen, um die Haie anzufüttern. Dann kam der mit einem Wurstköder bestückte Haken zum Einsatz. Die Haie zeigten sofort großes Interesse, aber zum großen Verdruss der Mannschaft gelang es den Tieren immer wieder, den Köder „mit spitzen Lippen" vom Haken zu holen, ohne selbst erwischt zu werden. Allerdings, beinahe hätten sie einen gehabt, denn auf einmal saß der Haken und der Fisch war fest. Da ging es aber rund! Mit all seiner Kraft begann der Hai um sein Leben zu kämpfen, das Wasser spritze wieder hoch auf und mit machtvollen Bewegungen wälzte sich der Fisch im Wasser. Nach relativ kurzer Zeit war das Opfer wieder frei. Er hatte den im Fleisch sitzenden Haken aufgebogen. Ein massives Eisengebilde von fast einem viertel Meter Gesamtlänge! Imposant!

Was für eine Kraft, was für eine Entschlossenheit. Nicht gut, ihnen zu begegnen, wenn sie hungrig sind. Und das ist meistens der Fall, denn obgleich dieser Bericht den Eindruck eines bis an den Rand mit Leben gefüllten Ozeans erweckt, ist das Wasser, insbesondere in den ozeanischen Bereichen überwiegend leer, so dass Nahrung selten zu finden ist und diejenigen Räuber, die am oder im Korallenriff leben haben es mit Beuteorganismen zu tun, die gewitzt genug sind, sich rechtzeitig zu tarnen, zu verstecken oder sich sonst irgendwie der Nachstellung zu entziehen. Ähnlich wie bei den Großkatzen Afrikas gehen rund 80 % der Angriffe ins Leere. Für einen Schwimmer kann es daher zu Unfällen kommen.

Nur recht kurz vor unserer Fahrt war in Australien ein Schwimmer von einem weißen Hai attackiert und getötet worden. Die Pressestimmen überschlugen sich mit Forderungen nach Haischutz, Haivertreibung bis zu allgemeiner Haivernichtung. Ähnlich bei den Tourismusvertretern. Was für Einstellung haben diese Menschen gegenüber dem Meer? Viele denken wohl, es wäre eine große Spielwiese. Niemand käme auf den Gedanken einfach so in die afrikanische Savanne zu laufen, denn da gibt es ja Löwen und Büffel und Hyänen und Panther. Aber im Meer ist es ein Skandalon, wenn ein Raubfisch das macht, was Raubfische von Natur aus so machen: Beute!

Wie entfernt sind wir eigentlich mittlerweile von der Natur? Gerade die Tropen sind nicht unkritisch, denn neben den Haien gibt es viele giftige Meerestiere, die arge Bedrängnis bringen können. Wenn man dieses Meer dann natürlich nur als Badeparadies, als übergroßen mit Salzwasser gefüllten Pool betrachtet, hat man nichts, aber auch gar nichts vom Meer verstanden.

Von dem Raubbau reden wir erst gar nicht. Dem Leerfischen, davon, dass Haie gefangen werden, ihnen die Flossen abgeschnitten und die verletzten, unbeweglichen Tiere wieder ins Wasser geworfen werden, wo sie elendig ersticken oder anderen Haien zum Opfer fallen. Bestimmte Haiarten stehen kurz vor der Ausrottung. Wer heute noch Haifischflossensuppe isst, macht sich schuldig. Genauso wie diejenigen, die Nashörner für Potenzmittel töten bzw. töten lassen.

Die sich formierende Widerstandsfront gegen das Artensterben, den Klimawandel und andere sich anbahnende Katastrophen ist bitter notwendig. Es wird zu viel geredet, in Zweifel gezogen und auf den eigenen Vorteil geschaut und zu wenig getan. Beim Vergleich Geld gegen Hai, gewinnt in der Regel das Geld. Potenz gegen Nashorn? Natürlich lieber Lustgewinn als Bewahrung eines mächtigen Wesens. Klimawandel? Na ja, aber nicht durch den Menschen! Fakenews! Unsere Wirtschaft darf auf keinen Fall leiden! Wir entschuldigen unsere Vorfahren, sie konnten es nicht wissen. Aber unsere Generation weiß es und handelt, als wenn wir Zeit in Überfülle hätten!

So, nach diesem Wutausbruch zurück zu unserer Fahrt: Als schon die Morgensonne leuchtete, es bereits heller Tag war und das vermeintlich Rote Meer seine tiefblaue, kobaltähnliche Färbung zeigte, haben sie doch noch einen der Haie gefangen. Der neue Haken drang ins Fleisch, die Winde zerrte den merkwürdig apathisch wirkenden Fisch aus dem Wasser, unter allgemeinem Gejohle aus vielen Kehlen kam das „Monster" binnenbords und baumelte bald wie ein Gehenkter über Deck.

Was dann kam, habe ich mir nicht mehr angesehen und ging nach fast vierundzwanzig Stunden Wache zu Bett. Vier Jahre vorher hatte ich noch selbst die Thunfische vor Westafrika geschlachtet, mittlerweile hatte ich das überwunden. Töten zum Vergnügen, war meine Sache nicht mehr. Die Tiere sind dem Menschen unterlegen. Vielleicht nicht unbedingt dem Einzelnen, aber der Menschheit und seiner Mordinstrumente.

Es ist ein Zeichen kultivierter Gesinnung, Schwächere zu schützen. Das gilt für Menschen und für Tiere. Heben wir uns durch unsere Kultur aus der übrigen Tierwelt heraus? Doch sicher nur dann, wenn wir diejenigen respektieren, die uns unterlegen sind und ihnen das lassen, was auch wir als unser höchstes Gut betrachten, das Leben. Wer nur zum Vergnügen, aus Langeweile, um des Zeitvertreibs willen tötet, zeigt eine Gesinnung, die mit dem Wort Kultur nicht in Einklang zu bringen ist. Mag er auch Händel und Brahms hören, Shakespeare und Goethe lesen und seinen Gaumen mit Sterneküche und edlen Weinen reizen. Das ist alles Camouflage, wirkliche Kultur besitzt dieser Mensch nicht.

Wie arm sind doch jene Menschen, die ihr Selbstbewusstsein aus dem Töten von Tieren, entsprechenden Trophäen und den Fotos mit erschossenen Löwen, Leoparden oder aus dem Wasser gezerrten großen Fischen ziehen.

Gequälte Kreatur: Der Haken ist im Fleisch, der Hai kommt unter Gejohle binnenbords. Zeitvertreib! Was soll das?

# Der Atem des Ozeans

Von allen Phänomenen der See gehört die Dünung zu den mir liebsten Erscheinungen. Jene – nach Maupassant – *„mächtigen und trägen langen Wellen, jene Wasserhügel, die einer nach dem anderen, geräuschlos, ohne Erschütterung, ohne Schaum, wutlos drohend, durch ihre Stille erschreckend heranrollen."*

Gleich die erste Begegnung wurde zu einem Schlüsselerlebnis. Auf meiner Fischereifahrt mit der „Anton Dohrn" führte unser Weg ja nördlich an Schottland vorbei. Wir passierten den Pentland Firth mit seinem aufgeregten, quirligen Wasser, den steilen, kurzen Wellen und unmöglichen Strömungen. An Backbord lag die schottische Küste als graue Landmasse mit pittoresk vorgelagerten Felsnadeln, den Duncansby-Stacks, die dem hellen, schaumigen Wasser einer nicht unbedeutenden Brandung entstiegen. Ein weißer Leuchtturm, grüßte zu uns herüber. Steuerbords war anfangs im Dunst ebenfalls schemenhaft Land zu erkennen, die Orkneyinseln, die aber bald achteraus zurückblieben.

Nachdem wir später eine prominente Felsnase passiert hatten – lass es Kap Wrath gewesen sein oder irgendeine andere Ecke, ich weiß es nicht mehr – öffnete sich der Blick auf den freien Atlantik und ein erster mittelhoher, sich anscheinend über den gesamten Seespiegel hinziehender Wellenzug wanderte auf das Schiff zu, nahm es sanft auf seinen Rücken und setzte es wieder im Tal ab. Dann kam der nächste Wellenkamm, dann noch einer und noch einer. Wir waren in den Bereich der Atlantikdünung gelangt. Da sich außerdem das triste, graue Wetter plötzlich besserte und Licht und Helligkeit auf uns und die See fielen, schien es mir, als sei ein Vorhang aufgezogen worden und eine völlig andere Bühne würde vor uns geöffnet.

In diesem Moment formte sich in meinem Geiste meine Vorstellung von dem Begriff „Ozean". Wenn ich heute über den Ozean spreche, so steigt automatisch dieses oder ein ähnlich komponiertes Bild in meinem Kopf auf. Mögen der Himmel und das Aussehen oder die Farbe der See auch den Wandlungen des Wettergeschehens unterliegen, die Dünung gehört als unverrückbarer Bestandteil dazu. Ohne Dünung kein Ozean. Natürlich ist das in einem objektiven Sinne nicht richtig, denn es gibt Zeiten auf dem Ozean, wo er keine Dünung zeigt und andererseits sind Dünungserscheinungen durchaus auch in der Nordsee, ja sogar in der Ostsee möglich. Vielleicht nicht so gewaltig, aber durchaus vorkommend. Dennoch verunsichert mich dieser scheinbare Wiederspruch nicht: Es gibt immer zwei Wahrheiten auf dieser Welt, die so genannte objektive, von allen erfahr- und beschreibbare und die für einen Menschen wichtigere Wahrheit des subjektiven Erlebens.

Die Dünungswellen legen Zeugnis von den Stürmen auf dem Meer und der geballten Wut des Windes. Wenn die Wellen die Kinder des Windes sind, so ist die Dünung die Enkelgeneration, denn die Wellen werden durch Wind geboren, Dünung jedoch durch Wellen.

Lassen wir es harmlos anfangen. Zunächst kräuselt nur ein leichter Luftzug die ruhige Wasserfläche, aber die Wetterkarte zeigt ein gewaltiges Tief, geradezu ein Druckloch in der Atmosphäre. Die Isobaren liegen eng beieinander, also starke Druckdifferenzen auf kurze Entfernung, also starker Wind ist zu erwarten. Der noch sehr leichte Wind reibt an der Wasseroberfläche und erzeugt auf dem hier vorausgesetzten völlig glatten Meer erste sehr kleine Wellen, die Kappilarwellen, häufig auch als „Katzenpfoten" bezeichnet.

Nun kommt es näher, der Wind legt zu, größere Wellen formen sich, das Meer überzieht sich mit Schaumköpfen. Die Wogen gehen höher und höher, der starke Wind packt nun in die Wasserwände wie in Segel, die Reibung spielt keine sonderliche Rolle mehr, er presst sie vorwärts, pumpt Energie in ihre Körper und die Höhe steigt. Zunächst sind die Wellen kurz, vergleichsweise steil und wandern in wohlgeordneter, gleichmäßiger Formation mit einem Drittel der Windgeschwindigkeit über das Meer. So schnell sie dabei für unser Auge auch sein mögen, der Wind bleibt schneller, der Sturm gibt sie nicht frei und sie wachsen weiter.

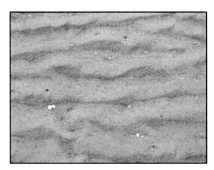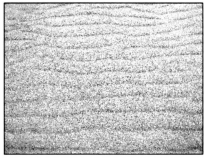

Modelle für Seegang von oben: Durch Wasser hervorgerufene Sandrippeln im Watt (links) und winderzeugte Sandrippeln auf Sandflächen (Rochelsand, rechts). Wie die See haben diese „Wellen" die gleiche Zugrichtung, etwa gleiche Wellenlängen und in etwa gleiche mittlere Höhen. Es ist eine Analogie für die Gestaltung der Meeresoberfläche durch Windeinwirkung.

Aber nun nehmen die Wellen eine andere Form an, werden länger und relativ gesehen flacher, gerundeter, der Eindruck konkreter Wellen verblasst hinter dem Gefühl, die ganze Meeresoberfläche würde rhythmisch zu gewaltigen Bergen gehoben und gesenkt. Übersteigt jedoch die Form ein bestimmtes Maß, werden die Wellen instabil. Die grauen, gischtüberzogenen Berge türmen sich dann im Schwerwetter zu Wasserwänden auf, die mehrere Hundert Meter lang sein können und ähnlich einer Brandung am Strand überbrechen können.

Diese Ereignisse gehören zu den beängstigendsten und gewaltigsten Eindrücken auf der See, aber durch dieses Überbrechen, dem Zusammenbrechen der Wogen wird ein weiterer Wellentyp erzeugt, dessen Fortpflanzungsgeschwindigkeit jetzt aber rund vierfach höher ist und mit dem 1,4-fachen des Windes über das Meer wandert.

Diese, als Dünung bezeichneten Schwingungen verlassen daher mit erstaunlichem Tempo das Sturmgebiet und machen sich bereits nach 120 Stunden in bis zu 5000 Seemeilen Entfernung bemerkbar. Dann bilden sie die großen, grauen, patriarchalischen Wellen des Nordatlantiks, die kobaltblauen, transparent wirkenden Wogen der Subtropen oder die riesige, donnernde Brandung an den Ozeanküsten. Dabei darf die Dünung nicht mit abflauender Windsee verwechselt werden, sie ist etwas Eigenständiges, denn wie sollte eine abflauende Windwelle plötzlich an Geschwindigkeit zulegen und den Wind überholen?

Diese unterschiedlichen Geschwindigkeiten lassen sich übrigens auch von Laien auf See, etwa bei einer Kreuzfahrt, beobachten. Häufig werden kleine Windwellen, die meist durch Schaumköpfe identifizierbar sind, von breiten Wellenrücken unterlaufen. Sie holen die kleine Welle ein, heben Sie kurz auf ihren Rücken und verschwinden wieder in der See. Das war Dünung.

Da die Dünung in der Regel einem weit entfernt liegenden Ereignis entstammt, erreicht sie ein Seegebiet als breite Front und ohne Zusammenhang mit den lokalen Wetterbedingungen. Ich habe es oft erlebt, dass eine völlig ruhige See plötzlich von kräftigen Wellen überzogen wurde, ohne dass auch nur ein Hauch von Wind wehte. Das Schiff begann zunächst leicht, dann immer stärker zu schwingen und innerhalb kurzer Zeit arbeitete es sehr kräftig in den mehr oder weniger hohen Wellen. Dabei war die See ansonsten ruhig, ohne Kräuselungen, nahezu „ölig" glatt. Allein breite und hohe Wasserwälle zogen heran und zwangen dem Gefährt eine sehr rhythmische Berg- und Talfahrt auf.

Wie auch wir Menschen unterliegt die Dünung während ihrer Lebenszeit deutlichen Veränderungen. Im Anfang sind die Dünungswogen hoch, acht bis zehn Meter sind nicht ungewöhnlich, und relativ kurz. Auf ihrem weiteren Weg über die Ozeane nimmt die Wellenhöhe jedoch allmählich ab, die Wellenlänge dagegen zu. Alte Dünung ist gemütlich und zeichnet sich durch niedrige Wellen aus, deren Abstand mehrere Hundert Meter betragen kann und die das Schiff im sanften Rhythmus von 20 Sekunden - eine erstaunlich lange Zeit - senken und heben.

Das schafft die beruhigenden Bilder einer im wohltemperierten Rhythmus wogenden See. Ist zufällig ein anderes Schiff in der Nähe, sieht man sehr schön, wie der Begleiter zunächst in die Höhe gehoben wird, dann aber langsam hinter einem Wasserberg verschwindet, so dass nur noch die obersten Aufbauten über die Wellen zu ragen scheinen. Und gelegentlich noch nicht einmal das.

Neben dem eigenen Gefährt baut sich derweil die Wasserwand auf, hebt das Schiff und wenig später schaut der Beobachter weit über die See und vielleicht auf das tief unter einem liegende andere Schiff. Dann geht es wieder abwärts, der Kompagnon steigt auf und das Spiel beginnt von neuem.

Sehr alte Dünung vermittelt dagegen fast gar nicht mehr den Eindruck konkreter Wellen. Die Wellenlängen sind so groß geworden, dass es scheint, der gesamt Seespiegel stiege allmählich an, erreichte einen Höhepunkt, um darauf wieder über eine gleich lange Strecke sanft zu fallen.

Aber natürlich entspringt meine Begeisterung für die Dünung nicht ihrer naturwissenschaftlichen Grundlage und den physikalischen Modalitäten, sondern vor allem gefühlsmäßigen Eindrücken. Zunächst einmal habe ich es immer als etwas langweilig empfunden, auf einem völlig glatten Meer zu fahren. Das vermittelte mir kein sonderlich euphorisches Seefahrtsgefühl. Das änderte sich aber sofort, wenn die See in Bewegung war und das Schiff gehoben und gesenkt oder zu den Seiten gerollt wurde. In dieser Hinsicht ist eine moderate Dünung von zwei oder drei Metern geradezu hervorragend geeignet, das Gefährt angenehm zu wiegen und so wirklich das Gefühl zu bekommen, auf flüssigem Element seinen Weg durch die Welt zu ziehen.

Der Vorteil von Dünung ist dabei ihre nahezu völlige Gleichförmigkeit. Man merkt sehr schnell, wie stark sich das Schiff bewegt, wie hoch die Rollwinkel werden und wie man sich gegen diese Bewegung stemmt oder sie ausgleicht. Reine Windsee dagegen ist ruppiger, mit Unstetigkeiten gesegnet, so dass es oft harte Schläge und unerwartete Schaukelbewegungen gibt, die in unglücklichen Fällen geeignet sind, einen von den Beinen zu hebeln oder Gegenstände ohne Umschweife von Tischen zu fegen.

Die Bewegungen der Dünung sind dagegen leicht beherrschbar und voraussehbar, hatte ich mir ihren Rhythmus zu Eigen gemacht, glich der Körper sie „automatisch" aus und ich musste mich eigentlich nicht mehr irgendwo festhalten. Das änderte sich allerdings, wenn die Dünung sehr viel höher wurde, dann war „richtig" Bewegung im Schiff und das Eintauchen des Gefährtes in die Wellentäler ging mit erheblichem Radau und harten Schlägen einher, die „Behaglichkeitsgrenze" war nun überschritten.

Hohe Nordatlantikdünung, westlich Irland, 1980

Hohe Subtropendünung, nordwestlich Madeira, 1994

Hohe Biscayadünung, 1993

In engem Zusammenhang damit steht, dass mir die Dünung immer ein optimistisches „Jetzt-geht's-los-Gefühl" vermittelte, das nach Aufbruch, Tatendrang und fernen Küsten „roch". Mir vermittelte eine Dünung immer die Vorstellung des Neuen, auch wenn Sie mitten auf dem Meer und vielleicht erst drei Wochen nach der Abreise auftrat. Fällt nun ein tatsächlicher Aufbruch mit dem Dünungserlebnis zusammen, steigert sich das Erlebnis zu jener Klarheit, die ich gerne mit dem Begriff der „Reinen Impression" umschreiben möchte.

Die Szene, die mir dabei vor den Augen steht, führt uns vor die norwegische Küste. Als ich damals als schlichter Tourist mit der Hurtig-Route nach Norden strebte, waren wir von Bergen kommend immer direkt an der Küste entlanggefahren. Zwischen den vielen Häfen am Wege führte praktisch keine nennenswerte Teilstrecke über das offene Meer. So gelangten wir bis Bodö. Nun aber sollte es zu den Lofoten gehen, wobei der Vestfjord zu überwinden war, eine Seestrecke von rund 60 Seemeilen.

Dieser Vestfjord ist nun aber kein eigentlicher Fjord, sondern ein etwa dreieckiges Stück Atlantik, das im Osten vom Festland und im Westen von den Inselketten der Lofoten und Vesterålen gebildet wird, die im spitzen Winkel der norwegischen Küste zustreben. Dieses Gebiet ist für nicht unerheblichen Seegang bekannt, was auch mit der Einengung der von West oder Südwest einlaufenden Wellenfelder durch die dreieckige Form dieser Meeresregion bedingt sein mag.

Als wir aus Bodö ausliefen, neigte sich die Sonne schon dem Westhorizont zu und die Schiffsleitung gab bekannt, dass nun mit einer „gewissen Unruhe" im Schiff zu rechnen sei. In der Tat, schon bald hinter dem Hafen lief uns eine kräftige, hohe Dünung entgegen, die unsere „Midnatsol" zu überwinden hatte.

Hei, wie da das Schiff sprang und tänzelte, sich auf die Wellen schob, in die Täler klatschte, dass die Gischt am Bug hoch aufspritze und als Tröpfchenschleier über das Vorschiff gingen. Da es gerade Zeit zum Abendessen war, saßen wir in der Nähe des zum Bug gerichteten Fensters und konnten gut dem Kommenden, der Gischt, der sinkenden Sonne entgegensehen. Die Gläser auf den Tischen klirrten fröhlich vor sich hin, die Teller zogen am Tischtuch und rappelten bei zu hartem Einsetzen in die See. Mit den Passagieren war eine merkwürdige Veränderung geschehen: Viele fehlten, die Gespräche der meisten erstarben schnell oder es herrschte allgemeine Einsilbigkeit.

Nicht allen war es daher vergönnt, diese herrliche Fahrt voll auszukosten, an Deck zuzuschauen, wie sich das Schiff seinen Kurs zu den Inseln bahnte. Immer neue Wogen rückten gegen das Schiff vor, das unermüdlich auftritt, in die Täler fiel, erneut auftritt, Gischt und Schaum spritzte und mit der Kraft eines Bullen auf sein Ziel zustürmte. Wir waren vergnügt ob dieser lustvollen, dynamischen Fahrt. Kein Küstengezuckel mehr, sondern endlich ehrlicher, freier Ozean. Uns umwehte das Gefühl der absoluten Freiheit, des Wikingerhaften, des Zurücklassens des Vergangenen. Zu neuen Ufern! Herrlich, fantastisch! Niemand, der dieses nicht selbst einmal miterlebt hat, kann die Frische dieses Eindrucks, die Lust am Aufbruch, die Dynamik des auf der Dünung reitenden Schiffes wirklich nachvollziehen.

Die Dünung ist das Atmen der See. So wie sich der Brustkorb eines lebenden Wesens mit seinen Atemzügen langsam hebt und senkt, so vermittelt mir die Dünung den Eindruck von Atembewegungen des Meeres. Dies wird umso deutlicher, wenn man längere Zeit auf völlig ruhigem Meer dahingleitet. Für einen, zwei, oder auch drei und vier Tage mag das ohne nennenswerten Affekt auf den Reisenden sein. Dann aber beginnt die Periode, wo mir immer das Meer wie erstorben schien, ich mir der großen Leere und Einsamkeit dieses riesigen Naturraumes bewusst wurde und ich meiner Bedeutungslosigkeit in der Unendlichkeit der See gewahr wurde. Die „schweigende See" ist nach meinem Empfinden ein unmenschlicher Zustand.

Gelegentlich wurde ich gefragt, ob ich nicht wegen der großen Wassertiefen von 5000 m oder so Angst auf den Seefahrten empfand. Ich habe dann sinngemäß geantwortet, dass es zum Ertrinken ziemlich egal ist, ob die Wassertiefe 5, 50 oder 5000 m beträgt. Nein, was mich gelegentlich zum Gruseln brachte, ist die entsetzliche Weite und Leere des Meeres. Unser Schiff liegt auf Position und auf 1000 oder 2000 Km oder noch mehr ist im Umkreis nichts vorhanden außer Wasser. Kein Land, kein Schiff, kein Mensch. Käme es zum Äußersten wäre niemand da zum Helfen, auch bei 5 m Wassertiefe nicht. Wie schreibt Alexander von Humboldt? *„Die Unermesslichkeit des Meeres ergreift den Schauenden finsterer und tiefer als die des gestirnten Himmels."* Wer empfindsam ist, den umfängt dann die Angst des Leeren, die Einsamkeit, die Verlorenheit, der Horror vacui, und ich möchte nicht wissen, wie viel Alkohol durch Seemannskehlen gerade wegen dieses Umstandes geflossen ist. Auch wenn es niemand zugibt.

Wenn dann aber Dünung auftaucht, belebt sich für mich das Meer wieder, es beginnt zu atmen und wird damit menschlicher. Es reduziert seine erhabene Erscheinung auf ein menschliches Maß, auf eine Dimension, die der Mensch aushalten kann. Protagoras hat einmal gesagt, der Mensch sei das Maß aller Dinge. Dies sollte man aber nicht so verstehen, dass der Mensch das Maß setzt, sondern dass nur die auf menschliches Maß reduzierten Gegebenheiten für ihn überhaupt seelisch auf Dauer auszuhalten sind. Und deshalb mag ich die Dünung, weil das Atmen der See meinem Atmen entspricht.

# Die Koje

Das Forschungsschiff ist wie alle anderen Schiffe vornehmlich ein öffentlicher Raum. Ich treffe Klaus im Labor, ich treffe Klaus im Gang, ich treffe ihn bei den Mahlzeiten und auf Deck. Klaus scheint irgendwie überall zu sein. Nun, ich habe nichts gegen Klaus, aber es zeigt, dass wir uns auf unseren Schiffen nicht auf Dauer aus dem Weg gehen konnten.

Wir sind nun mal eine Gemeinschaft, die zusammen auf einem begrenzten Lebensraum nahezu alle menschlichen Aktivitäten miteinander teilt. Arbeiten und faul sein, streiten und feiern, traurig sein und auch mal im geistig verwirrten Zustand dank unpassender Getränkemengen sein – alles wird geteilt, alles ist bekannt. Und wenn dieses oder jenes Ereignis möglicherweise nicht von allen beobachtet werden konnte, so findet sich immer einer, der es allen anderen öffentlich machen wird. So wie jener Bootsmann, der mir und Siggi eine Beziehung nachsagte. Auch wenn nichts war, das Gerücht kursierte.

Es ist daher nicht verwunderlich, dass jeder von uns den Wunsch hatte, sich gelegentlich zurückzuziehen, Abstand zu gewinnen, sich zu separieren. Dies wird wohl allen Seemännern und Seefahrern auf der ganzen Welt so gehen. Deshalb ist ein Ort an Bord besonders wichtig: Die Koje.

Der Vorhof zum Privaten ist dabei zunächst die Kabine, wobei sich ein gestuftes, mit bestimmten Ritualen verbundenes Intimitätskonzept bewährt hat, das auf allen Forschungsschiffen, mit denen ich gefahren bin, bekannt war und beachtet wurde.

Hatten wir uns in die Kabine zurückgezogen und die Tür in offener Stellung am rückwärtigen Wandhaken eingerastet, so bedeutete dies, dass wir zwar uns dem allgemeinen öffentlichen Umtrieb entzogen hatten, aber durchaus ansprechbar waren. Ein kurzes Klopfen an der geöffneten Tür und die ggf. rücksichtsvolle Frage, ob man stören dürfe, genügten, um wieder in Kontakt zu kommen.

Das sah schon anders aus, wenn die Kabinentür beinahe geschlossen war und nur durch einen speziellen Haken einen Spalt breit geöffnet blieb. Dies konnte bedeuten, dass wir schliefen (z. B. in den Tropen, um eine effektivere Belüftung zu erreichen), arbeiteten oder sonstigen Aktivitäten nachgingen, die ein höheres Maß an Konzentration oder Privatheit erforderten. Hier verlangte die Etikette, dass zunächst überlegt wurde, ob eine Störung überhaupt nötig ist, dann ein respektvolles Klopfen und ein unbedingtes Warten auf „Herein".

Die geschlossene Tür zeigte allen an, dass wir unsere Ruhe haben und nur dann gestört werden wollten, wenn dies unbedingt nötig war. Solche Fälle waren natürlich immer der Wachwechsel, besondere Arbeiten auf Station, unvorhergesehene Ereignisse usw. Ein Klopfen war selbstverständlich, wobei dann auf das sonst obligatorische „Herein" nur verzichtet werden durfte, wenn dies aus einsehbaren Gründen, z. B. Tiefschlaf der Kollegen, nicht zu erwarten war.

Soweit die Vorhöfe. Wie im alten Tempel von Jerusalem gab es aber neben den Vorhöfen auch das Sakrosankte, das Allerheiligste. Und wie in dem alten Tempel war auch dies durch einen Vorhang abgeteilt: nämlich die Koje, das absolute Privatissimum.

Wenn wir uns in die Koje begaben, änderte sich die Welt, denn hier war der einzige wirkliche Rückzugsraum, der vor allem dann, wenn die Gardienchen zugezogen waren, unbedingt respektiert wurde.

Die Koje als solche ist schnörkellos: Ein zwei Meter langer, ca. 80 cm breiter und rund 90 cm hoher Holzkasten. Darüber beginnt entweder die obere Koje oder – wenn man oben sein Reich hat – die Kabinendecke. Der Raum ist allseitig umschlossen, die einzige Öffnung ist die lange Seite zur Kabine hin. Hier hängen rechts und links entsprechend dimensionierte Vorhänge, die zum Schlafen oder Alleinsein zugezogen werden können.

Das Ganze ist eine prachtvolle Höhle, in der jeder sich nach seinem Geschmack einrichtete. Einer lagerte mehr oder weniger große Bücher oder Tagebücher darin ab, es hingen Bilder von Mädchen und Frauen, mit Tesa-Film nicht immer elegant fixiert, an den Wänden und hier und dort wurde sogar ein Plüschtier gesehen. Wieder andere waren weniger familiär eingerichtet, sondern zeigten Schiffe oder pornographische Darstellungen, aber ich habe nie erlebt, dass Messwerte oder wissenschaftliche Grafiken aufgehängt waren. Bei aller Freude an der Wissenschaft, in der Koje war diese konsequent suspendiert. Hier wollten wir nur Mensch sein.

Natürlich war dies primär der Ort, ungestört zu schlafen, aber alle Schiffskojen dieser Welt sind auch Rückzugsräume, die Abschiedskummer, Langeweile, Lesende Aktivität und anderes gesehen haben. Die Höhle ist Krankenlager bei Seekrankheit und Weltschmerz, Ausnüchterungszelle oder auch einfach nur die Liegefläche für ein Nickerchen nach dem Essen. Eines war sie für mich aber immer: „Mein Bereich", meine ureigenste Höhle, in die niemand ohne Not eintreten darf und dies auch nicht tat.

Keiner wäre auch nur ansatzweise auf die Idee gekommen, ungefragt die Vorhänge zu öffnen. Wenn es ein dringliches Geschäft gab, wurde nach einem wie zufälligen Räuspern gefragt: „Gerald!?". Ich steckte dann den Kopf raus, fragte, was denn sei und dann folgten die ggf. notwendigen Aktivitäten. Der Kollege hatte sich aber dabei schon abgewandt und den Raum verlassen, so dass niemals ruchbar geworden wäre, wenn ich splitternackt oder in voller Arbeitskleidung inklusive Gummistiefel auf dem Bett gelegen hätte. Es ging ihn auch nichts an und das wusste der gut erzogene Kollege.

Rüder ging es gelegentlich mit der Mannschaft zu, deren Etikette gröber gestrickt war. Wenn ich zur Wache rausgepurrt wurde, konnte es vorkommen, dass der Betreffende in die Kabine grölte „In 10 Minuten Wache" und – oder alternativ – mit der Faust drei, vier Mal kräftig gegen die Holzverschalung schlug. In beiden Fällen war ich wach. Und zwar ziemlich sofort. Aber die Gardine wurde nie angerührt, sie war auch für Rabauken Tabu, und wenn ich mich aus der Koje wälzte, war der (notwendige) Störenfried auch schon aus der Kabine raus. Später wurde das Wecken durch ein Telefon ersetzt, aber das war eher langweilig.

Ich habe mich gelegentlich über die „rasante Tour" geärgert, aber bis heute meine Sympathie für diese schlichten und geradlinigen Menschen bewahrt und gelegentlich, wenn die Welt in Political Correctness ertrinkt und wertschätzendes Verhalten – vor allem für die unteren „Bimbos" – verordnet wird, sehne ich mich nach dieser direkten Art zurück. Wir haben zusammen gearbeitet, wir haben gelacht und getrunken, wir haben uns gestritten und angemault. Aber wenn es geregelt war, war es geregelt. Nachtragendes Verhalten war eine extreme Seltenheit und wurde auch nicht gern gesehen. Auf dem Schiff kannst Du dir keine Zicken erlauben. Selbst auf einem offiziellen Forschungsschiff sind wir dabei viel zu sehr aufeinander angewiesen.

Im Gegensatz dazu ist unsere Welt der Wirtschaftsunternehmen z. T. eine „Blasenwelt", angefüllt mit vollmundig verkündeten ethischen Grundsätzen, aber doch voll Druck, Mobbing und Leistungserwartung, die dann noch an die Betroffenen mit der Erwartung verkauft wird, „Ich bin stolz auf mein Unternehmen" zu verkünden. Na, da sind mir die ehrlichen Typen lieber, auch wenn sie ggf. im Tonfall nicht der Weißkragenwelt entsprechen. Natürlich war auch da nicht alles Gold, was glänzte, aber das Messing wurde auch nicht als Gold verkauft.

Aber zurück in die Koje. Gelegentlich fanden sich darin auch lebende Mädchen, vor allem in den Häfen, aber das lassen wir jetzt mal beiseite. Die Koje war - und wird es bleiben - der Rückzugsraum aus der Öffentlichkeit des Schiffsbetriebes.

Merkwürdigerweise setzt dies auch Vertrauen voraus, denn mit Schließen der Gardienchen gibst Du auch deine Einwirkmöglichkeiten auf. Du weißt nicht mehr richtig, was draußen vor sich geht. Du musst loslassen. Ich erinnere mich gut ähnlicher Situationen auf dem Internat in Langeoog. Ohne dass wir damals etwas über den Aufbau von Schiffskojen wussten, wurden „instinktiv" die Vorhänge durch Decken ersetzt, die am oberen Bett eingeklemmt wurden und so die geschlossene Höhle bildeten. Nur dass es dann vorkommen konnte, dass Kameraden unbemerkt Waschlappen mit Wasser tränkten, den Vorhang aufrissen und einem den Lappen ins Gesicht schleuderten.

Das gab es natürlich nicht auf dem Schiff, aber dennoch ist dieses Vertrauen Voraussetzung für einen gelungenen Rückzug, für ein Gefühl uterusähnlicher Geborgenheit. Immer wenn es draußen stürmte und sich alles bewegte, drehte ich mich auf die Seite, suchte eine stabile Lage und fühlte mich aufgehoben und geschützt in meiner Höhle. Ich hatte das Vertrauen, dass die Werftarbeiter das Schiff ordentlich zusammengeschweißt hatten, die Schiffsführung gewissenhaft daran arbeitete, nicht auf einen Felsen aufzulaufen, die Seeleute dafür sorgten, dass an Deck alles klar lief und meine wissenschaftlichen Kollegen das Ihre zur allgemeinen Sicherheit beitrugen. Die Aktiven sorgten für die anderen. Beim nächsten Wachwechsel wird es umgekehrt sein. Ich fühlte mich in guten Händen und freute mich, in meiner Höhle zu sein und die Welt da draußen Welt sein zu lassen.

# Merkwürdiges und Misslungenes

Seien wir ehrlich, erheitern uns nicht häufig die Missgeschicke oder die etwas queren Einstellungen von Kollegen zum Leben oder zu Mitmenschen? Die Meeresforscher bilden da keine Ausnahme. Kein Treffen, sei es auf Kongressen oder auf Forschungsschiffen, ohne dass nicht diese oder jene anekdotenhafte Geschichte erzählt wird, die ein Kopfschütteln oder herzliches Gelächter zur Folge hat. In manchen Fällen ist es die schlichte Wahrheit, häufig die „zurechtgebogene" Wahrheit und nicht wenige Fälle taugen völlig zum Seemannsgarn, mit vielleicht wahrem Kern, aber mächtig ausgeschmücktem Beiwerk. Manche Geschichtchen erheitern auch erst im Nachhinein, während den Betroffenen während der Situation überhaupt nicht zum Lachen war.

Dabei müssen nicht immer die großen Ereignisse im Vordergrund stehen. Nein, häufig sind es gerade die kleinen Anlässe, die zu solchen „Döntjes" führen. Zum Beispiel Frauenfüße. Auf der alten „Meteor" versah der Stewart M. seinen Dienst in der Wissenschaftlermesse. Ein großer, athletischer Kerl von mindestens 1,90 Meter, dem man nicht ohne wirklich gewichtigen Grund zu widersprechen wagte. Nicht dass er einem was hinter die Ohren gegeben hätte, aber er war nicht nur der oberste Hüter der Messe, sondern hatte auch die Gewalt über jene besondere Abteilung im Schiffsrumpf, hinter deren Tür sich die Bier-, Schnaps- und Zigarettenvorräte verbargen, die wir – wenn ich mich recht erinnere, denn hier schweigen sich meine Tagebücher aus – jeweils Dienstagnachmittag käuflich erwerben konnten. Mit so einem Mann verdirbt man es sich nicht!

Nun, unser guter M. sah immer adrett aus. Schwarze Hose, schwarze Schuhe, ein Hemd mit dem weißesten Weiß eines Hausfrauenlebens. Und so adrett wie er selber war, wollte er im Großen und Ganzen auch seine Gäste in der Messe sehen. Mal abgesehen davon, dass nur ein völlig unerzogener Anfänger es auch nur ansatzweise gewagt hätte, in Arbeitskleidung und Gummistiefeln die Messe zu betreten, was seinen sofortigen lautstarken Rauswurf zur Folge gehabt hätte, achteten wir immer darauf, Kleider und Haare vor den Mahlzeiten zu ordnen und uns vernünftige Schuhe überzuziehen. Dies erwartete er von allen an Bord die seine geheiligte Messe betraten.

Da er aber wirklich kein Unmensch war, ließ er schon mal die eine oder andere Nachlässigkeit durchgehen. In einem Punkt kannte er aber überhaupt kein Pardon: Wenn einer der Herren ohne Socken erschien. Womöglich noch ohne Schuhe an den Füßen. Dann wurde er grässlich, penetrant, lautstark.

Allerdings bezog er dies eben nur auf die Herren, niemals auf die Damen. Wenn eine junge Studentin völlig barfuß elfengleich in die Messe geschwebt kam, verzog der sonst so gestrenge M. keine Miene. Allen Damen war es erlaubt, ohne Rücksicht auf „Fußetikette" in der Messe zu erscheinen. Strümpfe oder nicht, Sandalen oder nacktfüßig, völlig egal.

Wen wundert es da, dass insbesondere in den Tropen die Herren diese Ungleichbehandlung zumindest verwunderte. Daraufhin angesprochen, erklärte M. kurz und knapp „Ein Frauenfuß ist schön". Mit dieser absoluten, ja geradezu axiomatischen Setzung brach er jede weitere Erörterung bereits im Vorwege ab und ließ uns stehen.

Etwas ratlos schauten wir uns an, beschlossen der Sache auf den Grund zu gehen und den mitreisenden weiblichen Kolleginnen auf die unteren Extremitäten zu schauen. In der Tat, einige Füße waren klassisch schön zu nennen: Wohlgeformt, sauber, gepflegt. Andere dagegen zeigten weniger ästhetische Ausformungen: Hühneraugen, Hammerzehen, Ballen, hufartige Nägel und dergleichen mehr. Kurz, die wirklich schönen Füße waren deutlich in der Minderheit und konzentrierten sich auf die jüngsten Damen. Die anderen dagegen zeigten die Spuren der Jahre oder zeugten von der Verwendung anatomisch unbrauchbaren Schuhwerks.

Ein zu dieser Frage zum scherzhaften Zeitvertreib anberaumtes Meeting mit Bierkonsum der männlichen Wissenschaftler ergab, dass die Beobachtungen an Bord sich mit den Vorerfahrungen von Land deckten. Ein nach dem vierten Bier stattfindender Vergleich der eigenen Männerfüße erbrachte eine ähnliche Spannbreite wie bei den Damen. Also keine signifikanten Unterschiede. War unser guter M. Platoniker und betrachtete den Frauenfuß als die bestmögliche Inkarnation einer im überirdischen Raum vorhandenen göttlichen Idee? Oder ging es ihm schlicht um eine sexualisierte Sicht auf die Dinge? Nein, wie ordinär!

Der älteste unserer Kollegen drehte unsere Gedanken in eine neue Richtung. Was, wenn M. noch den alten Traditionen früherer Forschungsreisen nachhing? In den 60er Jahren herrschten an Bord andere Sitten. Ich muss nicht gesondert erwähnen, dass damals das förmliche „Sie" absolut an der Tagesordnung war, aber auch die generelle Behandlung der Wissenschaftler unterschied sich deutlich von den heutigen Zuständen. Wenn „Meteor" z. B. in einen Hafen einlief, so trat die Mannschaft in „Galauniform" vollzählig an. Die Wissenschaftler, das zivile Gesindel, hatten derzeit unter Deck zu bleiben bis alle Förmlichkeiten erledigt waren. Dann erst durften Sie raus.

Die Frage nach den Socken stellte sich damals schon deshalb anders, weil es gar keine Frauen an Bord gab. Die Herren trugen natürlich Socken und Sonderregelungen für das „schöne Geschlecht" waren in diesen guten alten Zeiten noch gar nicht notwendig. Selbstverständlich studierten damals schon Frauen meereskundliche Disziplinen und arbeiteten als Wissenschaftlerinnen. Aber nicht auf See. Die Gefahr, dass „Sitte" und „Moral" an Bord Schaden nehmen würden, war doch zu hoch. So waren harte Kämpfe durchzufechten bis Anfang der 70er Jahre die ersten weiblichen Wissenschaftler auf Forschungsreisen mitfuhren. Und was soll man sagen? Gleich bei einer der ersten gemischten Reisen geschah der Zusammenbruch der Moral, was nach neun Monaten ein Kind zur Folge hatte. Oh, welch ein Lamento! Ich habe die beiden „Sünder" kennen gelernt. Sie hatten es im Nachgang zu den Ereignissen nicht einfach, da ihnen von vielen Seiten Anfeindungen entgegengebracht wurden. Aber gut, diese Zeiten sind vorbei.

Oder nicht? Als einziger einsamer Recke stand zu seiner Zeit M. offensichtlich noch fest wie ein Fels in der Brandung der Unmoral und hielt die althergebrachten Traditionen hoch. Unbeirrt ließ er den Wandel der Zeitläufte passieren, beugte sich nicht den Moden dieser Welt. Ein echter Mann. Wir haben uns an dem Abend über ihn köstlich amüsiert und kopfschüttelnd seine Marotten zur Kenntnis genommen. Unternommen haben wir aber nichts mehr in dieser Sache. Schließlich war er der Herr über die zollfreien Waren.

Im zweiten Geschichtchen spielt eine Cola-Dose die Hauptrolle. Nachdem wir im Frühjahr 1983 in Dakar / Senegal eingelaufen waren, sammelte sich sehr schnell rund um die Gangway eine Reihe „fliegender Händler", die alle möglichen Holzwaren verkaufen wollten: Trommeln, Elefanten, Frauen- und Kriegerfiguren, Masken und dergleichen. Sie belagerten uns von morgens bis abends, setzten kaum etwas um, warteten aber geduldig auf ihre Chance. Ich interessierte mich für eine große und schöne Maske aus Holz, aber afrikaerfahrene Kollegen rieten mir, bis zum letzten Tag, genauer eigentlich bis zur letzten Stunde zu warten, da dann die Preise deutlich in den Keller gehen würden.

Als nun diese Stunde herankam, begann das Feilschen. Ich fragte den schwarzen Verkäufer nach dem Preis, den er mir mit 50 Dollar angab. Da lachten wir beide erst einmal sehr herzhaft über dieses „unmögliche" Angebot und begannen das ernsthafte Verhandeln. Nach nur wenigen Minuten hatte ich den Preis auf 20 Dollar gedrückt. Aber, so meinte mein Feilschpartner, sechs Dosen Cola hätte er noch gern als „Cadeau", als Geschenk. Nun, daran sollte es nicht scheitern, denn kurz vor dem Einlaufen in Dakar hatte ich mir bei M. noch eine ganze Palette besorgt, die nun – dummerweise ungekühlt – in der ziemlich warmen Kabine stand. Da ich auch mein Geld nicht dabeihatte, gingen wir beide an Bord, ich überließ meinen Handelspartner der Schiffswache und holte aus der Kabine Dollars und Cola.

Nach der wechselseitigen Übergabe der Gegenstände verabschiedete sich mein Freund lautstark und betrat lachend und gestikulierend die vom Schiff herunterführende Gangway. Dabei fiel ihm eine der Cola-Dosen aus der Hand, holperte den Steg hinunter, überschlug sich einmal auf der Pier, drehte sich noch einmal um die eigene Achse und blieb ruhig liegen. Während der ganzen Szene stand die Dose unter Beobachtung der halben Schiffsmannschaft sowie der Kollegen meines Straßenhändlers, die immer noch auf der Pier zwischen ihren Auslagen saßen.

Aber was machte nun mein Handelspartner mit seiner Dose? Aufheben und an sich nehmen? Nein, dieser unbedachte „Wilde" öffnete die Dose! Es folgte ein geradezu explosionsartiger Knall, eine etwa 5 Meter hohe braune Fontäne schoss aus der Öffnung, stieg in den Himmel, fiel in sich zusammen und landete zu großen Teilen auf dem Kopf und dem weißen T-Shirt des Unglücksraben. Der ganze Hafen war nur noch eine einzige Lachsalve. Die Senegalesen schüttelten sich aus vor Lachen, klopften ihrem ebenfalls fröhlich lachenden und über seiner Fehlentscheidung nicht tiefer nachgrübelnden Kollegen auf die Schulter und gaben ihm lautstarke Ratschläge und Tipps. Auf „Meteor" bogen sich natürlich ebenfalls alle Zeugen des Vorfalls. Mit einem immer noch breiten Grinsen auf dem Gesicht gingen wir dann in See.

Dakar ist aber noch für ein weiteres Geschichtchen gut. Eines, bei dem sich das Lachen erst mit einem gewissen zeitlichen Abstand einstellt. Hans-Jürgen besuchte einige Jahre vor mir diesen Hafen. Da in der Nähe ein Strand vorhanden ist, kam es ihm spontan, dass er im Atlantik baden wollte. Nun hatte er zwar keine Badehose dabei, was nicht das Problem war, da kurzerhand die Unterhose umfunktioniert wurde. Er entkleidete sich also, schichtete seine Sachen zu einem ordentlichen Haufen am Strand und ging ins Wasser.

Nach einer angenehmen Stunde im kühlenden Nass, kehrte er zurück. Aber wo waren seine Sachen? Nirgendwo auch nur ein Hauch der Klamotten zu entdecken. Gestohlen! Alles weg! Da stand Hans-Jürgen da, in einer nassen Unterhose und ohne jegliche weitere Bekleidung. Noch nicht einmal die Schuhe hatten sie ihm gelassen. Auf diese Weise „durfte" er dann in Unterhosen einmal durch die Stadt zum Hafen marschieren, von Blicken und ebenfalls breitem Grinsen verfolgt. Sicher nicht sehr angenehm und wie weise von ihm, nicht auch noch auf die Unterhose zu verzichten.

Es wäre aber nicht fair, immer nur die Unmöglichkeiten der Anderen niederzuschreiben. Nein, auch ich habe mein Scherflein zu den erheiternden Geschichten beigetragen. Das begann direkt auf meiner ersten Reise mit der „Anton Dohrn", während der ich gleich zweimal Anlass zu intensivem „Bordgespräch" gab.

Wenige Tage nachdem wir in See gegangen waren, entdeckte ich einen kleinen, etwas abseitigen Raum unterhalb des Arbeitsdecks, in dem auf einem großen Tisch zwei Hanteln lagen. Gut, dachte ich bei mir, die kannst du ja nutzen, um während der Reise täglich deine Oberarme zu trainieren. So weit, so gut. Nach einigen Tagen war ich mal wieder bei der „Arbeit" als sich plötzlich eine Luke über mir öffnete und die Gesichter von Hein, unserem Bootsmann, und Dietmar sichtbar wurden. „Oh", meinte Hein, „das trifft sich aber gut. Wir haben hier gerade neun Zentnersäcke mit Fischmehl, die du mal bitte in das Fischlabor auf der anderen Seite tragen könntest".

Ich ahnte was mir blühte, aber bevor ich mich davonstehlen konnte, reichten bereits zwei kräftige Fischerarme den ersten Sack in den Raum. Da ich ihn wegen der Raumhöhe nicht direkt annehmen konnte, ließen sie ihn einfach fallen. Mein Versuch, ihn aufzufangen, scheiterte natürlich kläglich. Nicht nur, dass die Säcke unanständig schwer waren, nein, sie waren auch noch aus Kevlar oder einem ähnlichen sehr stabilen und extrem glatten Material gefertigt. Ich wusste gar nicht, wo ich den prall gefüllten Sack anfassen sollte. Auf die Arme nehmen war natürlich unmöglich und es gelang mir auch nicht, den Sack auf die Schulter zu wuchten. Also zog ich ihn einfach über den Boden und hoffte, dass er erstens nicht aufplatzen und zweitens keiner mich sehen würde. Beides gelang, aber eine gute Figur gab ich dabei nicht ab.

Langsam, ganz langsam ging ich zurück. Der zweite Sack wurde in gleicher Weise bearbeitet, aber so konnte es nicht weitergehen. Ab dem dritten Sack, ließ ich mir diesen von den Männern direkt auf die linke Schulter werfen. Der „Einschlag" war heftig und ich musste guten Stand beweisen, um nicht nach links überzukippen. Das ging natürlich wesentlich besser, aber ich balancierte mit meinem Gewicht auf der Schulter doch ziemlich unsicher durch die Gänge. Der Biologe schwankte zwar, aber er fiel nicht. Glücklicherweise herrschte an diesem Tag ziemlich ruhige See. Ich möchte nicht wissen, wo ich gelandet wäre, wenn das Schiff in ruppigen Wellen durch die See getorkelt wäre.

Mittlerweile hatten auch ein paar Leute mitgekriegt, was ich da tat und drei brachten es tatsächlich fertig, sich aus den Laboren Stühle zu besorgen und meiner Theatervorstellung beizuwohnen. Selbstverständlich wurden meine Bemühungen entsprechend kommentiert. „Oh, die Herren Wissenschaftler beginnen tatsächlich mal zu arbeiten". „Ja, ja, aber ein bisschen lendenlahm, findest du nicht?" So etwa waren die Kommentare. Ich war viel zu beschäftigt, um mich um derartige Hänseleien zu kümmern und beantwortete die Bemerkungen mit einem bitterbösen Blick.

Beim sechsten Sack begann meine Luft dünn zu werden. Aber ich hatte nun den Ehrgeiz durchzuhalten und es den brabbelnden Zuschauern zu zeigen. Das gelang dann auch, aber nachdem der neunte Sack abgelegt war, war ich erst einmal fertig. Kurzatmig, mit schmerzender Schulter und verschwitztem roten

Kopf stand ich da, doch hatte ich mich nach etwa einer halben Stunde vollständig erholt. Mit 26 Jahren „steckte" der Körper solche Belastungen noch locker weg. Die Zuschauer hatten sich entfernt und ich konnte ans Schanzkleid gelehnt erst einmal Frischluft tanken. Als ich mal wieder auf Hein traf, meinte dieser, dass es bei mir bis zu einem echten Fischer noch ein ziemlich langer Weg sei, aber für den Anfang wäre das schon nicht schlecht gewesen.

Es vergingen jedoch keine vierzehn Tage bis ich mal wieder „Schlagzeilen" machte. Die „Anton Dohrn" hatte sich an diesem Tage mit ziemlich rauer See rumzuschlagen und rollte ganz erheblich. Bevor ich mich am Abend in die Koje begab ging ich noch in die Messe, öffnete mir ein Bier und gesellte mich zu den Kollegen. Diese schauten gerade eine Sportsendung im britischen Fernsehen an, aber ein Stuhl war noch frei. Also setzte ich mich. Im Rhythmus des Seegangs schwankte das Schiff quer zu unserer Sitzrichtung und die Oberkörper der wie im Kino aufgereihten Zuschauer lehnten sich mal nach rechts, mal nach links.

Plötzlich holte das Schiff besonders weit über, mein Stuhl bekam eine bedenkliche Schräglage und kippte dann mit mir über seine beiden linken Beine ab. Ich kullerte über den Fußboden. Das gab ein wieherndes Gelächter in der Messe, denn ich hatte versäumt, den Stuhl mittels eines dafür vorgesehenen Stahlhakens in einer Öse am Boden zu sichern. Die anderen hatten dies natürlich getan und saßen sicher, mich dagegen hatte es umgeworfen. Das Gelächter schwoll noch weiter an, als wir feststellten, dass ich keinen Tropfen Bier aus der Flasche verloren hatte. Während des Fallens hatte ich instinktiv und unbewusst die Flasche so gedreht, dass die Öffnung mehr oder weniger immer nach oben zeigte. Nachdem wir uns alle beruhigt hatten, klinkte ich meinen Stuhl in die Sicherung und konnte geruhsam noch dem gerade laufenden Fußballspiel zuschauen. So etwas nennt man wohl Lehrgeld.

Aber nicht nur Einzelne setzen sich dem Spott der Menschheit aus, sondern gelegentlich auch eine ganze Schiffscrew. Zwischen 1990 – 1995 war ich Mitglied einer Forschergruppe der Biologischen Anstalt Helgoland, genauer gesagt der zur Anstalt gehörenden Wattenmeerstation auf Sylt. Wir nahmen dabei im Rahmen eines großen übergreifenden Projektes das Sylter Watt genauer unter die Lupe, wobei uns vornehmlich der Austausch an chemischen und partikelförmigen Stoffen zwischen der offenen Nordsee und dem Wattgebiet interessierte. Wie viel und was wird mit jeder Flut in das Watt getragen und welche Mengen fließen mit dem Ebbstrom wieder zurück in die Nordsee? Gibt es in den Bilanzen Überschüsse, behält also das Watt einiges ein oder gibt es im Gegenteil Stoffe an die Nordsee ab? Diese Fragen standen im Vordergrund. In den ersten zwei Jahren des Projektes beschäftigten wir uns dabei in erster Linie mit dem Austausch im so genannten „Königshafen", der großen Bucht im Norden der Insel, die uns als verkleinerte Modellregion dienen sollte.

Für die notwendigen Messungen fuhren wir morgens mit dem Forschungskatamaran „Mya" raus, gingen in einer Rinne (Priel) des Königshafens vor Anker und maßen in den nächsten Stunden regelmäßig die Konzentrationen der uns interessierenden Substanzen. Allerdings bereitete die Ansteuerung gewisse navigatorische Probleme. Eine große Muschelbank teilte nämlich am Eingang des Königshafens den aus dem Watt herausführenden und für uns unzugänglichen Hauptpriel in zwei Arme.

Der nördliche Prielarm war breit, aber für unsere Arbeiten zu flach. Der südliche Arm dagegen war schön tief und blieb auch während der tiefsten Ebbe immer mit Wasser gefüllt, aber er hatte nur eine Breite von ca. 30 m. Käme man bei der Ansteuerung zu weit nach rechts, rauschte man auf die Muschelbank, hielt man sich dagegen zu weit links, strandete man an der vorgelagerten Insel Uthörn. Nils, unser Schiffsführer, musste also immer höllisch aufpassen, nicht „auf Schiet" zu geraten, wie man sich in unseren Kreisen gelegentlich auszudrücken pflegt.

Aber eines diesigen Oktobermorgens kam das, was irgendwann einmal kommen musste. Die Sicht war nicht sehr gut, leicht nebelig, Wasser und Land waren nur als verschiedene helle Grautöne zu unterscheiden. Nils fuhr frohgemut seine altbekannte Wegstrecke, bekam aber auf einmal Bedenken. Irgendetwas schien nicht zu stimmen, aber draußen war nichts zu erkennen, denn es herrschte zwar schon ablaufendes Wasser, aber die Muschelbank war noch bedeckt und daher unsichtbar. Hier kam es wirklich auf jeden Meter an.

Ich sprang zum Bug und schaute in das Wasser. Was ich sah, war bedrohlich, denn unter dem dahinrauschenden Rumpf waren sehr klar Grund und Muschelschalen zu erkennen! Größte Bodennähe! Ich gab Nils noch ein Zeichen, aber da war es auch schon zu spät: Mit ungeheurer Kraft wurde das Boot abgebremst. Zwar nicht ruckartig, sondern wie von einer sich spannenden Stahlfeder, kontinuierlich zunehmend und immer nachdrücklicher. Dann standen wir. Festgefahren auf der Muschelbank.

Solche Situationen sind dem Wattfahrer nicht unbekannt, aber mit Geschick und etwas Glück kann man sich mit Hilfe entsprechender Maschinenmanöver befreien. Das versuchte Nils auch, aber der Erfolg blieb aus. Selbst als er die Maschinen auf „Volle Kraft" setzte, die Motoren aufheulten und sich das Wasser durch den aufgewirbelten Schlamm in eine dunkle Brühe verwandelte, kamen wir nicht frei. Wir sahen uns mit der Gewissheit konfrontiert, die nächsten Stunden hoch und trocken auf der Muschelbank zu verbringen und erst mit der nächsten Flut wieder freizukommen.

Da saßen wir also nun ca. 30 bis 50 Meter neben unserem eigentlichen Liegeplatz, und während das ablaufende Wasser aus dem Königshafen durch die tiefe Rinne schoss, wurde es bei uns immer weniger. Die ersten Muscheln lugten in die Luft und bald war es rund um uns völlig trocken. Auch die Seehunde am Sandhaken der Insel Uthörn schauten verdutzt, was das denn soll. Dann klarte es auch noch auf. Die Sonne kam durch und wir bekamen einen wunderschönen sonnigen und warmen Herbsttag. Und waren aus allen Himmelsrichtungen für alle sichtbar!

Wie peinlich! Ein Schiff auf dem Trockenen, hoch auf der Muschelbank und besetzt mit Meeresforschern, die nichts zu tun hatten, da sich das Meer gerade nicht dort befand, wo die Wissenschaftler gemütlich und gelangweilt in der Sonne saßen. Wir sahen jetzt auch, dass die beiden Rümpfe unseres Katamarans zwei tiefe, lange Furchen in die Muschelbank gezogen hatten. Nun, wir konnten nichts weiter tun, als zu warten, ein wenig zu plauschen und die Sonne zu genießen. Wir mussten aus der Situation das Beste machen was unter den gegebenen Umständen möglich war.

Als dann die Flut kam, wurden wir wieder flott und kehrten unverrichteter Dinge in den Lister Hafen zurück. Selbstverständlich hatte man vom Institut unsere Zwangslage entdeckt und so fragte der Chef grinsend, wie denn die Messergebnisse ausgefallen seien. Unhold! Für die nachfolgenden Wochen zeugten aber zwei tiefe Furchen in der Muschelbank von unserem Missgeschick.

Jeder Anfänger macht Fehler. Wenn aber ein absoluter Anfängerfehler einem „Alten Hasen" passiert, so steht ihm ein besonderer Pokal in der Disziplin „Peinlichkeiten" zu. Ich habe mir einen solchen Pokal auf dem Atlantik verdient. Während meiner letzten Reise, nach knapp 17 Jahren Erfahrung auf See. Wir hatten ein ehrgeiziges Messprogramm in der Nähe von Madeira vor uns und deshalb zwei oder drei Studentinnen als Hilfskräfte für die täglichen Routinearbeiten angeheuert. Mir fiel die Aufgabe zu, diese „HiWi's" (Wissenschaftliche Hilfskräfte – früher „Hilfswissenschaftler" genannt, daher die tradierte Abkürzung „HiWi") auf dem Weg in das Untersuchungsgebiet einzuarbeiten.

Nachdem ich also alles Mögliche erklärt hatte, mussten sie noch lernen, wie man Wasser mit Plankton filtert. Dazu benötigte ich natürlich Meerwasser. Zwar wäre es auch mit Leitungswasser gegangen, aber ich wollte es so realistisch wie möglich gestalten. Nun befindet sich zum Zweck des Wasser-Schöpfens an Bord eines jeden Schiffes ein Eimer, bei dem der Tragegriff mit einem nicht zu starken Tau versehen ist, dessen freies Ende wiederum als Schutz vor Verlust des Eimers am Schiff belegt wird. Es handelt sich um die so genannte „Pütz".

Ich ging also mit meinen Studentinnen auf das Arbeitsdeck, holte die Pütz aus der Ecke hervor und demonstrierte den Gebrauch des Gerätes. Ich weiß allerdings nicht, was da in meinem Kopf rumgegangen ist. Vielleicht haben mich die jungen Damen verwirrt und ich wollte den dicken „Macker" spielen, vielleicht war ich aber auch in Gedanken bei der Vorfreude auf die subtropischen Gewässer. Jedenfalls flog die Pütz außenbords, füllte sich wie geplant halb mit Wasser, dann gab es aber einen harten Schlag in meinen Armen, das Tau raste durch meine Hände und hinterließ eine aufgescheuerte, heiße Handfläche und dann schwamm die Pütz achteraus.

Ich hatte das Ende des Sicherungstaus nicht am Schiff belegt! Da wir mit 10 Knoten fuhren, war der Widerstand so hoch, dass ich den Eimer nicht festhalten konnte, außerdem hatte ich auch nicht damit gerechnet. Der Bootsmann hatte zwar die Pütz am Beginn der Reise bereitgestellt, aber nicht festgemacht. Warum auch, das ist Aufgabe desjenigen, der sie als erster benutzt. Und das war ich. Ich hätte es selbstverständlich kontrollieren und die Belegung vornehmen müssen, habe es aber versäumt. Da schwamm Sie nun, unsere Pütz, tänzelte im Kielwasser und wurde kleiner und kleiner. Ich musste dann den Gang zum Bootsmann antreten, meinen Fehler gestehen und um eine neue Pütz bitten. Das hat mich etliche Flaschen Bier als „Bestrafung " gekostet und mit dem dicken Macker bei den Mädels war es auch vorbei.

Dieses Vorkommnis war aber nichts gegen die kleinen Brötchen, die ein Freund von mir beim Kapitän eines unserer großen Forschungsschiffe backen musste. Es begann am Vorabend seines Geburtstages, an dem er und seine mitfahrenden Kollegen beschlossen, in den bevorstehenden herausragenden Tag hineinzufeiern. Da am eigentlichen Geburtstag zunächst andere Forschungsgruppen die Schiffskapazitäten binden würden und er selbst erst am Nachmittag anzutreten hatte, bot sich dieses Vorgehen an. Geburtstagsfeiern und Stationsarbeiten vertragen sich in der Regel nicht, denn während der wissenschaftlichen Arbeiten gehen solche Ereignisse typischerweise unter. Also sollte hineingefeiert werden.

Diese Feierlichkeiten fanden bei großer Fröhlichkeit und mit durchaus moderatem Alkoholkonsum statt. Die Stimmung war gut, man scherzte, man lachte, man unterhielt sich und erfreute sich der ausgelassenen Stimmung. Dann kam Mitternacht und mit großem „Hallo" wurde dem Geburtstagskind alles Gute gewünscht, Geschenke wurden überreicht, man stieß miteinander an. Nun sollte der Jubilar aber durch einen ordentlichen „Umzug" geehrt werden. Die Geburtstagsgesellschaft bildete eine lange Polonaise, entzündete Wunderkerzen und alle zogen singend und die brennenden Wunderkerzen über den Köpfen schwenkend durch die Gänge.

Diese Freude währte jedoch nicht lange, denn nach nur wenigen Minuten schlug die sensible Technik zu. Plötzlich ertönten in allen Räumen und Gängen schreiende Sirenensignale, rote Lampen rotierten, Männer kamen aus den Kabinen gestürzt und rasten zu ihren in der „Brandrolle" festgelegten Einsatzstationen. Das ganze Schiff hatte Feueralarm. Alles was an Bord war, vom Kapitän bis zur letzten an Bord geschlichenen Ratte begab sich auf Station. Der „Chief", der leitende Ingenieur, rannte in seinen Maschinenraum, kurz, das ganze Schiff sah sich plötzlich dem Ernstfall gegenüber. Dazwischen unsere mittlerweile völlig ernüchterte und überhaupt nicht mehr lustige, sondern höchst „betretene"

Geburtstagsgesellschaft. Es ist leicht vorzustellen, mit welchen „guten Wünschen" die angesichts des Fehlalarms aufgeweckte und natürlich auch völlig aufgedrehte Besatzung meinen Freund bedachte.

Am nächsten Tag durfte er dann beim Kapitän erscheinen, der ihm das eine oder andere zu sagen hatte. Was, hat er mir nicht verraten, aber ich kann es mir in etwa denken und der Kater, den er an seinem eigentlichen Geburtstag verspürte, kam durchaus nicht von den geringen Mengen Alkohol am Vorabend.

Apropos Alkohol: Getränke führten nur sehr selten, aber doch gelegentlich mal zu „Ausfällen", wobei meist unglückliche Umstände letztendlich dafür verantwortlich waren. Bei unsere Fahrt in das Rote Meer hatten wir eine Gruppe von Geologen an Bord, die versuchen wollten, Bohrkerne aus dem Untergrund des Roten Meeres zu erlangen, um die geologische Geschichte dieses einzigartigen Meeres besser verstehen zu können. Es gelang, denn eines Tages förderten sie einen zusammenhängenden Kern von 22 m Länge aus dem Wasser. Das hatte es noch nie gegeben! Weltweite Neuheit, klar, das musste gefeiert werden, also luden die Wissenschaftler für den Abend zu einem Fässchen Bier in die Bordbar ein.

Nun reicht ein Fässchen Bier nicht weit und so machten sich einige daran, im Anschluss schärfere Sachen zu genießen. Um es aber nicht zur „Springflut" kommen zu lassen, trank mein Kumpel Werner abwechselnd ein Glas Apfelsaft und ein Glas Whisky. Ein frommer Selbstbetrug, denn die Flut stieg dennoch an und bald stand das Wasser bis zu den Augen. Mit letztem Verstand griff sich Werner ein volles Glas Apfelsaft und wankte zur Koje. Das hätte vielleicht noch nichts gemacht, aber als er sechs Stunden später mit sehr trockener Zunge aufwachte, griff er sich den Apfelsaft und leerte das Glas in einem Zug.

Offensichtlich arbeiteten seine Sinnesorgane jedoch noch mit einer gewissen Zeitverzögerung, denn er hatte sich am Abend zuvor im duunen Kopf nicht Apfelsaft, sondern Whisky eingeschenkt, beim „Reinkippen" aber nichts davon bemerkt. Das warf ihn dann gleich wieder nieder und bis zum späten Nachmittag ward er nicht mehr gesehen. Wir haben dann seine Arbeiten miterledigt. Glücklicherweise bedankte er sich nicht mit einem Fässchen Bier für die Hilfestellung.

Aber auch geistig klare Physiker sind unter Stress nicht vor drastischen Fehlentscheidungen gefeit. Vor vielen Jahren war die „alte" Meteor irgendwo im tropischen Atlantik unterwegs, um diverse meeresphysikalische Messungen zu machen. Die Labore waren vollgestopft mit damaligen High-Tech-Messgeräten. Das Wetter war zunächst gut und sonnig, die Laboratorien wärmten sich auf, man öffnete das Bull-eye, um frische Luft zu erhalten. Die Tage gingen dahin, das Wetter blieb warm und sonnig, aber der Seegang nahm zu. Und zwar drastisch. Das Schiff rollte in immer größeren Winkeln durch das Meer, aber das

Bullauge wurde deswegen nicht geschlossen. Irgendeine ungebärdige Welle lief dann besonders hoch aufragend vom Bug zum Heck an der Bordwand entlang und fand Eingang am Bullauge. Ein dicker, massiver Wasserstrahl von etwa 30 cm Durchmesser schoss in das Labor, ergoss sich über die elektronischen Geräte, klatschte auf den Fußboden, verwandelte das Labor flächendeckend in ein „Schwimmbad".

Der zuständige Mitarbeiter war gerade nicht im Raum, bemerkte aber das Unglück und stürmte in das Labor. Als Erstes schloss er sehr richtig, wenn auch zu spät, das Fenster. Seine zweite Aktion dagegen war unbedacht. Anstatt die Messgeräte abzubauen, in Frischwasser zu tauchen und über die nachfolgenden Tage z. B. in der heißen Sonne völlig durchzutrocknen, betätigte er die Geräteschalter, um zu prüfen, ob die Instrumente noch funktionierten. Nun vertragen sich Elektronik und Wasser, insbesondere gut leitendes Seewasser, überhaupt nicht. Die ganze fein ausgeklügelte Technik ging in einem Feuerwerk zischender, rauchender und blitzender Kurzschlüsse für immer unter. Erst da wurde er gewahr, was er angestellt hatte, aber da war es zu spät.

Solche Fehlentscheidungen kommen gelegentlich, wenn auch insgesamt nicht sehr häufig vor, können aber drastische Folgen haben. So wie bei einem Kollegen, der ein 60 000 DM teures Messgerät falsch anschäkelte und dann von Deck aus zusehen musste, wie sich das Gerät, gerade unter der Wasseroberflächen angekommen, bedächtig von der Befestigung löste, nach rechts kippte und in dem fünfeinhalbtausend Meter tiefen Atlantik versank.

Oder ich: Hätte ich den Wasserschöpfer vor dem Einsatz noch einmal kontrolliert, hätte ich festgestellt, dass er mit Luft gefüllt war und alle Ein- und Ausgänge verschlossen waren. Als wir das Gerät auf 100 m herabließen, führten wir ein unfreiwillig ein Druckexperiment durch. Von dem Schöpfer blieb nichts mehr übrig als ein kleines verbogenes Metallstück. Der Rest war unter dem Druck der Wassersäule zerborsten. Schaden: „Nur" 3000 DM.

Oder mein Chef: Bei einer Untersuchung im Kattegat hatten wir stark bewegte See. Dennoch sollte ein Fang mit dem Planktonnetz ausgeführt werden. Leider übertrugen sich die heftigen vertikalen Schiffbewegungen auf das am Windendraht hängende Netz, dass dadurch unter Wasser sehr hohen Widerstandskräften ausgesetzt war. Als wir es an Bord nahmen, war es der Länge nach aufgerissen. Manch einer hätte jetzt aufgegeben, nicht so mein Chef. Es entfuhr ihm sein leises, uns allen in solchen Fällen bekanntes „Oh" und dann wurde ein neues Netz angeschlagen und das Gleiche wiederholt. Mit dem gleichen Ergebnis, Netz der Länge nach zerrissen. Erst nach dem dritten zerstörten Netz sah er ein, dass hier das Meer einfach der Stärkere war. Schaden: Ungefähr 6000 DM.

Natürlich spielt auch Schabernack mal eine Rolle: Ich wunderte mich auf der „Anton Dohrn" über den mich umgebenden permanenten Fischgeruch. Bis ich dann mal in die Jackentasche meines Ölzeugs fasste. Dort hatte jemand in einer stillen Stunde einen kleinen Dorsch hineingelegt, der nun so allmählich zu vergammeln begann. Nach Entfernung des Übeltäters und einer gründlichen Spülung war es mit dem Geruch vorbei.

Solche derben Scherze mögen nicht allen gefallen. Als ich noch Student war, gab es mit „Alkor" eine eintägige Praktikumsfahrt. Nun hatten wir an diesem Tag sehr kräftigen Ostwind, sodass „Alkor" viele Bocksprünge machte und alles ständig in doch recht heftiger Bewegung war. Es dauerte nicht sehr lange, bis nur noch der Fahrtleiter, Norbert und ich standen und die Proben sortierten, die übrigen 12 Personen waren seekrank und nicht mehr einsetzbar.

Dann kam Mittag heran. Norbert und ich waren die einzigen, die an diesem Tag die unpassenderweise gebotene Erbsensuppe mit Würstchen genießen mochten. Das Tischtuch war nass, die Schlingerleisten hochgeklappt und eine knapp halbvolle Kelle genügte, um den Teller bis an die äußersten Ränder zu benetzen. Die Würstchen existierten nun in reicher Überzahl, da ja die Kollegen heute Fastentag hatten. Nachdem wir gegessen hatten, schauten wir uns kurz dreckig grinsend an und nahmen uns noch ein paar Würstchen mit.

Draußen saß die grüngesichtige Bande auf den festgelaschten Materialkisten und rang um Fassung. Wir grüßten freundlich, stellten uns an das gegenüberliegende Schanzkleid, wandten uns ihnen zu und holten wie beiläufig unsere Würstchen aus der Tasche. Ein kräftiger Biss und unsere Würstchen waren ein Stück kürzer.

Wohlig kauend und schmatzend schauten wir unsere Kumpels an, die mit stieren Augen dieser für sie entsetzlichen Vorführung zusahen. Dann ging der erste weiter nach hinten, dann noch einer und nach etwa fünf Minuten waren die Kisten leer und die Reling gut belagert. Ich meine mich zu erinnern, dass auch Kraftworte eingesetzt wurden. Und dies nur, weil zwei arme Studenten denn mal ein Würstchen genossen...

Ein anderes und sehr eigenes Kapitel stellten die Ausfahrten mit der Barkasse unseres Kieler Instituts dar. „Sagitta", so hieß dieses kleine Schiffchen, hatte eine Länge von gerade mal 11 Metern, ca. 50 cm Freibord und verdrängte geringe 15 Tönnchen. Wir nutzten die mit zwei Mann besetzte Barkasse zu kleineren Fahrten in die Kieler Förde, die Eckernförder Bucht, in den Nord-Ostsee-Kanal, die Schlei und – nur bei gutem Wetter bis Windstärke 5 oder 6 – in die offene Kieler Bucht. Der Vorteil dieses Gefährtes lag in seiner vergleichsweisen schnellen Verfügbarkeit, des geringen notwendigen Verwaltungsaufwandes und der unkomplizierten Fahrtgestaltung. Die Nachteile waren die geringe Größe, vor allem das ziemlich kleine Arbeitsdeck und der Umstand, dass der Nachen bereits zu Schaukeln begann, wenn eine Möwe in die See spuckte.

Dies alles würde für keine besonderen Erlebnisse herhalten, hätte es da nicht den Schiffsführer gegeben. Hannes war vom alten Schlag: Freundlich, kumpelhaft, ein wenig großspurig, redselig, laut und – zu allem bereit. Er war in seiner Jugend noch auf Segelschiffen gefahren und entsprach in seinem Aussehen und Verhalten von allen Seeleuten, die ich kennen gelernt habe am ehesten dem Typus, der in den romantisierenden Vorstellungen der Landratten als „Seebär" bezeichnet wird. Auch wenn ihm der dafür angeblich charakteristische Bart fehlte.

Allerdings hatte er einen kleinen Fehler, der manche Kapriole heraufbeschwor, denn beim Fahren der Barkasse kannte er in der Regel nur Stillstand oder „Vollgas". Deshalb konnten wir bei einer Fahrt mit Hannes nie die Gummistiefel ausziehen, da nicht auszuschließen war, dass er etwas heftig in eine Welle ging und man nasse Füße bekam.

Am Tag einer Ausfahrt versorgten wir uns mit Kaffee oder Tee, anderen Getränken und einer größeren Anzahl Broten, denn eine Küche konnte man auf der Barkasse nun nicht erwarten. Dann benötigten wir wie gesagt noch dringlich das Gummizeug, also wasserdichte Jacke, Hose und Stiefel, ja, und dann konnte es eigentlich losgehen. Hannes verließ die Pier umgehend, steuerte in die Mitte der Förde und gab derart Gas, dass das Wasser rauschte und das Schiffchen bereits in den kleinen Wellen der Innenförde hin und her rollte.

Besondere Freude bereitete es ihm, quer durch die Heckwellen großer Frachter zu laufen, was zu karussellähnlichen Zuständen führte. Nebenbei genossen wir dabei noch die relativ ungewohnte Sicht, fast direkt aus dem Schraubenwasser auf das Heck der z. T. gewaltigen Pötte zu schauen. Besonders beeindruckend war dies, wenn die Frachter leer oder nur wenig beladen war. Dadurch tauchten sie nicht so tief in das Wasser und die Schraube schlug z. T. bis zur Oberfläche hoch, was einen geradezu als „Dom" zu bezeichnenden schaumig weißen und wilden Wasserschwall erzeugte. Kurz hinter diesem Wassermonstrum lief Hannes dann relativ unbeeindruckt durch.

Er war auch sonst nicht so schnell zu beeindrucken. Schon gar nicht vom Wetter. Sicher, bei hohen Windstärken mussten die Fahrten ausfallen und „Sagitta" blieb brav im Hafen. Aber solange sich Wind und See noch in dem Grenzbereich der Barkasse befanden, sah Hannes nicht ein, klein beizugeben. Das hat ihm denn auch einmal die Windschutzscheibe gekostet. Wie schon häufig ließ er sich noch bei einer „ausgewachsenen sieben" mit der Ostsee ein und pflügte durch die kurz hintereinander folgenden grauen und schon lange mit Schaumköpfen gekrönten Wellen. Das Schiffchen arbeitete zwar gut in der See, aber dann passte irgendetwas nicht zusammen. Die Welle überlief das kleine Boot, die graue Wand baute sich vor der geteilten Frontscheibe auf, schlug die rechte Hälfte mal eben mit lautem Knall aus dem Rahmen und warf sie mit einem entsprechenden Wasserschwall in das Boot. Hannes ging gerne bis an die Grenzen, aber in diesem Falle war er darüber hinaus.

Ein durchaus anderes Thema war der „Kleinkrieg" zwischen Hannes mit seiner Barkasse und der Bundesmarine. In der Kieler Bucht gab es und gibt es vermutlich immer noch eine Reihe von Sperrgebieten, in denen die Bundeswehr Schießübungen oder andere wehrtechnischen Arbeiten vollzieht. Solche Sperrgebiete interessierten unseren Hannes nicht die Bohne. Die See gehört allen, also auch ihm und über sein Eigentum kann man ja bekanntlich frei verfügen.

Immer wieder hörten wir von Wortgefechten zwischen unserem Kapitän und den Marinern, selbst zu gegenseitigen Drohungen soll es gekommen sein und angeblich soll Hannes mal mit den Verweis auf Spezialitäten der Seestraßenordnung und Schiffswegerechte einen ganzen Verband der Bundeswehr gestoppt bzw. zum Ausweichen gebracht haben.

Ob das stimmt, sei dahingestellt. Es klingt zu gut, David gegen Goliath, so etwas riecht stark nach Seemannsgarn. Aber egal, ob wahr oder unwahr, im Angesicht solcher und diverser ähnlicher Vorfälle erhielt Hannes von uns den Spitznamen „Rocker zur See", obwohl er sonst ein völlig friedfertiger Mensch war.

Kein Seemannsgarn war dagegen die doch sehr ähnliche Gestaltung von „Sagitta" und dem eigenen Motorboot von Hannes, besonders was die Farbe betraf. Wenn man bedenkt, dass beide Schiffe in Laboe auf der gleichen Werft gepflegt und gewartet wurden, dann könnte man spekulieren, dass unter Umständen der eine oder andere Farbtopf.....gegen ein paar Fische vielleicht.... Na ja, weh dem, der Böses dabei denkt.

So war er halt, unser Hannes, aber eins muss man ihm lassen, er sprach immer über seine Missgeschicke und Schnurren und konnte durchaus auch über seine eigenen Unmöglichkeiten lachen. Das machte ihn so sympathisch und selbst den größten „Bock" sah man ihm noch nach.

Nur so konnte man auch ertragen, beinahe ins Wasser befördert oder gegen eine Spundwand gerammt zu werden. Bekannte von mir waren im Eingangsbereich des Nord-Ostsee-Kanals mit biologischen Arbeiten beschäftigt als es plötzlich einen gewaltigen Stoß gab und sie beinahe zu Boden gegangen wären. Was war passiert? Hannes hatte nicht aufgepasst, sondern bei kleiner Fahrt in eine Zeitschrift mit Fotos unbekleideter Damen geschaut. Dabei war er offensichtlich so weggetreten, dass er nicht mehr nach vorne schaute und auch die sich nähernde Wand der Kanalbefestigung nicht bemerkte. Ungebremst knallten Sie gegen das harte Hindernis. Hannes „nickte" mit dem Kopf auf die Armaturen, Helmut, der Matrose von „Sagitta" konnte sich gerade noch halten, da er nach hinten zu schauen hatte und daher keine Chance hatte, das Unglück kommen zu sehen und die beiden Biologen mussten sich auch mit Geistesgegenwart und Glück um sicheren Stand bemühen. Wirklichen Schaden hat es nicht gegeben, aber so etwas dürfte natürlich nicht passieren.

Auch ich machte meine Erfahrungen mit dem „unbedachten Hannes". Während einer langen Reihe von Jahren beschäftigte ich mich neben meinen Reisen in alle möglichen Meere mit den Quallen der Kieler Bucht. Interessante und durchaus nicht eklige Tiere, die deutlich mehr zu bieten haben, als man gemeinhin ihnen zugestehen mag.

Wer weiß schon, dass unsere Ohrenqualle so etwas wie Brutpflege betreibt und ihr Fortpflanzungsverhalten durch die Bestandshöhe beeinflusst wird oder dass die Menge der Planktonpflanzen im Sommer auch von der Anzahl der Quallen abhängt? Für die meisten Menschen sind Quallen dumme Quälgeister, die einem die Badefreuden vergällen. Wie meistens ein Vorurteil. In dem Zusammenhang mit meinen Forschungen an diesen Tieren habe ich jeden Winkel der Kieler Bucht erkundet und auch eine Unzahl an Fahrten mit „Sagitta" unternommen.

An einem sonnigen Tag im Sommer 1982 war ich mit einem großen Netz, Hannes und Helmut auf der Barkasse bei der „Quallenjagd". Irgendwo fernab von Land hatten wir gerade einen Netzzug beendet und das vordere Teil des Netzes lag bereits auf dem Arbeitsdeck von „Sagitta", während das prall mit ca. 40 kg Quallen gefüllte Netzende, der Steert, noch achtern im Wasser hing. Da der A-Galgen am Heck zu klein war, um das ganze Netz in einem Rutsch an Bord zu nehmen, entschloss ich mich nach Rücksprache mit Helmut, das Netzende per Hand einzuholen.

Dazu musste ich den vorderen Teil des Netzes betreten, beugte mich über das Heck der Barkasse und begann den schweren Fang einzuholen. Auf einmal sah ich unter dem Schiffsheck Bewegung und Blasen aufsteigen, dann schoss eine Gischtfontäne aus dem Wasser, der Steert wurde mir aus der Hand gerissen, „Sagitta" tat einen Sprung vorwärts und starte los, wobei das Netz, mit mir als Fracht darauf, außenbords gezogen wurde. Mit einem Riesensprung brachte ich mich in irgendeine Ecke in Sicherheit als auch schon das ganze Fanggerät scheppernd über die Deckkante rutschte und in der See verschwand. Helmut brüllte derweil irgendetwas ins Führerhaus und kurz danach erstarb die Maschine wieder. Hannes hatte ohne ein Zeichen von uns erhalten zu haben, angenommen, wir wären bereits mit unserer Arbeit fertig und wollte zur nächsten Station spurten. Er erschien ganz gelassen an Deck und meinte völlig ruhig „Na, ich dachte, ihr wäret fertig".

Solche kleineren und größeren Missgeschicke hatten einen hohen Unterhaltungswert für die Institutsmitglieder. Aber irgendwann einmal war auch das vorbei. Hannes ging in Rente, die „Sagitta" wurde durch die „Polarfuchs" ersetzt. Sicher werden die jungen Leute auch heute ihre auf See einfach unvermeidlichen skurrilen Situationen erleben, aber doch nicht mehr diese hochqualitativ ausgefeilten Zwischenfälle, die uns Hannes bieten konnte. Hannes, der dennoch von allen gemocht wurde.

Sie fährt noch: Unsere gute, alte „Sagitta". Die „Mutter vieler Abenteuer". Nach der Ausmusterung beim Institut für Meereskunde (IfM) gelangte sie letztendlich an die „Biologische Station Laboe" und bietet heute in grau gestrichenem Kleid interessierten Laien kurze Fahrten mit Demonstrationen der Meeresfauna und – flora (Aufnahme: 2020).

Von den einstigen Schiffen des IfM ist nur noch eines im Dienst der Forschung (jetzt bei GEOMAR): Die „Littorina", ein kleines Allzweckforschungsschiff, auf dem ich bereits 1979 meine erste dreitägige „Fangreise" in das Kattegat und zum „Tiefen Loch von Läsö" gemacht habe. Wir grüßen uns, wenn ich gelegentlich vorbeikomme.

# Kongressromanze

Die Teilnahme an international besetzten wissenschaftlichen Kongressen – an „Symposien" – ist für einen Forscher nahezu verpflichtend. Bei den Treffen mit Fachkollegen aus aller Welt erfährt man die neuesten Forschungsergebnisse, meist lange bevor sie in den einschlägigen Journalen veröffentlicht sind, präsentiert sich und seine eigenen Ergebnisse der Fachwelt, knüpft Kontakte, redet über Gott und die Welt und lernt jene Kollegen als Menschen aus Fleisch und Blut kennen, die einem bisher nur als Namen von Veröffentlichungen in Erscheinung getreten sind. Dabei spielt häufig die menschliche Seite eine fast wichtigere Rolle als die eigentliche Ergebnispräsentation.

Allein die Teilnahme an einem Symposium wäre jedoch kein Grund, darüber an dieser Stelle Worte zu verlieren. Da jedoch die Tagung mit einer Schiffsreise verbunden war, einer der gelungensten und „fröhlichsten" Kongresse war, an denen ich teilgenommen habe und darüber hinaus auch noch von den feinen Fäden einer zarten Beziehung zu einer jungen Frau durchwoben war, so ist mir dies durchaus eine Erinnerung wert.

Wir rüsteten also zur Teilnahme an einem meeresbiologischen Kongress im finnischen Turku und unser Kieler Institut hatte es fertiggebracht, eine Truppe von 17 Wissenschaftlern aller Altersstufen mit Vorträgen auf dieser Veranstaltung „unterzubringen". Außerdem sollte unsere „Alkor" nach Turku fahren und für 12 Leute als Hotelschiff dienen. Die fünf anderen hatten mit dem Institutsbus nach Finnland zu fahren und wurden im Gästehaus der Universität untergebracht. Selbstverständlich entstand ein gewisses Gerangel um die Schiffsplätze, weil natürlich jeder lieber über See zum Zielort fahren wollte. Da ich im Vorwege erfahren hatte, dass ein Kollege aus der Fischereibiologie auf der Rückreise noch eine Aufnahme der Fischbrutmengen im Bornholmbecken vornehmen wollte, bot ich ihm meine Mitarbeit an. Dadurch konnte ich mir eine Koje auf „Alkor" sichern, bevor über die Auswahl der übrigen „Erlauchten" diskutiert wurde.

Neben den wissenschaftlichen Aspekten hatte ich aber noch ein anderes Projekt im Kopf. Ich hatte erfahren, dass eine junge Kollegin, nennen wir sie hier mal Maria, ebenfalls mit von der Partie sein würde. Ich war einige Monate vorher bei einem internen Seminar auf sie aufmerksam geworden und hatte sofort diesen merkwürdigen Stich erhalten, der es in meinen Augen nötig machte, sich mit dieser Angelegenheit näher zu befassen. Figur und Aussehen waren mit jenen Reizen gesegnet, die Männer im Allgemeinen und junge, ungebundene Männer im Besonderen nervös werden lassen. Ich habe eine starke Vorliebe für dunkle Augen, dunkle, lockige Haare, und ihr Lächeln....

Es gab nur einen kleinen Fehler: Sie lebte mit einem Freund zusammen. Aber um derlei Dinge wollte ich mich nicht kümmern und es war zumindest einen Versuch wert, ob man sie nicht „ausspannen" und dem eigenen Lebenskreis zuführen könnte. Wir waren jung und unsere Gedanken kreisten hauptsächlich um vier Dinge: Seefahrt, Wissenschaft, Mädchen und Bier, in dieser Reihenfolge und mit einem deutlichen Übergewicht der beiden erstgenannten Punkte. Die Woche in Turku erschien mir für mein Vorhaben besonders günstig und in diesem Falle stand der Aspekt „Mädchen" obenan.

An einem Samstag Anfang Juni gingen wir bei bestem Wetter in See und passierten am Abend Fehmarn. Die Reise erinnerte ein wenig an eine Kreuzfahrt, denn See und Himmel strahlten in einem herrlichen Blau, die Sonne schien mit aller Macht und ermöglichte uns trotz des leichten Windes ohne stärkere Überbekleidung an Deck zu sitzen. Dennoch herrschte keine Ferienstimmung, denn alle saßen noch über ihren Vorträgen, änderten mal dies, ergänzten jenes, schlugen gewisse Dinge in dicken Büchern nach und versuchten sich auf alle möglichen Fragen zu ihrem jeweiligen Thema vorzubereiten.

Wir hatten noch kurz vor der Abreise die Tabelle mit den Vortragszeiten erhalten und so erfuhr ich, dass ich bereits am zweiten Tag, also am Dienstag „vorsingen" sollte. Das war mir sehr recht, denn bei meiner ersten Teilnahme an einem Kongress hatte ich praktisch den unglücklichsten Platz erwischt den es gibt: Als Vorletzter nach fünf mit 20-Minuten-Vorträgen dicht angefüllten Tagen. Kein Wunder, dass mir praktisch keine Aufmerksamkeit mehr gewidmet wurde. Aber der zweite Tag, das war in Ordnung. Dann konnte ich den Rest des Kongresses wesentlich gelassener angehen und gewissen anderen Dingen breiteren Raum einräumen.

Der Sonntag entsprach völlig dem Samstag: Wetter gut, See ruhig, Wissenschaftler fleißig. An diesem Tag startete in Kiel auch der Bus mit den übrigen Teilnehmern, darin auch Maria. Es wäre mir lieber gewesen, sie hier an Bord zu haben und so mein Projekt in aller Ruhe einzufädeln, aber was nicht geht, geht halt nicht.

Die Südwestküste Finnlands zerfließt in einer Unzahl kleiner und kleinster Inselchen, den Schären, wie sie an der gesamten skandinavischen Küste vorkommen. Wir erreichten das Gebiet am Montagnachmittag, übernahmen einen Lotsen und begannen die Tour durch diese anmutige Meereslandschaft, die immer neue optische Akzente setzte. Zunächst erschienen kleine nackte Inselchen und Felsblöcke ohne jede Vegetation. Auf den ersten Blick ist man gewillt, anzunehmen, dass ein Lotse nicht erforderlich sei, da die Eilande doch relativ weit voneinander entfernt liegen. Allerdings zeigte ein Blick auf das Echolot, dass die meisten die Oberfläche eben nicht erreichen, somit unsichtbar bleiben und z. T. nur wenige Meter unterhalb des Wasserspiegels enden. Ohne Lotsen ist das Gebiet nicht sicher zu befahren.

Je mehr wir uns dem eigentlichen Land näherten, umso grüner und größer wurden die Inseln, zunächst zeigten sie Grasbewuchs, dann kamen Büsche hinzu, der erste Baum tauchte auf, dann mehr Bäume und bald zeigten sich die Schären durchgängig mehr oder weniger bewaldet. Die inneren Schären waren mit vielen hübschen, bunten Holzhäusern bebaut, zu denen jeweils ein oder zwei kleine Bootsstege gehörten, die diese „Sommerresidenzen" der Einwohner von Turku vervollständigten.

Dann wurde es großstädtischer, wir passierten die Halbinsel Ruissalo mit ihrem Yachthafen. Schiffswerften mit großen Neubauten wurden sichtbar, Häuser erschienen und gegen 19 Uhr fuhren wir in die Mündung des Turku durchfließenden Flusses, des Aurasjoki, ein. Auf der nördlichen Seite wurde das zwischen Industriebauten ziemlich verlassen wirkende Schloss sichtbar, die Masten von zwei Segelschiffen, der „Suomi Joutsen" und der „Sigyn" erschienen und markierten unseren ziemlich stadtnahen Liegeplatz auf der schräg gegenüber liegenden Flussseite. Wir waren nicht allein. Die Vertreter der DDR waren mit der „Penck" bereits da und die Polen hatten ein großes Segelboot geschickt, das von ihnen als Forschungsschiff genutzt wurde. Um 19:30 waren wir auf 60° 26,40' N und 22° 14.42' E fest.

Viel Zeit hatten wir nicht, denn bereits um 20 Uhr war ein erstes informelles Treffen in der Universität anberaumt, so dass ich mich sofort auf mein mitgebrachtes Fahrrad schwang, während die anderen in den Autos zweier finnischer Kollegen verschwanden. Nach dieser Veranstaltung traf sich die gesamte Kieler Gruppe und verbrachte einen fröhlichen Abend, so dass ich erste nähere Kontakte zu Maria aufnehmen konnte, wobei sich für beide eine gewisse „brizzelnde" Spannung aufbaute. Am nächsten Tag traten aber diese Dinge in den Hintergrund, denn unsere Vorträge und die der anderen Kollegen waren zunächst erst einmal wichtiger. Außerdem boten für derlei „Nebenbeschäftigungen" die diversen Abendveranstaltungen hinreichend Raum.

So ein wissenschaftlicher Kongress wird nicht umsonst Symposium genannt. Damit lehnt es sich schon sprachlich an die gastlichen, mit Kurzweil, Speis und Trank sowie geistreichem Gespräch angefüllten Gelage der antiken Griechen an. Dies bedeutete konkret, dass neben dem eigentlichen wissenschaftlichen Programm, also dem geistreichen Gespräch, immer auch für entsprechende gesellschaftliche Ereignisse gesorgt worden war, wobei „Speis und Trank" gereicht wurden.

Das erste dieser „social events" fand am Dienstagabend in der Academic Solemnity Hall statt, einem klassizistischen Gebäude, wo uns während des Sektempfanges die Reden des Rektors und des Vize-Rektors der Universität erfreuten und anschließend das Trio Op. 38 von Ludwig van Beethoven dargeboten wurde. Natürlich saß ich neben Maria, die Nähe steigerte sich, es kam zu zaghaften Berührungen. Wie zufällig, aber doch von dem jeweils anderen als gewollt empfunden.

Nach diesem durchaus gelungenen Kunstgenuss begaben wir uns zu einer Freitreppe, um das bei jedem Kongress übliche Gruppenbild aller Teilnehmer, das so genannte Symposiumsfoto, zu machen. Dies wurde eine lustige Veranstaltung, da der Fotograf auf eine Leiter klettern musste, um alle gut ins Bild zu kriegen. Es hagelte Bemerkungen, wie wohl die Bilder ausfallen würden, wenn er jetzt ins Rutschen käme und einige Scherzbolde spielten die Szenen vor. Ich stand mit Maria an meiner Seite in der ersten Reihe und da wir uns durch unsere Kleidung von dem sonst durchweg langweiligen Grau der anderen Teilnehmer unterschieden, drängte sich der Eindruck auf, wir wären die eigentlichen Hauptpersonen. Jedenfalls wirkten wir sehr prominent vor der grauen Masse der Anzugträger. Das Foto gelang sehr gut und in den nächsten Tagen mussten wir immer wieder dumme Bemerkungen über uns ergehen lassen: „Ach, sind sie nicht ein schönes Paar?", „He, habt ihr schon eure Hochzeitsfotos gesehen?" und dergleichen mehr. Es war sehr lustig.

Um dem mit diesen Dingen nicht Vertrauten einen Eindruck von unserem Programm zu geben, anbei ein kurzer Überblick, was neben dem wissenschaftlichen Veranstaltungen an gesellschaftlichen Verpflichtungen wahrzunehmen war: Wie bereits besprochen, Empfang durch die Rektoren der Universität am Dienstag, Mittwoch dann Empfang beim Bürgermeister im Wäinö-Aaltonen-Museum, Donnerstagnachmittag Ausflug aller Teilnehmer auf eine nahe gelegene Schäre, abends Empfang durch die beiden deutschen Delegationen auf den Forschungsschiffen „Penck" und „Alkor" und Freitag als Abschluss des Kongresses das feierliche Symposiums-Gala-Diner im Restaurant „Kåren" mit anschließendem Tanz.

Ein dicht gedrängtes Programm also. Wenn wir noch an die Vorträge denken, meine gelegentlichen Solo-Erkundungen in der hübschen Stadt, die zusammen mit Christian unternommenen Besichtigungen auf der „Sigyn", im Biologie- sowie in dem sehr ansprechenden Apothekenmuseum berücksichtigen, und dann auch noch und meine Spezialinteressen beachten, dann wird deutlich, dass für mich in diesen Tagen keine Langeweile aufkam.

Am Donnerstag unternahmen wir den wunderbaren Ausflug nach Seili – Island einer größeren Schäre im weiteren Umkreis von Turku. Mit einem voll besetzten Ausflugsboot ging es über die völlig glatt daliegende Ostsee, das Wetter war von der allerfeinsten Sorte. Warm, sonnig, mit einem leichten Wind, besser hätten wir es gar nicht treffen können. Auf der Insel empfing uns eine überschwänglich strotzende Natur, mit saftigen Wiesen, blühenden Obstbäumen, Vogelgezwitscher und dem sonoren Brummen der eifrig von Blüte zu Blüte schwirrenden Hummeln. Dazwischen die flatternden Farbtupfer der verschiedensten Schmetterlinge. Eine Ringelnatter wurde bei ihrem Sonnenbad auf einem der Uferfelsen überrascht. Ein Idyll, dessen reale Existenz selbst durch die Fantasie nicht mehr zu steigern war, es sei denn durch tanzende Feen oder Nymphen.

Aber es war nur eine Fee da. Die tanzte jedoch nicht, sondern schob sich wie ich in dem lockeren und gut gelaunten Trupp von 150 Forschern durch diese schöne Natur. Im Gegensatz zu diesem Bild reinen Friedens war dieses Inselchen nicht immer ein Hort der Glückseligen, denn die hübsche, farbige Landschaft kontrastierte einst mit erbärmlichstem Menschenschicksal.

Früher war Seili ein Ort der Ausgestoßenen, der psychisch Kranken und der leprös Entstellten. Im Jahre 1619 errichtete der berühmte Gustav II. Adolf hier das erste Hospital in Finnland für Leprakranke, das rund 200 Jahre bestand. Die Holzhäuschen sind jetzt verschwunden, aber eine schlichte Kirche erinnert noch an diese Zeit, die im Inneren ein interessantes Detail aufwies: In einem durch ein Holzgitter abgeschlossenen Bereich war der Aufenthaltsort für die Leprakranken, denen das Abendmahl mit Hilfe einer langstieligen Kelle durch die Stäbe gereicht wurde. Aus Angst vor Ansteckung.

In den 1840er Jahren wurde dann auf der Insel eine Anstalt für psychisch Kranke gebaut, die bis 1962 in Betrieb war. Dieses Gebäude wird heute als Außenstelle der Universität genutzt und wurde zwischen 1967 und 1977 renoviert. Als Erinnerung an die Leiden der einstigen Bewohner ist eine Krankenzelle erhalten, die nur das absolut Nötigste enthielt, aber mehr passte in die rund 2 m lange und nur 1,5 m breite Zelle nicht hinein. Wer hier eingeliefert wurde und noch nicht völlig durchgedreht war, der wurde es mit Sicherheit in diesem Verschlag. Ein Schwein hatte ja mehr Platz zum Leben.

Diesen bedrückenden Impressionen entzog ich mich bald durch einen Spaziergang über das Grün der Insel. Das leicht hügelige Land senkte sich zum Meer und bald standen Christian und ich an einem Badesteg und schauten über das Wasser auf die Nachbarinsel. Wir setzten uns, unterhielten uns ein wenig, schwiegen aber auch eine ganze Weile. Mit einem Kollegen und Freund am Meer zu sitzen und zu schweigen sind nicht die schlechtesten Momente im Leben.

Wieder zurück in Turku stieg ohne weitere Verzögerung die Feier auf der „Alkor" und der „Penck" mit viel Bier, Schnaps und Grillfleisch. Nun kümmerte ich mich nur noch um Maria. Zunächst waren wir auf unserem Schiff, wechselten aber bald zur „Penck", weil dort eine Musikanlage installiert worden war und wir an Deck gut tanzen konnten. Das wollten wir uns nicht entgehen lassen.

Meeresforscher sind in der Regel keine Kostverächter und was da an geistigen Getränken aus der jeweiligen Last der Schiffe nach oben befördert wurde war schon ganz erstaunlich. Auch die Polen ließen sich nicht lumpen und schenkten auf ihrer Segelyacht „Polnische Flagge" aus. Wassergläser zur Hälfte mit einem roten Likör gefüllt und mit klarem, hochprozentigem Wodka überschichtet, so dass das Glas zwei farbige Zonen aufwies, die der Anordnung der Farben der Landesflagge entsprach. Ich kannte die verheerende Wirkung des Zeugs und hielt mich tunlichst davon fern. Wir beide haben sowieso nicht viel getrunken. Aber dennoch, die anregende Wirkung des Alkohols, die aufreizende Stimmung der hellen, „weißen Nächte" um Mittsommer, die Berührungen, der Tanz, die Atmosphäre zwischen uns beiden wurde immer geladener.

Als um Mitternacht die Feier beendet wurde, machte Maria den Vorschlag, auf ihr Zimmer im Gästehaus zu gehen. Dieses, so Maria, teile sie zwar mit Dorothee, aber die müsse eben sehen wo sie bliebe und außerdem hätte das Zimmer einen Schlüssel. Ganz im Gegensatz zu den Kammern auf der „Alkor". Außerdem konnte ich schlecht gleich drei Leute aussperren und die Kojen waren alles andere als geräumig. Ich schnappte mir mein Fahrrad, setzte sie auf den Gepäckträger und dann ging es durch die leeren Straßen von Turku, auf denen kein Mensch mehr zu sehen war und die völlig ruhig vor uns lagen. Nur hinter uns war noch der Lärm der Wissenschaftlerbande zu hören.

Gerade angekommen, stürzten wir kichernd im Eiltempo auf das Zimmer, rissen die Tür auf – und sahen Doro völlig verquer und vollständig betrunken auf dem Bett liegen. Übergeben hatte sie sich auch noch. Mitten in das Zimmer. Wie wir mit Mühe erfuhren, war sie den Polen „in die Hände gefallen" und der „Polnischen Flagge" ehrenvoll unterlegen.

Die Stimmung war hin, Maria schob mich mit der Bemerkung, sie würde nun hier dringender gebraucht aus der Bude und schloss von innen ab. Warum hatte diese blöde Bude nur einen Schlüssel?! Das war's mit dem Rendezvous. Aber ich nahm es gelassen, vielleicht war es auch besser so und ein schöner Abend war es ohnehin gewesen. Ich schloss mich einer Junggesellengruppe an, die noch ein paar Stunden durch die Straßen vagabundierte und kam um halb fünf bei schönstem Sonnenschein in die Koje - meine eigene.

Als ich aufwachte war es halb zwölf. Ich rappelte mich hoch, ging Duschen, erkannte nach etwa einer Stunde, in welchem Erdenwinkel ich mich befand und merkte, dass ich nun endlich mal die längst überfälligen Fotos von Turku machen musste. Die Vorträge waren mir an diesem letzten Tag völlig egal. Für den Abend hatte ich mich bereits gestern mit Maria zum Galadiner verabredet und um Mitternacht sollte es in See gehen. Also schob ich zunächst übermüdet und etwas einsilbig durch die Straßen, aber der freundliche Ort, das schöne Wetter und die Gedanken an den Abend machten mich im Laufe der nächsten zwei Stunden wieder munter. Bis zum Abend war ich wieder vollständig wach und unternehmungslustig. Noch einmal Duschen, rasieren, Duftwässerchen hier, Duftwässerchen da, Schlips raussuchen, Jackett auf Flecke und dergleichen prüfen, Schuhe in Ordnung? Dann konnte es ja losgehen.

An großen Tischen wurde zuerst ein Krabbencocktail serviert, dazu Wein, Bier und Schnaps (natürlich wahlweise). Das Hauptgericht bestand aus Filet, Möhren und Erbsen sowie Reis, also nicht gerade der absolute kulinarische Höhepunkt, aber Meeresforscher sind nicht nur keine Kostverächter sondern gehören auch zu der bescheidenen Sorte Mensch, so dass die dargereichten Speisen uns völlig zufrieden stellten. Außerdem war es deutlich besser als das, was wir mal in Kopenhagen erlebten.

Als ich an einer Tagung des Internationalen Rates für Meeresforschung teilnahm, hatte der Fischereiminister zu einem Stehempfang geladen. Ich weiß nun nicht, was der für Vorstellungen von uns hatte oder ob das Budget ein bisschen knapp war, jedenfalls bestand das Essen aus Bergen von mit Käse belegten Toastbroten und einer gigantischen Menge an kleinen Hackklößchen, den so genannten „Bøller". Satt sind wir geworden, aber es war ein klein wenig einseitig oder, wie es ein englischer Kollege ausdrückte, „it's not very diversified".

Im Anschluss an das Abendessen hier in Turku wurden selbstverständlich Reden gehalten, Kaffee ausgeschenkt, das beste wissenschaftliche Poster erhielt einen Preis und endlich wurde zum Tanz aufgespielt. Ganz klar, mit wem ich tanzte. Oh, welch glückliche Stunden. So viel hatte ich in meinem ganzen Leben noch nicht an einem Abend getanzt. Vielleicht nicht gut, wohl aber fleißig. Unermüdlich ging es herum und herum. Sie entledigte sich bald der Schuhe und tanzte barfuß, ich legte das Jackett ab und lockerte den Schlips. Und weiter ging es in den Kreisen und immer neue Stücke wurden aufgespielt. Welch ein Hochgefühl diese knuddelige junge Frau in den Armen zu haben, sie fest an sich zu drücken und sich im Rhythmus der Musik durch den Raum zu schwingen. Der ganze Abend gehörte ihr, nein, ich wollte mehr, nicht einen, nicht zehn, alle....

Aber, ach, die Zeit schritt schnell von hinnen und um halb zwölf musste ich an Bord. Das erste Mal in meinem Leben, dass ich keine Lust hatte, auf das Schiff zu gehen. So etwas war mir noch nie passiert. Schnell noch einen Tanz. Na, noch einer. Wenn ich mich etwas beeile, kriegen wir noch einen hin. Festhalten, nicht loslassen, ich wollte nicht weg. Aber dann doch: Ein Kuss, Trennung, ein gehetzter Lauf am Fluss entlang und um 23:59 mit gewaltigem Sprung rauf auf das Schiff, wo schon der Rest der Truppe ungeduldig auf mich wartete.

Als die Diesel schlugen blieben die Lichter der Stadt und ihre Spiegelungen im ruhigen Wasser des Aurasjoki bald zurück. Das Wetter war wie meine Stimmung, denn ein leichter Regen setzte ein und überzog die Wasserfläche mit kleinen Kreisen. Traurig stand ich am Heck und schaute dem verschwindenden Land nach, dem Land wo SIE zurückblieb und der Tanz weiterging.

134

Winfried, ein etwa zwanzig Jahre älterer Kollege, sah mich an, verstand, holte seine Mundharmonika hervor und begann zu spielen. Ich wusste gar nicht, dass er dermaßen gut spielen konnte. Die anderen waren genauso aufgedreht wie ich, wenn auch aus anderen Gründen. Wir setzten uns an eine regengeschützte Stelle auf Deck (warm war es), holten drei Wodkaflaschen, später die Flaschen mit „Kirsberry", jenem süßen, dänischen Kirschenlikör, hoch und sangen zu Winfrieds Musik. Erst „klassische" Seemannslieder wie „La Paloma", „Auf der Reeperbahn nachts um halb eins" und dergleichen authentisches Liedgut, dann traurige russische Weisen, wobei die uns natürlich fehlenden Texte durch „La,la,la..."ersetzt wurden.

Zum Schluss wendeten wir uns dann dem humoristischen Liedgut zu, wie z. B. das von dem berühmten Bolle, der nach Pankow wollte, oder solchen mit geistreichen Inhalten, wovon die Zeile „Die Mädels haben auf Kap Horn, den Reißverschluss bekanntlich vorn und sind so scharf wie Doppelkorn" sicher beredtes Zeugnis legt. Es war ein sehr schöner Abschluss unserer Kongressfahrt. Als wir dann den Kojen entgegenwankten, war es schon taghell und weit und breit kein Land mehr zu sehen.

Um wirre Gedanken und Flausen aus dem Kopf zu bekommen gibt es nichts Besseres als auf offener See zu sein. Dein Blick wird wieder klar, schweift in die Ferne, das an Land Zurückgelassene verliert an Bedeutung. Ich bin zwar mit einem heftigen Kater aufgewacht, aber meine Fixierung auf Maria war gedämpft und bis auf die Rückkunft nach Kiel vertagt. Gegen die See mussten die Frauen in meinem Leben grundsätzlich zurücktreten. Auch die letztendlich angetraute.

Dabei meinte es die Ostsee an diesem Tage gar nicht so gut mit uns. In der Gegend um Gotland war sie nämlich höchst bewegt, so dass wir uns nach den Vorkommnissen der letzten Nacht überhaupt nicht wohl fühlten und die meiste Zeit des Tages mit griesgrämigen Gesichtern still durch die Gänge huschten. Es war draußen zwar fast Windstille, aber offensichtlich hatte kurz vorher ein ordentlicher Sturm geblasen, der die Wassermassen durcheinandergebracht hatte. Die Meeresoberfläche bewegte sich in weiten Schwingungen, die der „Alkor" eine ständige Berg- und Talfahrt aufzwangen. Die große Länge dieser Wellen bewirkte, ein sehr rhythmisches Stampfen des Schiffes, das jede Kuppe erklomm und jedes Tal voll auskostete. An und für sich gar nicht so schlecht, aber an diesem Tage nicht angebracht.

In solchen Situationen hilft Arbeit, die körperliche Misere zu vergessen und so waren Ali und ich ganz froh, die Fangaktivitäten für den nächsten Tag vorbereiten zu müssen. Es war das übliche Routinegeschäft: Netze auftakeln, Strommesser anbringen, die Netzsonde, die uns die Tiefe des fangenden Netzes auf einen Schreiber übermittelte, prüfen und an den Windendraht anschrauben, den Schreiber ausprobieren und justieren. Als es dunkel wurde, waren wir mit unseren Arbeiten fertig, dann trat ungewöhnlich früh Ruhe im Schiff ein.

Der nächste Morgen begrüßte die nun die gesundheitlich wiederhergestellte Wissenschaftlergemeinde mit sonnigem Wetter und präsentierte uns eine friedlich blaue Ostsee mit nur moderaten Bewegungen des Schiffes. Unser Arbeitsgebiet bei Bornholm sollten wir erst am Nachmittag erreichen, so dass genügend Zeit blieb, die Ergebnisse des Kongresses und die dort erhaltenen Materialien, Vorabdrucke, Manuskripte etc. zu sichten und zu begutachten.

Während die Kollegen am Nachmittag in aller Gemütlichkeit die ruhige Fahrt und den sonntäglichen Kuchen genossen, starteten wir die erste Fangaktion mit dem Planktonnetz. Einmal als Schräghol bis in Bodennähe, dann wieder hoch, Verarbeitung der Proben und ab zur nächsten Station. Das Verfahren glich völlig demjenigen, dass ich fünf Jahre früher im Nordatlantik über Wochen ausgeführt hatte. In ähnlicher Weise wie damals bearbeiteten wir hier im Bornholmbecken ein festgelegtes Stationsgitter, allerdings ein viel Kleineres, da wir nur 23 Positionen anlaufen wollten.

Im Vordergrund unseres Interesses stand dabei die Brut des in der Ostsee lebenden Dorsches, deren Larven und Eier zu diesem Zeitpunkt in der See treiben mussten. Im Gegensatz zu dem atlantischen Dorsch bzw. Kabeljau, treiben die Eier hier nicht oder nur schlecht in den oberflächennahen Schichten, da der Salzgehalt zu niedrig ist. Sie sind daher erst in größeren Tiefen, häufig an der scharfen Grenze zwischen den oberen ausgesüßten und den tieferen salzhaltigen Schichten anzutreffen. Da diese Art in der Ostseefischerei eine ziemliche Rolle spielt, Fangquoten festgelegt werden müssen, die Dorsche aber z. T. erheblichen Bestandsschwankungen unterworfen sind, haben wir die notwendigen Datenerhebungen an unsere Kongressfahrt gekoppelt und so das Wichtige mit dem Angenehmen verbunden.

Im Laufe des Nachmittags und des Abends bearbeiteten wir noch eine Reihe von Stationen, stellten aber dann die Fänge über Nacht ein und ließen das Schiff treiben. Gleich im Morgengrauen, nachdem wir beide einige Stunden geschlafen hatten, ging es weiter. Die eigentliche Nacht war ja kurz vor dem längsten Tag des Jahres nur für wenige Stunden richtig dunkel, ja, genau genommen, war es gar nicht dunkel, denn nach Norden erschien der nächtliche Himmel in einem dunklen, zum Horizont heller werdenden Blau.

Da wir sehr früh starteten, kamen wir in den Genuss des mit einem Rausch an Farben einhergehenden Sonnenaufgangs. Der Horizont glühte in allen Variationen von Rot und Gelb, das sich in dem nahezu glatten, kaum bewegten Meer wunderbar widerspiegelte. Dies sind die Stimmungen, die ich immer auf See genossen habe und die mit ein Grund dafür waren, dass ich gerne Nachtwachen gegangen oder sehr früh aufgestanden bin. Nur Wenigen ist es vergönnt, diese Stimmungen zu erleben und ich bin heute noch glücklich darüber, dass ich dazugehörte.

An diesem wunderschönen Tag bekamen wir auch Land zu Gesicht: Die Erbseninseln, eine kleine Gruppe aus vier Eilanden etwa 10 Seemeilen östlich der Nordspitze Bornholms. Der äußere Eindruck vermittelte das Bild eines ländlichen Idylls mit kleinen Häuschen, Fischkuttern, dem flatternden Danebrog und einem übermächtigen Festungsturm. Dazwischen viel Grün, Fels, Möwen, Vogelgeschrei, eine Komposition der unterschiedlichsten Farben und kontrastreichen Übergänge. Ich hätte mir das gerne mal bei einem Spaziergang aus der Nähe angesehen, aber leider hatten wir für solche Extratouren keine Zeit. So mussten wir uns das Ganze vom Schiff aus betrachten.

Der Eindruck einer ländlichen Idylle ist nicht von ungefähr, denn alle vier Inseln stehen sowohl unter Natur- als auch unter Denkmalschutz, denen sich die wenigen Menschen der beiden bewohnten Inseln Christiansø und Fredriksø unterordnen müssen. Dementsprechend gibt es auch keine Ferienhäuser, weder zur Vermietung noch als private „Sommerfrische" reicher Dänen oder Deutscher und kein Fremder kann – zumindest nach meinem Wissen - auf den Inseln seine Wohnstatt nehmen. Die Leutchen leben daher ein wenig wie in einem Museum, obwohl sie natürlich über die wesentlichen Annehmlichkeiten des modernen Lebens verfügen.

Ich möchte nicht wissen, wie die Inseln aussähen, wenn sie für alle geöffnet würden. Ich könnte mir jedenfalls gut vorstellen, irgendwann später dort einmal meinen Altersruhesitz zu nehmen und in der Isolierung der Ostsee aus der aktiven Welt zu treten und nur noch dem Meer und den Vögeln zuzusehen, ein wenig zu angeln, den gefangenen Fischen ihre Freiheit wiederzugeben, zu lesen und einem kontemplativen Lebensstil zu huldigen. Da aber wahrscheinlich Tausende die gleiche Idee haben, werden die Inseln wohl geschlossen bleiben.

Wir arbeiteten die restlichen Stationen ab und begannen am späten Nachmittag mit der Heimreise. Mitten in der Nacht wurde ich auf einmal wach als sich plötzlich die Maschinengeräusche und die Vibrationen im Schiff veränderten, dachte noch kurz darüber nach, was dies wohl zu bedeuten hätte, drehte mich aber, da ich mich bei der „Alkor"-Crew immer in guten Händen fühlte, auf die andere Seite und schlief weiter. Beim Frühstück erfuhren wir dann, dass in der Nacht ein Maschinenlüfter ausgefallen war, so dass wir nur noch mit halber Kraft fahren konnten, um die Maschinen nicht heißlaufen zu lassen. Wir kamen daher mit einigen Stunden Verspätung gegen die Mittagszeit bei grauem Wetter in Kiel an.

Ungefähr drei Tage später rief ich Maria an, da ich sie bisher nicht im Institut getroffen hatte. Ich wollte jetzt nachsetzen. Aber das Gespräch war ernüchternd. Sie erklärte mir, wir sollten es bei einer guten Freundschaft belassen, sie würde mich mögen, aber ihr Freund wäre halt ihre erste Wahl. Damit war das eingetreten, was ich zwar nicht gehofft hatte, aber doch immer als Warnung im Hinterkopf hatte. Ich nahm es nicht weiter tragisch, es waren ein paar schöne

Tage gewesen. Nicht mehr, aber auch wirklich nicht weniger. So habe ich sie in Erinnerung behalten. Das letzte, was ich von Maria hörte, war, dass sie geheiratet und einen Sohn bekommen hat. Dann trennten sich unsere Wege für immer.

Obwohl ich noch im gleichen Jahr meine heutige Frau Heidrun kennenlernte sind die schönen Erinnerungen nicht verblichen. Während ich dies schreibe – nach fast 40 Jahren - tauchen sie auf, die schemenhaften Gesichter der Vergangenheit, die Phantome der nicht oder nur teilweise erfüllten Träume: Regina, Anke, Juliane, Rika, Anne, Almut, Margit, Maria. Wie schreibt doch Goethe zu Beginn des „Faust": „Ihr naht euch wieder, schwankende Gestalten, die früh sich einst dem trüben Blick gezeigt....Wie ihr aus Dunst und Nebel um mich steigt; Mein Busen fühlt sich jugendlich erschüttert vom Zauberhauch, der euren Zug umwittert."

Ein gutes hat dies aber, denn ich werde sie bis an mein Lebensende als die Bilder junger, hübscher, vitaler Frauen in meinem Herzen bewahren. Das Alter kann ihnen nichts anhaben – gibt's ein schöneres Kompliment?

# Schottisches Quartett

Die britische und insbesondere die schottische Küstenregionen sind wunderbare Seegebiete, die mit einer großen Zahl attraktiver Erlebnisse aufwarten können. Es ist die Natur, die hier den Reisenden – egal ob im Forschungs- oder auf dem Kreuzfahrtschiff – in seinen Bann zieht. Die nachfolgenden vier Impressionen machen vielleicht Appetit und sind insoweit überregional, da die dargestellten Eindrücke in ähnlicher Weise auch an anderen Stellen des Nordatlantik angetroffen werden können. Die Tropen und Subtropen sind vielleicht wärmer und schöner, der Nordatlantik ist aber mit Abstand abwechslungsreicher, interessanter und voller Überraschungen.

## I.

### Ein Morgen im North Minch

Ein neuer Tag. Ich komme an Deck und sehe zunächst nichts. Die starke Beleuchtung an Deck blendet mich und jenseits der Reling herrscht noch schwarze Nacht. Nicht einmal die Reflektionen schaumweißer Wellen sind zu erkennen, denn wir haben keinen Wind. Aber das Schiff bewegt sich trotzdem. Eine flache, sehr alte und langwellige Dünung hebt und senkt unser Gefährt in einem unaufgeregten Rhythmus. Als wir gestern Abend die Hebrideninsel Skye umrundeten und am Neist Point Lighthouse vorbeikamen, war die Seestrecke frei für die aus Norden hereinlaufende Dünung. Nun sind wir zwischen Harris, der großen nördlichen Hebrideninsel an Backbord und dem schottischen Festland an Steuerbord. Die Seekarte weist das Gebiet als „North Minch" aus.

Ich gehe unter Deck, esse etwas und nehme mir noch einen Kaffee mit nach oben. Wir wollen auf den Ozean, in die Gewässer westlich der Hebriden. Die Last des Landes und der vorbereitenden Tätigkeiten liegen hinter uns. Jetzt geht es los.

Es wird heller, im Osten sind die ersten Rot- und Gelbtöne der sich für ihren Aufgang vorbereitenden Sonne zu erkennen. Davor eine dunkle Masse, die schottische Küste. Mit zunehmender Helligkeit werden die Berge deutlicher und treten als schwarze Zackenlinie vor dem Horizont in Erscheinung. Der Himmel trägt dunkle Wolkenstreifen und die Sonne bleibt vorerst verborgen.

Dann aber bricht die Sonne durch. Ein intensiver goldener Schein überzieht das Meer und leuchtet Teile der Küste an. Die Berge leuchten ebenfalls golden, See und Land sind nur noch Variationen einer alles gleich machenden goldenen Lichtflut. Der Himmel über den Bergen schimmert dabei in einem merkwürdigen Grün, das langsam in ein zartes Orange übergeht, wobei die dunklen Wolkenstreifen wie schwarz gemalte breite Pinselstriche wirken. Was für eine Pracht! Meine Stimmung ist euphorisch: Wir gehen in See, das Wetter ist herrlich, Himmel und Land verabschieden uns mit einem Rausch an Farben und Eindrücken. Was kann es Schöneres geben?

Auf der See liegt ein wenig Dunst. Jetzt, gerade wo die Sonne mir direkt ins Gesicht leuchtet, schiebt sich eine Wolke vor und löscht die goldene Lichtwoge aus, es wird dunkler, die Berge schattenhafter. Aber an der Grenze zwischen See und Land reflektiert dieser Dunststreifen das Licht wie in einem Lichtleiter und leuchtet als dünnes Band zwischen der nun dunklen See und den schattenhaften Bergen. Heller Himmel, dunkle Berge, ein scharf geschnittener intensiv leuchtender Streifen, dunkles Meer, so ist die Reihenfolge des Bildes. Da wo es so hell leuchtet, dort beginnt scheinbar die Küste, aber vielleicht ist es auch eine optische Täuschung.

Ich nehme das Fernglas zur Hand und gehe in den Bergen spazieren. Sonderbare Formen treten da auf. Ein Berg erinnert mit seinen leicht gebogenen Konturen und der abgerundeten Spitze an den Zuckerhut in Rio. Sieht aus wie eine Kopie und wahrscheinlich sind ähnliche Kräfte an ähnlichen Gesteinen als Baumeister tätig gewesen. Nirgends ein Anzeichen menschlicher Besiedlung. Keine Städte, keine Dörfer, keine erkennbaren Höfe oder Häuser. Reine Natur – jedenfalls soweit man dies mit dem Fernglas beurteilen kann.

Die Fahrt geht weiter Richtung Norden. Die Sonne steht schon relativ hoch, wird aber von den Wolken verborgen. Allerdings sind genügend Löcher in der Wolkendecke, dass die See mit kleinen und großen Lichtflecken übersät ist, die silbrig aufleuchten und nach einiger Zeit wieder vergehen. Das Meer ist ein Mosaik aus dunklen und hellen Partien, die durch die Dünung wie belebt wirken und relativ gemütlich auf und ab schwingen.

Was ist das? Ich meine etwas an Land zu erkennen, das einem Vulkan gleicht. Das Fernglas her! Und in der Tat: Da drüben steht der perfekte Vulkan. Als gleichmäßig geneigter Kegel erhebt er sich aus der Ebene bzw. über die anderen, niedrigeren Formationen. Er gleicht sehr dem Fujiyama in seiner präzisen Kegelform. Nur ist er an der Basis nicht so breit und daher insgesamt etwas steiler gebaut. Oben aber ist er flach, wie es sich für einen anständigen Kraterrand gehört.

Die Schottische Küste im Morgenlicht (oben) und der „Vulkan" (unten). Stilisierte Darstellung nach Fotografien des Autors.

So vereint diese überaus attraktive Küste die ganze Welt, den Zuckerhut aus Rio, die schottischen Highlands und den Fujiyama aus Japan und dann noch alles das, was ich wahrscheinlich übersehen habe.

Allerdings gibt es im Schottland schon lange keine aktiven Vulkane mehr und die alten sind durch Erosion umgestaltet. Ich fürchte daher, dass „mein" Vulkan einfach nur ein konischer Berg ist, oder durch eine bestimmte Ansicht eines „normalen" Berges scheinbar entsteht, ein rein optischer Effekt also. Wenn ich jedoch einen Vulkan, oder besser dessen Ergebnis, sehen will, muss ich mich nur umdrehen, denn die Hebriden sind in weiten Teilen vulkanischen Ursprungs.

Der Tag ist da. Die Sonne steht schon hoch am Himmel und vertreibt die Wolken. Die See wird blau und Licht ergießt sich über Meer, Schiff und Landschaft. Die Berge werden nun direkt angestrahlt und leuchten in verschiedenen Farbtönen zu uns herüber. Mit dem Fernglas erkenne ich dunkle Felspartien und grüne Wiesen, Schluchten, Abstürze und flache Regionen. Immer noch keine Häuser oder Siedlungsspuren. Zurückspringende Buchten und vorgeschobene Kaps wechseln sich ab. Der Dunststreifen über dem Meer hält sich und leuchtet als weißliche Grenze zwischen den Elementen.

Das ist die Küste der Grafschaft „Sutherland", des Südlandes (Sutherland = Southern Land). Eine merkwürdige Bezeichnung, die nur zu verstehen ist, wenn man in historischen Dimensionen denkt. Der Ausdruck entstand zur Zeit der Wikinger, die ja die nördlichen Inseln, die Orkneys, Shetlands, die Färöer und Island besiedelten. Von ihrem Siedlungsraum aus gesehen war die Nordküste Schottlands halt „Südland".

Die Küste wirkt jetzt weiter weg als am frühen Morgen, aber unser nomineller Abstand von rund drei Seemeilen bleibt. Um die Mittagszeit werden die Ansichten undeutlicher. Basstölpel sind unterwegs und zwei Eissturmvögel umrunden unser Schiff. Die schönen Boten des großen Ozeans. Weiter vorne scheint die Küste zu Ende zu sein, ja, das ist Kap Wrath, mit seinem steilen Absturz und dem markanten Leuchtturm. Wir lassen das Kap an Steuerbord zurück und dampfen bei wunderschönem Wetter zur Mittagszeit nach einem grandiosen Morgen in den offenen Atlantik hinaus.

II.

**Monarch und Röhrennase**

Der Nordatlantik ist das Reich der Vögel. Dies in doppelter Bedeutung: Der eher geografischen und der eher die Fülle betreffenden Bedeutung. Ungeheure, reiche Vogelschwärme leben und nisten an den Küsten, im Wattenmeer und an den steilen Klippen Englands, Norwegens, Islands. Das Meer ist frucht-bar und bleibt auch trotz Überfischung ein (momentan noch) ausreichend ge-deckter Tisch für das Heer der gefiederten Luftakrobaten.

Die Strände und Watten sind dicht besiedelte Gebiete, die jeden Ornitholo-gen und Vogelfreund begeistern. Die Vögel schweben über den Sänden und Watten, bevölkern die Dünen, erheben sich, scheinbar den Tidenstand sondie-rend, aus den Vorlanden und warten auf die Ebbe. Dann ziehen sie auf die schlammigen Flächen und die wasserdurchtränkten Sandregionen des Ufersaums.

Millionen von Schnäbeln stochern nach Nahrung. Knutts, Regenpfeiffer, Austernfischer, Strandläufer, Bekassinen und diverse andere Schnepfenvögel durchsuchen das Sediment oder das Angespül der Flut. Viel Zeit bleibt ihnen nicht, denn irgendwann kommt die Flut zurück und die abtrocknenden Sandflä-chen lassen die Schnäbel weniger wirkungsvoll werden. Also stehen Sie Seite an Seite, gelegentlich in größeren Gruppen nach Arten sortiert, dann aber auch wieder in scheinbarer Regellosigkeit. Immer wieder nickt der Kopf nach unten, der Schnabel verschwindet im Grund und kommt wieder hoch. Plötzlich fliegt eine kleine Gruppe auf, segelt viele Meter weiter und geht wie auf ein gemein-sames Kommando an einer anderen Stelle wieder nieder.

Zierliche Seeschwalben schweben über der Fülle und Möwen aller Art durchstreifen die Luft, kontrollieren den Strand und sind gelegentlich auch auf Raub aus. Keine Gelege, kein vereinsamter Jungvogel ist vor ihnen sicher. Aber auch kein zurückgebliebener Krebs und – in den Touristenhochburgen – kein Fischbrötchen. Der Wanderer identifiziert mit seinem Buch und dem Fernglas die zarten Lach-, Sturm- und Dreizehenmöwen, aber auch die zänkische Silber-möwe und die mächtigen Mantel- und Heringsmöwen.

Große Schwärme an Gänsen und Enten wechseln zwischen Strand und Salz-wiesen, verschmähen aber auch nicht die ausgesüßten Teiche des Vorlandes oder die Felder der Bauern. Braun gebänderte Brandgänse, Graugänse, Non-nengänse, Kanadagänse, Stockenten, Schellenten leben von dem diversen Grünzeug. Wenn Sie auffliegen verdunkelt sich der Himmel und riesige Wolken tanzen dann über dem Strand oder den Vorländern.

Im Herbst wird diese Fülle geringer, denn viele gehen in den Süden, um zu überwintern. Allerdings immer weniger, denn die Winter werden wärmer. Aber dennoch: Für mich beginnt der Frühling, wenn ich die Gänse in Keilformation über mich hinwegfliegen sehe und ihren röhrenden Lauten beim Flug hören kann.

Da, wo jedoch die Küsten felsig sind, wo sich Klippen Hunderte von Metern in die Höhe ziehen, das Meer mit seiner Urgewalt an die Felsen schlägt, so dass die Gischt hoch aufspritzt, die Brandung mit der Zeit Felsnadeln, Vorsprünge und Höhlen modelliert, dort sind andere Bewohner heimisch. Ich meine die Vertreter im „schwarzen Frack", also die Alkenvögel, die alle miteinander die Ähnlichkeit haben, dass sie auf der Rückenseite und an den Flügeloberseiten schwarz gefärbt sind, während die Unterseite weiß ist. Sie erinnern beim flüchtigen Blick an Pinguine, haben aber mit diesen zoologisch überhaupt nichts zu tun.

Eine der häufigsten Arten ist die schlanke Trottellumme, wobei ich die Variante der Brillenlumme besonders ansprechend finde. Um das Auge hat sie einen schmalen hellen Ring, der nach hinten in einem zarten Strich ausläuft. Deutlich grobschlächtiger ist der kräftige Tordalk, und die Gryllteiste begeisterte mich durch die knallroten Füße und den roten Rachen. Allgemein beliebt ist auch der Papageitaucher mit seinem harlekinbunten Schnabel und es sieht putzig aus, wenn er mit drei oder vier Fischen im Maul von seinem Großeinkauf für die Brut aus dem Meer zurückkommt.

Alle leben sie an kargsten Küsten und müssen Ihr Dasein in engster Verzahnung mit der See gestalten. Dennoch sind die Felsen weiß von Dung und die wenigen Landeplätze und engen Nischen so voller Vögel, dass aus einiger Entfernung selbst das Gestein wie belebt erscheint. Dort leben sie, dort finden sie Schutz, dort brüten sie, wobei sie ihre Eier in das legen, was sie für ein Nest halten. Und gelegentlich noch nicht einmal das. Überall sind schwarze und weiße Köper zu sehen und es kann sein, dass ohrenbetäubender Lärm aus Tausenden und Abertausenden von Kehlen die Luft erfüllt. Als ich in Nordnorwegen an der rund fünf Kilometer entfernten Vogelkolonie auf der Halbinsel Svaerholt vorüberfuhr, war das Geschrei trotz der Entfernung noch gut zu hören.

Bei meinen Fahrten auf hoher See, also weitab vom nächsten Land, haben mich aber vor allem zwei Arten besonders in ihren Bann gezogen, der Monarch und die Röhrennase. „Monarch" ist meine persönliche Eigenbezeichnung für den nach meinem Empfinden schönsten Vogel des Nordatlantik, der auch gleichzeitig der größte ist: Der Basstölpel. Mit Flügelspannweiten von bis 1,8 m und einem Gewicht von drei bis dreieinhalb Kilo „schlägt" er lässig sogar die riesige Mantel- und die Eismöwe.

Der Körper ist vornehmlich weiß, aber die Flügelspitzen sind im letzten Drittel deutlich schwarz abgesetzt, was das Erkennen auch für einen Laien erheblich erleichtert. Der Kopf ist auf der Rückenseite gelb gefärbt und der Schnabel geht ins grau-grün, während das Gesicht um die Augen einen grünlichen Augenring in einem etwa dreieckigen schwarzen Feld aufweist.

Der Name leitet sich von dem Bass-Rock ab, der nahe dem Eingang des Firth of Forth, also in der nördlichen Nordsee nahe Edinburgh liegt. Dieser Bass-Felsen beherbergt eine große Kolonie dieser schönen Vögel und trug damit den ersten Teil des Namens bei.

Den Begriff „Tölpel" haben die armen Vögel dem Umstand zu danken, dass sie den frühen Seefahrern ohne Scheu begegneten und daher zu Tausenden gefangen, erschlagen oder erwürgt und gegessen wurden. Auf der Südseeinsel Ratana werden verwandte Arten heute noch rituell ertränkt – da auf der Insel Blutvergießen mit Tabu belegt ist. Eine feinsinnige Einrichtung, die aber den um den letzten Atemzug kämpfenden Tölpeln ziemlich egal sein dürfte. Es mag aber für die Art der Empfindungen des Menschen charakteristisch sein, dass er Vögel, die dank ihrer Arglosigkeit in Unmassen erschlagen wurden, als „Tölpel" bezeichnet.

Mag ja vielleicht auch sein, dass sie sich an Land etwas tölpelhaft anstellen, auf See und in der Luft sind sie es durchaus nicht, sondern geschickte und ausdauernde Flieger, die Meile um Meile über dem Meer unterwegs sind und Ausschau halten, ob sich nicht irgendein vorwitziges Fischlein zeigt, dass man gerne mal als Snack nebenbei nehmen kann.

Sie folgen den Schiffen, natürlich besonders gerne den Fischdampfern bzw. – mit einem heute angemesseneren Wort - den Fischereifahrzeugen. Hier ist immer etwas zu erwarten. Fischer achten auf die Vögel, denn große Ansammlungen sprechen für Fisch im Wasser und umgekehrt scheint es so zu sein, dass sie selbst auf die Fischerboote achten, damit ihnen auch nichts entgeht. Vögel lernen schnell.

Futter auf offener See ist rar und muss zu jeder passenden und unpassenden Gelegenheit genutzt werden. Die Basstölpel patrouillieren häufig in niedrigem Flug über dem Meer, sind aufmerksam und greifen, was sich ihnen bietet. Aber vielleicht nicht nur das, denn die Flüge der Einzeltiere scheinen auch in der Tat eine Art Patrouille zu sein, wobei genau registriert wird, was sich im Wasser tut.

Findet sich ein größerer Fischschwarm, so scheint die Nachricht direkt bis ans Land zu gelangen, denn in Windeseile verbreitet sich die Botschaft durch die gesamte lokale Population. Dann bietet sich das für mich erhabenste Schauspiel: Die „Armee" rückt aus.

In geordneter Formation nähern sich riesige Schwärme dem Ort des Geschehens, wobei die „Monarchen" wirklich wie eine geordnete Armee heranrücken, denn die Vögel halten mehr oder weniger gleiche Abstände voneinander. Wir hatten auf unserer Fischereifahrt einmal das Glück, von so einem Schwarm direkt überflogen zu werden und konnten deshalb von unten sehr deutlich die Ordnung in dem Schwarm beobachten. Keiner tanzte aus der Reihe, sehr systematisch bereiteten sie sich auf das Kommende vor.

Was dann abläuft, lässt sich nur schwer mit Worten beschreiben. Die Tölpel stürzen sich wie auf ein Kommando aus großer Höhe in das Wasser. Zunächst noch mit halb ausgestreckten Flügeln, aber auf den letzten Metern legen sie diese eng an den Körper und schießen wie Pfeile in die See und hinterlassen beim Eintauchen kaum Wasserspritzer.

Wie plump wirken dagegen die Möwen, die natürlich auch sofort zur Stelle sind. Sie lassen sich auf das Wasser klatschen und stochern aufgeregt mit ihren Schnäbeln im Wasser rum, fliegen wieder auf und klatschen erneut flatternd und Wasser spritzend auf die See. Nicht so der Basstölpel, der in aristokratischer Eleganz in die Höhe steigt und dann wie ein Jagdflieger im Sturzflug ins Wasser schießt, dabei bis drei Meter tief eintaucht und mit seinen Flügeln als Flossenersatz bis in Tiefen von 10 m den Fischen schwimmend nachstellen kann.

Es ist immer wieder ein großartiges Bild, wenn in voller Aufregung Hunderte Vögel umherschwirren, sich wie Pfeile in das Wasser stürzen und auf See eine dichte Wolke von Tölpeln, Möwen, Sturmvögeln und anderen kreischend und bis aufs äußerste erregt durcheinanderwirbelt.

Indes, so königlich der Basstölpel auch erscheint, kann ihm doch rohes Volk das Leben schwer machen. Kaum hat er einen Fisch gefangen und heruntergeschluckt, attackieren ihn die Möwen und vor allem die große Skua, eine dunkel gefärbte Raubmöwe. Unablässig umkreist sie ihn, bedrängt ihn, pickt auch mal mit dem kräftigen Schnabel. Irgendwann ist der Tölpel entnervt und würgt den Fisch wieder hoch und speit ihn aus. Die Skua schnappt sich den eingeschleimten Brocken und verschwindet. Unser Basstölpel scheint sich nicht viel daraus zu machen. Er wehrt sich nicht, er schreit nicht rum, er flattert nicht, er würgt den Fisch aus und fliegt weiter als wäre nichts geschehen. Noblesse oblige: Auch die Skua und ihre Jungen müssen leben – aber hat sie einen guten Leumund?

Zwischen diesem ganzen aufgeregten Hin und Her bei der Jagd, beim „Ausräumen" eines Fischschwarmes, taucht immer wieder ein relativ kleiner und eher grau gezeichneter Vogel auf, die Röhrennase oder besser der Eissturmvogel. Im Gegensatz zum Basstölpel ist er eher unscheinbar, von oben grau, mit weißlicher Unterseite und hat einen charakteristischen runden Schwanz. Seine Besonderheit liegt darin, dass er mit den Albatrossen und den Sturmmöwen der südlichen Halbkugel verwandt ist und der einzige Vertreter der „Röhrennasen" in den nördlichen Breiten ist.

Wieso „Röhrennase"? Alle Vögel der Gruppe haben auf dem Schnabel ein besonderes röhrenförmiges Organ, aus dem sie von Zeit zu Zeit mit der Nahrung aufgenommenes überschüssiges Salz in einer Art Lake ausspritzen. Durch dieses Organ sind sie auch fähig, Meerwasser zu trinken, was sie unabhängig von Süßwasserzufuhr macht und zu einem reinen Hochseeleben prädestiniert.

Dort leben sie von allem, was das Meer bietet – auch von Aas, wenn es Not tut, denn wählerisch darf man auf offener See nicht sein. Dazu gehört heute leider auch immer mehr kleinerer Plastikmüll, den man regelmäßig in den Mägen findet. Dies trifft auch auf den Basstölpel zu, der sich als Tauchvogel zusätzlich gelegentlich in treibenden Plastiknetzen verheddert und darin elendiglich ertrinkt. In vielen Fällen werden auch Teile zerstörter oder weggeworfener Fischernetze von den Vögeln aufgelesen und als „Nistmaterial" auf den Fels gebracht. Dann kann es passieren, dass sie sich an Land in diesen Netzen erhängen.

Es ist eine schwer auszuhaltende Tragödie, dass die Schönheit der Welt unter der Dummheit der Menschen langsam zerbricht. Wir dürfen uns durchaus die Frage stellen, wer denn wohl die Tölpel dieser Welt sind. *Morus bassanus* jedenfalls nicht.

Basstölpel sind „landgestützte" Vögel, die auf Inseln, Felsen, Kaps und Halbinseln große Kolonien bilden und immer wieder dorthin zurückkehren, egal wie lange der Ausflug über das Meer war und wie weit ihn seine Flügel auch getragen haben mögen. Sie benötigen ihren Landstützpunkt. Wer sie ohne großen Aufwand studieren möchte, fahre nach Helgoland. Seit den 1990er Jahren gibt es dort eine wachsende Kolonie und der Besucher kann bis auf wenige Schritte an sie heran, denn nur ein Drahtzaun trennt die Vögel von den Touristen.

Beide Gruppen stören in der Regel einander nicht und kommen gut miteinander aus. Dass die Menschenmenge dabei nur etwa einen Meter von den ersten Vögeln beginnt, scheint die Basstölpel nicht zu stören. Insgesamt gesehen ist die Helgoländer Kolonie eher klein, aber sie ist groß genug, um einen ersten geruchlichen Eindruck von „Guano" zu bekommen. Es stinkt nach Ammoniak! Wirklich große Kolonien findet man – wie bereits erwähnt – z. B. auf dem Bass Rock, im St. Kilda – Archipel ungefähr 70 km westlich der Hebriden oder auf der Insel Eldey vor Island. Da sie regelmäßig ihren Landstützpunkt aufsuchen wird man sie auf der einsamen, insellosen Hochsee, viele Hundert Seemeilen vom Land entfernt nicht finden.

Wie anders der Eissturmvogel, der mit einer kleinen Ausnahme völlig der See verbunden ist. Der Eissturmvogel ist fast immer nur wenige Zentimeter über dem Meer unterwegs und folgt den Wellen. Läuft eine Welle auf ihn zu, vollzieht sein Flug ein getreues Abbild der Wellenflanke, steigt auf und nach Passage der Welle wieder ab. Nur ab und zu, und aus welchen Gründen auch immer, reißt er sich los, lässt sich vom Wind hochtragen und geht in einer eleganten Kurve auf Gegenrichtung. Dann ist er wieder direkt über dem Meer. Wollen Sie also einen Eissturmvogel anschauen, blicken Sie auf das Wasser, nicht in den Himmel. Dabei ist er sehr schnell und daher schwer zu fotografieren. Auch mit dem Fernglas muss man geübt sein, um ihn zu „erwischen".

Der Monarch (oben) und die Röhrennase (unten)

Traurig: Das Ende eines Monarchen – verheddert, erhängt und stranguliert in einem alten Fischernetz (Aufnahme von Helgoland 2020)

Einsam und allein zog unser Schiff dahin. Aber immer doch begleitet vom Eissturmvogel, er durchstreift den ganzen Nordatlantik und kann Monate ohne irgendeine Landverbindung auskommen. Allerdings, zum Brutgeschäft muss er an Land. Hätte die Evolution einen Weg gefunden, Eier im Fliegen auszubrüten, hätten sie das auch genutzt und würden vollends auf das Land pfeifen. Bis dies geschehen ist, müssen sie also dann doch mal an Land, um die Jungen großzuziehen. Sind die aber flügge – Ade, Du festes Land, die See ruft!

Aber wie finden Sie sich auf der weglosen, leeren See ohne dauerhafte Strukturen zurecht? Wahrscheinlich mit Magnetsinn, der schon bei vielen Vögeln festgestellt wurde. Ein innerer Kompass von höchster Leistungsfähigkeit, wie uns die Albatrosse zeigen.

Ein mit Sender ausgestattetes Tier machte von den Crozet-Inseln einen Ausflug: Erst 600 Km nach Nordost, dann genau so weit nach Südost, dann wieder NO, SO, NO und dann noch einmal 700 Km direkt nach Süden. Ein sehr langer Zick-Zack-Flug. Am „Ziel" angekommen, verweilte er nicht lange und flog exakt die gleiche Strecke, die gleiche Zackenlinie, zurück. Wie auf einer Straße und selbst mit den gleichen Wendepunkten!

Ein anderer Albatros flog „mal eben" von Südgeorgien in einem großen 3000 km umfassenden Kreisbogen über die Falklands nach Feuerland. Von dort ging es dann auf direktem Wege nach Hause. Auf praktisch gerader Linie. Der Vogel wusste genau wo er war, wo er herkam und wie es auf schnellstem Wege zurückging: 1500 Km immer geradeaus. Die gesamte Rundtour dauerte übrigens nur 13 Tage, also pro Tag rund 350 Km.

Dieses Orientierungsvermögen ist erstaunlich, muss er sich doch alle magnetischen Merkmale auf der Route merken und im Falle des Zick-Zack-Fluges rückwärts wieder abrufen können. Und welche „Seekarte" hatte der zweite, die ihn für den Heimweg einen völlig anderen und direkten Kurs berechnen ließ? Er muss ja nur nicht wissen, wo er ist, sondern er muss auch die Zielkoordinaten kennen und die Fähigkeit haben, den Kurs im Vorhinein festlegen zu können.

Mir gefällt der Gedanke, dass der Zick-Zack-Flieger ein junges Tier war und sich in vielen, nacheinander in unterschiedliche Richtungen ausgeführten „sicheren" Flügen, also jeweils mit exakt dem gleichen Rückweg, eine magnetische Seekarte des Südmeeres erarbeitet und abgespeichert hat.

Dabei dürfte der Zick-Zack-Kurs kein Zufall gewesen sein, denn mit dieser „Taktik" erschließt er sich ein viel größeres Gebiet als wenn er stur geradeaus geflogen wäre. Er lernt die Gegend bzw. ihre magnetischen Charakteristika einfach besser kennen

Mit genügend Erfahrung, kann ein Albatros dann auf Basis aller früheren Erkundungsflüge auf sämtliche Koordinaten zurückgreifen, sich nun völlig frei bewegen und von jeder Position auf direktem oder – wenn er will – auch auf indirektem Wege nach Hause finden. Also ähnlich wie ein Wanderer, der sich zunächst mit Wanderkarte ein Gebiet erschließt und später auch ohne zurechtkommt, weil er alles kennt.

So jagen sie Jahr für Jahr über den Ozean, die Eissturmvögel und die majestätischen Verwandten im Südmeer, die Albatrosse. Diese Reise kann lange andauern, angeblich soll der Eissturmvogel bis 90 Jahre alt werden. Vielleicht habe ich bei meiner ersten Fahrt vor vierzig Jahren unwissend noch einen uralten Greis angetroffen, der einst als gerade geschlüpfter Jüngling die „Titanic" begleitet hat. Lebensspannen von 60 Jahren sind jedenfalls nachgewiesen, aber die allermeisten werden wohl nur Mitt-Dreißiger.

Der Eissturmvogel und der Basstölpel sind meine ganz persönlichen Indikatorvögel: Wenn ich eines Morgens an Deck komme und sie fliegen sehe, weiß ich, dass ich im Nordatlantik angekommen bin. In der Freiheit.


III.

### Zwischen Skylla und Charybdis


*„Denn hier drohete Skylla und dort die wilde Charybdis,*
*Welche die salzige Flut des Meeres fürchterlich einschlang.*
*Wenn Sie die Flut ausbrach, wie ein Kessel auf flammendem Feuer*
*Brauste mit Ungestüm ihr siedender Strudel, und hochauf*
*Spritzte der Schaum und bedeckte die beiden Gipfel der Felsen."*
*Homer, Odyssee, XII. Gesang*


Was für eine gruselige Vorstellung: Auf der einen Seite eine hohe Klippenwand von der herab sechs lange, mit fürchterlichen Mäulern bewaffnete Hälse Männer von Schiffen greifen, auf der anderen Seite ein brüllender Wasserschlund, bereit, das Schiff zu zermalmen und in den Abgrund zu reißen.

Aber Sie müssen nicht nach Griechenland fahren deswegen. Das können wir im Norden auch. Nur heißt der Schlund hier Pentland Firth.

Wir kamen aus dem Westen, vom Atlantik, und liefen die schottische Nordküste entlang. Das Wetter war sehr gut: Fast gar kein Wind, Sonnenschein und vergleichsweise hohe Temperaturen. Im kurzärmligen T-Shirt nördlich von Schottland sich an Deck aufhalten zu können ist eher untypisch. Das Meer hatte nur minimale Wellen, die noch nicht einmal Schaumköpfe zeigten. Aber das sollte sich ändern.

Mitten in dieser zentralen Hochdrucklage schauten wir auf die schottischen Berge und Küsten, die als bläuliche Silhouetten an Steuerbord vorüberzogen, dabei schöne Fotomotive darstellten und durch feine Dünste in der Luft in den unterschiedlichsten Variationen der blauen Grundfarbe auftraten. Wir machten es uns gemütlich, denn es gab während dieser Passage nichts zu tun, wir tranken Kaffee, schwatzten und freuten uns unseres Lebens.

Kap Wrath, die nordwestlichste Ecke Schottlands, lag schon weit hinter uns, als backbord voraus Land sichtbar wurde. Zunächst als dünner Strich, dann aber schnell größer werdend: Die Orkney-Insel Hoy. Damit traten wir in die Passage des Pentland Firth ein.

Wie bei einem guten Horror- oder Katastrophenfilm begann das Außergewöhnliche mit ganz kleinen Vorzeichen. Solchen, die sonst niemand richtig bemerkt oder deren Botschaft nicht verstanden wird, denn auf einmal zeigten die kleinen Wellen Schaumköpfe. Als wir uns der Insel noch stärker näherten, wurden die Gischtkämme, die sich aus dem Zusammentreffen unserer Fahrtwellen mit den natürlichen Wellen des Meeres bildeten, vom Wind zerblasen und erzeugten sehr schöne, aber kurzlebige Farbbögen, die unseren bekannten Regenbögen ähnelten. Es waren ästhetische Momente, wenn sich diese Regenbögen, aus der Gischt geboren, gegen das dunkle Meer abhoben, kurzzeitig aufleuchteten und wieder vergingen.

Aber wo kam der Wind denn auf einmal her? Ich schrieb doch noch vor wenigen Zeilen, dass nur minimaler Wind wehte und die See keine Schaumköpfe zeigte. Auch die Regenbögen gab es bisher nicht.

Die Lösung liegt in der Geographie: Die Orkney-Inseln und das schottische Festland bilden im Übergangsbereich zur Nordsee einen vertrackten Archipel mit diversen Engstellen. Im Osten des Landes springt die schottische Küste etwas nach Norden vor und im Gegenzug dehnen sich die Inseln Hoy und South Ronaldsay nach Süden aus. Dadurch entsteht eine Engstelle im Meer, der Pentland Firth. Die Abstände verkürzen sich zwischen Tor Ness und Dunnet Head auf rund 7 Seemeilen und zwischen Duncansby Head und Brough Ness sogar auf ca. 6 Seemeilen. Die Straße ist – lax formuliert – für ozeanische Verhältnisse „teuflisch" eng.

Unser Wind, der mit geringen Stärken aus Osten blies, musste sich durch die Engstelle quälen. Und das geht aus physikalischen Gründen mit einer Zunahme der Windgeschwindigkeit einher. Dieser „Düseneffekt" wird durch die beiden sich nah gegenüber liegenden Landmassen bewirkt und ist eine allgemeine Erscheinung in engen Sunden und zwischen Inseln.

Mittlerweile waren wir an Hoy so nahe herangekommen, dass wir die bekannte bis 400 m hohe Steilküste in unmittelbarer Nähe hatten. Es ist eine abweisende Steinwelt, hoch aufragend, von See fast glatt wirkend und wie eine unüberwindbare, bräunlich-rot gebänderte Mauer erscheinend. Eine „Ironbounded Coast", eine „eisenbeschlagene", sprich unzugängliche Küste. Der rechte Ort für Monster, die arme Schiffer morden. Jedenfalls fiel mir der Vergleich mit der Passage aus der Odyssee in diesem Zusammenhang zum ersten Mal ein.

Im Wasser wurde auch Merkwürdiges sichtbar: Zwischen den kleinen Wellen traten auf einmal kreisrunde, völlig glatte Stellen mit einigen Metern Durchmesser auf, die rundum von einem Schaumkranz begrenzt wurden. Dies sind Schlote aufsteigenden Wassers. Das Wasser wird irgendwo in die Tiefe gedrückt und taucht als gebündelter Strahl an anderer Stelle wieder auf, breitet sich an der Oberfläche nach allen Richtungen aus, was die kreisrunde Form erklärt, und strömt gegen die vorhandenen Wellen, so dass sich an der Front des Zusammenpralls Schaum bildet.

Das war aber nur Vorspiel, denn auf einmal waren sie da, die rasanten Tidenströme, für die der Pentland Firth berüchtigt ist. Das Wasser geriet in Bewegung und mehr oder weniger eng begrenzte Wasserströme wechselten mit ruhigen Partien oder den eben beschrieben kreisförmigen Aufstiegszonen. Die Bewegung der See war unvorhersehbar, wechselhaft und im höchsten Maße dynamisch. Keine ruhige Oberfläche mehr, sondern Stromkabbelungen soweit man blicken konnte. Durcheinander bis zu völliger Unordnung.

Was für den Wind gilt, gilt auch für das Wasser. Alles was sich mit den Tiden aus der Nordsee in den Atlantik ergießt oder in umgekehrter Richtung fließt muss durch diese Engstelle. Und das ist viel Wasser! Etwa die sieben- bis achtfache Menge des Amazonasstromes muss hier durch. Bei einem Querschnitt der nicht entscheidend breiter ist als der große Fluss. Man muss kein Hydrograf sein, um zu ahnen, dass das nicht geordnet abgehen kann.

Zusätzlich ist der Pentland Firth auch noch durch zwei Inseln eingeengt, die Inseln Stroma und Swona. Dadurch bildet sich ein Drei-Kanal-System: Südlich von Stroma, nördlich von Swona und zwischen den beiden Inseln. Das Entlangströmen an Küsten und das Umströmen von Inseln zwingt den Wassermassen immer Wirbelbewegungen, Stromscherungen und andere Veränderungen im Stromgeschehen auf. Außerdem wird durch die Inseln, der an sich schon enge Querschnitt noch zusätzlich eingeengt, was weitere Düseneffekte hervorruft

Und um dem Ganzen noch die zusätzliche Krone aufzusetzen liegen weiter ostwärts noch vier andere Inseln, nämlich die Pentland Skerries mit Muckle Skerry als der größten Insel, die einen prominenten Leuchtturm und einen Beobachtungsturm aufweist. Die Insel ist im Hellen von See sehr leicht durch diese beiden Türme zu identifizieren. Dabei liegen die Skerries fast genau in Verlängerung der Lücke zwischen Swona und Stroma. Das bringt zusätzliche Dynamik in das Stromgeschehen

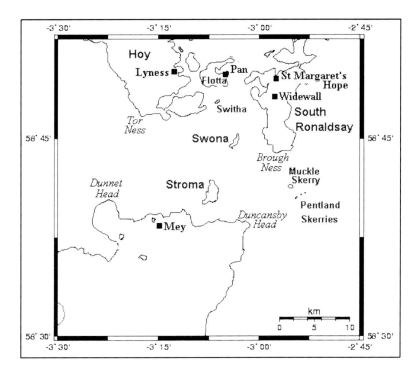

Die „vertrackte" Topografie des Pentland Firth. Kein leicht zu befahrendes Gebiet voller Strömungen, Strudel und Schikanen. Quelle: https://commons.wikimedia.org/wiki/File:PentlandFirthMap.png (verändert).Autor: Kelisi at the English language Wikipedia.

Durch alle diese Einengungen und die Schikanen für das Wasser laufen hier die Tidenströmungen extrem schnell. Im Allgemeinen mit etwa 4 m / Sekunde, was für ozeanische Verhältnisse den ungeheuren Wert von fast 8 Knoten ergibt. Ein normales Segelschiff und auch kleinere Motorboote können in der Regel gegen diesen Strom nicht mehr vorankommen. Sie werden weggetragen.

Aber damit nicht genug, an einigen Stellen steigert sich der Strom bis auf 16 Knoten! Das holt fast alle Radfahrer ein und weist Geschwindigkeiten im Bereich eines großen Frachtschiffes auf. Wie es ausgehen kann, zeigte vor mehr als 50 Jahren die „Käthe Niederkirchner", ein Handelsschiff der damaligen DDR. Von Kuba kommend lief das Schiff durch die „Pentlands", aber die Ströme waren gegen sie. Trotz voller Kraft der Maschinen schaffte das Schiff nur noch 5 Knoten, dann versetzten die Ströme sie vollends, Strandung und Kenterung waren die Folge.

Der Pentland Firth ist ein ungeheures Gewässer. Zwar gibt es andere Stellen mit höheren Stromgeschwindigkeiten, etwa den Corryvreckan Whirlpool im westlichen Schottland, den Moskestraumen bei den Lofoten und den Saltstraumen bei Bodö in Norwegen, aber nirgendwo werden gleichzeitig auch noch derart große Wasservolumina bewegt. Der Pentland Firth ist eine der gewaltigsten Stromschnellen im Meer.

Diese wilden Wasserreigen sind aber nicht gleichmäßig verteilt, sondern es gibt besonders neuralgische Punkte, etwa die Merry Men of Mey, die fröhlichen oder eher doch betrunkenen Männer von Mey, die Swelkies nördlich der Insel Stroma und das Duncansby Race beim gleichnamigen Kap. Überall gibt es heftige Strömungen, Wirbel, ab- und auftauchende Wassermassen und stehende Wellen.

Unser Schiff passierte die Insel Stroma an der Nordseite und ging über Steuerbordbug in Richtung der schottischen Küste. Muckle Skerry lag friedlich an Backbord, die drei flachen anderen Skerries konnten wir nicht ausmachen.

Mit staunenden Augen wurden wir aber einer heftigen Brandung an der schottischen Küste gewahr, die z. T. viele Meter hoch aufspritze wenn sie gegen die Steilwände schlug oder sich in erheblichen Brechern an den flachen Küstenpartien entlud. Unterhalb der Klippen war das Wasser weiß und aufgewühlt, in ständiger Bewegung und schaumig kochend wirkend. Dieser Anblick gab mir den Vergleich mit Skylla und Charybdis endgültig ein und zumindest was Charybdis angeht, ist eine ähnliche Wirkung zu erwarten, denn kleinere Boote werden hier ohne viel Federlesens scheitern und Schiffe von 150 m Länge können in Schwierigkeiten geraten. Der Anblick entsprach völlig der Beschreibung aus der Odyssee: „*Wenn Sie die Flut ausbrach, wie ein Kessel auf flammendem Feuer, brauste mit Ungestüm ihr siedender Strudel, und hochauf spritzte der Schaum und bedeckte die beiden Gipfel der Felsen*".

Dann kamen wir in das Duncansby Race, eine Region der höchsten Stromgeschwindigkeiten wie die englische Bezeichnung schon plakativ deutlich macht. Die Wellen wurden spitz und zahlreich und waren in ihrer Art völlig anders gestaltet als normale Windwellen. Das vielleicht auffälligste Merkmal dieser Races sind stehende Wellen. Immer wenn der Tidenstrom gegen die Zugrichtung der Welle steht, steilt diese auf und kann sich nicht mehr von der Stelle bewegen. Die Welle tänzelt hin und her, bricht häufig über, bleibt aber sonst wie angewurzelt stehen.

Ähnliches kann man auch in Flüssen oder Bächen beobachten, wenn sich vor oder über untergetauchten Hindernissen durch die Strömung eine permanent vorhandene Wasserwelle aufstaut, die aber gegen die Flussrichtung nicht fortkommen kann. Auch dies ist eine stehende Welle, die Nicht-Seeleute vielleicht eher schon mal gesehen haben als solche auf dem Meer. Im Duncansby Race war es auch, wo die 16 Knoten gemessen wurden.

Das Erstaunen war bei uns deswegen so groß, weil ja weder ein nennenswerter Wind wehte noch Seegang vorhanden war. Alle Brecher, Wellen, Gischtkaskaden und Strömungswirbel wurden am heutigen Tag nur durch die Passage des Wassers durch die Engstellen erzeugt. Insofern für den Ozeanforscher eine Delikatesse, denn es boten sich uns die Phänomene in einer „reinen", nicht durch weitere Effekte veränderten Form dar. Es war eine Lehrstunde für alle.

Wie anders aber, wenn dann noch Seegang und Wind hinzukommen. Ich war schon mal durch den Sund gefahren. An einem grauen, windigen Tag. Die Wellen waren höher und standen wie Mauern im Wasser, es war ein furioses Chaos, und bei Sturm herrscht hier die Hölle. Das werden dann Lehrstunden anderer Art sein. Aber dass es auch bei ruhigstem Wetter hier so dramatisch zugeht, hätte ich aus meiner damaligen Erfahrung nicht abgeleitet.

Der Pentland Firth – Ein Schiffsmörder und eine echte Charybdis. Wer Beweise sucht, muss sich nur umschauen. Jede der Pentland Skerries weist ihr eigenes Wrack auf: Muckle Skerry ist der Untergangsort der „Käthe Niederkirchner", auf Little Skerry liegt der Trawler „Ben Barvas", Louther Skerry hat die „Medea" und Clettack Skerry die „Fiona", ein Kriegsschiff. Und dann gibt es noch die „Cemfjord", die 2015 in dieser Gegend bei Sturm kenterte, ohne dass noch ein Notruf abgesetzt werden konnte.

War die „Cemfjord" einer Freakwave, einer Monsterwelle begegnet? Diese Wellen galten lange als Seemannsgarn, heute haben wir sie vermessen: 20 – 30 m Höhe, gepaart mit großer Steilheit sind berichtet. Darunter die berüchtigte „Weiße Wand", eine enorm breite, hohe und steile Welle, die eben wie eine Wand wirkt und einem Kapitän, der mit ihr zu tun bekam, das Gefühl vermittelte, gegen das weiße Kliff von Dover zu fahren. Der Zusammenprall legte die gesamte Bordelektronik lahm und damit auch den Antrieb. Ein Schiff ohne Antrieb aber ist ein Spielball der Wellen und wird hin und hergeworfen wie ein Korken.

Sie haben es überlebt, aber wie viele wohl nicht? Warum verschwand die „München" sang- und klanglos von der Meeresoberfläche? Wo sind die anderen, von denen man auch nichts mehr gehört hat, wie der „Cemfjord"? Am 3. Januar 2015 wurde sie noch bei Sturm gesichtet, rund 24 Stunden später schwamm sie gekentert und nur noch mit dem Bug über dem Wasser in der See. Es muss sehr schnell gegangen sein.

Warum entstehen aber diese Monsterwellen? Wir wissen es nicht genau, es scheint mehrere Möglichkeiten zu geben. Es könnte etwas mit Strömungen zu tun haben, auch solchen im Pentland Firth. Steht ein kräftiger Meeresstrom gegen die Zugrichtung der Wellen, dann werden die Wellen gebremst und steilen enorm auf. Das habe ich auch etliche Male gesehen. Dann könnte es passieren, dass die nachlaufende Welle – noch nicht voll abgebremst – auf die erste aufläuft und sich die Wellenhöhen addieren. Physiker nennen das „Superposition": 13 m + 13 m = 26 m heißt die grauenhafte Formel bei Sturm vielleicht. Das habe ich noch nicht gesehen und ich lege auch überhaupt keinen größeren Wert darauf.

Allerdings ist es nicht sehr wahrscheinlich, dass ein Gegenstrom die Wellen so abrupt abbremst, dass die direkt nachlaufenden mit unverminderter Geschwindigkeit auflaufen. Viel wahrscheinlicher ist es, dass Ströme und Bodentopografie die einheitliche Zugrichtung der Wellen durcheinanderbringen. Im tiefen Ozean wandern ja theoretisch alle Wellen entsprechend der Windgeschwindigkeit mit mehr oder weniger einheitlicher Geschwindigkeit in eine Richtung. Wird nun aber die Zugrichtung eines Teiles des Wellenfeldes geändert, so wandern sie schräg oder quer zu den anderen Wellen. Sie überkreuzen sich, was als „Kreuzsee" bezeichnet wird.

Unter diesen Umständen ist eine Superposition von Wellen, die aus unterschiedlichen Richtungen aufeinander laufen ohne Schwierigkeiten möglich. Das Phänomen ist fast alltäglich in der Seefahrt und ein alter Bekannter. Wenn nun aber die Wellen schon 15 m hoch sind, so ergibt diese Kreuzsee etwas durchaus nicht Alltägliches. Aufgrund der vertrackten Strömungen und Topografie des Pentland Firth wäre dies eine durchaus realistische Möglichkeit.

Die erste messtechnisch erfasste Monsterwelle war die Draupner-Welle von 1.1.1995. Wie aus dem nichts lief während eines Sturmes eine riesige Welle auf und traf die Draupner-Ölplattform vor Norwegen. Glücklicherweise ohne ernsthafte Folgeschäden. Nach diversen Experimenten scheint sicher zu sein, dass sie eine Superpositionswelle aufgrund von sich kreuzenden Wellenzügen im Winkel von etwa 120° war. Warum nicht auch bei der „Cemfjord"?

Es muss aber noch andere Gründe geben. Warum, z. B. wurde ein US-Küstenschutzboot im Pazifik bei klarem Wetter und völlig ruhiger See von einer plötzlich auftauchenden acht Meter hohen Welle umgeworfen? Es war weder Sturm, noch gab es starke Strömungen, noch sonst eines der „klassischen" Szenarien. Die oben beschriebene Superposition hat nichts Geheimnisvolles, ist physikalisches Alltagsbrot, und eine Verkettung unglücklicher, aber letztendlich gut erklärlicher Umstände.

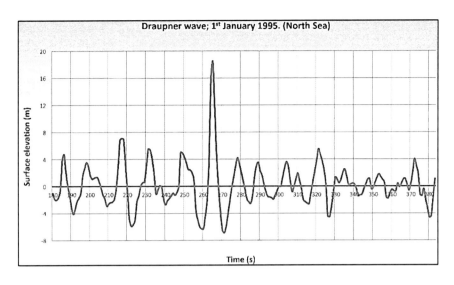

Aufzeichnung der Draupnerwelle vom 1.1. 1995 nach Lasermessungen von der Bohr-plattfom aus. Sie übertraf die anderen Wellen um das Zwei- bis Dreifache. Quelle: https://commons.wikimedia.org/wiki/File: Draupner _wave(2048x1270px).png Autor: Ingvald Straume

Aber was wirkte in dem eben genannten Fall? Und wieso gibt es Monster-wellen, die wie aus dem Nichts auflaufen, denen es offensichtlich gelingt, durch „Kannibalismus" die Energie vorlaufender und nachlaufender Wellen aufzuneh-men, so dass diese kleiner werden, der „Räuber" aber sich zu mörderischer Höhe und Gewalt aufbauen kann, vor dem sich – nach Augenzeugenberichten – ein grauenvolles Loch auftut.

Diese „Löcher" scheinen allgemeintypisch zu sein. Nach eigener Vermes-sung des im Internet veröffentlichten Aufzeichnungsplots der Draupnerwelle ging es von der Spitze der letzten „normalen" Welle vor dem Monster zunächst 11 m in die Tiefe und dann praktisch übergangslos 26 m in die Höhe. Der Durch-lauf der Welle benötigte nur ca. 12 - 13 Sekunden. Also 6 Sekunden hoch und danach 6 Sekunden wieder runter.

Eine andere Welle, die ich mir angeschaut habe, wurde durch einen Satelli-ten im Südatlantik ausfindig gemacht. Sie zeigte ein vorlaufendes „Loch" von sage und schreibe 19 m, bevor es 30 m in die Höhe ging. Die Welle selbst hatte an ihrer Basis eine Breite von rund 200 m, was in etwa eine normale Dimension ist und auch den anderen aufgezeichneten, aber deutlich niedrigeren Wellen entsprach. Mit den Daten können wir auch den Böschungswinkel der Freak Wave abschätzen: Vom Wellental bis zur Wellenspitze linear gemessen ergab sich ein Winkel von 30°. Die Welle „beult" aber unten aus und verjüngt sich oben. Im unteren Bereich, dort wo die Schiffe auf die Wellenflanke treffen ist daher der Steigungswinkel viel größer. Die Schätzung ergab 50°. Das ist enorm und für ein Schiff kaum zu „nehmen".

Die Gefahr dieser Monsterwogen ist aber vielleicht gar nicht so sehr ihre Höhe oder Steilheit, sondern dass sie sich bewegen und enorme Massen aufweisen. Sollte sich die Welle im Südatlantik ähnlich schnell bewegt haben wie die Draupnerwelle, war sie mit rund 60 km/h unterwegs.

Die dann wirkenden Energien sind enorm und schlagen mit umgerechnet bis zu 100 Tonnen pro Quadratmeter auf Widerstände, also z. B. Schiffe ein. Die meisten Schiffe ertragen 15 Tonnen ohne irgendwelche Schäden, bei ungefähr 30 Tonnen kommt es zu Verbeulungen, Verdrehungen und Zerstörungen mittlerer Stärke. Und bei 100 Tonnen...?

Der „Wilstar" schlug es jedenfalls den halben Bug weg, bei der „Europa" wurde die gesamte Elektronik lahmgelegt und in ein anders Schiff wurden vor Südafrika zwei riesige Löcher in den Rumpf gehauen – und zwar auf den gegenüber liegenden Seiten. Steuerbords rein, backbords raus. Ein Lastwagen passte bequem durch. Allein die geschlossenen Schotten verhinderten, dass das Schiff sank.

Dies wird dann besonders dramatisch, wenn – wie bei vielen moderneren Schiffen - die Brücke ganz nah am Bug liegt, die Welle also mit voller Wucht auf die Zentrale des Schiffes trifft. Bei achterlichen Brücken können sich die Wassermassen erst einmal auf dem Vorschiff austoben und sich ggf. über die Container hermachen. Die Kommandozentrale dürfte dann mit geringerer Gewalt getroffen werden. Und ich mag gar nicht an die heute hochgebauten Kreuzfahrtschiffe denken mit ihrer kastenförmigen Konstruktion, den bugnahen Steuerbrücken und dem durch die gestapelten 14 oder mehr Decks doch recht hoch anzunehmenden Schwerpunkt.

Ich bin kein Freak Wave Forscher, also genug davon. Aber es deutet an, dass der Ozean noch immer Geheimnisse und Unheimlichkeiten birgt. Mal ganz davon abgesehen, dass eine „Weiße Wand", auch wenn wir sie gut erklären können, weiterhin grauenhaft bleiben wird.

Fest steht aber auch, dass selbst unsere Nordsee mit solchen Monsterwellen aufwarten kann. Innerhalb von 12 Jahren wurden 466 Riesenwellen allein im Gorm – Ölfeld registriert. Das ist mitten in der Nordsee, praktisch auf gleicher Höhe wie Esbjerg und ein Hauch nördlich von Newcastle Upon Tyne. Es ist vor unserer Haustür! Wie viele liefen und laufen noch unbeobachtet durch die See? Vielleicht auch durch den Pentland Firth?

Fantasiearbeit: So wie im linken Bildteil mag man sich eine herannahende Monsterwelle vorstellen. Nur etwa doppelt so hoch. Und hinter
der Welle im Vordergrund, die wir gerade „abreiten", kommt erst noch
ein 19 Meter tiefes Loch. (Schwere Kap Horn – See, aus: Larisch-Moen-
nich, „Sturmsee und Brandung", Velhagen & Klasing, 1926)

Was auch immer der „Cemfjord" zum Verhängnis geworden ist, sei es eine
verrutschende Ladung, inkompetente Seemannschaft, unglücklich zusammen-
treffende Sturmwellen oder eine Monsterwelle, von dem markanten, vierkan-
tigen Leuchtturm oben auf dem Duncansby Head hätte man es sehen können.
Wenn denn der Turm noch bemannt gewesen wäre. Aber wo alles automatisch
abläuft, gibt es keine Augenzeugen mehr. Fünfzig Jahre vorher war es noch anders gewesen. Die Besatzung der Türme auf Muckle Skerry konnte entscheidend zur Rettung der Mannschaft der „Käthe Niederkirchner" beitragen.

Auch wir passierten den Leuchtturm, umrundeten das Kap und gingen auf
Südkurs. Der Leuchtturm verschwand aus der Sicht und schlagartig wurde das
Meer wieder ganz ruhig. Als hätte es diesen ganzen Aufruhr gar nicht gegeben.
Platt wie ein Ententeich und ohne irgendein Anzeichen, was sich nur wenige
Seemeilen weiter nordwestlich vollzieht. Wenn dagegen der Leuchtturm in
Sicht kommt, heißt es auf der Hut zu sein.

IV.

**Der Stille Grimm**


Das Meer kann grimmig werden, sehr grimmig sogar. Es kommt mit Getöse daher, mit haushohen Wellen, die Küsten zerstören und tonnenschwere Betonpylonen ohne Umschweife mehrere Zehnermeter ins Landesinnere befördern. Schiffe kämpfen sich über Wellenkämme, die durch abgrundtiefe Täler getrennt sind, Container werden losgerissen und treiben in der See, Schiffe kentern und gehen unter. Ländereien werden kilometerweit überflutet, Halligen verschwinden und der Mensch wird zum Spielball der Elemente.

Aber es gibt auch den stillen Grimm. Jenen, der ganz leise daherkommt. Ohne Getöse, schleichend, wie ein Dieb in der Nacht. Da gibt es keine rasant fallenden Barometerstände und keine dunklen Wolkenwände. Nein, es kommt überraschend.

Wir hatten einen wunderschöneren Tag in Kirkwall gehabt. Gut, am Morgen hatte es geregnet, aber auf den Orkneys oder irgendwo sonst auf den Nordatlantikinseln hat das nicht viel zu sagen. Die Wetter wechseln schnell und so kam am Vormittag die Sonne hinter den Wolken heraus und bald war der Himmel durchgehend blau. Ich war durch die Stadt gestromert, hatte die Kathedrale besucht, im Pub „The Reel" Kaffee getrunken, einen Ausflug zum Ring of Brodgar gemacht und mich zur festgesetzten Stunde mit dem Boot wieder auf das auf Reede liegende Schiff begeben.

An die Reling gelehnt schaute ich noch einmal auf das im abendlichen Sonnenlicht erstrahlende Städtchen, als plötzlich über den nahen Anhöhen eine graue Masse aufzog. Wie eine dicke Dampfwolke wälzte sie sich über die Felder und Wiesen heran und sackte ziemlich schnell zur Küste hin ab. Alles unter sich begrabend überrollte sie das ganze Land, verschlang Kirkwall und griff uns dann direkt an. Land und Stadt waren nicht mehr da. Stattdessen eine weiße Wand, die immer näher herankam und immer höher vor uns in den Himmel ragte. Dann überrollte sie auch das Schiff. Aber nicht wie eine donnernde, gischte Woge, sondern leise, geisterhaft und alles feucht umfließend. Nebel. Und zwar jener von der dicksten Sorte, mein Blick nach oben erreichte weder Himmel noch Wolken, nach wenigen Metern erstickte er in der Nebelmasse.

Seenebel ist auf dem Atlantik keine Seltenheit und es gibt berüchtigte Ecken. Drüben auf den Grand Banks bzw. bei Neufundland hat der Nebel schon literarische Berühmtheit erlangt. Vor 30 Jahren, bei meinem ersten Besuch auf den Shetlands, war der Landgang gewissermaßen in fliegendes Wasser gefallen, so neblig war es damals. Oben, am Rand der Arktis, fuhr ich zwei Tage durch Nebel, nur um auf ein vernebeltes Jan Meyen und dann auf ein vernebeltes

Spitzbergen zu treffen. Fridtjof Nansen nannte sein zweibändiges Werk zu der Entdeckungsgeschichte der Nordländer nicht umsonst „Nebelheim".

Prinzipiell entsteht Nebel immer dann, wenn sich feuchtigkeitsgesättigte Luft abkühlt. Dann kommt es zur Kondensation und Nebel fällt aus. Das kann passieren, wenn warme Luft über kaltes Wasser streicht, etwa wenn warme und kalte Meeresströmungen - mit der jeweiligen Luft darüber - aufeinandertreffen. So entstehen viele Fälle der nordischen Nebel durch das Aufeinandertreffen der wärmeren Golfstromwassermassen mit jenen kalten Gewässern, die z. B. an der Ostseite Grönlands im Grönlandstrom nach Süden fließen. Aber auch in anderen Regionen kann Nebel entstehen, wenn z. B. die Tidenströmungen die Schichtung des Meeres aufbrechen.

Im Sommer ist das Meer oben warm, in der Tiefe kalt. Die darüber liegende Luft hat eine Temperatur, die eine Nebelbildung nicht zulässt. Wird nun kaltes Wasser, z. B. durch die gezeitenbedingten Strömungen nach oben gemischt, kühlen die unteren Regionen der Luft ab. Kalte Luft kann aber weniger Feuchtigkeit aufnehmen als warme. Also kommt es zur Kondensatbildung. Es ist der gleiche Effekt, der dazu führt, dass eine aus dem Kühlschrank genommene Flasche sich mit Tröpfchen überzieht, denn die kalte Flasche kühlt die umgebende Luft ab.

Wir waren in unserem weißen Kosmos isoliert, nichts war zu sehen. Und zu hören auch nicht. Nur das monotone Klack-Klack-Klack der Ankerkette, die eingeholt wurde und dem Gerumpel als der Anker fest kam. Wir drehten uns langsam nach Backbord. Wir spürten es an den leichten Zentrifugalkräften und sahen es an der Rose des Peilkompasses, als sich die Scheibe gemächlich zu drehen begann.

Wir legten ab, aber wohin die Fahrt ging, konnten nur noch Instrumente anzeigen. Ob wir auf die nächste Insel zuhielten, dem offenen Meer entgegenstrebten oder ob in Kürze unsere Fahrt an der Kaimauer von Kirkwall ein abruptes Ende nehmen würde, war nicht zu erkennen. Aber: Ein Hoch auf das Radar, es zeigte klar, wo die anderen Inseln waren und die elektronische Seekarte half uns aus dem Gewimmel der Orkneys heraus.

Freies Wasser! Jedoch ohne Fernsicht, der böse Traum jedes Seefahrers. Unsere Augen versuchten die weiße Brühe geradezu zu durchbohren, aber sie hielt stand oder besser, sie gab nach. Wenn unsere Blicke meinten, eine Nebelschicht durchdrungen zu haben, erschien dahinter eine neue und wieder eine und die nächste. Unsere Blicke wurden langsam erwürgt. Genauso gut hätten wir uns auch in die Koje hauen können, der Effekt wäre der gleiche gewesen. Verstärkter Ausguck! Schön, aber ob einer oder fünf nichts sehen, ist letztendlich egal. Was ist mit den Ohren? Hören sie etwas? Nein, nichts, nur das Rauschen des Wassers am Bug und alle zwei Minuten das Dröhnen unseres Hornes, das für fünf Sekunden anhielt. Sollten wenigstens die anderen etwas zu hören bekommen.

Die Nacht zog herauf, der weißliche Nebel verschwand in der Dunkelheit und kam in der Schiffsbeleuchtung noch geisterhafter zur Geltung. Der Bug war eben noch zu erkennen, dann das Nichts. Genau genommen hätten wir gar nichts weiter machen brauchen, denn wir hätten „blind" und auf die Instrumente vertrauend einfach darauf losfahren können.

Aber der Seemann hat ein gesundes Misstrauen in Instrumente. Zeigen sie das Richtige an? Oder kann sich etwas davor verstecken? Ein kleines Boot vielleicht? Schlecht beleuchtet und ohne ausreichende Reflektionsflächen? Nein, es ist gut, wenn man Instrumente hat und dennoch mit seinen Sinnen prüft. Aber weil das nicht ging, fühlten wir uns unwohl. Dabei spielt es keine Rolle, ob dies wirklich geholfen hätte. Allein dass die Möglichkeit uns genommen war, beunruhigte uns.

Zwanzig Jahre vorher war es nicht anders gewesen, damals, auf der Fischereireise bei den Scilly-Inseln. Die See lag genauso totenstill wie heute, der Himmel war nicht mehr zu erkennen und der Rest der Welt versank nach ein paar Metern in dem dicken grauen Seenebel. Wir sahen und wir hörten nichts. Das ganze Schiff troff vor Nässe. Wie ein verstörtes, elternloses Jungtier röhrte unser Nebelhorn durch die scheinbar nicht mehr vorhandene Welt. Nichts war da, was irgendwie an anderes Leben erinnerte.

Sicher, die Situation war nicht wirklich gefährlich. Die Radarstrahlen jagten wie pfeilschnelle Spürhunde über das Meer, begierig, auch noch den kleinsten Gegenstand zu finden, zu erfassen und wieder zum Schiff zurückeilend sofort zu melden. Da war aber nichts, was ja eigentlich ein guter Befund war, aber wir kamen uns so einsam vor, so allein, als wären Himmel, Meer, ja die ganze Welt aus der Existenz getreten und hätten uns im Nichts zurückgelassen.

Bei Nacht wird die Bedrängnis noch ärger, denn zu den Bedrohungen durch den Nebel kommen die Auswüchse der eigenen Fantasie. Bewegte sich da nicht etwas? Ist das da vorne eine leichte Nebelauflockerung oder ist die scheinbar gesteigerte Nachtschwärze nicht etwa der Schatten eines Gegenstandes, eines großen Gegenstandes? Ein Schiff, ein Felsen? Unsere Versuche, die Dampfküche mit durchbohrenden Blicken aufzuhellen nützen gar nichts. Nebelschwaden ziehen dahin, verdichten sich, lockern auf.

Ich denke mich in die gegenteilige Situation: Ich sitze im Geiste auf einem kleinen Fischerboot, eine jener Nussschalen, die ich auf den Orkneys und auf Shetland zu sehen bekam. Zwei- oder vierrudrige offene Holzboote, ohne wesentliche Ausrüstung. Sie waren zu weit draußen, haben zu sehr vertraut. Nun müssen sie auf den kommenden Tag hoffen. Still sein, abwarten. Nebel, Nässe, Dunkelheit.

„Ist das da nicht so etwas wie Lichtschein" fragt Richard, aber bevor der Alte, den alle nur „Mac" nennen und dessen wirklicher Name kaum jemandem bekannt ist, antworten kann, dröhnt es durch die Nacht. Fünf lange Sekunden und schon bricht ein hoher Bug durch den Rand der Nebelwelt. Ein grässliches Bild, eine steil aufragende rasende Klippe mit einer mächtigen Bugwelle, die Mac an die Zähne eines Totenkopfes erinnert. Dahinter in fahler Beleuchtung so etwas wie Schiffsaufbauten. Mehr kann er nicht denken, denn dann ist die Welle da und mit brutaler Endgültigkeit geht das Schiff über das Boot.

„Oben" hat man davon gar nichts mitgekriegt, der Zusammenstoß hat kein Geräusch gemacht, dass sich von dem allgemeinen Betriebslärm abhob, aber Macs Platz im Pub wird leer bleiben. Und die Männer werden nichts sagen, jeder weiß Bescheid – wieder zwei, die nicht mehr wiederkommen aus der Nacht. So war es im gesamten Nordatlantik immer schon. Im Nebel verschollen, von aufkommendem Sturm überrascht, in die Brandung der Felsküste gerissen, durch Strömungen in die entsetzliche Weite des Meeres entführt. Ja, so war es immer schon, so wird es wieder vorkommen.

Es ist beängstigend, in dieser Atmosphäre unterwegs zu sein, aber keiner spricht darüber. Bordroutine kann so gut Gefühle ersticken und die Männer der See haben bekanntlich unerschütterliche Gemüter. Während ich an der Steuerbordseite nach vorne gehe auf einmal ein hoher, lang gezogener Schrei, ein grauenhaftes Geräusch direkt aus dem Wasser, das irgendwie durch das ganze Weltall hallt. Es überläuft mich kalt. Was ist das? Der Schrei erinnerte an ein Kind – oder war es eine durch Verzweiflung ins Falsett fallende Männerstimme? Ich springe an das Schanzkleid, aber da ist nur Wasser und Nebel. Keine Spuren von irgendetwas. Ich bin nicht schreckhaft, aber das? Verunsichert trotte ich weiter.

Aber keine zehn Minuten später das Gleiche: Ein markerschütternder Schrei. Der Blick über die Reling zeigt mir - einen laut protestierenden kleinen Vogel. Schwarzweiß gefiedert, flüchtet er vor dem Schiff, wobei er laut zeternd mit Flügel und Beinen strampelnd eher über das Wasser läuft als fliegt. Nur weg hier. Ich lächele erstaunt, erleichtert und amüsiert. Da gelingt es einem erschreckten Vogel einem gestandenen Meeresforscher ein Grauen einzujagen. Dass Lummen und Alken keine leisen Gesellen sind, war mir bekannt, dass sie aber eines derart durchdringenden Schreies mächtig sind, hätte ich nicht gedacht.

Die Stunden vergehen. Es wurde noch öfter geschrien, aber jetzt war die Überraschung raus und meine Fantasiereise auf das kleine, offene Boot wirkte nicht mehr sensibilisierend auf mein Gemüt. Gegen Mitternacht wird es voraus dunkler und wie durch einen Vorhang öffnet sich vor uns der Nebel und wir fahren in eine wunderschöne sternklare Nacht hinaus. Ich sehe Orion, den Fuhrmann, die Cassiopeia, die Plejaden, den großen Wagen. Es ist still auf dem

Meer, nur das leise Rauschen des vorbeiflutenden Wassers ist zu hören. Hinter uns eine hohe, undurchsichtige grauschwarze Wand. Wir sind erleichtert.

Am nächsten Morgen sind wir bei bestem Wetter in Invergordon, um einige gerätetechnische Dinge zu erledigen. Invergordon ist ein kleines Städtchen, nicht hübsch, aber auch nicht hässlich. Befremdlich wirken die riesigen Tanks am Rande des Ortes, die noch aus der Zeit stammen, als die Royal Navy hier in ganzen Geschwadern Öl bunkerte. Das ist einige Zeit her.

Nun überschwemmen gelegentlich Touristen aus Kreuzfahrtschiffen den Ort. An manchen Tagen sind es bis zu 11.000 Schaulustige, die das rund 4000 Seelen beherbergende Städtchen überfluten. Die meisten bleiben nicht lange, da sie im Rahmen von Ausflügen nach Inverness und zum Loch Ness fahren. Aber immerhin, sie bringen etwas Geld in die Taschen und zumindest bei der An- und Abreise einen enormen Busverkehr.

Daneben spielt die Ölindustrie eine wichtige Rolle, da die Plattformen hier repariert, instandgesetzt und wohl auch zum Teil gebaut werden. Jedenfalls standen im Fjord bei unserem Besuch vier Bohrplattformen im Wasser, an denen gearbeitet wurde.

Nachdem wir alles erledigt hatten, stachen wir wieder in See. Jetzt sollte es in die Heimat nach Kiel gehen. Wir fuhren den Cromarty Firth hinunter und zuckten beim Blick auf das Seegatt zum Moray Firth innerlich zusammen: Über dem Meer lag eine geschätzt 80 bis 100 m hohe dichte Nebelwand. Undurchdringlich wirkende graue Dampfschwaden türmten sich walzenförmig über dem Meer und brandeten in lange Fetzen zerfasernd an die Hänge der umgrenzenden Berge und Hügel. Der Nebel war uns gefolgt und hatte uns jetzt eingeholt. Der Höllenschlund stand vor uns, bereit uns zu verschlingen – „Lasciate ogni speranza, voi ch'entrate... - Ihr, die ihr hier eintretet, lasset alle Hoffnung fahren". Es sah unheimlich aus und in dieser Form hatte ich es noch nie gesehen.

Vor uns lief ein Schiff, das ebenfalls auf das Meer wollte. Es wurde vom Nebel von einem zum anderen Augenblick verschluckt und war weg. Als hätte es das Gefährt nie gegeben, wir einer Halluzination aufgesessen wären. Dann waren wir dran. Ein letzter Blick auf die Berge, dann wurde es weißgrau um uns. Fernsicht de facto „Null". Das gleiche Spiel noch einmal.

Erst am nächsten Morgen und schon in der Nähe des Skagerrak war der Spuk vorbei. Die Sonne schien und um uns war das schöne blaue Meer. Das ruhige Meer, das Meer in all seiner Pracht und Schönheit. Solche Augenblicke sind das Salz des Lebens.

Lasciate ogni speranza, voi ch'entrate...- Die Nebelwand ist uns gefolgt
und wartet auf uns. Vor uns verschwindet gerade das andere Schiff in
das Gebräu der Unsichtigkeit.

# Ägyptischer Hürdenlauf

Von der Wiege bis zur Bahre: Formulare, Formulare! Dieses weit bekannte Aufstöhnen ist auch Meeresforschern nicht fremd, denn die Vorbereitung einer Forschungsfahrt ist mit nicht unerheblichen formalistischen Prozeduren verbunden. Dies gilt insbesondere dann, wenn Untersuchungen in den Hoheitsgewässern fremder Staaten vorgesehen sind. Hier werden verschiedene Stellen und Institutionen tätig und ggf. sind auch diplomatische Kanäle zu bemühen.

Als wir daher unsere Expedition in das Rote Meer planten, das keine internationalen Gewässer aufweist, wurden über die entsprechenden Stellen die Regierungen aller Anrainerländer angefragt, ob sie uns eine Forschungserlaubnis genehmigen würden.

Einige Staaten reagierten ziemlich schnell und konstruktiv, nämlich der Sudan und die damalige sozialistische Republik Süd-Jemen (offiziell: Demokratische Volksrepublik Jemen im Gegensatz zur Jementischen Arabischen Republik, dem „Nord-Jemen") sowie Djibouti. Ohne Probleme wurden die notwendigen Papiere erteilt, eine Zusammenarbeit auf Gastwissenschaftlerbasis vereinbart und alles war in bester Ordnung. Saudi-Arabien lehnte damals ab und andere meldeten sich gar nicht, was de-facto einer Ablehnung gleichkam.

Ägypten sagte nach dem „Radio - Eriwan – Modus" im Prinzip zu, stellte aber Bedingungen. So sollte die gesamte wissenschaftliche Auswertung ausschließlich über ägyptische Stellen laufen, wobei die Deutschen das Recht hätten, die Publikationen mit zu erstellen. Wir wären also gewissermaßen Gastforscher unserer eigenen Expedition geworden. Das war natürlich inakzeptabel und die daran anschließenden Verhandlungen führten dazu, dass wir keine Forschungserlaubnis erhielten, aber in Port Said auf die „Meteor" gehen konnten und den Suez-Kanal benutzen durften. Danach sollten wir so schnell wie möglich die ägyptischen Gewässer verlassen.

Leider ein herber Rückschlag, denn wir wollten die biologischen Bedingungen im Roten Meer mehr oder weniger vollständig von Nord nach Süd studieren, da sich entlang der Achse des Meeres erhebliche Veränderungen einstellen. Daraus wurde nun nichts, uns blieben lediglich der Mittelteil im Sudan und das Südende um Bab al-Mandeb, dem engen Ausgang des Roten Meeres.

So kann es gehen mit der Politik und wir änderten unser Projekt dahingehend ab, dass wir noch zusätzliche Untersuchungen im Golf von Aden, also dem indischen Ozean, und zwar in den Gewässern des Süd-Jemen ausführen wollten.

So weit – so schlecht. Wir begannen unsere umfangreichen Vorbereitungen, kauften Chemikalien, besorgten Netze, trugen hunderte von Laborutensilien zusammen, befüllten Kisten, erstellten ellenlange Zolllisten (jeder verpackte Gegenstand oder Gegenstandsgruppe musste erfasst werden – diesmal nicht für die Ägypter, sondern für die Deutschen) und beantragten Visa für Ägypten.

Rückmeldung zu den Visa: Im Prinzip „Ja", aber ein Mitarbeiter müsste mit allen Reisepässen der Fahrtteilnehmer im Konsulat in Hamburg antanzen, dort würden die Personalien genau geprüft und dann ggf. die Visa erteilt. Der „Erlauchte", der nach Hamburg musste, war ich.

Also machte ich mich mit einem Haufen Pässe auf den Weg, durfte längere Zeit warten, wobei mir klar gemacht wurde, dass im hohen Hause ich nicht die wichtigste Person sei, wurde dann aber doch irgendwann einmal vorgelassen. Ein bedeutsamer Herr prüfte mit strenger Miene die Pässe, äußerte sich positiv – und verweigerte das Visum.

Er würde sicherlich gerne das Visum erteilen, aber zunächst müssten wir ein Schreiben bzw. einen Ausweis vorlegen, dass wir Mitglieder der wissenschaftlichen Crew wären und am gleichen Tag der Anreise Ägypten mit dem Schiff verlassen würden. Bei Seemännern reichte das Seefahrtsbuch, aber so etwas haben Wissenschaftler in der Regel nicht.

Ich wieder zurück, Beratung, Rücksprache mit der „Leitstelle Meteor" an der Hamburger Universität. Diese kannte das Problem offensichtlich, denn es gab schon einen entsprechenden Vordruck. Die Leitstelle fertigte dann die entsprechendes „Certifications" aus, nannte aber kein Datum für unsere Abreise. Daten sind bei Forschungsreisen einige Monate vor dem eigentlichen Fahrtbeginn ziemlich kritisch. Ein Sturm oder ein Schaden könnte das Schiff aufhalten und den Zeitplan „umwerfen". So etwas ist zwar kein Regelfall, kommt aber immer wieder mal vor. Dann aber wäre unser Datum nicht mehr zutreffend, was ggf. bei der Einreise Probleme machen könnte.

Die Papiere gingen von Hamburg an das Kieler Institut, dann zu mir und ich setzte mich in den Zug nach Hamburg. Wartezeit, wie schon bekannt, dann aber doch vorgelassen. Der Herr prüfte – und monierte das fehlende Datum. Ich erklärte, ich erläuterte, ich beschwor – und es klappte, er hatte ein Einsehen in die Sachlage. Das war glaube ich der einzige Erfolg auf diplomatischem Parkett in meinem Leben. Der Rest war Formsache: Stempel, Unterschriften etc. und die Sache war ausgestanden. Ich sah mich, ich sah uns, schon an Bord der „Meteor".

Viele Woche später starteten wir mit dem Flugzeug nach Kairo, wo wir ohne besondere Vorkommnisse landeten. Dann ging es in einem viel zu kleinen Bus durch die nächtliche Wüstenstrecke nach Port Said. Es war bereits Mitternacht als wir müde und zerschlagen in die fast menschenleere Hafenstadt einfuhren. Unser Bus war auf 10 Personen ausgelegt, die wir auch waren, allerdings mit einem Haufen Gepäck, was von den Organisatoren nicht ausreichend berücksichtigt worden war. Koffer und Menschen teilten sich mehr oder weniger die gleichen Plätze. Es war eng und stickig und so waren wir ein wenig entnervt als die Reise zu Ende ging. Alles in allem waren wir von Kiel bis Port Said deutlich über 12 Stunden unterwegs gewesen.

Im Hafen angekommen sahen wir „Sie" an der nahen gelegenen Pier liegen: Die schöne neue „Meteor". Es war ihre fünfte Reise und gerade erst ein halbes Jahr für die Wissenschaft in Fahrt. Es blinkte und blitzte alles, jedenfalls soweit dies im nächtlichen Hafen erkennbar war. Jetzt noch schnell die Passkontrolle und dann fix an Bord. Wir imaginierten uns in die bequemen Sessel der Bordbar und vor unser aller Augen stand eine große Flasche Bier. Gleich wird es so weit sein!

Zu unserem Erstaunen sah sich der Beamte die Pässe aber gar nicht an, sondern sammelte alle ein und verschwand damit in einem anderen Gebäude. Die nächste Stunde tat sich nichts und wir trampelten ein wenig ratlos auf dem Pflaster umher. Unser Gepäck hatten wir auf Anweisung mittlerweile in einen am anderen Hafenbecken gelegenen Schuppen gebracht und dort fein säuberlich nach Personen geordnet aufgestellt.

Dann kam ein Mann mit unserem Stapel Pässe heraus. „Jo, es geht los, Jungs!" Weit gefehlt! Der Mensch sprang mit unseren Pässen in ein Auto und fuhr irgendwo hin. Wieder eine Stunde nichts. Dann kam er wieder und ging in das Gebäude. Immerhin wurden wir kurz darauf aufgefordert, in das „Office" zu gehen, um einen Abgleich zwischen Passbild und Person vornehmen zu lassen, also „Gesichtskontrolle". Die verlief in der Tat unkompliziert und wir bekamen unsere Pässe zurück.

Nun allerdings wurden wir zur Gepäckkontrolle in den Schuppen gebeten. Jeder nahm Aufstellung vor seinen Koffern und Taschen, da diese aber allesamt unverdächtig aussahen, war das schnell erledigt.

Wer aber dachte, nun würden wir uns unser Gepäck greifen und die ca. 150 m zum Schiff zu Fuß gehen, wurde eines völlig anderen belehrt. Nein, das ganze Gepäck wurde (natürlich von uns) in eine Barkasse geladen und dann fuhren wir umständlich „zu Schiff" in das andere Becken und gingen von der Seeseite über die Jakobsleiter an Bord. Das dauerte alles in allem eine weitere knappe Stunde. Was das sollte, begriff niemand. Die Pier haben wir jedenfalls nie betreten. Um vier Uhr in der Frühe waren wir an Bord, tranken ziemlich lustlos ein kleines Bier und verschwanden gegen fünf verschwitzt und schachmatt in den bereitgestellten Kojen.

C e r t i f i c a t i o n

This is to certify that Dr. Gerald Schneider
..................................................
is member of the scientific staff of the Research Vessel
METEOR, Hamburg, Federal Republic of Germany.
R.V. METEOR is operating in the ....Red Sea...........
She will call at ........Port Said.................
harbour on ..........................................
The above mentioned person will embark R.V. METEOR there
on the same day and leave ....Egypt...................

C o n f i r m a t i o n

La présente confirme que Dr. Gerald Schneider
..................................................
est membre du personnel scientifique du bâteau de recher-
ches METEOR, Hamburg, République Fédérale Allemande.
Le bâteau METEOR opère dans ......la Mer Rouge.........
et touchera le port de .....Port Said................
le .................................................
La personne en question embarquera sur le METEOR au jour et
dans le port indiqués ci-dessus et quittera .l'Egypte.....

Ausschnitt aus unserer „Certification" – dem angeblich wichtigsten Dokument zur Anreise. Die Unterschriften der verantwortlichen Personen sind weggelassen.

Übrigens: Unsere „Certification" hat niemand verlangt, weder bei der Einreise in Ägypten noch im Hafen. Keiner hat danach gefragt und kein Ägypter hat sie je zu Gesicht bekommen. Mein ungeheurer diplomatischer Erfolg blieb vor aller Welt verborgen. Insofern mag sich der Leser glücklich schätzen, ein solches geheimes und wichtiges Dokument wenigstens in Auszügen sehen zu dürfen.

Am übernächsten Tag dampften wir via Suezkanal in das Rote Meer und verschwanden so schnell wie möglich aus den ägyptischen Gewässern. Das war wohl der größte „Hindernislauf", den ich zu Reiseantritt jemals erlebte.

FS „Meteor" (1986)

# Das Schweigen der See

Es kam langsam über uns. Seit Wochen kreuzten wir vor der westafrikanischen Sahara, nahmen meeresbiologische Proben, arbeiteten in den Laboratorien, aßen unsere Mahlzeiten und schliefen oder wachten in den Nächten entsprechend unserer Arbeitsrhythmen. Das Wetter war gut, sonnig, warm, mit mittelstarken Winden, die eine leicht bewegte See zur Folge hatten. Es war schön, an Deck zu arbeiten und die Vorzüge der Forschung in tropischen Breiten zu genießen. Gelegentlich konnte sich der eine oder andere sogar ein kleines Mittagsschläfchen auf dem Peildeck oder der Back leisten.

Aber dann begann sich der Himmel allmählich zu verfärben. Das Blau des Himmels bekam eine gelbliche oder leicht bräunliche Note, die immer stärker zu werden schien. In den nächsten Tagen war das Phänomen auch ohne besondere Aufmerksamkeit von allen zu beobachten. Gelbliche Schwaden trieben in entsprechender Höhe wie dünne Wolken langsam über die See, dämpften das Sonnenlicht und ließen die Kollegen immer öfter und intensiver als sonst üblich in den Himmel schauen. Der Wind ließ langsam nach.

Viel gesprochen wurde nicht darüber, denn jeder wusste, was diese Verfärbungen zu bedeuten hatten: In der Höhe trugen ablandige Winde Saharastaub über das Meer. Die große Wüste griff über das Land hinaus und versuchte, sich auch des Meeres zu bemächtigen. Aber vorerst waren es nur Staubschwaden in großer Höhe.

Das änderte sich über Nacht. Als wir morgens an Deck kamen, schlug uns eine ungewohnte Hitze entgegen und alle Gegenstände, egal ob Deck, Probengeräte, Winden, Unterstände, Reling, Taue oder was sich sonst noch im Freien befand, waren mit einer Schicht rötlich braunen Staubes bedeckt. Die Atmosphäre war angefüllt mit diesem sehr feinen Sand, so dass die ganze Umgebung einen braunen Ton aufwies. Die Fernsicht war extrem eingeschränkt und sank auf unter eine Meile. Das Wasser war ebenfalls mit einer braunen Schicht bedeckt, die kleinen Wellen wirkten schmutzig, die Schaumstreifen, die wir mit unseren Geräten erzeugten erinnerten an einen mit Schlammstoffen angefüllten Tümpel.

Die höhersteigende Sonne drang mit ihren Strahlen kaum noch bis zur Wasseroberfläche durch und stand als matte, bläuliche Scheibe an einem braunen

Himmel. Hatten wir draußen zu tun, so bedeckten sich bald die Haare mit Saharastaub, der auch auf der Haut klebte, bis unter die Kleidung drang und in den Augen unangenehm rieb. Die Mannschaft aktivierte die Wasserschläuche, spritzte alles in die See, aber nach nur wenigen Minuten ließ sich eine neue Staubschicht auf dem sonst schwarzen Deck entdecken.

Wir waren in einen „Outburst" geraten, einen durch bestimmte Luftmassenbewegungen ausgelösten seewärtigen Transport von feinstem Saharastaub. So etwas ist vor Westafrika keine Seltenheit und seit Jahrhunderten bekannt. Angeblich sollen sogar in früheren Zeiten Schiffe dank der Unsichtigkeit der Atmosphäre gestrandet sein. In der Tat verschwand alles, Luft, Meer, Horizont, ja selbst die nächste Umgebung in dieser staubigen, fast keine vernünftigen Entfernungsschätzung zulassenden Staubwalze. Wir waren vollkommen isoliert, das Meer, dieser uns seit Jahren vertraute Lebensraum hatte von einem zum anderen Tag seinen so typischen Charakter verloren und wirkte bedrohlich, abweisend und auf eine mir bisher nicht bekannte Art fremd.

Wind und Seegang hatten aufgehört, Akzente zu setzen. Es gab nichts mehr auf der Welt als die braune Umgebung, die es unmöglich machte, in weiterer Entfernung zwischen See und Luft zu unterscheiden. Über der ganzen düsteren Szenerie lag zudem eine unheimliche Stille. Kein Vogel besuchte das Schiff, kein Krächzen unterbrach das grauenvolle Schweigen im Inneren dieses fliegenden Sandberges. Kein Fisch oder Wal durchbrach die träge schwingende Wasseroberfläche. Das Meer war erstorben. Unsere Stimmen klangen merkwürdig gedämpft, möglicherweise „schluckte" der Staub einen großen Teil des Schalls, sodass die Geräusche wie durch Watte an unser Ohr drangen. Aber diese wenigen Geräusche stammten nur vom Schiff, es gab keine Klänge mehr, die aus der Natur stammten.

Ich kletterte auf das Peildeck und mit jedem Meter stieg die Temperatur fühlbar. Klaus, unser Bordmeteorologe, hatte ein paar Messungen gemacht und dabei festgestellt, dass wir in einer „verdrehten" Wetterlage steckten. Im Gegensatz zum Üblichen nahm die Temperatur mit der Höhe zu. Auf dem Arbeitsdeck hatten wir 25° C, in 10 m Höhe jedoch 35° C, also pro Meter Höhenunterschied eine Temperaturdifferenz von einem Grad. Oben hätte ich eigentlich schwitzen müssen. Aber nichts dergleichen, unsere Messungen hatten auch ergeben, dass die Luft derart trocken war, dass selbst eine aus dem Kühlschrank entnommene Getränkeflasche sich nicht mit dem üblichen Kondenswasser überzog. In dieser Luft war praktisch kein Wasser mehr enthalten. Das ist die Todesluft, die die Körper austrocknet und jeden Saharareisenden dazu zwingt, mindestens sechs Liter Wasser pro Tag mitzuführen und auch zu sich zu nehmen. Das Körperwasser dringt aus allen Poren, formt aber keine Schweißtropfen mehr. Es verdunstet sofort. Neues Wasser wird aus dem Körper nachgeliefert und langsam trocknet man ein. Wer dann nicht genügend trinkt, stirbt. Unter Umständen noch vor Sonnenuntergang desselben Tages.

172

Die Aussicht vom Peildeck war trostlos. Eine undurchdringlich braune Umgebung ohne Grenzen, ohne Konturen. Die Sonne stand zwar nun fast im Zenit, aber die Helligkeit erinnerte eher an den frühen Morgen. Ein paar matte, bläulich wirkende Lichtpunkte auf der See waren nur eine schwache Erinnerung an das Lichtfest, das normalerweise die große Spiegelfläche des Meeres erzeugt. Aber überwältigend war und blieb die große Stille, die über der Szenerie lag und das Ungeheure der Situation noch steigerte. Nicht einmal die Geräusche der arbeitenden Männer drangen zu mir auf die oberste Plattform des Schiffes. Es war buchstäblich nichts zu hören.

Diese absolute Stille hatte ich schon einmal erlebt. Am Ruinenhügel der antiken Nabatäerstadt Avdat in der Negevwüste. Nach einer Besichtigung der Ruinen, der Straßenzüge und der alten, mit fremden und unverständlichen Schriftzeichen versehenen Steine einer vor 2000 Jahren untergegangenen Welt war ich die Böschung des Stadthügels wenige Meter hinuntergeklettert und hatte mich in den Sand gesetzt. Hier herrschte das völlig lautlose Schweigen der Wüste. Selbst der leichte Wind erzeugte keine Geräusche in meinen Ohrmuscheln, denn ich saß in einer windgeschützten Mulde, die in ihrer völligen Bedeutungslosigkeit von dem Lufthauch keines Besuches gewürdigt wurde.

Ich schaute über die umliegenden sandfarbenen Hügel in eine scheinbar erstorbene und von dem Gang der Geschehnisse vergessene Landschaft. Weiter hinten erkannte ich zwei oder drei weidende Dromedare, die wahrscheinlich einer in der Nähe wohnenden Nomadenfamilie gehört haben dürften. Dieses große Schweigen war beängstigend und die Tugend eines Wüsteneremiten besteht wahrscheinlich nicht darin, in unfruchtbarem Land allein zu leben, sondern dieses alles durchdringende Schweigen auf längere Zeit auszuhalten.

Vielleicht beginnt man dann nach Jahren eigenartig zu werden und Stimmen zu vernehmen. Göttliche Stimmen oder die Einflüsterungen des Wahnsinns – wer will es wagen, zwischen beiden zu unterscheiden? So wie bei jenem längst dahingegangenen verrückten Weisen des Wadi Rum von dem uns Lawrence Kunde gibt: *„Die Howeitat berichteten, dass er sein Leben lang unter ihnen herumgeirrt sei, immer so sonderbar jammernd; er kümmerte sich weder um Tag und Nacht noch um Essen, Arbeit oder Obdach. Alle wären gut zu ihm, da er ein kranker Mann sei, aber er erwiderte niemals auf Fragen, noch spräche er laut; das tue er höchstens, wenn er allein sei, draußen unter den Schafen und Ziegen"*.

Diese allumfassende Stille wurde selbst in der kurzen Zeit am Stadthügel von Avdat für mich so körperlich, dass sie mich mehr belastete als die Welt der Geräusche und des Lärms. Ich ging meinen aufkeimenden, leicht versponnenen Gedanken nach und war dabei, mich in einer Geisterwelt zu verlieren, als plötzlich, wie das Fingerschnippen des Hypnotiseurs, ein Esel irgendwo in der Nähe unter der Glut der Mittagssonne laut und vernehmlich mehrere Male durch die Wüste brüllte und mich in die Realität zurückholte.

Diese Erinnerung an den Esel brachte mich auch auf der „Meteor" aus meinen Gedanken und ich schaute wieder aufmerksamer in meine Umgebung. Aber es hatte sich nichts geändert. Der trübe Ausblick war geblieben und die große Stille lastete immer noch über Schiff und See. Der Staub rieselte unmerkbar, aber beständig aus der Luft. Ich sammelte die Menge von ein oder zwei Teelöffel vom Deck und verstaute den rötlichen Staub in ein mitgebrachtes Glasgefäß. Als „Souvenir".

Dann überließ ich mich wieder meinen Fantasien, die in dieser Situation reichlicher flossen als gewöhnlich. Wie wird wohl die erste Begegnung europäischer Seefahrer mit derartigen Staubwalzen ausgefallen sein? Portugiesen müssten diejenigen gewesen sein, die das erste Mal damit zu tun bekamen, damals vor rund 500 Jahren, als sie sich daran machten, im Laufe von Jahrzehnten den Seeweg um Afrika und nach Indien zu erkunden.

Was haben die Männer gedacht als von einem Tag auf den anderen die Frische des Meeres verschwand und sich die Welt in braunen Nebel hüllte, der Sand sich auf der Karavelle abzulagern begann, die Segel schlaff herunterhingen und keine Fahrt mehr im Schiff war. Keine anderen Geräusche drangen an das Ohr der verängstigten und verunsicherten Menschen als das Knarren der Planken, Blöcke und des Tauwerks des durch leichte Meeresströmungen bewegten Schiffes. Es wird gebetet. Naht das Ende des Ozeans, der Welt, kippt das Schiff über den Rand der Erdscheibe und fällt in das Nichts? In das Nichts ohne Wiederkehr? Die Nerven liegen blank, wie man so sagt. Bei allen, vom Schiffsjungen bis zum Kapitän.

Dann – in meinem Kopf treibe ich die Dramatik genüsslich auf die Spitze – springt in unmittelbarer Nähe ein großer Wal, hebt seinen Körper in die Luft, kippt zur Seite und klatscht unter ohrenbetäubendem Lärm auf die See, dass die heranrollenden Wellen die Karavelle ins Schlingern bringen. Ein Aufschrei der Verzweiflung gellt über das Meer. Vielleicht war dieser Aufschrei das letzte, was von dem Schiff Zeugnis gegeben hätte. Aber der Schrei hat die Staubwalze nicht verlassen und es war niemand da, ihn zu hören.

Wenn man unsere Situation auf sich wirken lässt, bekommt man eine Ahnung, wie die Ungeheuer des ausgehenden Mittelalters auf die Karten und Portolane kamen und wird nachsichtig mit unseren Vorfahren. Es waren nur verängstigte Menschlein, die der Fremdheit dieser Natur nicht gewachsen waren und sich nicht anders zu helfen wussten, als ihre Ängste in fantastischen Ungeheuern bildlich wiedererstehen zu lassen und so zu „verarbeiten".

Das Schweigen der Wüste und der See. See und Wüste, wie eng sie doch miteinander verwandt sind. Wir sprechen einerseits von einem Sandmeer, andererseits von einer Wasserwüste. Das Kamel ist das „Wüstenschiff" und südlich der Sahara zieht sich quer durch den Kontinent die Landschaftsbezeichnung „Sahel". Der aus dem Arabischen stammende Begriff heißt nichts anderes als

„Im Uferbereich liegend" oder „Rettendes Ufer" oder schlicht „Küste". Das sagt alles.

Hier auf See denke ich also an die Wüste, als ich damals am Hügel von Avdat saß, dachte ich jedoch an das Meer. Welche kompromisslose Wüste stellt die See dar. Ständig veränderbar, unstetig, lebensfeindlich für den Menschen, denn er vermag sich in ihr noch nicht einmal dauerhaft zu bewegen. Und die See unterbindet jede Erinnerung an Tragödien.

Verunglückt jemand in der Sahara, so findet man seinen Jeep, vielleicht die ausgetrocknete, mumifizierte Leiche, Skelette, unter Umständen eine letzte Botschaft. In einen Felsen geritzt oder wie auch immer mitgeteilt. Risse uns hier ein Sturm, eine Monsterwelle oder ein irgendwie anders geartetes Unglück in die Tiefe, die See würde sich ruhig über uns schließen und nichts, aber auch gar nichts würde von dem Drama Zeugnis geben. So wie bei den vielen Schiffen, die ohne Botschaft nicht mehr wiederkamen. Das Meer, die tiefdunkelblaue See, würde wie seit 5000 Jahren unter einem heiteren Himmel über die Gräber rollen. Die Erinnerung wäre im System verloren gegangen.

Wüste und See. Riesige, menschenfeindliche Gebiete, angefüllt mit geheimnisvollen Kräften, gegen die der Mensch nichts vermag. Beide regiert von dem gleichen Herrscher, dem Himmel. Die Wüste kenne ich nicht so gut, ich habe mehrmals in ihren Vorhöfen gestanden, bin aber nie zu ihrem Herzen durchgedrungen. Daher will ich nicht mehr von ihr reden, aber das Meer und der Himmel sind Teil meines Lebens.

Wer zur See fährt, lernt den Himmel zu achten. Als ich das erste Mal auf ein Peildeck enterte und auf einem richtigen Ozean den Blick über die große Wasserfläche schweifen ließ, erschrak ich fast über die Größe des Himmels. Wie eine riesige Kuppel spannte sich das Himmelszelt über der See und begrenzte sie in jeder Richtung. Verglichen mit diesem riesigen Gewölbe wirkte das Meer klein, unbedeutend, eigentlich nur der untere wässrige Abschluss des Firmaments. Nirgendwo vorher hatte ich einen derartigen Himmel zu Gesicht bekommen, seine Größe schlug mich in seinen Bann und hat mich bis heute nicht losgelassen.

An Land, jedenfalls in den Regionen, in denen wir in der Regel beheimatet sind, ist der Himmel Beigabe, ein Teil der Landschaft. Der Himmel hat auf unser Treiben lediglich einen modulierenden Einfluss und äußert sich häufig nur in trivialen Zusammenhängen wie z. B. der Frage nach der Kleidung. Das Gespräch über das Wetter gilt als das Paradebeispiel des „Small Talk", das worüber man Kontakte knüpfen kann, was aber letztendlich ohne jede Bedeutung ist. Der Himmel spielt bei unserem Treiben keine besondere Rolle. Nicht so auf See, in der Welt des Ozeans sind Meer und Himmel die bestimmenden Größen.

Deswegen ist der erste morgendliche Blick immer zum Himmel gerichtet, dann auf die See und erst danach folgt alles andere. Das Meer ist ein eigener Kosmos, gebildet von Wasser und Himmel, in dem sich das Schiff seinen Weg bahnt. Niemand kann daher zur See fahren und den Himmel vernachlässigen, denn die See ist nicht der Spiegel des Himmels, sondern seine rechte Hand. Wenn der Himmel zürnt, ist das Meer der Hammer und graue Wellenberge werden über die See wandern und auf Schiffe und Felsenklippen einschlagen, Ländereien überfluten, Menschen ertränken. Wenn dir der Himmel gewogen ist, so ist es das Meer, das dich und deinen schwimmenden Untersatz behutsam an das Ziel trägt.

Aus diesem Grund wurde und wird der Himmel mit Achtung und Respekt betrachtet, dessen Vorzeichen man rechtzeitig erkennen und deuten muss. Aus Erfahrung, Belehrung und heute auch mit Hilfe der Elektronik, der Satellitenbilder und allen modernen Hilfsmitteln, die dem Seemann zur Verfügung stehen. Der Ozean, die nur gemeinsam zu denkende Verbindung von Himmel und Meer, ist scheinbar mal Partner, mal Gegner, wechselt die Rollen, ist nicht berechenbar. Du schimpfst auf ihn, du erfreust dich an ihm, aber du wappnest dich auch gegen ihn und steckst, wenn es sich nicht vermeiden lässt, seine Schläge ein.

Er ist der große König, der huldvoll Gnade gewährt oder ohne Begründung vernichtet. Menschen interessieren ihn nicht, er folgt nur seinem Gutdünken. Wenn dabei ein Schiff auf der Strecke bleibt oder eine Insel untergeht, sollten wir uns nicht einbilden, er hätte es wegen uns getan. Der Mensch ist viel zu belanglos als dass er sein Tun auf ihn ausrichten würde und geht jemand an ihm zu Grunde, so schlicht deshalb, weil er sich in seinen Regierungsbereich gewagt hat. Wer sich ihm nähert, muss ihn achten, respektieren, darf ihn nie aus den Augen lassen und muss seine Vorbereitungen treffen. Das ist der wahre Unterschied zwischen dem Land- und Seeleben.

Selbstverständlich wirkt sich das Antlitz des Himmels auf die Stimmungslage der Männer aus. Heraufziehendes, drohendes Gewölk oder möglicherweise eng beieinander liegende Isobaren auf der Wetterkarte spiegeln sich in ähnlichen Falten auf der Stirn der Verantwortlichen. Der vorfrühlingshafte Hauch über einer frischen, blauen See bringt ein Lächeln in die Gesichter. Aber auf unbestimmte Weise bedrückend wird die Stimmung, wenn sich Himmel und Meer zu dem vereinen, was ich für mich in Ermangelung eines besseren Wortes das „schweigende Kontinuum" genannt habe, die Vereinigung der beiden Elemente zu einer ununterscheidbaren stillen Masse.

Genau das hatten wir jetzt vor Westafrika. Himmel, Sand und Meer verschwammen zu einer ununterscheidbaren Vermischung der Elemente, die deshalb so bedrängend wirkt, weil sie dem Menschen nichts Konkretes bietet. Weder Gefahr noch Sicherheit. Mit beidem kann der Mensch leben, aber das Nichts verunsichert ihn wie die Dunkelheit. Das existenzielle Grauen der Vorzeit kriecht als uraltes Erbe aus den Gehirnteilen, die sich noch sehr gut daran erinnern, welche Angst der Mensch hatte, ob sich nicht aus dem Nebel der Wälder auf einmal die massige Gestalt des angreifenden Bären herauslöst.

Plötzlich surrte etwas an meinem Ohr vorbei und ein kleiner Körper klatschte gegen einen Decksaufbau. Eine zarte Libelle mit fragilen Flügeln und rotem Körper war gelandet. Eine Spur des Lebens in dieser toten Welt, ein Bote aus einem anderen Universum. Die kleine Libelle wirkte wie ein Trost an einen Verzweifelten, wie ein Versprechen. Wenn eine Sternschnuppe uns Hoffnung auf den Himmel macht, so sprach die Libelle vom Leben, der Fülle, dem schwingenden Reigen alles Lebendigen. Diese Libelle mahnte mich, meinen verstiegenen Gedankengängen zu entsagen und mich wieder der Realität zuzuwenden. Ich stieg vom Peildeck, ließ meinen Blick über die See gleiten und verschwand in meiner Kabine, um meine „Spinnereien" dem Tagebuch zu übergeben.

Im Laufe des Nachmittags trafen noch mehr Libellen ein, zwei Heuschrecken wurden aufgefunden und eine große Anzahl lästiger Fliegen kam auf das Schiff. Die Luftmassenbewegung hatte die Tiere auf das Meer entführt und der in der unsichtigen braunen „Brühe" hell leuchtende weiße Rumpf unseres Schiffes hatte sie wahrscheinlich angelockt. Sie hofften auf einen Platz zum Überleben. Vielleicht nur, aber immer noch besser als in die See zu fallen. Aber sie werden sterben, denn hier gibt es nichts zu fressen und irgendwann werden wir weiter in den Ozean hinausfahren und die Küste zurücklassen. Sie sind verloren – außer die Fliegen vielleicht, denen offensichtlich kaum beizukommen ist.

Wir Biologen hatten schon längst aufgehört, Proben zu nehmen. Der Sand verschmutzte und verstopfte die Planktonnetze, alle Proben waren in Sand getaucht und ob die Netze unter diesen Umständen überhaupt noch richtig fingen, sei dahingestellt. Wer konnte, hatte sich unter Deck verkrochen, um dem ewig in den Augen, unter den Achseln, ja selbst in den Unterhosen reibenden Staubablagerungen zu entgehen. Das Zeug drang überall durch.

Allein die Physiker machten noch einige Messungen, aber dann war Schluss. Wir beschlossen, den ungastlichen Ort zu verlassen und unsere Station vorzeitig abzubrechen. Alles wurde eingepackt und jeder verschwand unter der Dusche und dann in den Messen oder Kabinen. Die Maschine wurde angeworfen, „Meteor" nahm Fahrt auf und wir machten uns im wahrsten Sinne des Wortes aus dem Staub.

Am nächsten Morgen und 100 Seemeilen weiter südlich empfing uns wieder ein frischer kobaltblauer Ozean, mit klarem Himmel, leichter Dünung, Wind und einer strahlenden Sonne. Die Wasserschläuche beseitigten die letzten Boten der großen Wüste.  Zur gleichen Zeit wunderten sich Autofahrer in München über den merkwürdigen gelblichen Staub, den sie morgens auf ihren Wagen vorfanden und ein oder zwei Tage später vermeldeten die Zeitungen, dass Saharastaub bis nach Deutschland gelangt sei. Ein nicht alltägliches Ereignis, denn eine ungewöhnlich große Staubwolke war aus der Wüste auf das Meer und in die planetarische Luftzirkulation geweht worden.

Noch ein anderes Mal habe ich diese große Stille, die bedrängende Macht des Nichts erfahren. Jahre später im Indischen Ozean. Wir hatten ein mehrwöchiges Forschungsprogramm im Roten Meer abgearbeitet und begaben uns zu Vergleichsmessungen in den Indischen Ozean. Im südlichen Roten Meer, bei den heißen, sonnenverbrannten, steinigen und kaum bewachsenen Hanish-Inseln wehte ein kräftiger Wind, der die tiefblaue See mit weißen Schaumköpfen zierte. Ein immer wieder schönes Bild, welches das Herz eines jeden seevernarrten Menschen ein paar Takte schneller tanzen lässt und in mir immer Fröhlichkeit erzeugt.

Bei Bab-el-Mandeb, der südlichen Pforte des Roten Meeres zum Indik, schlief der Wind jedoch ein, die Schaumköpfe verschwanden, die Wellen flachten ab. Wir fuhren in eine fast eine Woche dauernde Flaute hinein.

Nach der Passage der Meerenge und als wir unser im sicheren Abstand vom Land ausgesuchtes Arbeitsgebiet erreichten, bewegte sich der Ozean nur noch schwach. Dann kam jede Bewegung zum Erliegen. Den ersten Tag pflügte „Meteor", jetzt die neue, durch eine ruhige Wasserfläche, die gelegentlich noch Felder mit „Katzenpfoten" zeigte. Einige wenige Wolken zogen noch über den Himmel. Zeugen der letzten zarten Windzüge bevor die Atmosphäre gänzlich ihre Tätigkeit einstellte.

Ab dem zweiten Tag befanden wir uns dann in einer entrückten Welt. Das Meer war völlig zur Ruhe gekommen, ein durchgehend glatter, ölig wirkender Meeresspiegel, ein wie mit einem Lineal gezogener Horizont trennte sauber die in verschiedenen Blautönen leuchtenden Elemente. Kein Lufthauch regte sich mehr. Auf der „Meteor" herrschte unangenehme Hitze, da jeglicher kühlende Wind fehlte. Lediglich auf den kurzen Strecken zwischen zwei Stationen, brachte der Fahrtwind etwas Linderung. Sobald aber das Schiff stand, war nichts mehr zu spüren, außer Hitze und die brutale Kraft der Sonnenstrahlen. Keine Bewegung, weder im Wasser noch in der Luft. Nichts, gar nichts. Nur beklemmende Hitze und wieder die alles umfassende Stille der einsamen See.

Am dritten Tag verschwand der Horizont in weißlichem Dunst, das Meer verlor sich in einem helleren Streifen, aus dem auch der Himmel hervorzusteigen schien. Selbst die anfangs kräftigen und leicht unterschiedlichen Blautöne von Himmel und Meer wurden heller, weißer und glichen sich mehr und mehr einander an. Wir verschwanden in einem weißlich-blauen Kontinuum, in dem die Elemente ununtescheidbar wurden und sich in der Ferne verloren.

Hitze und absolute Stille über der ganzen Szenerie. Die Sonne ging am Morgen auf, wanderte unbeeindruckt über den Himmel und verschwand, ohne dass irgendeine Veränderung am Himmel eintrat. Nachts zeichnete der Mond eine silbrige Straße auf das erstorbene Meer, zog seine Bahn und ging unter. Dann kam wieder die Sonne. Sobald sie über dem erschien, was wir für den Horizont hielten, traf uns die Hitze ihrer Strahlen. Es wurde von Tag zu Tag unangenehmer, da die Luftfeuchte anstieg und kein Wind die unsichtbaren Dunstschwaden wegblies. Treibhaus.

Als wären wir in eine für das Leben unerreichbare Dimension versetzt, besuchte uns kein Vogel, kein fliegender Fisch startete zu seinen kurzen Segelflügen. Selbst unsere treuesten Reisebegleiter, die Haie, waren verschwunden. Nirgendwo eine Flossenspitze, kein torpedoförmiger Körper, der seine Kreise um das Schiff zog. Vorne am Vorschiff, auf der Back, dem ruhigsten Ort der „Meteor", war das Schweigen der See bedrückend. Wir kamen uns wie in einer verlorenen Welt vor, als gäbe es nichts mehr auf dem Planeten außer uns. Niemals habe ich auf See ein derartiges Gefühl der Verlorenheit, der Einsamkeit empfunden wie in diesen Tagen.

Der Ozean erschien mir unermesslich, fremd, lebensfeindlich. Die Stille zerrte am Gemüt. Wir wurden wortkarg zueinander, mürrisch, die sonst üblichen Scherzworte, die kleinen Hänseleien, das Geschwätz verstummten. Wir machten unsere Arbeiten, sicher, wir besprachen die notwendigen Dinge, Planungen, Geräteeinsätze, aber ansonsten zog sich jeder in sich selbst zurück. Die Bordbar blieb fast immer leer. Einige saßen in den Laboren und werkelten was das Zeug hielt, andere lagen still in den Kojen, lasen oder starrten mit leerem Blick an die Decke oder auf die geöffneten Bullaugen und warteten auf den nächsten Einsatz. Die Mahlzeiten fanden im Wesentlichen schweigend statt.

Ein Schatten war auf uns gefallen, das empfanden alle, aber keiner konnte mit Bestimmtheit sagen, was es war. Angst? Wovor, das Schiff war in Ordnung? Bei Bedarf könnten wir die Maschine anwerfen und uns mit der höchstmöglichen Geschwindigkeit in ein anderes Seegebiet begeben. Wie damals vor Westafrika im Sand. Einsamkeit? Warum, um uns waren etwa 50 lebende Wesen? Wir kriegten es nicht in den Griff, aber die Stimmung war gedrückt.

Dann folgte der nächste Tag, die Sonne ging auf, die Sonn ging unter, nichts regte sich. Keine Welle, kein Windzug. Nur Schweigen, Stille, Einsamkeit, Verlorenheit in der Weite der See. Der 5. Tag. Das gleiche Bild. Nichts. Diese Tage gehören zu den unangenehmsten, wenn auch durchaus interessanten Erfahrungen, die ich auf dem Meer gemacht habe.

Solche entnervenden Situationen ohne Wind und Seegang sind übrigens keine Seltenheit auf dem Ozean und nicht etwa der Ausdruck höllischen Hasses auf unsere „Meteor" oder deren Bemannung. In allen Ozeanen gibt es die Rossbreiten und die Mallungen. In der nördlichen Hemisphäre liegen bei etwa 30 – 40° Nordbreite permanente Hochdruckgebiete, wie z. B. das berühmte Azorenhoch. Sowohl im Zentrum eines Hochs als auch im zentralen Tiefdruckgebiet gibt es keine oder nur sehr geringe Luftdruckunterschiede. Ohne Druckunterschiede aber kein Wind, denn Luft setzt sich nur bei Druckunterschieden in Bewegung. Deswegen gibt es im zentralen Azorenhoch wegen fehlender Druckgradienten typischerweise wenig bis keinen Wind und nur geringen Seegang. Für Segelschiffe ist dies natürlich sehr hinderlich und es können viele Tage vergehen, bis diese „Rossbreiten" überwunden sind.

Die fehlenden Druckunterschiede im Zentrum eines Tiefs bewirken übrigens auch das „Auge des Hurrikans". Während rund um das Zentrum enorme Druckunterschiede und damit Windgeschwindigkeiten auftreten, ist es im „Auge" praktisch windstill – allerdings herrscht eine fürchterliche See.

Im Azorenhoch steigt die Luft aus großer Höhe ab und fließt erst langsam, dann immer schneller werdend nach Süden ab, denn um den Äquator gibt es eine permanente Tiefdruckrinne. Die Passatwinde folgen also bzw. entstehen aufgrund dieser großräumigen Druckdifferenzen. Kurz vor dem Äquator treffen dann die Passatwinde der Nord- und der Südhalbkugel aufeinander und kommen in der äquatorialen Tiefdruckrinne, die keine nennenswerten Druckgradienten zeigt, zum Erliegen. Deshalb ist auch die Gegend um den Äquator mit Flauten und schwachen Winden verbunden, den „Mallungen", die ein ebenfalls gern gehasster Gegner der Segelschiffe waren und auch modernen Forschungsschiffen und ihren Besatzungen feucht-heiße und schweißtreibende Tage bringen.

Betrachten wir daher den Atlantik oder den Pazifik von Nord nach Süd, so sind drei Flautenzonen auszumachen: In der nördlichen subtropischen Hochdruckzelle, bei den äquatorialen Mallungen und in der südlichen subtropischen Hochdruckzelle. Nördlich und südlich davon weht es kräftig, gelegentlich sogar sehr kräftig.

Von diesen Rossbreiten und Mallungen abgesehen kann es noch Spezialbedingungen geben. Das Windsystem der asiatischen See beispielsweise wird durch die russisch-sibirische Landmasse bestimmt. Im Sommer heizt sich das Land enorm auf, Temperaturen bis 45° C sind nicht ungewöhnlich. Warme Luft ist leicht und steigt auf. Leichte Luft bedeutet aber auch niedrigen Druck, es entsteht ein grandioses Tiefdruckgebiet, das wie ein überdimensionaler Staubsauger die Luft aus anderen Gegenden mit Macht anzieht. Heftige bis stürmische Winde gehen dabei vom Indik auf das Festland, es herrscht der Südwestmonsun, der auf dem Indischen Ozean Wellen aufwirft, die einen Vergleich mit dem Nordatlantik nicht zu scheuen brauchen.

Im Winter jedoch wird es auf der riesigen Landmasse extrem kalt. Die Luft ist kalt, damit schwer und es etabliert sich ein so genanntes „Kältehoch". Dieses Hoch wirkt nun umgekehrt zum Sommer wie ein gigantisches Gebläse und schickt starke Winde vom Land auf die See, was im Indik als Nordostmonsun bezeichnet wird.

Im Kleinen kann dies jeder Badegast auch bei uns an der Nordsee erfahren. An schönen heißen und eigentlich windfreien Sommertagen heizt sich das Land schneller auf als die See, die Luft steigt auf, es entsteht ein Mini-Tiefdruckgebiet und wir haben auflandigen Wind. In der Nacht jedoch kühlt das Land schneller ab als das Wasser, die Druckverteilung kehrt sich um und der Wind weht „ablandig", also vom Land aufs Meer. Das sind minimale Monsunerscheinungen. Am Morgen und am Abend haben wir dagegen windstille Bedingungen, weil alle Druckunterschiede über Nacht abgebaut wurden.

Ähnlich ist es im asiatischen Raum zwischen den beiden eben beschriebenen Jahreszeiten, denn die Druckdifferenzen sind in diesen Monaten sehr gering, sodass es in diesen „Intermonsunzeiten" kaum Wind und praktisch spiegelglatte See gibt. Und genau in dieser Situation befanden wir uns, wir steckten mit unserer „Meteor" in einer jener drucklosen Perioden zwischen den Monsunen, die die atmosphärischen Bewegungen zum Erliegen brachten.

Aber endlich kam dann der sechste Tag, der der Agonie mit einem dramatischen Kontrapunkt ein Ende setzen sollte. Als wir morgens aus den Kojen stiegen, empfingen uns an Deck nicht die heißen Strahlen der bereits aufgegangenen Sonne, sondern ein schwer und tief bewölkter Himmel. Dichte, graubraune Wolkenmassen standen reglos am Himmel, denn kein Wind schob sie weiter. Das Meer war nicht mehr blau, sondern spiegelte die vornehmlich braunen Töne der Wolken wider, die ganze Umgebung entsprach durchaus nicht den landläufigen Vorstellungen eines tropischen Ozeans. Wenn ich das Foto, das ich an diesem Morgen gemacht habe, jemandem zeige, so tippt er vielleicht auf die Nord- oder Ostsee, aber niemals auf den Indischen Ozean.

In dieser feuchtwarmen, trüben Suppe begannen wir unsere Arbeiten. Fast genau um 10 Uhr am Vormittag plötzlich ein einziger Donnerschlag im Himmel, der alle zusammenzucken und nach oben schauen ließ. Das Donnergrollen lief über den ganzen Himmel, schwoll an, schwoll ab und verging. Niemand hatte einen Blitz gesehen, aber das Krachen war auch im Schiffsinneren nicht zu überhören gewesen.

Wenige Sekunden nach diesem Paukenschlag begann der Wind zu wehen. In rasender Eile nahm die Windgeschwindigkeit zu und innerhalb von wenigen Minuten hatten wir volle Sturmstärke. Dann kam der Regen. Heftig, dicht, vom Sturm derart über die Decks und die See gepeitscht, dass er in Schleiern über das Meer raste und die Wasseroberfläche in einen weißen, blasenwerfenden, scheinbar kochenden Ozean verwandelte. Wer sich darum kümmern konnte, sprang schnellstmöglich unter Deck und schloss die Bullaugen, in die es heftig hineinregnete. Als das Inferno begann, war ich gerade dabei, das Planktonnetz in das Wasser zu lassen. Es wurde durch den Wind weit nach Lee gedrückt, nur mit viel Mühe bekamen wir es wieder an die Bordwand und fierten es ins Wasser. Ich selbst war innerhalb weniger Sekunden bis auf die Haut durchnässt.

Aber ich habe es genossen! Was für eine Erfrischung nach diesen elenden Tagen in Schweiß und Hitze!

Es stürmte weiter und es regnete wie aus Waschkübeln. Die Fernsicht ging drastisch herunter, „Meteor" verschwand in einer Mischung aus Sturm und den wahrscheinlich dichtesten Regenschwaden, die ich jemals gesehen habe, einem weißen Nebel, in dem wir meinten, nur 30 m weit blicken zu können. Als meine Netze wieder an Bord sollten, die gleichen Schwierigkeiten wie beim Aussetzen. Während des Fanges war ich an Deck geblieben, ich war sowieso nass und diese unfreiwillige Dusche war mir sehr angenehm. Mit der Zeit stellte sich dann aber trotz des warmen Sturmes ein leichtes Frösteln bei mir ein und ich verschwand, mich trockenzulegen.

Anschließend stand ich mit ein paar Kollegen an der geöffneten Labortür und schaute von trockenem Standort in den noch immer anhaltenden sturmgepeitschten Wasserfall. Die Wassermassen schossen in dickem Strahl durch die Speigatten, die Ablaufrinnen der oberen Decks schafften es nicht, diese Berge von Regen wegzuschaffen und so trat das Wasser über die Deckkanten und ergoss sich in breiten Vorhängen von den oberen Plattformen. Ich hatte schon viel über die gewaltigen tropischen Regengüsse gehört und gelesen, aber dies übertraf meine Erwartungen bei weitem.

Wir unterhielten uns so nebenbei, welche Chancen ein altes Segelschiff in diesem Wetter gehabt hätte. Typischerweise wurden bei Flauten alle Segel gesetzt, um auch noch den kleinsten Windhauch auszunutzen. Verheerend, wenn dann innerhalb weniger Minuten volle Sturmstärke erreicht ist. Das Schiff legt sich weit nach Lee über, die erste Rahnock kommt an den Wasserspiegel. Die Männer entern in Windeseile auf und bergen an Segeln, was Hände und Füße packen und bewältigen können. Wird es gut gehen? Wir können es nicht wissen.

Im Atlantik, vor dem südlichen Südamerika, gibt es einen ähnlich plötzlich einsetzenden Sturm, den Pampero, der sofort mit voller Macht vom Festland bläst. Verluste, Beinaheverluste, mit Glück und Geschick gemeisterte Vorfälle sind gut dokumentiert. Es kam wohl darauf an, die leisesten Anzeichen des Herannahenden Sturmes wahrzunehmen und sofort und konsequent zu handeln. Dann hatte man den rettenden Vorsprung zumindest einen kleinen Teil der Segel bereits geborgen zu haben bevor der Wind über das Schiff herfiel. Jede Rah, die vor Einsetzen des Sturmes frei war, erhöhte die Überlebenschance drastisch. Wer die Situation nicht erkannte oder unentschlossen zögerte, ging unter. Hier im Indischen Ozean dürfte es vielleicht ähnlich gewesen sein. Möglicherweise wusste der erfahrene Kapitän bereits beim Anblick des nach derartig heißen Flautentagen drohend bewölkten Himmels, was kommen würde. Den anderen musste Gott beistehen.

Nach knapp zwei Stunden hörten Sturm und Regen genau so plötzlich wieder auf, wie sie begonnen hatten. Wie abgeschaltet. Aber auch die atmosphärischen Spannungen waren abgebaut. Im Laufe des Tages verschwanden die Wolken, die Sonne kam durch, ein moderater Wind erhob sich, kräuselte die zwischenzeitlich wieder ruhig gewordene Meeresfläche und begann, die ersten Wellen zu formen. Der Spuk war vorbei, der Indik kehrte wieder in seinen wohlbekannten Rhythmus zurück. Das Leben ging weiter.

# Die Farben des Meeres

Die Farben des Meeres sind eine Widerspiegelung des Himmels, modifiziert durch Seegang, Absorptions- und Reflexionsvermögen, Wassertiefe sowie Inhaltsstoffe des Meerwassers. Diese abstrakte Formulierung degradiert eines der schönsten Phänomene der See zu einer wissenschaftlichen und lebensleeren Allgemeinaussage. Genau so wenig, wie ein Regenbogen durch die physikalischen Gesetze seiner Entstehung wirklich beschrieben ist, genau so wenig kann man die Farbigkeit der See über wissenschaftliche Aussagen eingängig machen. Es muss erlebt werden.

Die Farbe der Tropen und Subtropen z. B. ist Blau, aber was heißt das? Blau gibt es in verschiedenen Tönungen. Bei schönem Wetter ist auch die Ostsee blau. Aber das ist ein anderes Blau. Heller, verspielter, jugendlicher, an einen Aquamarin erinnernd. Der Ozean niederer Breiten dagegen gefällt sich in einem majestätischen, dunklen, kobaltfarbenen Blau, dem ein Hauch schwarz beigemischt ist und das durchaus nicht der Farbe des typischerweise sehr viel helleren Himmels entspricht. Es ist das Königsblau der Hochsee.

Die Fahrt durch diese Gewässer ist herrlich und nicht umsonst immer wieder gerühmt worden, denn dem Auge bietet sich dieser „blaue Edelstein" in unwahrscheinlicher Pracht, Helligkeit und scheinbar beschwingter Lebensfreude dar. Der Wind dekoriert das Meer mit weißen Schaumkrönchen und die heranziehenden Wellen wirken wie blaue Amethyste. Fliegende Fische sirren aus dem Wasser, segeln und platschen zurück in ihr Element, der warme Wind weht durch das Haar, die Sonne wärmt Körper und Seele. Golfo de las Damas nannten die Alten diese Regionen, „Damenmeer". Das bezog sich zwar auf die Einfachheit der Segelführung, beschreibt aber auch gut die anderen Aspekte. Und dennoch, diese blaue See hat auch eine bedrohlich Seite, insbesondere, wie eben beschrieben, bei Flaute, wenn das Meer unbeweglich, heiß und ohne Kühlung ist. Wenn Horizont und Himmel zu einer ununterscheidbaren Masse verschwimmen.

Aber lassen wir dies jetzt beiseite und begeben wir uns zum Bug unseres Schiffes, dort wo die weiße Bugwelle gischtend schäumt und die durch den Wind weggeführten Tröpfchen vor dem dunkelblauen Hintergrund immer wieder kurzlebige zarte Regenbögen erzeugen. Wenn Teile der Bugwelle durch die Kraft der Bewegung in die Tiefe gemischt werden leuchtet das Wasser grün und

nicht etwa blau. Wenn die Bugwelle den natürlichen blauen Wogen entgegen-
läuft und beide zusammentreffen, gibt es eine Kollision, die eine steile, hohe
See zur Folge hat. An der Spitze dieser Wellen entsteht ein kurzzeitiger dünner
Grat, der transparent ist und ebenfalls grün aufleuchtet. Holen wir jedoch eine
Pütz Wasser an Deck, so müssen wir ob dieser Farbigkeit leicht erstaunt feststellen, dass das Wasser klar wie Leitungswasser ist. Ein paar Tiere vielleicht,
aber sonst Leere.

Diese Leere ist es, die der Tropensee ihre eigentümlich dunkle Farbe ver-
leiht. Nur an wenigen Stellen auf dem Erdball ist das Meer ebenso leer wie in
den niederen Breiten. Kaum Plankton, fast keine mineralischen Beimischungen,
klares, leeres Wasser. Eine weiße Scheibe, die von Bord herabgelassen und in
die Tiefe gefiert wird, leuchtet gelegentlich noch aus 40 m bis zur Oberfläche
empor. In der Nordsee kann es damit unter Umständen nach wenigen Dezime-
tern vorbei sein. Die natürliche Farbe reinen Wassers ist Blau, denn Wasser ab-
sorbiert vor allem die Rot- und Gelbtöne, Blau leibt übrig. Aber das reicht noch
nicht als Erklärung.

Wer das Glück hat, in diesen Wassermassen zu schwimmen und unterzu-
tauchen befindet sich in einer unendlich weiten und leeren blauen Welt. Überall blau, durchbrochen von einzelnen Sonnenstrahlen, die wechselnd diesen
Raum durchleuchten. Nach unten aber verliert sich dieser Raum in einer immer
dunkler werdenden Tiefe und eine fallende Münze sinkt ohne Aufenthalt dieser
Dunkelheit entgegen, blinkt gelegentlich auf, wird immer kleiner und ist nach
gewisser Zeit nur noch als plötzlich aufleuchtender Lichtblitz zu erahnen, wenn
ein glücklicher Sonnenstrahl noch bis in diese Tiefe gelangt. Dann aber ist es
vorbei.

In diesen Moment erahnt der Schwimmer, was für ein dunkler, schwarzer
Koloss unter der durchleuchteten Oberflächenschicht liegt. Dieses Dunkel, dieses Verschwinden der Sichtbarkeit ist das Eingangstor zur Tiefsee, jener schwarzen Nacht, die den Hauptteil der See ausmacht. Dieser dunkle Abyssus ist es
auch, der der transparenten Tropensee den Hauch Schwarz in der blauen
Grundfarbe beimischt. Das Königsblau der See ist keine Widerspiegelung des
hellen Himmels, sondern der Schwärze der Tiefsee.

Geht unser Kurs nach Norden oder Süden aus dem Bereich der Tropen oder
Subtropen hinaus, so ändert sich meist auch die Farbe des Meeres. Anstelle des
dunklen Blaus tritt häufig eine grünliche Tönung. Insbesondere in der landfer-
nen Hochsee ist diese Farbgebung häufiger zu beobachten, wobei dies nach
meinen Beobachtungen besonders dann auftritt, wenn der Himmel neben der
Sonne auch schon einen bestimmten Anteil grau-weißer Wolken trägt. Wenn
die Bedingungen stimmten, so rollten glasartige, grüne Wogen heran, die mich
gelegentlich an die Farbe dickwandiger Weinflaschen erinnerten.

Hin und wieder wird die grünliche See aber auch durch eine Massenentfaltung von Planktonpflanzen hervorgerufen. Zu bestimmten Zeiten wachsen so genannte „Blüten" heran und die Unmenge der meist mikroskopisch kleinen Pflänzchen geben dem Wasser einen grünen Hauch. Plankton kann das Meerwasser aber auch sehr kräftig verfärben. So treten gelegentlich immer wieder Bereiche auf, die intensiv braun oder rötlich aussehen und das Ergebnis einer extremen Vermehrung bestimmter Planktonorganismen sind. Über Kilometer bahnt sich das Schiff dann seinen Weg durch eine merkwürdig braune „Suppe" und die Netze sind voll mit den entsprechenden Organismen.

In Küstennähe kommen dann die durch Abschwemmung vom Land und Aufwirbelungen vom nahen Meeresboden im Wasser enthaltenen Bestandteile hinzu. Feinster Sand, bestimmte chemische Substanzen, reiches Planktonleben geben dem Wasser eine bräunliche oder schmutzig-graue Farbe. Wer die Nordsee kennt, wird dies bestätigen.

Dabei können sonderbare Situationen auftreten. Immer wieder kommt es vor, dass die unterschiedlichen Wasserkörper ohne Übergang direkt nebeneinander liegen. Wie mit einem Lineal gezogen zieht sich diese Grenze durch das Meer, so dass das Schiff bei entsprechendem Kurs mit dem Bug in grauem Wasser steckt, während unter dem Heck noch blaues Hochseewasser wogt. Der Übergang zwischen den beiden Zonen beträgt gelegentlich nur ein, zwei Meter und nicht umsonst sprechen wir Meeresforscher dann von einer Front, einer Diskontinuität im Wasser, wobei die unterschiedlichen Inhaltsstoffe allgemein sichtbar machen, was sonst nur durch Messgeräte angezeigt würde.

In der Ostsee, nahe Greifswald, habe ich eines schönen Frühlingstages eine zweigeteilte Bucht gesehen: In Küstennähe eine heller bräunlicher Ton, der sich als Saum von ca. 50 m Breite um die Küste legte und im Zentrum der Bucht völlig übergangslos in einen blau-schwarzen Wasserkörper überging. Ergebnis einer heftigen Planktonentwicklung im flachen Wasser, die aber in den tieferen, zentralen Teilen noch nicht stattgefunden hatte.

Die Ostsee ist auch noch für eine andere Erscheinung gut, eine, die sich erst im Satellitenbild und fast nie vom Schiff erschließt. Im Sommer entwickeln sich bestimmte Blaualgen sehr stark und führen, wenn sie oberflächennah auftreten, zu lokalen Verfärbungen des Wassers. Aus großer Höhe ist dann festzustellen, dass diese Verfärbungen geordneten Strukturen folgen, die sich aus den Meeresströmungen ergeben. So sind wirbelförmige und wellenartige Muster erkennbar, lange, gewundene Bänder, die sich um ein Zentrum zu drehen scheinen und an die Wolkenbänder eines Wirbelsturmes erinnern. Daneben treten noch andere Strukturvarianten auf, die nur aus dieser Höhe erkennbar sind und dem Ozeanographen darüber Auskunft geben, wie sich zurzeit die Wassermassen bewegen. Ähnliche Massenentfaltungen von Organismen sollen dem Roten Meer zu seinem Namen verholfen haben.

Kehren wir nun aber wieder auf die Hochsee zurück und nähern uns der Region des Grau. In den mittleren und höheren Breiten wird das Meer vielfarbig, denn je nach Wetterbedingungen und Beleuchtung treffen wir z. B. im Nordatlantik klares blaues Wasser an, das aber sehr schnell in ein bedrohliches Grau übergehen kann. Eine heraufziehende Wetterfront tilgt jede subtropische Erinnerung in Minuten und ein heranrauschender Wind wird weiße Kämme auf graue Wogen setzen.

Aber wie beim Blau in den niederen Breiten können wir wieder fragen, was denn Grau wirklich bedeutet. Ich habe diese „Unfarbe" in so vielen Variationen gesehen, dass ich behaupten würde, der Variationen des Graus sind weit mehr als sie jede Tropensee im Blau zustande bringt. Die volle Palette der Grautöne erschließt sich schnell bei aufkommendem Schlechtwetter, beim Heranziehen einer Front, wenn die Wolken noch einzeln und in ersten Fetzen heranziehen.

Dann verdüstert sich die See, sie wird silbrig und überzieht sich mit Flecken. Weit weg ist sie dunkelgrau, fast schwarz zu nennen. Wo Sonnenstrahlen auf das Meer treffen, zeigen sich glänzende, an blinkendes Metall erinnernde Regionen. Dazwischen alle Variationen an Grau und Grün. Schwärzliche Töne gehen in immer noch dunklere, bleifarbene über, die wieder mit helleren Nuancen wechseln. Helle Blitze scheinen auf einmal von der See auszugehen, weil irgendein Sonnenstrahl eine Welle im richtigen Winkel trifft. Die silbrigen Stellen zeigen dagegen dunkle Striche und Halbkreise, weil sich Wellenflanken dem Lichtstrahl entziehen. In den Übergangsregionen können grün-graue Variationen auftreten, ein überbrechender Wellenkamm setzt einen grünlichen Saum auf die Welle. Und dann zieht sich am Himmel die Wolkendecke zusammen. Mit einem Schlag ist jeder Zauber dahin, die See wirkt abweisend grau, ohne Vergleich, einfach grau.

Was dann kommt hängt von der Wetterentwicklung ab, denn bei starkem Wind und Sturm mischt sich noch eine weitere Farbe dazu: Weiß. Wenn das Weiß auf dem Meer auftritt, heißt es auf der Hut zu sein, denn diese Farbe ist ein Windanzeiger. Je mehr Weiß, umso dramatischer das Meer. Ich habe es nicht selbst in allerletzter Schärfe erleben müssen, aber bei vollem Orkan ist das Meer nicht mehr grau, sondern weiß. Weiß von Schaumstreifen, weiß von der Gischt und überbrechenden Wellenkämmen, weiß von in die Luft gewirbeltem Meerwasser, weiß von was weiß ich noch allem.

Genau genommen ist es ein helles Weißgrau, das durchaus an die Haare von Greisen erinnert. Die alten Fahrensleute haben diesen Vergleich geboren. Brüllend rast Woge für Woge heran, während der Wind in den Schiffsaufbauten pfeift, dass das Ohr nichts anderes mehr vernimmt. Ich bekam die Türen auf der Luvseite des Schiffes in solchen Fällen nicht mehr auf und wenn ich dann endlich draußen war, blies mir der Wind derart stark in den Mund, dass ich nicht mehr ausatmen konnte. Ich wurde aufgepumpt. Das Schiff stöhnte und ächzte derweil, es polterte und krachte, es bog sich, sprang, stolperte. So ist das, wenn der Ozean weiß wird. Und dann gibt es auch keine Romantik mehr.

Aber es muss ja nicht so schlimm kommen. Viel häufiger sind es nur schlichte Regengüsse oder Regengebiete, die sich über dem Meer ausspannen und irgendwann ziehen die Wolken ab und eine tief stehende Sonne leuchtet unter der Wolkenschicht vor. Dann wird das Wasser schwarz und die Wolken ähneln diesem Farbton.

Aber auch in den nordischen Gewässern besitzt das Meer ein Potenzial zum Blau. Als ich auf meiner privaten Nordlandreise das erste Mal auf Treibeis traf, war es ein grauer, relativ lichtloser Tag. Gestern schien die Sonne und Eismeernebel zogen über die absolut ruhige Wasserfläche, verwandelten die Umgebung wechselnd in eine grau-weiße Atmosphäre, die immer wieder aufhellte, sich verdunkelte und mit den Sonnenstrahlen spielte. Dann war der Nebel weg und eine einheitliche graue Färbung kennzeichnete sowohl den Himmel als auch die See.

Dann rückten die Schollen heran. In breitem Strom zogen sie am Schiff vorbei. Scholle an Scholle. Kleine, große, dicke, dünne, hohe und solche, die die Wasseroberfläche gerade überragten, strahlend weiße und andere, deren Oberflächen braun waren von Erdbeimischungen, Sand oder irgendwelchen anderen Dingen. Wie es sich nach der Physik gehört, ragte in den meisten Fällen nur das obere Zehntel aus dem Wasser, der Rest war unter Wasser und verbreiterte sich häufig zu einem ausladenden „Eisfuß", der an Größe die Teile über Wasser bei weiten übertraf.

Diese unter Wasser liegenden Teile leuchteten in einem intensiven Blau dem Beobachter entgegen. Eine eigentümliche, magisch Farbe, die immer dunkler und „kobaltiger" wurde, je tiefer die Eisbrocken reichten. Es wirkte sehr geheimnisvoll, wie aus diesem grauen Meer ein nahezu mystisches Blau heraufleuchtete und in mir die Assoziationen an Wasserschlösser und geheimnisvoll dahinziehenden Hofstaat Neptuns erregte. Merkwürdig ist es auf jeden Fall, wenn so eine Farbigkeit ob grauer Umgebung und weißer Schollen aus dem Nichts auftaucht. Die Physik erklärt es, aber das ist im Grunde langweilig.

Und weitere Variationen des Graus können wir antreffen. Jene blaugrauen Tönungen des Nordseeschlicks und das helle, leichte, aber doch watteartige Grau der Nebeltage. Dann verschwinden die Grenzen zwischen See und Himmel und versetzen den Menschen in einen eigenartigen weltentrückten Kosmos, der nichts dem Auge bietet und durch den die Signale der Nebelhörner geheimnisvoll rufen. Genießen kann man das aber nur an Land – etwa auf einer Nordseeinsel -, auf See fühlt man sich eher unwohl ob dieser undurchsichtigen Trübe.

Aber die grauen Seeregionen des Nordens sind doch zu noch mehr fähig, sie zaubern die größten Farbspektakel an den Himmel und auf das Wasser, an die

die Tropen nur selten heranreichen. Gemeint sind die Farbspiele bei Sonnen-unter- oder -aufgang. Wenn die Sonne sich dem Horizont nähert geht die Welt in eine Orgie von Gelbtönen über, die in unterschiedlichen Schattierungen den Kosmos durchleuchten. Mit der Zeit werden die Töne tiefer, röter, das Meer bekommt einen rötlichen Schimmer, wird dann bei tiefer sinkender Sonne schwarz.

Der Seefahrer-Kosmos, also Seespiegel und Himmelsgewölbe, zeigt dann eine atemberaubende Palette an Farbigkeit. Im Osten tiefes dunkles Himmelsblau der hereinbrechenden Nacht, das zum Zenit heller wird und gelbliche Töne, gelegentlich mit einem grünlichen Hauch annimmt. Das Meer glitzert nach Westen in goldener Reflektion, die sich langsam in einen rötlichen Ton wandelt. Der Himmel verfärbt sich in ein tiefes Sepiafarben und mit dem Ersterben des Lichtes verschwindet die ganze Farbenpracht.

Das Meer ist weder blau noch grau, es ist eine ständig wechselnde Farbpalette.

# Benachteiligte Geschwister

Auch Forschungsschiffe schleichen sich gelegentlich an Küsten und Inseln vorbei als wären es die hässlichen Entlein des Meeres. Kaum ein Blick wird auf ihre Küsten geworfen, keine Kurskorrektur erfolgt, außer zur Erreichung eines möglichst weiten Abstandes. Wasserschöpfer und Netze bleiben binnenbords, kein Boot wird ausgesetzt, kein Anker geworfen. Möglichst bald und ohne Aufsehen vorbei und weg. Gut, dass wir uns dann doch mal die Zeit nahmen, einige dieser „Inseln der Verdammten" in Augenschein zu nehmen.

Wenn man aus dem nordwestafrikanischen Auftriebsgebiet vor Mauretanien und den senegalesischen Stränden heimwärts fährt und von der Nordspitze Teneriffas einen Kurs von rund 1 – 2°, also fast nordwärts, aber einen Hauch nach Osten versetzt, einhält, kommen nach ca. 90 Seemeilen diverse Inselchen auf gerundet 30° N und 16° West in Sicht.

Es sind in der Tat winzige Inseln, ja zu einem großen Teil eher Felsen als Inseln und die Fülle der Steinhaufen lassen eindeutige Begriffe verschwinden: Sind dies noch Felsen und Klippen mitten im Meer oder schon Inseln? Ab wann nennen wir eigentlich eine Insel eine Insel? Brandung überrollt die Felsen oder leckt begierig an den höheren Felsbrocken empor. Wir ahnten schnell, warum der Nautiker einen respektvollen Abstand hält, denn da ist unsicheres Fahrwasser. Intime Ortskenntnis ist unbedingte Voraussetzung, um heil in diesem Gewirr zu manövrieren.

Es sind die Ilhas Selvagens, die „wilden Inseln", früher auch als Sebaldsinseln in deutschen Seefahrer- und Geografenkreisen bekannt. Als wir sie uns näher ansahen, war wunderschönes Wetter mit einer moderaten 2-Meter-Dünung. Dennoch überlief die Brandung etliche kleinere Eilande und wir trauten uns nur ganz vorsichtig ran. Viele unterseeische Riffe werden in den Handbüchern angemahnt, also lieber Abstand halten.

Deutlich zu erkennen war Selvagem Pequena, die einen mützenähnlichen kleinen Pik von 50 m Höhe trägt. Der Rest ist tellerflach und überragt die Meeresoberfläche nur um einige Meter. Schon mit dem Fernglas war klar zu sehen, dass Asche und Lava die Insel aufbauen. Keine Vegetation, keine Bäume, keine Vögel – nichts. Als wir vorbei kamen wirkte die Insel wie tot. Dennoch gelang es uns durch beharrliches Beobachten herauszufinden, dass die Insel einen schmalen Bewuchs polsterähnlicher Pflanzen aufwies. Aber nirgendwo höheres Gesträuch oder gar so etwas wie Bäume. Gelbliche, dunkle und rötliche Bodenstrukturen waren erkennbar. Hier wuchs nichts von Bedeutung.

Das ist nicht eigentlich verwunderlich, denn die Inseln haben keine süßwasserführenden Schichten und daher weder Quellen noch Bäche oder gar Flüsse. Es ist trockenes Ödland, auf das die Sonne erbarmungslos niederbrennt, was auf 30° N schon ganz erheblich sein kann. Der Boden heizt sich auf und bildet flirrende Luftschichten. Insekten, Spinnen und Eidechsen sind mehr oder weniger die einzigen Bewohner. Dazu kommen rastende Seevögel. Menschen wohnen hier nicht, was schon aus strukturellen Problemen schwierig würde. Es ist eine leere, aber naturbelassene Insel.

Wir verließen das ungastliche Fahrwasser und gingen nach Norden, um uns die größte der Selvagens anzusehen: Selvagem Grande. „Grande", also „Groß", ist hier sicherlich ein relativer Begriff, denn die Insel hat einen Durchmesser von rund 1,4 Km und ist daher nur etwa doppelt so groß wie Helgoland.

Der Blick durch das Fernglas zeigte ein ähnliches Bild wie im Süden. Lava, Lava und nochmals Lava, steile, unnahbare Küsten ohne irgendwelche Landemöglichkeiten (die es aber gibt – die Insel ist nicht völlig unzugänglich) und fehlende Vegetation. Insgesamt nichts anderes als ein relativ hoher, sonnenverbrannter Steinhaufen. Links neben der Insel eine Felsgruppe, Palheiro do Mar.

Die mehr oder weniger steil aufragenden Inselränder gehen aber immerhin bis auf 70 – 90 Meter und das Inselplateau wird von drei erloschenen Vulkankegeln mit einer maximalen Höhe von 160 m überragt. Uns direkt zugewandt konnten wir den Pico da Atalaia erkennen, am gegenüberliegenden Ende der Insel gibt es den Pico dos Tomozelos und im Süden – bezeichnenderweise – den Pico do Inferno.

Ein interessantes Detail ließ sich ausmachen: Vom Pico da Atalaia waren offensichtlich dunkle Lavamassen ausgeflossen, die den gesamten sichtbaren linken Teil der Insel mit einer dicken schwarzen Schicht überzogen hatten, die sich sehr deutlich von den helleren Gesteinen darunter absetzt. Wie eine dicke Schokoladenschicht auf einer Torte. Hier konnten wir erahnen, wie die Insel schichtweise aus dem Meer aufgestiegen war, bis sie ihre jetzige Form gefunden hatte.

Ansonsten aber ein Bild weltabgewandter Ödnis. Wir wären gerne an Land gegangen, Biologen und Geologen kennen da keine Hemmungen, aber es ließ sich sowohl aus nautischen als auch aus formellen Gründen nicht durchführen.

Die Selvagens gehören zu Portugal und die Regierung hat die sehr weise Entscheidung getroffen, die Insel zum Schutzgebiet zu erklären, das nur mit

Sondererlaubnis und dann auch nur durch Forscher betreten werden darf. Sowohl Selvagem Grande als auch Pequena tragen biologische Stationen, die genutzt werden können. Egal, ob Ödnis oder nicht, die Inseln sind immer noch in ihrem Naturzustand, auch wenn es nur Schlangen, Spinnen und dünnen Bewuchs gibt. Und so soll es auch bleiben, denn findige Geschäftsleute würden sicher irgendeinen geeigneten Ort für eine Marina und ein Hotel finden. Buggy- oder Jeepfahrten durch die staubende Wildnis und die wüsten Lavafelder wären sicherlich eine „geile Sache". Das soll nicht sein.

Die Natur schiebt einer Besiedlung auch einen Riegel vor, denn auch Selvagem Grande hat kein Süßwasser. Angeblich gibt es zwei Zisternen, die sich aber nur bei starkem Regen füllen – und der kann schon mal drei Jahre ausfallen. Biologen und andere Personen, die auf den Inseln arbeiten, müssen ihr Süßwasser mitbringen oder es sich durch Versorgungsschiffe kommen lassen.

Dabei ist in mancherlei Hinsicht Selvagem Grande für Biologen interessant, denn hier gibt viele Vögel und vor allem eine große Kolonie des Sepia-Sturmvogels, einem Verwandten unseres nördlichen Eissturmvogels. Leider bekamen wir keine zu Gesicht, denn diese Sturmvögel sind wie unser nördlicher Vertreter die meiste Zeit des Jahres auf dem Meer unterwegs und kommen eigentlich nur zum Brüten an Land. Daneben gibt es aber auch Seeschwalben, Bulwersturmvögel, Fregattsturmschwalben und viele andere.

Diese Vögel leben alle vom Meer, die Insel bietet im Wesentlichen nur Schutz und Bruthöhlen, aber dass diese Vögel sich hier so massiv zusammenziehen, deutet darauf hin, dass das Meer rund um die Selvagens etwas fruchtbarer als der offene Ozean ist. Inseln im Ozean führen in sehr vielen Fällen durch die Umströmung und damit verbundenen Auftriebserscheinungen zu nährstoffreichen Wassermassen in Oberflächennähe, die dann eine im Vergleich zum umgebenden Meer erhöhte Planktonentwicklung ermöglichen.

Mehr Nährstoffe = mehr Plankton = mehr Fisch = mehr Nahrung für Vögel, so kann das biologische Geschehen extrem kurz zusammengefasst werden. Daneben gibt es auch ein reiches Bodenleben an den unterseeischen Hängen der Inseln. Inseln als Hotspots marinen Lebens sind erst vor relativ kurzer Zeit in das wissenschaftliche Bewusstsein getreten. Obwohl das Phänomen lange bekannt ist, ist die systematische Erforschung eher jungen Datums. Die Ödnis des Landes setzt sich unter Wasser nicht fort.

Wir verließen die Inseln und fuhren weiter Richtung Madeira. Das Wetter war wunderbar und gelegentlich segelten einige dünnere oder dickere weiße Wolken über den Himmel. Hier und da bildete sich ein Regenbogenfragment zwischen Wolke und Meer, ein deutliches Zeichen dafür, dass es dort räumlich sehr begrenzt leicht regnete. Hier wären Wasserquellen für die Inseln, aber sie können nicht erreicht werden und das macht sie zu den benachteiligten Schwestern.

Die Selvagens sind nämlich zu niedrig, um durch Wolkenstau den Himmel anzuzapfen. Im Prinzip setzen sich bei ihnen die Bedingungen der Sahara nach Westen in das offene Meer fort. Die Luftmassen, die über die westlichen Teile der großen Wüste und unsere Inseln streichen, entstammen zu einem wesentlichen Anteil dem atmosphärischen Subtropenhoch, also hier dem Azorenhoch. Diese Luft ist sehr trocken und bedingt zusammen mit der Sonneneinstrahlung eine starke Austrocknung des Bodens. Es sei denn, es würde regnen oder hohe Berge könnten die feuchteren Luftschichten derart in die Höhe drücken, dass der geringe Wasseranteil als Wolken oder Nebel kondensieren könnte.

Die großen Inseln, wie Madeira, Teneriffa, La Palma, La Gomera usw., die höher als 1000 m sind, erfüllen genau diese Bedingung und stauen an den Bergflanken die Luftmassen, so dass sich dicke Wolkenschichten bilden, die abregnen oder sich direkt an der Vegetation niederschlagen.

Besonders deutlich lässt sich dies an Teneriffa erkennen: Nördlich des hohen zentralen Bergkammes stauen sich die Wolken und es herrscht ein üppiger Pflanzenwuchs bis auf den zentralen Kamm, wo der Esperanzawald wächst. Die vielleicht wichtigste Art ist hier die Kanarenkiefer, die mit ihren sehr langen, bis 30 cm messenden Nadeln eine unausmessbare Kondensationsfläche auch noch für die letzte Luftfeuchtigkeit darstellt.

Der südliche Inselteil dagegen wird von den feuchten Luftmassen im Schatten des Gebirges nicht erreicht. Er ist trocken, mit Barrancos durchzogen und ähnelt daher den Ilhas Selvagens, wenn auch bei weitem nicht so extrem. Aber im Prinzip wirken die gleichen klimatischen Bedingungen wie auf den Selvagens.

Ich erinnere mich noch leidlich an die Fernsehberichte 1963 als sich vor Island die Insel Surtsey aus dem Atlantik erhob. An die enormen Dampf- und Gaswolken, die aufspritzende glühende Lava, das kochende Meerwasser in der direkten Umgebung und an die Schiffe der Fischer, Wissenschaftler und Kamerateams in respektvollem Abstand. Eine mächtige Demonstration der Erdkräfte, Mein Vater erklärte mir die groben Zusammenhänge. Es war faszinierend, wie sich hier aus dem Meer, aus dem Vulkan neues Land mitten aus der See erhob und mit jedem Lavastoß ein klein wenig größer wurde.

So sind auch die Kanarischen Inseln einst aus dem Meer herausgewachsen, die Azoren, die Kapverden, Madeira, der ganze Archipel vor Westafrika. Nach dem Abkühlen war kein Tropfen Süßwasser auf den Inseln. Aber die hoch herausgewachsenen Eilande konnten den Regen ernten. Er lief von den Felsen ab, sammelte sich in Vertiefungen, verschwand in Höhlungen, Spalten und Kavernen. Sackte tiefer bis er auf undurchdringliche Schichten stieß und im Laufe der Jahrhunderte konnten die Inseln einen Süßwasservorrat anlegen und spei-

chern, der heute – unterstützt durch die aktuellen atmosphärischen Wasserquellen – eine reiche Flora zulässt. Da die Selvagens so niedrig sind, ist ihnen
dies nie gelungen.


Einsame Inseln im Atlantik: Die „Benachteiligten".

Selvagem Pequena von See aus gesehen.

Selvagem Grande

Die Ilhas Desertas

Stilisierte Darstellungen nach Fotos des Autors.

Lägen die Sebaldsinseln dagegen auf der Westseite des Atlantiks, also vor Südamerika oder in der Karibik, trügen sie ein luxurierendes tropisches Pflanzenleben. Die Luftmassen, die auf der Ostseite vor Afrika die Böden austrocknen, nehmen auf ihrem Weg über den Ozean permanent Wasser auf und kommen feuchtigkeitsgeschwängert in Westindien an. Dort regnet es viel häufiger.

Bleiben wir aber vor Afrika. Nach einigen Stunden Fahrt kamen neue Inseln in Sicht, die Ilhas Desertas, deren Charakter schon durch den Namen angedeutet wird. Es sind schmale, sehr lang gezogenen Inseln, wobei uns das im Süden gelegene Bugio durch seine zerklüftete Bergkulisse besonders faszinierte. Deserta Grande, die Mittelinsel, ist eher buckelförmig, aber Chao im Norden zeigt umlaufend steile hohe Felswände und wirkt trotz seiner Kleinheit völlig unantastbar.

Die „Desertas" liegen in unmittelbarer Nachbarschaft zu Madeira, man kann die Inseln von Funchal sehen und in Booten relativ schnell erreichen. Aber was für ein Gegensatz: Hier die „Blumeninsel", dort verdorrte, vertrocknete Natur mit dem Aussehen einer Dreiviertelwüste. Die Ilhas Desertas gleichen den entfernten Selvagens viel eher als dem direkt benachbarten Madeira. Die Vegetation besteht aus niedrigen Pflänzchen. Insekten sowie die riesigen Deserta-Taranteln, die sogar kleine Eidechsen erbeuten, schleichen über den Boden. Auch die „Desertas" sind geschützt und dürfen nicht betreten werden, wobei allerdings geführte und auf festen Wegen vollzogene Tagesausflüge vom nahen Madeira nach Deserta Grande möglich sind.

Aber es ist wie bei den Selvagens: Auch die Ilhas Desertas sind wasserlos und mit ihren maximalen rund 400 m immer noch sehr niedrig. Unsere Inseln haben also das Schicksal einerseits keine Süßwasserquellen aufzuweisen und andererseits zu niedrig zu sein, um den Wolkenstau zu nutzen. Im Vergleich zu den großen, lebensstrotzenden Schwestern sind sie die in der Tat Zukurzgekommenen, die Pechvögel im Archipel der Insulae fortunatae, der glücklichen Inseln, und müssen öde, trocken und nur von wenigen Spezialisten bewohnt ein karges Auskommen führen. Aber sie werden auch nicht von Touristen zertreten.

# Unangenehme Überraschung

Es geschah im Roten Meer, genauer auf Station 108. Der Tag war zu Ende gegangen, die Dunkelheit lagerte schon über der See als wir noch einen Zug mit dem Multinetz bis 750 m Tiefe ausführen wollten. Das Multinetz ist eine sinnreiche Einrichtung, die es erlaubt in einem Zug fünf unterschiedliche Tiefenhorizonte des Meeres separat zu befischen.

Unser Netz wurde gerade gefiert, Manfred war im Labor und bereitete die Probengefäße vor. Ich lungerte an Deck herum, um gleich beim Einkommen des Netzes zu assistieren. Meter auf Meter des Windendrahtes verschwanden in der See als es auf einmal einen lauten Knall gab, der uns alle zusammenschrecken ließ. Fast sofort begann sich die Windentrommel unkontrolliert und immer schneller werdend zu drehen.

Die Bremse griff nicht mehr und unser Netz sank der Schwerkraft folgend immer schneller in die Tiefe. Der Einsatz der Winde ist ein kontrolliertes Spiel zwischen den Kräften. Sie muss einerseits zulassen, dass sich der Draht abwickelt, andererseits aber bremsen, damit der Vorgang mit der beabsichtigten Geschwindigkeit abläuft. Sie muss zulassen und verbieten. Die Bremsen sind dabei das A und O, denn sie müssen dem Gewicht der frei hängenden Teile entgegenwirken. Dabei nimmt mit auslaufendem Draht das Gewicht zu, bei uns um knapp 2,5 kg pro Meter.

Ohne die Bremse läuft daher der Windendraht ab wie bei einem Jo-Jo, allerdings immer schneller werdend, da sich das Gewicht durch den ablaufenden Windendraht kontinuierlich steigert. Unsere Winde drehte sich wie verrückt, rumpelte und kreischte, dass es in den Ohren wehtat. Rostwolken stoben von dem Gerät weg und unterstrichen den Irrsinn, der sich gerade abspielte.

„Deck räumen" brüllte die Schiffsleitung. In der Tat, die Situation konnte gefährlich werden, denn wenn der Draht brechen oder ablaufen würde, könnte es sein, dass er peitschend noch einmal über Deck schlug, bevor er in der See verschwinden würde. Bei dem dünnen und unter extremen Zug stehenden Draht würde es einen Menschen glatt durchteilen. Wie ein Käsedraht, nur sehr viel schneller und mörderischer.

Wir stoben auseinander, die einen in das Trockenlabor, ich in das Nasslabor. Dort hing eine Anzeige, die die ablaufende Länge der direkt über mir gelegenen Winde anzeigte. 900 m, 950 m, 1000 m, es ging immer tiefer und schneller. Über mir polterte es und kreischte erbärmlich und ich fragte mich, ob ich einen intelligenten Rückzugsort gewählt hatte. Andererseits faszinierte mich die Anzeige: 1500, 1600, 1700 Meter, es ging mehr oder weniger Schlag auf Schlag. Wie würde es weiter gehen?

Bei 2500 m wussten wir, dass unser Netz auf Grund war, tiefer war es hier nicht. Aber das hatte überhaupt keinen Einfluss auf die Geschwindigkeit der Windentrommel, sie lief unter Grauen erregenden Geräuschen immer weiter. Jetzt wurde der Draht auf den Meeresgrund abgelagert, unser Netz dürfte schon zugedeckt sein. 3000 m, ich pfiff durch die Zähne, auf der Trommel waren 4000 m, das wusste ich. Es würde nicht mehr lange dauern bis der ultimative Showdown begann.

Plötzlich steigerte sich die Geräuschkulisse zu einem hysterischen Kreischen, irgendetwas zwischen dem scharfen Bremsen eines Autos und dem fiesen Geräusch, das Züge gelegentlich machen, wenn die Räder am Gleis entlangschleifen. Es polterte und rumpelte über mir, dass ich dachte, das Dach würde abgehoben Die Anzeige, zeigte 3200 m, dann 3300, aber – sie wurde langsamer. Wie ich später erfuhr – ich traute mich aus meinem Labor nicht mehr raus – hatte ein Elektriker die Winde wieder funktionsfähig gemacht.

Die Bremsen griffen. Langsam, ganz vorsichtig, denn ein „full-stop" wäre sicher das Verkehrteste gewesen, was jetzt geschehen konnte. Aber es wirkte, die Winde wurde langsamer, und langsamer und dann stand sie. Bei etwas über 3400 m. Ruhe. Ich atmete aus. Erleichterung.

Dann holten wir den Draht wieder rein. Schön vorsichtig und langsam. Es dauerte ewig. Der Abend war schon weit fortgeschritten als unser Netz an Bord kam. Aber wie sah es aus! Verdreht, mit Draht umwickelt, der selbst etliche Kinken aufwies und sich in langen Schleifen auf dem Boden und um unser Netz gelegt hatte. Die ganze „Wuling" wurde so wie sie war an Deck gelegt und dann gingen wir alle nach Hause, also ins Schiff und in die Bar. Etwas aufgedreht plapperten wir durcheinander und tauschten mit der Mannschaft Geschichten über durchgehende Winden aus, denn unser Unfall war nicht einzigartig. Aber er kam halt „plötzlich und unerwartet". Dann beruhigten wir uns alle und gingen zu Bett.

Knappe 30 Minuten Chaos bereiteten uns und er Mannschaft am nächsten Tag ein volles Arbeitsprogramm. Ein ausgefallener Forschungstag, aber das Netz konnte vor allem dank Manfreds besonderem Fleiß wieder genutzt werden.

# Schwimmende Inseln

„Hey, was ist das denn da vorne" rief mir Thomas zu. Wir lehnten beide an der Bordwand der „weißen Meteor" und warteten auf unsere Netze, die in 750 m Proben sammelten. Direkt voraus war ein größerer brauner Fleck im Wasser zu erkennen. Das konnte eine Schildkröte, ein brauner Plastiksack oder was auch immer sein. Als sich dieses Etwas genug genähert hatte, holten wir den Kescher und hatten wenig später einen respektablen Braunalgenbusch in der Hand. In einer mit Seewasser gefüllten Wanne entfaltete sich die Pflanze und uns wurde klar, dass wir ein Stück der Gattung *Cystoseira* gefangen hatten. Die Alge zeigte mehrere lange Stiele, von denen dann fiederartig breite Büschel feinerer Äste abgingen. Verräterische kugelförmige Aufblähungen waren luft- bzw. gasgefüllte Bläschen, die im Fachjargon „Pneumatocysten" heißen.

Algen haben keine Wurzeln, sondern setzen sich in der Jugend mit Saugscheiben auf harten Untergründen fest, also z. B. auf Felsen, Hafenmolen, großen Steinen und anderen Hartsubstraten. Dies hatte auch unsere *Cystoseira* einst gemacht, dabei aber das Pech der schlechten Wahl gehabt, denn ihr Stein war zu klein oder zu leicht bemessen. Er reichte nicht, um die auswachsende Pflanze zu halten und so trugen die Wellen und die Meeresströmungen sie fort. Der Stein hing noch immer an der Saugscheibe und stabilisierte die treibende Alge, denn er bildete ein einigermaßen ausreichendes Gegengewicht zu dem Auftrieb der Pneumatocysten.

Eine genauere Untersuchung des Algenbusches förderte diverse Tiere zutage, so vor allem eine Gehäuseschnecke, die wir aus dem westlichen Mittelmeer und der lusitanischen Region, also aus dem Bereich Portugals kannten. Unsere Alge war also bis zu uns am mauretanischen Cap Blanc schon eine Strecke getrieben. Das Überleben die Algen ist durch ihren Standortverlust nicht gefährdet, denn sie nehmen anders als unsere Blütenpflanzen die Nährstoffe direkt aus dem umgebenden Wasser über den gesamten Organismus auf. Sie schwimmen – wann man so will – mitten durch die Nährlösung. Insofern ist eine Bindung an den Untergrund nicht erforderlich. Auch als losgerissene Wanderer können sie prächtig gedeihen.

Neben der Schnecke kamen eine Reihe von kleinen Krebsen zum Vorschein, eine Minikrabbe wurde entdeckt und Teile des kräftigsten Stiels waren mit krustenähnlichen Moostierchen überwachsen. Die Krebse zeigten alle eine bräunlich-rote Färbung, einen eher langgezogenen Körperbau sowie Scheren und Beine, die so gestaltet waren, dass sie beim Festhalten an den Algenzweigen gute Arbeit leisten konnten. Diese Tiere waren bestens darauf angepasst, dauerhaft in Algenbüscheln zu leben. Es war ihr natürlicher Lebensraum. Mit dem waren sie jetzt auf Reisen.

Nachdem wir alles genau untersucht hatten, setzten wir die Schnecke auf die Algenzweige, wo sie sich gleich festsaugte, die Krebse hatten schon von selbst wieder in ihren Unterschlupf gefunden und so übergaben wir das Ganze wieder dem Meer. Langsam trieb unsere Alge davon. Für die Tiere war der Algenbusch zu einer Insel geworden, denn sie konnten nicht weg. Die Schnecke würde sofort ins Bodenlose sinken und die Krebse wären eine leichte Beute der Fische oder anderer Räuber. Nur im Schutz der Alge konnten sie überleben. Sie hatten eine ungewisse Reise vor sich, aber sie hatten auch eine Chance – wenn auch nur eine sehr kleine.

Schon früh hatten Naturbeobachter erkannt, dass solche schwimmenden Inseln die Verbreitung von Tieren und Pflanzen über tiefe Meeresregionen ermöglichen. Darwin wusste es, Humboldt wusste es und wahrscheinlich hatten bereits antike Geister aus den Umständen die richtigen Schlüsse gezogen. Insbesondere leere Inseln, wie z. B. neu entstandene Vulkaninseln, waren bzw. sind für die Besiedlung besonders günstig, da sie noch keine eigene Fauna und Flora aufweisen. Im besten Falle können sich die Tiere ansiedeln, mit Glück reproduzieren und eine lange Geschlechterfolge beginnen, an deren Ende vielleicht völlig andere Formen stehen, da die Evolution entsprechende Veränderungen begünstigt hat. Wir müssen aber nicht immer gleich die evolutiven Veränderungen in den Blick nehmen, denn zunächst sind die Ankömmlinge schlicht Neusiedler, die vor allem dann, wenn die Bedingungen sehr ähnlich wie in der Heimat sind, unverändert weiterbestehen und sich etablieren können.

Gelegentlich können die Neusiedler – so genannte „Neophyten" bei Pflanzen und „Neozoen" bei Tieren - aber auch das alte Ökosystem durcheinander und vorhandene Arten in Bedrängnis bringen. Dafür brauchen wir heute nicht unbedingt besiedelte Algenbüschel, denn es gibt weit effizientere schwimmende Inseln: Schiffe! In den meisten Fällen ist dabei das Ballastwasser von Bedeutung, dass z. B. in China aufgenommen und in Cuxhaven abgelassen wird.

Auf diese Weise ist wahrscheinlich (genau wird man es nie wissen) die Chinesische Wollhandkrabbe in unsere Küstengewässer gelangt. Wirklich großen Schaden stellt sie nicht an, aber das sieht bei einer Rippenqualle mit dem schwer zugänglichen Namen „*Mnemiopsis*" schon anders aus. Diese amerikanische Art gelangte in das Schwarze Meer, vermehrte sich rasant und machte sich über die Fischbrut her. Die Bestände brachen ein und erst mit der künstlichen Einführung einer anderen Rippenqualle, die *Mnemiopsis* zum Fressen gernhat, konnte die Populationsexplosion kontrolliert werden. Aber nun gibt es zwei neue Arten im Schwarzen Meer, beide durch Menschenhand eingeführt, und es bleibt abzuwarten, wie sich diese „Bereicherung" des Ökosystems auswirken wird.

Wo wird nun die Reise unseres *Cystoseira*-Büschels zu Ende gehen? Da ist alles möglich: Westindien, Irland, Spitzbergen. Im Moment befanden wir uns ca. 100 Seemeilen vor Mauretanien im Bereich des nach Süden setzenden Kanarenstroms. Diese Meeresströmung führt zunächst an der afrikanischen Küste entlang und gliedert sich dann in den nach Südamerika ziehenden und vor allem durch die Passatwinde vorwärtsgepressten Nordäquatorialstrom ein, der bis in die Karibik bzw. den Golf von Mexiko geht. Die Wahrscheinlichkeit ist hoch, dass unsere schwimmende Insel bereits dort an einer der unzähligen Inselküsten strandet.

Das muss aber nicht sein, denn mit Glück gelangt unser Büschel in den sich anschließenden Golfstrom, der im Golf von Mexiko – daher der Name – seinen Ausgang nimmt. Die Reise geht dann direkt an der nordamerikanischen Küste entlang, bevor ungefähr bei Kap Hatteras, also auf etwa 35° N, der Strom sich in nordwestlicher Richtung in den offenen Atlantik wendet.

Was dann kommt, ist Lotterie. Der so genannte Golfstrom zergliedert sich im Atlantik in unterschiedlichste Zweige, wobei der nach Europa fließende Zweig, der prominenteste ist. Ein gewisser Teil jedoch geht in einem großen Kreisbogen in südliche Richtungen, erreicht etwa die Portugal – Kanaren – Region und fließt dann als Kanarenstrom wieder nach Süden. Der Kreis ist geschlossen und es wäre nicht grundsätzlich auszuschließen, dass unsere Algenbüschel in ein paar Jahren wieder am Cap Blanc ist.

Wahrscheinlicher ist es jedoch, dass die Reise nach Europa hinübergeht und an den irischen Stränden ihr Ende findet. Es könnte allerdings auch noch weiter gehen, denn der Ausläufer des Golfstromes, der jetzt Nordatlantischer Strom heißt, geht bis nach Spitzbergen rauf. Rein theoretisch könnte unsere lusitanische Schnecke einmal im Uhrzeigersinn durch den Atlantik getragen werden und dann bei Spitzbergen ihr Ende finden. Denn dort ist es zu kalt für sie.

Die Meeresströmungen verlaufen also im Nordatlantik grosso modo im Uhrzeigersinn. Im Südatlantik geht es genau anders herum. Würden wir unsere Alge vor der Skeletküste in Namibia auf die Reise schicken, so würde sie mit dem Benguelastrom nach Norden treiben, dann in den Südäquatorialstrom gelangen, bei Brasilien dem Brasilstrom wieder nach Süden folgen und mit dem Falkland- und dem Südatlantikstrom wieder nach Osten wandern. Die Strömungen sind also in ihrem grundsätzlichen Aufbau in beiden Atlantikhälften recht ähnlich, aber mit umgekehrter Drehrichtung.

Dieses Muster findet sich in sehr vergleichbarer Weise auch im Pazifik, während der Indische Ozean vollständig dem Südatlantik ähnelt, denn einen „Nordindischen Ozean" gibt es nicht. Dort liegt die asiatische Landmasse. Selbstverständlich sind die Details dieser Strömungsmuster viel komplizierter, aber für ein allgemeines Grundverständnis reicht diese einfache Darstellung.

Oder zumindest fast, denn eine Zumutung muss ich dem Leser noch aufbürden. Wir haben nämlich einen wichtigen Strom vergessen. Nördlich des Äquators fließt – wie schon gesagt - der Nordäquatorialstrom angetrieben durch den Nordwestpassat nach Westen und knapp südlich des Äquators wird der Südäquatorialstrom durch den Südostpassat angetrieben und fließt auch nach Westen. Und genau dazwischen gibt es einen mächtigen Strom, der nach Osten fließt: Der Äquatoriale Gegenstrom. Warum? Weil in der Äquatorregion die beiden Passatwindsysteme zusammentreffen und sich aufheben, es sind die windarmen Mallungen, die etwas nördlich des Äquators aufzufinden sind

Die beiden Äquatorialströme transportieren große Wassermassen nach Westen, die sich dort aufstauen. Das Oberflächenniveau des Meeres wird daher schief, nämlich im Westen höher, im Osten niedriger. Dies kann man messen und es ist eine nicht zutreffende Vorstellung, dass der Meeresspiegel glatt wie in einer Badewanne wäre. Sowohl Salzgehalts- und Temperaturunterschiede, Winddruckwirkungen u.a. führen zu einer Ozeanoberfläche die „verbeult" ist und „Berge" und „Täler" enthält. Für das menschliche Auge sind diese Unterschiede nicht sichtbar, da sie sich auf Hunderte von Kilometern aufbauen. Mit Präzisionsmessgeräten ist dies aber nachweisbar.

Da nun – wirklich sehr vereinfacht – im Westen ein höherer Wasserstand vorhanden ist als im Osten und im Bereich der Mallungen kein Winddruck diese Differenz stabilisiert, fließt ein Teil der aufgestauten Wassermassen in der windarmen Zone nach Osten zurück. Es fließen damit drei Ströme vom „Wasserberg": Der Golfstrom nach Norden (weil die Wassermassen gegen den NW-Passat nicht nach Osten zurückfließen können), der Brasilstrom nach Süden und der Gegenstrom in der windarmen Region nach Osten.

Damit soll es genug sein. Wir erkennen aber, dass oberflächennah treibenden Organismen oder Organismengemeinschaften durchaus nicht die ganze Welt offen steht, sondern in der Regel nur jene Gebiete, die der Strömungsfamilie entsprechen, aus dem diese Organismen auch stammen.

Jetzt bin ich aber ordentlich abgeschweift! Unser treibender Braunalgenbusch ist das Ergebnis eines Missgeschickes, viel lieber hätte er an sonnigen lusitanischen Gestaden seinen festen Ruheplatz inne behalten und einer zwischen seinen Zweigen umherkriechenden, vielfältigen Tierwelt einen Lebensraum geboten.

Es gibt aber auch Algen, denen das Treiben durch die Meere grundsätzliches Lebensprinzip ist. Das sind bestimmte Sargassumarten. Die Braunalgengattung *Sargassum* beinhaltet etliche Arten, die normalerweise wie unsere *Cystoseira* festgewachsen in Landnähe gedeihen. Zwei Arten jedoch, *Sargassum natans* und *Sargassum fluitans* – beides bedeutet „schwimmend, treibend, fließend" – sind vollständig zum Leben im freien Wasser übergegangen. In großen Haufen treiben sie durch die Ozeane. Man findet sie in allen wärmeren Meeren und wir hatten einmal das Glück, im Roten Meer einen dicken Busch aufsammeln und näher anschauen zu können.

Die Alge selbst besteht aus kräftigen Zweigen, die relativ große, bräunliche Blätter tragen und zwischen denen die Auftriebskugeln der Pneumatocysten eingestreut sind. In Natura tritt das dem Beobachter aber eher als ein verworrenes Geflecht miteinander verwobener Zweige und Blätter entgegen und nur die Herbarien der Botaniker haben ausgestreckte Pflanzenexemplare in ihren Sammlungen. Der im Seewasser treibende Busch erinnert eher an ein Unterholz oder ein Dickicht.

Wir beförderten unseren Sargassumbusch schnell in eine große, weiße und mit Seewasser gefüllte Wanne und begannen zu mehreren, darin herumzuwühlen. Viel Interessantes gab es da: Wie immer einen Haufen kleinerer oder etwas größerer Krebs in brauner Farbe mit kräftigen Halterscheren und -beinen. Etliche kleinere Schnecken mit und ohne Gehäuse, einiges Langgezogenes, von dem wir nicht wussten, ob es Würmer waren bzw. welche Würmer es sein könnten und einiges mehr.

Die Mitglieder dieser Sargassum-Lebensgemeinschaft sind auf Gedeih und Verderb auf ihre Insel angewiesen und sie haben sich im Laufe der Evolution hervorragend an die Farben des Krauts und die verzweigten Strukturen angepasst. Die wesentlichen Eigenschaften sind Tarnung und Festhaltevermögen und die Gabe, den gesamten Lebenszyklus möglichst im Busch vollziehen zu können. Ich vermute aber, dass die Larven etlicher Krebse auch eine Planktonphase durchlaufen und durch die Ozeane treiben. Aber sicher bin ich mir da nicht.

Aber wer die Tarnung verlässt, läuft Gefahr, schnell gefressen zu werden. Etliche Fische, u.a. Holzmakrelen und Barsche, halten sich nämlich häufig in der Nähe der Büschel auf. Wehe, wenn dann ein vorwitziges Krebstier einen Schwimmausflug startet! Forscher und Hobbytaucher wollen zusätzlich auch beobachtet haben, dass kleinere Fische des freien Wassers die Nähe des Sargassumkrautes suchen, um selbst vor größeren Feinden etwas geschützt zu sein, um der Entdeckung zu entgehen. Die schwimmende Sargassuminsel ist also Lebensraum für eine ganz spezifische Gemeinschaft, es ist ein eigenes kleines Ökosystem.

Der Star in diesem System ist natürlich der berühmte Sargassumfisch. Dieser Fisch – wir fanden vier Stück - ist wirklich außergewöhnlich und hat sich vollständig dem Leben in diesen treibenden Tangen verschrieben. Bevor ich lange Beschreibungen abgebe, möchte ich auf die nachstehende Abbildung verweisen, eine wunderbare Malerei von A. H. Baldwin aus dem Jahre 1905, die überall gemeinfrei durch das Internet geistert, aber bei dem sich keiner die Mühe gemacht hat, von dem armen Mann alle Vornamen zu nennen.

Der Sargassumfisch Histrio histrio in der Darstellung von A. H. Baldwin, 1905 (wikimedia commons, gemeinfrei).

Das Überleben gelingt dem Fisch vor allem aufgrund seiner Tarnung, die - wie leicht zu sehen ist – durch „zerfranste" Körperstrukturen und eine unregelmäßige bräunlich-gelbe Zeichnung gesichert ist. Damit er auch bei Seegang nicht verloren geht, hat er aber ein morphologisches Merkmal, das uns alle interessierte: Die Brust- und Bauchflossen können wie Hände benutzt werden und die Zweige fest umschließen.

Dies sichert ihm auch in stürmischen Zeiten einen sicheren Halt. So treibt er zusammen mit seiner Sargassoheimat durch die Ozeane, die er auch nie verlässt, denn er ist schon etwas dicklich und ungelenk, ein pelagischer Räuber hätte sehr leichtes Spiel mit ihm. Allerdings hat er einen kleinen Trick auf Lager: Bei Gefahr kann sich der Fisch mit Wasser aufpumpen und sein Volumen ordentlich vergrößern. Das versperrt manchem Räuber das Maul.

Der Fisch ähnelt aber in einer Hinsicht dem Eissturmvogel. Jener muss zum Brüten ans Land und dieser zur Fortpflanzung seinen Busch verlassen, da die Eiablage und -besamung im Oberflächenbereich des freien Wassers erfolgt. Er tut gut daran, dabei auf die Dunkelheit der Nacht zu vertrauen. Allerdings: Er selbst ist ein großer Räuber, der alle möglichen Krebse und auch kleiner Fische nimmt, so er sie erhaschen kann. Angeblich soll er auch schon mal kannibalisch aktiv sein. Er gehört schließlich zu den Anglerfischen und ist damit mit unserem bis 1,5 m langen und arg räuberischen Seeteufel aus dem Atlantik verwandt.

Die Sargassum – Lebensgemeinschaft ist aufgrund der Meeresströmungen in allen wärmeren Meeren vorhanden, aber sie kann auch mal woanders hingetragen werden, denn man hat den Sargassumfisch auch schon mal vor Norwegen erwischt. Die ersten Atlantiküberquerer haben jedoch die Algenteppiche im westlichen Teil des subtropischen Atlantiks als besonders erwähnenswert empfunden und den Meeresabschnitt daher „Sargassosee" getauft.

Besser wäre eigentlich die Bezeichnung „Aalsee" für dieses Seegebiet, denn hier laichen die Aale. Die erwachsenen Aale aus Europa verlassen die Flüsse, wandern viele Tausend Kilometer in die Sargassosee und halten in der Tiefe Hochzeit. Die Jungbrut wandert dann über mehrere Jahre nach Europa zurück und dringt als kleine „Glasaale" wieder in die Flüsse ein. Dies ist die eher außergewöhnliche Seite dieses Meeresteiles, weniger die Sargassumalgen, denn die kann man überall finden.

Üble und trübe Geschichten wurden aus der Sargassosee berichtet. Die Algen sollen so dicht gelegen haben, dass die Schiffe stecken blieben und nicht mehr vorwärtskamen. Die Mannschaften verhungerten, brachten sich in der Extremsituation gegenseitig um oder erlagen den schädlichen Miasmen – unerträglichem Gestank und giftigen Gasen – die von den Algen ausgingen. Nichts davon ist wahr.

Allerdings scheint es heute tatsächlich so etwas Ähnliches zu geben. Seit etwa 2010 leiden die westindischen Inseln, die Karibik und die nordbrasilianischen Gegenden jedes Jahr unter einer zunehmend starken Plage der Algen. Die Strände sind voll von verrottenden, nun tatsächlich stinkenden Sargassumresten und das Meer ist meilenweit davon bedeckt. Woher das kommt? Forscher vermuten eine Überdüngung durch ungebremsten Einsatz von Düngemittel, die mit den Regenfällen über die Flüsse ins Meer transportiert werden, sowie die Auswirkungen der Brandrodungen im amazonischen Regenwald. Auch dies spült Nährstoffe in den großen Fluss, der sie dann an das Meer übergibt.

Aber nicht nur die Küstenregionen sind betroffen, denn die Sargassumteppiche breiteten sich immer weiter in die See aus. Seit 2014 zieht sich jedes Jahr ein neuer riesiger Algenteppich von Südamerika bis nach Westafrika, über 8900 Km und mit einer geschätzten Gesamtbiomasse von etwa 20 Millionen Tonnen.

Der Mensch macht's möglich! Und wie kommen die Algen eigentlich von Amerika nach Afrika? Na, das wissen Sie jetzt natürlich selbst: Äquatorialer Gegenstrom!

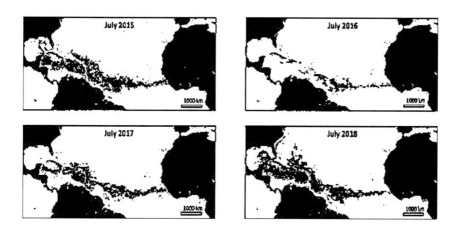

Massenentwicklungen der Sargassum-Arten 2015 – 2018: Im Bereich der Karibik und der Amazonasregion entwickeln sich seit etlichen Jahren enorme Mengen der Algen. Ein nicht geringer Teil wird durch den äquatorialen Gegenstrom fast 9000 Km bis zur afrikanischen Küste getrieben.

(Quelle: USF College of Marine Science)

# Afrikanische Hafentage

Landgang, also der Besuch eines fremden Hafens, war das i -Tüpfelchen auf unseren Forschungsreisen. Interessant waren die Fahrten immer, wenn sich uns aber zusätzlich die Gelegenheit bot, durch einen fremden Hafen zu streunen, war es noch besser. Selbstverständlich sind wir dabei nicht über einen flüchtigen und punktuellen Eindruck der besuchten Länder hinausgekommen. Es ist halt das Los sowohl des Seemanns als auch des Meeresforschers, dass sich die Seekarten mit den befahrenen Kursen langsam füllen und ein verwobenes Netz an Strichen bilden, an den Grenzen der See, den Ländern dieser Erde, aber abrupt enden. So mag man mehrere Male um den Globus gefahren sein, hat aber von den diversen Ländern nur eine blasse Ahnung.

Daher ist eine entsprechende Vorbereitung immer von Nutzen, wobei man gut beraten ist, bei befahrenen Kollegen sich die notwendigen Informationen einzuholen. Diese sind meist amüsant, lehrreich und nach meinen Erfahrungen in der Regel nicht zutreffend, haben aber oft einen hohen Unterhaltungswert.

Als ich mich z. B. auf meine erste Afrikafahrt präparierte, erzählten die Kollegen von den wunderbaren Einrichtungen in Dakar / Senegal, unserer geplanten Fahrtunterbrechung. Zum Beispiel, wie leicht sich Dinge eintauschen ließen. Gegen ein paar alte Wasserkanister waren Hemden und Stücke des lokalen Kunsthandwerks billig zu bekommen. Vor den Frauen sollten wir uns in Acht nehmen, die gerne mal uns fremden Männern für die angenehmen Begleiterscheinungen des Seemannslebens hinterherliefen. Nach den Schilderungen erschien die Hauptstadt des Senegal als ein kleines verschlafenes und trauliches Nest westafrikanischer Prägung. Es hätte nicht viel gefehlt und wir hätten gedacht, die Stadt bestände aus traditionellen Hütten mit ein paar Amüsierbetrieben, denn über allem thronte in den Erzählungen die „Cosmos-Bar". Offensichtlich ein Ort, der Forschern und Seeleuten aller Nationen als Nabel Westafrikas galt.

Nichts davon ist eingetreten. Die Bar entpuppte sich als ein windiges und nicht ganz zu durchschauendes Etwas, von dem wir uns gerne fernhielten. Die Frauen hatten ganz andere Sorgen als sich mit ein paar ziellos durch die Straßen irrenden Wissenschaftlern zu beschäftigen und die Angaben über die Tauschkurse galten 15 – 20 Jahre vorher. So entstehen aus diesen punktuellen Besuchen und Erlebnissen „große Wahrheiten", die über Jahre unkorrigiert von einem zum anderen getragen werden und sich mitunter eines längeren Lebens erfreuen als die betroffenen Personen selbst. Ganz wie in der Wissenschaft, wo auch manche Erkenntnis immer und immer wieder abgeschrieben wird, bis einer Mal auf die Idee kommt, den Zusammenhang nachzuprüfen. Nicht selten kommt dabei Erstaunliches zu Tage.

Zu frühester Morgenstunde liefen wir in Dakar ein, es war gerade hell geworden. Die Stadt lag noch unter morgendlichen Nebeln verborgen, alleine ein paar Hochhäuser ragten über den Dunst hinaus und bewiesen, dass die Schilderungen der Kollegen etwas korrekturbedürftig waren. Sehr malerisch zog eine hölzerne Piroge quer über das Hafenwasser - angetrieben von einem Außenbordmotor und mit Personen besetzt, die nur durch die dunklen Köpfe als Afrikaner zu erkennen waren, denn der Rest steckte in gelber Wetterschutzkleidung, die bei uns häufig als „Friesennerz" bezeichnet wird. Der sich belebende Hafen hallte wider von Geräuschen, die in allen Häfen der Welt zu hören sind: Motoren von Barkassen, Schleppern und anderen Wasserfahrzeugen, das Quietschen der Kräne, gelegentlich irgendein Signalhorn und dergleichen mehr.

Wir machten fest und wie überall enterten die wichtigen Herren der Hafenbehörden an Deck, nur dass sie hier halt eine schwarze Hautfarbe hatten. Die darauffolgenden Verwaltungsabläufe zogen sich über einige Stunden hin, die wir in unseren Kabinen oder an Deck verbrachten. Kurz nach dem Einlaufen fuhren plötzlich zwei Autos älterer Bauart neben dem Schiff vor, es stiegen vier leger gekleidete jüngere Männer aus, die sofort begannen, einen größeren Teppich auszubreiten und darauf die schon einmal erwähnten Früchte des lokalen Kunsthandwerks feilzubieten: Elefanten, Krieger, nackte Frauen mit etwas unanatomisch großen Brüsten, Masken, Trommeln und verschiedene andere Gegenstände. Alles aus hartem Holz und gegen ebenso harte Dollar zu erwerben. Nichts mit Wasserkanistern und dergleichen.

Als wir endlich an Land konnten, präsentierte sich Dakar als eine moderne Stadt mit respektablem Autoverkehr, einigen grünen Bäumen, Straßenmärkten, Kneipen, Geschäftshäusern sowie den üblichen gehetzten Geschäftsleuten. Im Hafengebiet mussten wir uns allerdings erst einen Weg durch das Rudel der offensichtlich weltweit operierenden „Hafenhaie" bahnen, wobei die hier ansässige Sorte besonders penetrant war. Ständig wurden wir angesprochen, wobei die Herrschaften uns immer alles Mögliche verkaufen wollten oder irgendwelche sonstigen Dienste anboten, die wir nicht verstanden. Leider nützte es gar nichts, sich zu verweigern, denn davon ließen sie sich nicht abschrecken und bedrängten uns jeweils über lange Zeit. Es glich einem Belagerungszustand, ständig hatten wir irgendwelche Schwarze an der Seite, die Ketten oder Armreifen anboten, die Jacketts öffneten und die am Innenfutter sehr ordentlich

aufgehängten Kollektionen von jeweils etwa 10 - 15 Armbanduhren oder dergleichen erbauliche Dinge mehr anpriesen. Sich mit ihnen auf ein Gespräch ein-
zulassen war fatal, denn die Eloquenz der „Händler" war erstaunlich und von
einer polyglotten Sprachgewandtheit. Englisch, Italienisch und Deutsch waren
die geringsten Hürden, so dass wir uns mit „Ich kann Sie leider nicht verstehen"
überhaupt nicht rausreden konnten. Wir lernten schnell, dass nur absolute Ig-
noranz, unterstützt von einem unwilligen Kopfschütteln uns die Plagegeister
vom Hals hielt.

Der zentrale Anlaufplatz unseres Spazierganges war der Sandaga – Markt im
Zentrum der Stadt, ein großer gelblicher Bau mit leicht orientalischen Einschlä-
gen. Drinnen herrschte großes Gedränge mit einer überschäumenden Fülle an
Eindrücken für den fremden Seereisenden. Säckeweise wurden Nudeln, Reis,
Gewürze verkauft, daneben verschiedenste bunte Obst- und Gemüsesorten.
Ein eigentümlicher süßlicher Geruch erfüllte die Halle. Die Fleischstände waren
von einem Heer Fliegen umlagert, wobei die Schlachtteile als blutige Brocken
auf den Tischen lagen oder an Eisengestellen hingen. Als wir an einem dieser
Stände vorbeigingen, schnalzte der Händler aufreizend mit der Zunge und zog
mit blitzschneller Bewegung zwei große, scharfe Messe kreuzweise übereinander, was einen unfreundlichen Ton ergab.

Etwas weiter weg verkaufte jemand etwas aus einer nahezu unübersehba-
ren Zahl von Blechbüchsen. Tee wahrscheinlich, jedenfalls sah es so aus. In der
Regel befanden sich die Auslagen auf flächengroßen, etwa 2 x 2 m messenden
Tischen, die aber nur 60 – 80 cm hoch waren. Auf diesen Tischen lag dann die
bunte Vielfalt des südlichen Marktes und an den Seiten angelehnt lagerte das
Massengut in großen Säcken. Häufig saßen die Händler, die übrigens meist
Frauen waren, mitten auf dem Tisch zwischen ihren Kostbarkeiten und boten
mit lautem Gebrüll ihre Waren an. Besonders imponierend fand ich die afrikanischen Frauen in ihrer lokalen Kleidung, einem weiten, bunten und lockerem
Stoffgewand, das durch eine turbanähnliche Konstruktion auf dem Kopf ergänzt
wurde. Als Farben waren gerade weiß, rot und gelb en vogue, was sehr schön
mit der schwarzen Hautfarbe kontrastierte.

Der Markt setzte sich außerhalb der Halle in einer lockeren Ansammlung
wellblechbedachter Buden fort, ebbte dann aber ab und wir gelangten in ruhigere Stadtbereiche, wanderten zur Cathedrale du Souvenir Africain, schlenderten über die Place Tacher, sahen uns das Regierungsviertel an und standen wenig später vor dem Sitz des Staatspräsidenten. Das Staatsoberhaupt war offensichtlich anwesend, jedenfalls war auf dem Dach des hellen, etwas klassizistisch
wirkenden Baus die Fahne des Landes aufgezogen. Vor dem Eingang zu dem
Komplex stand ein Soldat in knallroter Uniform Wache, während im Garten ein
paar Kronenkraniche herumstaksten. Dann kehrten wir auf das Schiff zurück,
denn an diesem Abend gab es an Bord der „Meteor" einen Empfang für den

deutschen Botschafter und diverse andere Honoratioren. Da wollten wir nicht fehlen und mussten nach unserem Marsch noch ein wenig Toilette machen.

Als unbedingtes Ausflugsziel für den zeitlich beschränkten Seemann empfehle ich auf jeden Fall das im weiteren Hafenbereich gelegene Inselchen Ile de Gorée. In wenigen Minuten gelangten wir mit dem Fährboot in eine andere Welt. Die ganze Hektik des betriebsamen Dakar blieb hinter uns zurück. Das Eiland ist nur 900 m lang und maximal 300 m breit und besteht aus vulkanischem Basalt. Bei unserer Ankunft wurde zunächst das runde Fort d'Estrée sichtbar, dahinter die niedrigen, maximal zweistöckigen Häuser des Ortes mit gelblichen und rötlichen Farben. Rechts neben der Pier erstreckte sich ein kleiner Sandstrand auf dem eine angelandete Piroge für exotisches Flair sorgte. Auf der Hafenmauer saßen in guter Muße einige Menschen und schwatzten oder warteten vielleicht auf die mit uns gekommene und nun über den Strand zur Treppe wandernde Familie.

Ankunft in Gorée. Stilisierte Darstellung nach einer Fotografie des Autors.

Die Straßen des Ortes sind eng und sandig, überall fanden wir Muscheln, die offensichtlich mit dem Sand auf die Wege gelangt waren. Im Zentrum der Place du Gouvernement thront ein riesiger Baobab, einer jener etwas missgestalteten Affenbrotbäume, deren Krone gegen den mächtig entwickelten Stamm kaum in Erscheinung tritt. Die Baobabs, diese westafrikanischen Charakterbäume, können in ihren bis zu 20 m Umfang messenden Stämmen sagenhafte 120.000 Liter Wasser speichern, was ihnen hilft, die Trockenzeit zu überstehen.

In dieser Dürreperiode werfen sie zusätzlich alle Blätter ab, geradeso wie unsere Bäume im Winter. Die Baobabs waren während unseres Aufenthaltes in dieser Ruhephase und wirkten daher ein wenig wie Gerippe.

Unser Marsch führte uns an einer Schule vorbei, durch deren geöffnetes Fenster wir einen Haufen kleiner, dunkler, singender Köpfe zu Gesicht bekamen. Wie auf ein Kommando drehte sich die ganze Klasse nach uns, diesen etwas exotischen Menschen um, denen der liebe Gott aus welchen Gründen auch immer keine vernünftige Farbe in das Gesicht gemalt hatte. Wir dagegen schauten in eine Schar weißer Augenpaare, die so herrlich mit der dunklen Hautfarbe kontrastieren, verzogen uns nach einigen Sekunden aber, um den Unterricht nicht länger zu stören.

Wenige Straßenzügen weiter bearbeiteten drei Jungen irgendetwas in einem großen Holzmörser. Das Bild Afrikas, wie wir es aus dem Fernsehen kennen. Gelegentlich hat man ja den Eindruck, ganz Afrika wäre ständig dabei, irgendwelche Getreidesorten in großen Holzmörsern zu zerkleinern. Wir machten Fotos, was sofort offene Hände zur Folge hatte, die um „Cadeau" – Geschenk – baten. Nachdem wir etwas an Geld verteilt hatten, stampften sie mit doppeltem Eifer weiter, es galt nun ja, dem weißen „Massa" ordentlich was vorzuführen. Wir ließen sie zurück und setzten unseren Weg durch die z. T. überschäumende Blumenpracht auf den Straßen und in den Höfen fort, wobei mir die in vielen Farbvariationen, in violett, rosa, rot oder gelb prangenden Bougainvillien besonders im Gedächtnis geblieben sind.

Die „Baobab-Allee" führte auf den höher gelegenen Teil der Insel, den früher ein großes Fort krönte, das aber schon lange zerstört ist. Dafür gibt es nun die Überreste einer riesigen doppelläufigen Kanone, denn als französische Kolonie befand sich der Senegal selbstverständlich auch mit Deutschland im Krieg. Auf dem Plateau schwebten einige Milane über den Schirmakazien und erinnerten von Ferne an die Savannen Innerafrikas. Unabhängig davon hat der Besucher einen schönen Blick nach Dakar, auf die tiefer gelegenen Teile der Insel, man erkennt die Schiffe auf Dakar Reede und natürlich im Westen die Weite des Ozeans.

Der Unheil bringende Atlantik, der Unheil bringende Westen. Gorée hat ein trauriges Schicksal. Damit meine ich nicht die wechselvolle Geschichte, die Abfolge der verschiedenen Herrschaften: Portugiesen, Niederländer, das Besitz-Pingpong zwischen England und Frankreich, denn das Eiland war viermal in englischem und fünfmal in französischem Besitz. Nein, das ist es nicht. Was diesen Basaltblock im Meer auszeichnet, ist die Tatsache, dass für Hunderttausende von Schwarzen diese Insel das letzte Stück Heimat war, das sie in ihrem Leben zu sehen bekommen sollten.

Im 17. und 18. Jahrhundert blühte der Sklavenhandel und Gorée wurde ein wichtiger Stützpunkt des Handels mit der Ware Mensch zwischen den vornehmlich arabischen Sklavenfängern im Hinterland und den „Endabnehmern" in Amerika oder sonst wo auf der Welt. Alle Gefangenen der senegambischen Ländereien wurden – um in dem zynischen Duktus der merkantilen Wortwahl zu bleiben – auf Gorée „zwischengelagert", bevor sie in dickbauchigen Schiffen und unter horriblen hygienischen Verhältnissen die Reise in die lebenslange Unfreiheit antreten mussten.

Aus diesem Grund ist die Insel heute ein „historisches Welterbe" der UNESCO, worüber auch das im Unterland gelegene „Sklavenhaus" informieren soll, das heute ein Museum beherbergt, einst aber als „Warenlager" konzipiert war. Wir wollten es uns gerne ansehen, aber gerade am Tage unseres Besuches hatte es geschlossen und so kehrten wir unverrichteter Dinge wieder an das Festland zurück.

Im Hafen ließen wir uns erst gar nicht auf die üblichen Diskussionen mit den fliegenden Händlern ein, sondern suchten ein Taxi, da wir den Rest des Tages mit einem Ausflug zum Cap Verde verbringen wollten. Die Preisverhandlungen mit dem Taxifahrer führten zu einer für alle Seiten akzeptablen Abmachung und schon brausten wir mit Höchstgeschwindigkeit durch die Straßen der Stadt. Nach einigen Minuten erreichten wir die Medina, den älteren und originaleren Stadtteil, der nur aus kleinen Stein- und Holzhäuschen besteht. Hier verließen wir das doch sehr europäisch überformte Zentrum von Dakar und sahen uns einem ungeheuer spannenden und pittoresken Bild gegenüber.

Das Leben ist hier konsequent auf die Straße verlegt und überall drängten sich die Einheimischen durch die Gassen, wobei gerade durch die bunte Vielfalt der hübsch in ihren farbigen Gewändern gekleideten Frauen ein anziehendes Bild entsteht. Kinder wuselten zwischen den Erwachsenen durch, Greise tappten auf knotigen Stöcken gestützt langsam, gebückt, aber doch immer eine gewisse Würde ausstrahlend ihres Weges. Schafe weideten zwischen den Hütten, Hunde kläfften, eine der Gassen zeigte einen Straßenmarkt, denn eine unübersehbare Zahl an Waren wurde in den „fliegenden" Marktständen angeboten, wobei uns vor allem ein imponierendes Warenlager an knallbunten Plastikschüsseln in Erinnerung blieb. Da sich hier ein dichter Trubel an Menschen und Tieren kreuz und quer über die Straße ergoss, konnte sich unser Fahrer nur ganz langsam durch die Massen drängen, was uns sehr recht war, da wir so viel von diesem prallen Leben ansehen konnten.

Mit der Zeit wurde es dann wieder ruhiger, die Häuser wurden wieder größer, feudaler, europäischer. Es tauchten Schilder von Botschaften auf und wir passierten die Universität von Dakar. Wir waren im Ortsteil Fann angelangt, der zu „Grand-Dakar" gehört, also schon außerhalb des eigentlichen Stadtzentrums liegt. Dann wurde es wirklich ländlich. Die Vegetation war dünn und staubig, wir hatten Trockenzeit und außerdem durchquerten wir den äußersten Rand der Ferlo-Dornsavanne, die ihrerseits einen Teil der trockenen Sahelzone bildet.

Als größere Pflanzen registrierten wir nur Affenbrotbäume und Akazien, die mit ihren sehr tief reichenden Wurzeln die letzten Wasservorräte im Untergrund anzuzapfen vermögen. Unser Weg führte durch den Ort Ouakam, einer kleineren, aber deswegen nicht weniger vitalen Ausgabe der Medina von Dakar. Dann wieder Staub und Leere, doch nach gewisser Zeit wurden wir an unserer linken Seite einiger Hügel gewahr, die „Mamelles", die Frauenbrüste. Es sind ehemalige Vulkanschlote, erheben sich in der Nähe des Ozeans und einer von ihnen trägt einen Leuchtturm, dessen Licht 46 Seemeilen über das Meer reicht. Es ist der zweitstärkste Leuchtturm Afrikas.

Dann endlich langten wir bei der Pointe des Almadies, dem Cap Verde oder dem grünen Kap an. Woher die Bezeichnung kommt sei dahingestellt, denn als wirklich grün war es bei unserem Besuch nicht anzusehen. Aber vielleicht erklärt sich die Bezeichnung, wenn man mit einer alten Karavelle wochenlang an der Sahara vorbeigezogen ist, in Staubwalzen gefangen und nichts weiter in Landnähe zu sehen war als brauner Sand, Sand und nochmals Sand. Unter dieser Voraussetzung mag den alten Seefahrern die schüttere Vegetation im Kapbereich durchaus als „Grün" erschienen sein, was vielleicht auch dadurch noch verstärkt wurde, dass sie das Land nicht wie wir in der Trockenzeit zu Gesicht bekamen.

Gerade dem Taxi entstiegen, wurden wir von einer Schar fliegender Händler umringt, die uns gerne einige der üblichen Andenken gegen entsprechende Dollar überlassen hätten, aber darauf ließen wir uns nicht ein. Auch ein kleines Cafe, in dem einige Kollegen saßen, lockte uns nicht, denn unser Weg führte zum Strand und von dort zu den Felsen des eigentlichen Kaps.

Das Gestein des Kaps ist dunkel, vulkanisch, und zeigt die merkwürdigsten Formen, die in erster Linie durch die Gewalt der anbrandenden See modelliert wurden. Immer wieder schickten größere Wellen beeindruckende Gischtkaskaden über die Felsenlandschaft, so dass es nicht angeraten schien, sehr nahe an die Grenze zwischen Land und Meer heranzutreten. Über die dunklen Steine schoben sich behäbig dicke Krabben, während die kleinen wassergefüllten Teiche zwischen und in den Höhlungen der Felsen mit allerlei Getier belebt waren. Zwei gestrandete Schiffe mahnten unweit der Küste gefährliches Fahrwasser an, denn hier war schon manchen Schiffes Grab. Mit etwas Mühe erkletterten wir zu viert einen großen, tischartigen Lavabrocken, setzen uns an die Kante, ließen die Beine ins Leere baumeln und schauten auf den Ozean, der Welle auf Welle gegen die Küste schickte. Ein flüchtiger Eindruck von der äußersten Westspitze eines gewaltigen Kontinents.

Die nächste Gelegenheit, meinen Fuß auf afrikanischen Boden zu setzen, ergab sich einige Jahre später bei unserer Forschungsreise in das Rote Meer.

Bereits im Vorwege war ein Aufenthalt in Port Sudan geplant, um zwei sudanesische Wissenschaftler an Bord zu nehmen, die uns auf dem zweiten Teil der Reise begleiten sollten. Diese Fahrtunterbrechungen in den Häfen sind – um dies einmal klarzustellen - ja nicht zur Kurzweil der Mannschaften und Wissenschaftler gedacht, sondern entspringen einer Mischung praktischer und diplomatischer Erfordernisse. Selbstverständlich muss bei längeren Reisen ein Hafen aufgesucht werden, um Forscher und Seeleute auszutauschen. Die einen haben ihre Untersuchungen beendet, die andern gehen in den Urlaub. Neue kommen an Bord.

Gelegentlich muss das Schiff Kraftstoff bunkern oder sich mit zusätzlichen Lebensmitteln versorgen. Dies wäre allerdings in wenigen Stunden zu erledigen. Ein Forschungsschiff ist aber nicht irgendein x-beliebiger Dampfer, sondern auch ein Aushängeschild der jeweiligen Nation. Daher ist es gute Sitte, bei Forschungen in den Hoheitsgebieten von fremden Ländern sowohl im übertragenen als auch im wörtlichen Sinne „Flagge zu zeigen". Der Besuch des Hafens ist daher auch eine Referenz an das jeweilige Gastland, führt zu Einladungen an die wichtigsten Vertreter der Administration, zu Kontakten mit Behörden und wissenschaftlichen Institutionen, also zu einer menschlichen Kontaktpflege.

Wenn es notwendig ist, Forschungen in den Hoheitsgewässern eines Landes durchzuführen, so müssen die Regierungen lange vor der Fahrt um eine Erlaubnis gebeten werden. Liegt diese vor, kann die Reise starten, liegt keine vor, so dürfen Forschungsschiffe zumindest offiziell kein Netz in das Wasser hängen und im Rahmen der internationalen Abkommen die Gebiete nur durchfahren. Der Hafenbesuch ist also eine Art Dank an die Regierung und es wird immer angeboten, Wissenschaftler des jeweiligen Gastlandes an den eigenen Forschungen zu beteiligen.

Um solche Dinge muss man sich nicht kümmern, wenn man nur in internationalen Gewässern arbeitet, aber in Meeresregionen, über die ein Staat verfügen darf, sind solche diplomatischen Besuche wichtig. Das traf auf den Senegal zu, das traf aber in noch weit höherem Maße auf das Rote Meer zu, das keine internationalen Gewässer aufweist. Wir hatten daher immer in Hoheitsgebieten zu tun und das in einer Weltregion, die viel stärker als anderswo mit hohen Empfindlichkeiten „gesegnet" ist und ein besonderes Fingerspitzengefühl erfordert. Die touristischen Aspekte über die ich hier berichte sind also gern gesehene Randerscheinungen, aber niemals der Hauptgrund für einen Hafenaufenthalt gewesen.

Dementsprechend fanden auch in Port Sudan die üblichen Empfänge an Bord der „Meteor" statt, aber was mich mehr interessierte war der am zweiten Tag von im Sudan stationierten Mitarbeitern der Deutschen Gesellschaft für Technische Zusammenarbeit (GTZ) organisierte Ausflug nach Suakin. Die verfallende Hafenstadt am Roten Meer faszinierte mich schon seit meinen Jugendtagen, in denen ich das erste Mal Hans Hass' Bericht über seine Expedition in das Rote Meer Anfang der 50er Jahre gelesen hatte.

Wie verabredet fuhr um 7:30 Uhr eine aus acht Fahrzeugen bestehende Autokolonne an der Pier vor und lud die Wissenschaftler und einige Mannschaftsmitglieder ein. Dann ging es los. Wie wir bereits am Vortage bei einem langen Spaziergang festgestellt hatten, ist Port Sudan keine sonderlich hübsche, aber durchaus umtriebige Stadt. Ein großer Korso an Lastwagen eilte über die geteerten Straßen und wir mussten aufpassen, nicht von den z. T. mit hoher Geschwindigkeit dahineilenden LKW überfahren zu werden. Zumindest während meines damaligen Besuches verfügten die Straßen nicht über unseren „Bürgersteigen" entsprechende Einrichtungen. Entweder man ging auf den viel befahrenen Straßen oder musste sich über den staubigen natürlichen Untergrund quälen.

Die Architektur des Ortes war höchst einfach: In der sandigen Ebene war ein spinnwebartiges Netz geteerter Straßen gezogen, zwischen oder an denen die würfelförmigen modernen Häuser mit zwei oder drei Stockwerken standen. Allein im ältesten Teil von Port Sudan konnten wir Bauten im so genannten „Rote-Meer-Stil", einfache meist einstöckige Gebäude mit geschwungenen und ehemals bunten Fassaden, entdecken. Viel zu sehen gab es sonst nicht. Beeindruckend fanden wir vor allem den Personentransport, der entweder durch Pick-Ups oder durch kleinere LKW erledigt wurde, wobei mehrere Bretterreihen an den Seiten ein Herausfallen der Menschen verhinderte. Eine höchst luftige, aber dem hiesigen Klima angemessene Beförderungsart.

Wir waren daher nicht sonderlich traurig, den Tag woanders zu verbringen. Auf der nach Süden gehenden Straße fuhren wir durch die sandige, staubige und flache Ebene im Küstenbereich, die sich nur mit unmerklicher Neigung zum Meer verlor. In der Ferne waren die Berge mehr zu ahnen, denn zu sehen. Immer wieder trafen wir auf Ansammlungen von Nomadenzelten, die sich rechts und links neben der Straße hinzogen. Gelegentlich trabten auch kleinere Gruppen von Dromedaren neben der Straße her, gelegentlich Ziegen. Wie uns unser Führer unterrichtete, gehörten die Bewohner dieser sich ständig verändernden Ansiedlungen zu den Rashaida, einem ursprünglich arabischen Stamme, der sich vor etwa 200 Jahren auf dieser Seite des Roten Meeres angesiedelt hatte. Sie haben heute die saudi-arabische und sudanesische Doppelstaatsbürgerschaft, leben von der Kamelzucht, deren Früchte sie in großen Herden vornehmlich nach Ägypten verkaufen und sind, wie es unser Betreuer ausdrückte, „viel reicher als sie aussehen".

Ein Dorf in der sudanesischen Küstenebene

Nach etwa anderthalb Stunden wurden in der Ferne vor uns seltsame „Klippen" sichtbar, die aber nichts anderes darstellten als die Ruinen der ehemals bedeutenden Hafenstadt Suakin. Eine Bucht öffnete sich, in der sehr malerisch einige Dhaus, diese charakteristisch geformten und bei guter Pflege sehr seetüchtigen, „arabischen" Schiffstypen auf dem blauen, kristallklaren Wasser schwammen. Bevor wir aber die auf einer sehr ufernahen kleinen Insel gelegene Ruinenstadt erreichten, musste sich unser Fahrzeugpulk sehr vorsichtig seinen Weg durch einen springlebendigen, El Kayef geheißenen, Vorort von Suakin bahnen.

In den Straßen herrschte ein dichtes Leben und Treiben und wir zwängten uns zwischen Kamelen, Obst- und Gemüseständen, sowie nicht wenigen der mit langen Schwertern bewaffneten Einwohner durch. Der Anblick dieser kriegerisch aussehenden, sehr schlanken und sehnigen Männer mit körperumhüllenden hellen bis weißen Gewändern und wildem, krausem Haarschopf verlieh unserem Ausflug eine ziemlich exotische Note. Die Frauen waren sehr zierlich, schlank und steckten in bunten, lockeren Gewändern, die über den Kopf und das Gesicht geschlagen werden konnten. Letzteres geschah aber eher selten und mehr um dem Schein Genüge zu tun, denn das ganze Völkchen wirkte sehr freundlich und eher lebensfroh. Allerdings, die Gesichtszüge der Männer konnten auch sehr abweisend und verschlossen wirken und ich glaube, im Ernstfalle ist mit denen nicht gut Kirschen essen.

Dann erreichten wir über einen Damm die alte Stadt und parkten nahe der Karawanserei. Die Anlage der Stadt ist genau genommen hervorragend. Der Ausgang der Bucht ist durch zwei Landzungen verengt, so dass nur die Fahrrinne einen Zugang in das innere Bassin zulässt, das dadurch einen sehr geschützten Hafen darstellt. Mitten in dieser Bucht liegt die kleine, nahezu kreisrunde Insel mit dem Ort und direkt am westlichen Ufer gelegen die Vorstadt El Kayef, die heute mit rund 20 000 Einwohnern ihrer ehemaligen Herrin schon lange den Rang abgelaufen hat. Die Häuser waren, soweit ich das während unseres Spazierganges beurteilen konnte, entlang radialen, an Speichen eines Rades erinnernde Straßenzüge gebaut, denn alle Wege schienen zum Meer zu führen.

Die Zerstörung dieser toten Stadt war weit fortgeschritten, die meisten Häuser waren bereits zu einem hohen Grad zerfallen. Mal stand noch eine ganze Mauerfront, mal waren es einzelne Türmchen, dann wieder nur noch eine komplette Schutthalde aus groben, rundlichen Steinen. Dabei müssen die Anwesen von Innen einst sehr schön gewesen sein, denn die noch erhaltenen Gebäudereste ließen starke Verzierungen, „arabeske" Ornamentierungen und die verblichene vielfarbige Ausgestaltung erkennen. Offensichtlich ein Ort, der einst eine hohe Prosperität erlebte und in dem nicht die ärmsten Bewohner gelebt haben. Angeblich sollen heute noch wenige Familien direkt in Suakin leben, aber davon haben wir nichts mitbekommen, denn die einzigen Bewohner schienen verschiedene Sorten an Greifvögeln zu sein, die unentwegt lautlos über unseren Köpfen schwebten.

Suakin wurde im 15 Jahrhundert gegründet und stellte den einzigen erwähnenswerten Hafenplatz in weitem Umkreise dar. Handel und Wandel gediehen, unter dem sich das Geschäft mit den Pilgern, die während ihrer Hadsch die heiligen Stätten auf der gegenüber liegenden Seite des Roten Meeres besuchen wollten, anscheinend sehr gelohnt hat. Nicht weniger lukrativ wird der Sklavenhandel gewesen sein, den es auch hier gab, so dass sich eine gemeinsame unsichtbare Kette der Unfreiheit zwischen der Insel Gorée und der Insel Suakin quer über den ganzen Kontinent zieht. Die Abnehmer waren in diesem Fall aber keine Amerikaner, sondern die reichen Herren des Osmanischen Reiches und die gut situierte Bevölkerung Arabiens.

Über die Entstehung des Ortes kursieren mehrere „orientalische", meist sehr blumige Geschichtchen, wobei mir jene am besten gefallen hat, die ich bei Hass aufgeschnappt habe. Danach soll vor langer Zeit ein abessinischer Herrscher seinem ägyptischen Kollegen ein Geschenk von sieben Jungfrauen gemacht haben. Zusammen mit einem treuen und in diesen Dingen bewährten Eunuchen wurden die noch geschlossenen Knospen des dunklen Kontinents auf die Reise geschickt. Während des langen Weges übernachtete der Treck auch auf jener Insel, die später Suakin beherbergen sollte. In Ägypten angekommen, musste nun der erlauchte Empfänger feststellen, dass die Damen zwischenzeitlich in ihrer vollen Weiblichkeit erblüht waren. Der Eunuch wurde befragt, aber es konnte ihm keine Fehlhandlung vorgeworfen werden. Weise, wie es nur die orientalischen Herrscher waren, nahm der Ägypter die Sache nicht weiter krumm und schickte den ganzen Trupp mit Lebensmitteln und allen notwendigen Dingen versehen auf die uns wohlbekannte Insel zurück. Von diesen Jungfrauen, die keine mehr waren, stammt die Bevölkerung Suakins ab und der Ortsname erklärt sich aus der „ursprünglichen" arabischen Bezeichnung „Sawa-Dschinn", die Geister haben es getan.

Eine schöne, eine orientalische Geschichtsschreibung. Wie nun aber der Beginn auch immer gewesen war, die Stadt erfuhr die Fluktuationen der Zeitläufte, bedingt vor allem durch kriegerische Ereignisse, erholte sich aber immer wieder. Selbst einen Eisenbahnanschluss soll sie gehabt haben.

Suakin: Die Überreste der einstigen Pracht. Stilisierte Darstellung nach einer Fotografie des Autors.

Wie es in Suakin am Ende des 19. Jahrhunderts aussah, erfahren wir von dem Kommandanten des österreichischen Schiffes „Pola", dass von September 1897 bis März 1898 eine Forschungsfahrt in das Rote Meer unternahm. Paul Edler von Pott gibt zu Protokoll: „Sawakin, eine kleine Stadt mit ungefähr 5000 Einwohner, an der ägyptisch-nubischen Küste auf 19° 7' Nordbreite gelegen, ist Haupthandels- bzw. Exportplatz für den östlichen Sudan.....Die eigentliche Stadt Sawakin ist zwar nur klein, bedeckt aber doch das ganze Areal der kleinen Insel, auf welche sie erbaut wurde und besteht aus etwa 80 meist zwei- bis dreistöckigen Häusern, welche ähnlich wie die Häuser in Jidda im maurischen Styl gehalten sind, aus mehreren schmucklosen kleinen Moscheen, einem größeren Regierungsgebäude und aus einer recht bescheidenen kleinen katholischen Missionskapelle. Die Einwohner sind ein Gemisch aus Fellachen, Nubiern, Arabern und einigen wenigen Weissen, letztere zumeist Griechen und Maltheser....An öffentlichen Ämtern gibt es in Sawakin ein Zollamt, ein Post- und Telegraphenamt (Eastern Telegraf Comp.), ein Quarantäneamt und ein Consularamt (englisches).

Als Vorstadt von Sawakin gilt die gegenüber am Festlande gelegene, ziemlich große, so genannte Araberstadt El Kef...[die] durchgehends aus Hütten [besteht], welche aus Prügelholz und Matten hergestellt sind, [sie] enthält einen ausgedehnten, ziemlich gut versehenen Bazar, mehrere kleine aus Lehmziegeln erbaute Moscheen, zahlreiche arabische Kaffeehäuser, Barbierstuben und landesübliche Garküchen, Werkstätten von Klempnern, Waffenschmieden u. dgl. und ist Hauptprovisionierungsort für Sawakin; es versorgt letzteres sowohl mit Fleisch, Geflügel, Butter, Früchte, Trinkwasser wie auch mit Brennholz....

Der Handel von Sawakin.....nimmt in neuerer Zeit, das ist nach dem Niedergang des Madhismus, einen sichtlich bedeutenden [neuen] Aufschwung. Nicht nur unterhält die ägyptische Khedivièh-Gesellschaft jetzt wieder einen regelmäßigen Dampferverkehr zwischen Suez und Sawakin, sondern es berühren auch mehrere Privatgesellschaften....jetzt häufig und in immer regelmäßigeren Zeitintervallen dieses aufblühende Emporium der afrikanischen Küste des Rothen Meeres....Haupthandelsartikel für den Export sind Gummi, Elfenbein, Straussfedern, Häute, Perlmutter, Wachs, Moschus, Getreide (Durrah) und Kaffee und für den Import Reis, Datteln, Salz und europäische Waaren aller Art....."

Ein so bedeutender Ort in dieser Weltgegend sollte eigentlich auf alten Karten auszumachen sein. Also konsultierte ich nach Ende der Reise eines meiner Bücher, das Reproduktionen alter Kartenstiche aus dem Gebiet des Roten Meeres enthält. Ich musste gar nicht lange suchen, denn im „Theatrum Orbis Terrarum" des Abraham Ortelius von 1592 wird mehr oder weniger lagerichtig ein Ort namens „Suachen" dargestellt. Allerdings als Küstenort ohne Hinweis auf den Inselcharakter. Da ist 1662 Johan Blaeu in seinen „Nova et Accuratissima Totius Terrarum Orbis Tabula" schon genauer, denn auf der entsprechenden Karte erscheint „Suachem Insula". Allerdings ist die Insel hoffnungslos zu groß und zu weit von der Küste dargestellt. Ein Seemann, der nur diese Karte zur Verfügung gehabt hätte, wäre wochenlang an der entsprechenden Stelle mit „Suchschleifen" beschäftigt gewesen. Bis das Schiff verrottet wäre oder sich eine hilfreiche Dhau aus dem Kanal geschoben hätte und dem Kapitän ein Licht aufgegangen wäre.

Da Blaeu für sich höchste Genauigkeit („Accuratissima") reklamiert, muss ihm die schon mehr als 100 Jahre vorher erschienene Karte des Portugiesen Diogo Homen unbekannt gewesen sein. Dessen bereits 1559 erschienene Karte stellt die Lage von Suakin mit höchster Genauigkeit dar. Wir sehen in der dargestellten Küste des Roten Meeres plötzlich eine fast kreisförmige Einbuchtung, die über einen kurzen, verengten Gang mit dem übrigen Roten Meer verbunden ist. In dieser Einbuchtung ist dann ebenfalls kreisförmig die Insel eingetragen. Als wäre das Gebiet aus der Luft erkundet. Einmalig, erstaunlich, aber nicht wirklich verwunderlich. Portugal war um diese Zeit die führende Seenation und die Kartographen dachten praktisch. Was die Seeleute übereinstimmend berichteten wurde auch in die Karten aufgenommen, denn dies waren wichtige Details, die jeden Seefahrer interessieren mussten.

Während andere Gelehrte schwärmerisch noch die Lage des Paradieses irgendwo im Osten hinter Jerusalem eintrugen, machte Homen Angaben, die entscheidend für das Auffinden und die Annäherung an Suakin waren. Praktisch, genau, für den Seemann aussagekräftig. Hut ab! Aber wir müssen dem armen Blaeu und den anderen noch Gerechtigkeit widerfahren lassen, denn die Portugiesen hatten die wenig kollegiale Eigenschaft, sämtliche Kartenwerke in strengster Geheimhaltung zu handhaben. Keine Information von Seewegen, Ansteuerungspunkten, Küsten- und Hafenstrukturen durften an die Vertreter anderer Nationen gelangen, um so eine mögliche Konkurrenz gar nicht erst aufkommen zu lassen. So fuhren die Portugiesen in aller Heimlichkeit ohne Probleme in Suakin ein und aus, während Blaeu nichts anderes tun konnte als auf die Angaben fremder Quellen zu vertrauen. Vielleicht war ein Kollege schuld, der von einem Matrosen mal in einer Hafenschänke erfahren hatte, dass es sich bei Suakin angeblich um eine Insel handeln solle. In vielen Fällen waren Informationen dieser Qualität der Beginn der geographischen Faktenkunde zu Beginn der Neuzeit. Na ja, da nichts Genaueres bekannt war, gehört eine Insel nun mal vor die Küste.

Das Ende Suakins kam von See. Nicht aber etwa in Form einer gewaltigen Kriegsflotte, sondern als langsam wucherndes Korallenriff, das die Fahrrinne, jenen Lebensnerv des Ortes, langsam zuschnürte. Während also der Kanal immer schmaler wurde, produzierten die Werften in aller Welt immer größere Schiffe. Der Hafen von Suakin war nicht mehr zu halten und so gründeten die Engländer im Norden Port Sudan, das an einem natürlichen Tiefwasserbecken liegt, und wickelten den Handel hierüber ab.

Damit begann Suakins Stern zu sinken, der Exodus begann. Die Häuser wurden nicht mehr gepflegt und begannen zu zerfallen. Hierbei spielte das Baumaterial keine geringe Rolle, denn die Häuser wurden weder aus Steinen noch aus Ziegeln gebaut, sondern aus Korallenblöcken. Immer wieder wendeten wir während unseres Rundganges jene Blöcke um, die einst zu einer Hauswand gehörten und fanden an den unbearbeiteten Stellen die kleinen Korallenkelche. Ein Spezialist könnte an Hand dieser Überreste bestimmen, welche Korallen vornehmlich zum Bau verwendet wurden, wobei nach meinem Eindruck die Gattung Porites sehr häufig vertreten war. Ein Stück von der Größe einer Kinderfaust habe ich mir als Souvenir mitgenommen.

Unsere Wanderung eröffnete immer neue Einblicke in das Leben der alten Stadt. Zeugen düsterer Rituale entdeckten wir in den Resten einer Moschee, deren Dach sehr übel mitgenommen und deren Innenhof ein mit Trümmern übersäter Schuttplatz war. Eine offensichtlich als Opferstätte gebrauchte Nische ließ sich durch einen starken Querbalken identifizieren, der wohl dazu diente, dass zu opfernde Tier mit den Hinterbeinen aufzuhängen bevor ihm der Hals durchschnitten wurde. Die Reste eines Strickes am Balken und ein großer purpurbrauner Fleck direkt darunter sprachen auf jeden Fall eine beredte Sprache. Links und rechts an den Wänden waren Handabdrücke gleicher Farbe zu erkennen. Offensichtlich hatten die Gläubigen ihre Hände in das frisch auslaufende Blut getaucht und dann die Wand mit ihren blutigen Händen „gestempelt". Gelegentlich waren Laufspuren zu sehen, die aus diesen geisterhaften Abdrücken der längst dahingegangenen Menschen austraten. Das noch frische, fließfähige Blut hatte sich zu Tropfen zusammengefunden, sich der Schwerkraft gehorchend in Bewegung gesetzt und eine lange dünne Spur an der Wand zurückgelassen.

Noch während wir in der Betrachtung dieser Überreste vertieft waren, drang das rhythmische, monotone Geräusch von Trommeln an unser Ohr. Dazu plötzlich komplizierte orientalische Melodien aus irgendwelchen Blasinstrumenten. Wir folgten der Musik und standen bald danach auf einem Platz, auf dem sich eine kleinere Menschenmenge versammelt hatte. Eine Fahne war aufgezogen, ein älterer, gebeugter Herr in der üblichen Landeskleidung, aber mit Turban, ging etwas nervös hin und her. Dann stürmten auf einmal acht mit Schwert und Schild bewaffnete junge, wildhaarige Männer auf den Platz und begannen mit kriegerischen Übungen. Die Schwerter wurden geschwungen, sie versuchten, sich gegenseitig durch hohe Sprünge zu übertrumpfen und stießen auch ein paar martialische Laute aus. Sicher sehr beeindruckend wenn die Herren richtig in Rage sind, aber heute hatten sie keine Aggressionen. Weder gegen uns noch gegen ihre Landsmänner und der Vorstellung fehlte daher ein wenig der letzte „Biss".

Der Grund für diese kleine Festlichkeit war ein diplomatischer Akt besonderer Art, denn der Scheich von Suakin, jener etwas nervöse, gebeugte ältere

Herr, sollte von uns geehrt werden. Der Hintergrund war folgender: Etwa ein Jahr zuvor wurde zwischen dem Bundesland Niedersachsen und dem Sudan eine Länderpartnerschaft abgeschlosen. Zu diesem Zwecke war Ministerpräsident Ernst Albrecht im Sudan und erhielt bei seinem obligatorischen Besuch in Suakin von eben diesem Scheich ein weißes Kamel als Geschenk. Ein Zeichen größter Hochachtung, das auf jeden Fall ein Gegengeschenk erforderte.

Dieses überbrachte nun ein Mitarbeiter der GTZ in unserem Beisein. Der Geehrte, der Überbringer und ein Dolmetscher versammelten sich auf dem Platz. Die Kureten und die Musiker schwiegen. Ein Brief von der Regierung von „Lower Saxony" wurde verlesen und dann das Geschenk überreicht, das aus einem mächtigen Hirschfänger bestand, zu dem eine aus feinem weißen Leder gefertigte Scheide und ein Holzkasten gehörte, in den beides hineingelegt wurde. Der Beschenkte bedankte sich mit kurzen Worten, wobei uns die geraunte und despektierliche Bemerkung unterlief, dass heute Abend wohl ein paar Hühner dem Test des Dolches zum Opfer fallen dürften. Die Musik begann wieder zu spielen, die Krieger gingen nach Hause und wir wanderten noch ein wenig durch den verfallenen, aber dennoch faszinierenden Ort.

Wir verließen Suakin, drängten uns mit den Wagen wieder durch El Kayef. Leider hatten unsere Gastgeber von der GTZ keine Zeit für einen ausgiebigen Spaziergang in der vitalen Vorstadt Suakins eingeplant. Dies war schade, ich wäre gerne noch für ein Stündchen durch diesen lebensstrotzenden, auf uns doch sehr exotisch wirkenden Ort gelaufen. Wenn wir die Beschreibung Potts berücksichtigen, so erscheint es fast, als wäre Suakin eine dieser hochgezüchteten und spezialisierten Metropolen gewesen, die nur so lange gut funktionierten, wie ihr Spezialgeschäft nachgefragt wurde. Eine kleine Änderung in den äußeren Bedingungen führte zum Niedergang, während das vitale, unspezialisierte El Kayef weiterhin bestehen konnte und sogar noch wuchs. Suakin hat seine Möglichkeiten voll ausgeschöpft, aber es verabsäumt, Mechanismen zu schaffen, die es vom Seehandel unabhängig machten. El Kayef dagegen war der Versorger Suakins, die Handelsstadt hing also von zwei Bedingungen ab: Der Zufahrt zur See und der Alimentation durch die Vorstadt. Als sich die Fahrrinne schloss, brach das fragile System zusammen. El Kayef dagegen war weder von der See und dem Seehandel noch von Suakin abhängig und war wendig genug, sich auf die neuen Bedingungen einzustellen.

Unser Weg folgte noch ein wenig der Küstenstraße in Richtung Süden, dann aber wendeten wir uns dem Landesinneren zu, da noch ein Ausflug nach Erkowit in den Bergen auf dem Programm stand. Der Ort wurde während der Kolonialzeit als „Sommerfrische" für die hitzegeplagten Engländer in ca. 1100 m Höhe konzipiert und erfreute sich damals großer Beliebtheit. Heute stehen noch ein paar Gebäude und wie uns unsere Gastgeber mitteilten, müssten gerade jetzt um diese Zeit bereits zwei Hammel über dem Feuer braten und auf uns warten. Zunächst befanden wir uns aber noch in der staubig-wüstenhaften

Küstenebene, wobei der Begriff „Ebene" eher relativ zu verstehen ist, da das Gelände stellenweise durchaus mit flachen Hügeln und Anhöhen übersät ist, die jedoch mit völlig flachen Regionen abwechselten. Unser Weg führte an der einen oder anderen armseligen Ansiedlung vorbei, die mehr oder weniger nach dem gleichen Muster gestrickt waren. Die Hütten bestanden aus einem Skelett aus Holzästen oder -zweigen, die mit Matten aus einem bei der Vorbeifahrt nicht zu identifizierenden Material zu Wänden und Dächern vervollständigt wurden. Eine niedrige Mauer, wohl aus Lehm, umgab die Ansiedlung

Nach einer Weile bogen wie auf Verabredung alle Wagen plötzlich nach rechts von der Straße ab und unsere Fahrer nahmen den direkten Weg über das wüstenhafte Gelände. Dabei gaben sie ordentlich Gas, so dass wir in breiter Front wie eine zur Attacke blasende Reiterhorde alle nebeneinander über die staubige, mit niedrigen Buckeln durchsetzte Ebene rasten.

Das machte Spaß, aber dank der Bodenwellen wurden wir in unseren Sitzen heftig durcheinandergeschüttelt und hinter uns entstanden gewaltige Staubwolken, die sich bis in erstaunliche Höhen ausbreiteten und so wohl noch auf Kilometer zu erkennen waren. Das Ganze war eine wilde, sehr beeindruckende Hatz über das trockene, öde Gelände und insgesamt sehr beeindruckend. Vor allem kamen wir dadurch den Bergen ohne viele Umwege immer näher. Plötzlich tauchte direkt vor uns wieder das Band der Straße auf und wir kehrten wieder zu einem normalen Verkehrsverhalten zurück.

Dann begann der Anstieg in die z. T. wild zerklüfteten und vor allem in den unteren Lagen kaum bewachsenen Berge. Immer höher ging es hinauf, was zu „malerischen" und beeindruckenden Aussichten führte. Die Vegetation nahm zu und als wir endlich an unserem Ziel angelangt waren, stiegen wir in einer vergleichsweise grünen Landschaft aus den Wagen.

Wie vereinbart drehten sich die zwei Hammel am Spieß und zeigten bereits eine knusprige braun Farbe. Eine große Blutlache unweit des Grillplatzes zeigte an, wo die beiden armen Tiere wenige Stunden vorher das Leben lassen mussten. Das aus Natursteinen gefertigte Gebäude aus der Zeit der Engländer war vergleichsweise schmucklos, aber luftig, also den hiesigen Temperaturen angemessen und in einem Innenhof setzten wir uns gemütlich zusammen. Die Sonne mussten wir nicht fürchten, denn bereits am Morgen waren über den Berge Wolken aufgetaucht, so dass wir in einer angenehmen Atmosphäre den Hammeln entgegensehen konnten, die auch bald aufgetragen wurden. Da ich nun überhaupt kein Freund von Hammel bin und es auch als Zeitverschwendung ansehe, die knapp bemessene Zeit an solchen Ausflugszielen mit Festgelagen zu verbringen, verabschiedete ich mich von der Gruppe und marschierte aufs Geratewohl in die Landschaft hinaus.

Das Gelände war mit vielen Büschen und einigen kleinen, grasähnlichen Pflanzen durchsetzt, wurde aber dominiert durch gewaltige Kandelabereuphorbien, also Milchwolfsgewächsen, die in ihrem Wuchs, dem derben und harten Pflanzenkörper und den eisenharten und sehr spitzen Stacheln jedoch an Kakteen erinnerten. Allerdings gibt es in Afrika natürlicherweise keine Kakteen und das, was wir gelegentlich dafür halten sind sämtlich Euphorbien. Ihre vielverzweigten Stämme gaben der Landschaft ein eigentümliches Aussehen und richtige, echte Bäume habe ich nicht beobachtet.

Die Umgebung war hügelig und stieg in einiger Entfernung zu einem Kamm an, von dem man einen schönen Blick über die benachbarte Bergwelt haben soll. Mag sein, aber nicht an diesem Tag, denn die Wolken zogen so niedrig dahin, dass sie direkt als Nebelschwaden über das Gebiet streiften und bereits an dem niedrigen Kamm zerfaserten, so dass die Umgebung gelegentlich in diesen feinen, weißen Nebel getaucht wurde, dann sich wieder öffnete, aber nur, um einige Minuten später erneut in der Wolke zu verschwinden. Ich schenkte mir daher den geringen Aufstieg und trottete gemütlich weiter.

Einmal fragte ich mich, ob es hier nicht vielleicht unangenehme Tiere gibt, so etwas wie Leoparden zum Beispiel. Aber ich tröstete mich mit der Annahme, dass es jetzt sowieso zu spät wäre und dass Niemand diesbezüglich eine Warnung ausgesprochen hatte. Außer ein paar Vögeln bin ich in der Tat keinen weiteren „wilden" Tieren begegnet, noch nicht einmal irgendwelche Nager zeigten sich.

Rund zwei Stunden wanderte ich durch die grüne Landschaft hin und her, sah mir die diversen Pflanzen an, traf aber keinen Menschen, so dass mir die Angelegenheit denn doch allmählich langweilig wurde. Da indes die verfügbare Zeit sowieso abgelaufen war, begab ich mich ohne Eile zu unseren geparkten Wagen und wartete auf die Kollegen, die sich behäbig von ihren Stühlen erhoben und langsam vor dem Haus sammelten. Wir hatten die Autos an einem großen Steinhaufen, wahrscheinlich Granit, geparkt und nun kam es doch noch zu einer seltsamen Begebenheit.

Während ich noch auf die Kollegen wartete, sah ich aus der Ferne plötzlich eine zierliche junge Frau auftauchen, die in eines der weiten, bunten und luftigen Gewänder dieses Landes gekleidet war. In halbgeduckter Haltung näherte sie sich in kleinen Laufschritten. Gelegentlich verhielt sie, machte wieder ein paar schnelle Schritte, stoppte erneut. Endlich war sie an dem Granithaufen angekommen, kauerte sich an die Steine gegenüber unserem Wagenpark und schaute interessiert zu uns herüber. Sie sagte aber nichts, versuchte auch sonst nicht, in irgendeiner Weise Kontakt aufzunehmen, sondern schaute nur stumm der ganzen Szenerie zu. Was wollte Sie? Keine Ahnung, vielleicht wollte sie sich nur diesen Haufen „Bleichgesichter" mal aus der Nähe ansehen. Als wir losgefahren waren, erhob sie sich und starrte uns noch so lange nach. Wir fuhren dann ohne Umschweife zurück nach Port Sudan, wobei uns die Wolken langsam folgten und am Abend hat es nach 15 Monaten das erst mal ein klein wenig geregnet.

Nur neun Tage, nachdem wir Port Sudan verlassen hatten, stand schon wieder ein Hafenbesuch an. Während dieser Reise ging es wirklich Schlag auf Schlag. Neben den sudanesischen Gewässern hatten wir auch die Erlaubnis, im Hoheitsgebiet der sozialistischen Republik Jemen, also des so genannten „Süd-Jemen", arbeiten zu dürfen. Daher wollten wir auch der Hauptstadt Aden einen Kurzbesuch abstatten, den üblichen Empfang geben und zwei jemenitische Wissenschaftler an Bord nehmen. Allerdings begrenzten wir in diesem Fall unseren Aufenthalt auf das absolut notwendige Minimum von fünf Stunden.

Die Einfahrt nach Aden zeichnet sich durch die sehr bizarre und gebirgige Küste der arabischen Halbinsel aus, die dem von See Kommenden eine wunderbare Kulisse bietet und einen völligen Gegensatz zu den flachen öden Uferregionen der afrikanischen Regionen darstellt. Zwar war es verboten, in den jemenitischen Gewässern zu fotografieren, aber das hat uns relativ wenig beeindruckt, schließlich hatten wir gewissermaßen „sagenhaftes" Gelände vor uns.

Der ganze Küstenstreifen gehörte einst zu dem Territorium von Ausan, jenem frührarabischen Reich, das bereits ein halbes Jahrtausend vor unserer Zeitrechnung Schiffe nach Afrika und bis hinunter nach Sansibar sandte und mit Elfenbein, Ebenholz, Myrrhe und anderen orientalischen bzw. afrikanischen Kostbarkeiten handelte. Möglicherweise erstreckte sich ihr Aktionsradius sogar bis Indien, aber das ist unsicher. Geblieben ist davon nicht viel, denn bereits in der Antike wurde dieses Reich von dem vielleicht noch sagenhafteren und tiefer im Lange gelegenen Saba zerstört. Aden als Hafenstadt überlebte diese Veränderung und war in der Antike weit bekannt. Selbst im Alten Testament wird es erwähnt, denn bei Hesekiel 27, Vers 23 wird über die Handelsbeziehungen von Tyrus gesagt: „Haran und Kanne und Eden sowie die Kaufleute aus Assur und ganz Medien haben mit dir gehandelt." Die Historiker meinen, „Eden" mit Aden sicher gleichsetzen zu dürfen und „Kanne" war das etwa 300 Km östlich gelegene Quana im Hadramaut. Im antiken Mittelmeerraum war jedenfalls Aden als Adana oder Arabia Emporion bekannt.

Als wir vor der Stadt auf Reede gingen, sank bereits die Sonne und von Osten kroch die Nacht über die Wüsten und Gebirge. Bis zu diesem Zeitpunkt war noch nicht klar, ob wir überhaupt von Bord durften, aber wir waren begierig, an Land zu gehen, denn Aden ist auch für uns Meeresforscher ein etwas „abseitiger" Hafen, den man möglicherweise nur einmal in seinem Leben zu sehen bekommt.

Dementsprechend waren wir froh als über den Bordlautsprecher bekannt gegeben wurde, dass wir um 19 Uhr das Schiff verlassen könnten. Eine Barkasse würde die Gäste für den Empfang bringen und die interessierten Personen auf ihrem Rückweg nach Aden mitnehmen. Für 22 Uhr sei dann der umgekehrte Austausch angesetzt. In der Tat erschien das kleine Bötchen pünktlich um sieben an der Bordwand und die illustren Gäste begannen, über die Jakobsleiter an Bord zu entern, während wir in Reih und Glied bereitstanden, das Schiff zu verlassen.

Die Gäste kamen mangels Übung und Erfahrung sehr langsam und teilweise nur mit Mühe über das Schanzkleid, aber plötzlich schwang sich ein geübtes Bein an Bord, dem man die Seeerfahrung ansah. Ich war nicht schlecht verwundert, Sekunden später meinem guten Bekannten Günther gegenüber zu stehen, einem Wissenschaftler aus der DDR. Er gehörte zu denjenigen, die man überall auf der Welt und auf jedem Schiff der DDR antreffen konnte. Reisekader. Andere mussten zuhause bleiben, aber ein paar waren wirklich immer und überall anzutreffen und Günther kannte ich von Bornholm, meiner Kongressfahrt nach Turku und ein oder zwei Tagungsbesuchen beim Internationalen Rat für Meeresforschung. Es gab ein großes „Hallo" zwischen uns beiden, ein paar freundliche Sätze wurden gewechselt und dann war ich auf dem Weg nach Arabien und er zum Getränk.

Nur wenige Minuten später betraten wir den Boden des Arabia felix, des glücklichen Arabiens. Da der Südjemen zu dieser Zeit eine sozialistische Republik war, befürchteten wir hochnotpeinliche Passkontrollen an der Grenzstation im Hafen. Aber nichts dergleichen. Keines der muffigen Gesichter, keine aufgeblasene Wichtigkeit, nicht die Vermittlung des Gefühls, als Mensch minderer Klasse ausnahmsweise in den hochgelobten Staat eingelassen zu werden. Nein, es war ein erstaunlich freundlicher Empfang, die Pässe wurden nur so lange kontrolliert wie das notwendig war, Ablichtungen wurden nicht gemacht und die Gesichtskontrolle war ein kurzer freundlicher Blick. Mit den besten Wünschen für einen schönen Abend und unter Austausch einiger Scherzworte wurden wir entlassen. Sehr angenehm und der Ausdruck eines offensichtlich sehr selbstsicheren Staatsapparates, der es nicht nötig hatte, Gäste einzuschüchtern. Wir wurden höflich auf das leidige Fotografierverbot aufmerksam gemacht, was uns aber nur ein Achselzucken entlockte, da es bereits stockdunkle Nacht war.

Dann ging es in die Stadt. Wir hatten gehofft, möglicherweise einige der alten hochhausähnlichen jemenitischen Gebäude zu Gesicht bekommen. Aber daraus wurde nichts, denn zumindest der Teil, den wir in der kurzen Zeit sehen konnten war durchaus modern und wirkte eher westlich-europäisch oder vielleicht an den mediterranen Raum angelehnt als dem tiefsten Orient entsprungen. Dies bezieht sich aber nur auf die Architektur und die Stadtanlage als solche, nicht auf das Leben und Treiben der Menschen. Die nächtlichen Straßen quollen über von Leben und es schien als wäre die halbe Stadt auf den Beinen.

Die Läden hatten geöffnet und erleuchteten die Straßenszenerie mit einer Mischung verschiedener bunter Lichtflecke. Dazwischen fanden sich diverse Imbissbuden und mobile Garküchen, in denen Feuerchen brannten, aus denen Rauch- und Duftwolken aufstiegen und die von Menschtrauben umlagert waren. Was genau angeboten wurde, konnten wir indes nicht richtig identifizieren, aber die Menschen waren freundlich, lachten uns immer wieder an, was sie jedoch zu uns und untereinander sprachen, stellte für uns ein Buch mit sieben Siegeln dar. Die Sprache war noch nicht einmal ansatzweise zu verstehen.

Der Korso bewegte sich in großer Gelassenheit durch die Straßen, wobei viele Männer eine rockähnliche Bekleidung, den Sarong, trugen und der Umstand, dass viele Männer Hand in Hand gingen, wirkte auf uns ungewohnt. Die Frauen waren hübsch anzusehen und gingen vollkommen unverschleiert. Zu meinen größten Eindrücken von Aden und den Kurzbesuchen in Afrika gehören die weißen, leuchtenden Zahnreihen der in der Dunkelheit lachenden Menschen, von denen die übrigen Teile der Gesichter kaum zu erkennen waren, sofern man von den ebenfalls „leuchtenden" Augen absieht. Die Menschen hier in Aden waren viel offener als drüben im Sudan, wirkten lange nicht so verschlossen, sie gingen auf die Fremden zu und schienen keiner bösen Tat mächtig. Wir haben uns sehr sicher gefühlt und niemand versuchte uns etwas anzudrehen, uns zu übertölpeln oder sonst wie an unser Geld zu kommen.

Das steht in einem ziemlichen Gegensatz zu den Berichten aus dem Inneren des Jemen und des Hadramaut, mit ihrer zum Teil extrem fremdenfeindlichen Einstellung. Hier mag sich die Offenheit der Hafenstadt widerspiegeln, die den Umgang mit Fremden gewohnt ist und diese auch für die Wirtschaft des Ortes benötigt. Aden dürfte daher mit Sicherheit kein repräsentativer Ort für den Jemen sein. Dennoch, wenn ich heute rückblickend meine privaten und dienstlichen „Orientreisen" Revue passieren lassen, dann ragen einige besondere Situationen oder Orte heraus: Der erste Ruf des Muazzin, den ich in dem in der Dämmerung versinkenden Alexandria gehört haben, die Altstadt und der Basar von Jerusalem, der Beduinenmarkt in Beer – Scheba, die tote Stadt Avdat, die Einsamkeit von Petra und des Wadi Rum, der Besuch von Suakin und dieser Abend in Aden.

Wie lieferten uns diesem fröhlichen Trubel aus und ließen uns völlig ziellos durch die nächtlichen Straßen treiben, gelangten aber bald in ein etwas ruhigeres Gebiet und an eine parkähnliche Anlage, die durch ein großes „Heldenstandbild" auf sich aufmerksam machte. Es entstammte wohl den „Befreiungskriegen" und zeigte einen quer auf dem Schoß einer engelartigen Frauengestalt liegenden gefallenen Krieger. Der berühmte Krummdolch entglitt gerade der erschlaffenden Hand. Solche Sujets scheinen kosmopolitisch zu sein, denn in nur wenig abgewandelter Weise finden wir derlei Denkmale ja auch bei uns.

Trotz dieser eher faden Komposition wollten wir uns das Ganze näher ansehen und strebten dem Eingang des Parkes zu, vor dem in einem Stuhl ein lethargischer Wachmann in orientalischer Bekleidung mit einem nicht mehr modernen Karabiner auf den Knien saß. Als wir uns näherten, stand er auf, wobei wir dachten, er würde jetzt „Haltung" annehmen. Dem war aber nicht so, denn nach weiteren fünf Schritten hielt er den altertümlichen Schießprügel schon mal andeutungsweise in unsere Richtung. Noch ohne konkret zu zielen, einfach nur mal so als Hinweis. Wir begriffen, dass er uns durchaus nicht hineinlassen wollte und drehten ab. Darauf versank er wieder in seiner Lethargie, wahrscheinlich genauso aufatmend wie wir, dass keine weiteren Aktionen notwendig wurden.

Erfreulicher gestaltete sich dagegen der Besuch der „Aden Gardens", die weniger eine wirkliche Gartenanlage, sondern eine hübschen Komposition verschiedener Brunnen war, zwischen denen einiges Grün wucherte und die von fleißigem Verkehr umbrandet war. Unsere Zeit begann abzulaufen. Nur noch eine Stunde. Was tun? Für weitere Ausflüge war die Zeit zu kurz, an Bord konnten wir noch nicht. Jemand machte der Vorschlag, man solle irgendwo ein Bier trinken gehen! Aber, wie ist das in den islamischen Ländern? Ist da nicht striktes Alkoholverbot? Wir steuerten eine Kneipe an und fragten ganz vorsichtig und höflich. „Aber selbstverständlich, nichts leichter als das. Bitte nehmen sie doch auf unserer direkt am Meer gelegenen Terrasse Platz". So war vom Wortsinne her die englische Antwort der freundlichen Bedienung.

Nur wenige Minuten später saßen wir bei einer Flasche Bier direkt am Meer und mit Blick auf die hell erleuchtete „Meteor". Die Inspektion des Flaschenetiketts belehrte uns über die Existenz der „Aden Breweries" und der dezente Hinweis „licensed by DAB Dortmund" verwies auf westliche Kontakte. Plötzlich drangen deutsche Worte an unser Ohr – mit deutlich sächsischem Akzent. Am Nebentisch saßen rund ein Dutzend DDR-Bürger, die ihren wohl verdienten Urlaub im sozialistischen Ausland angetreten hatten. Wir sprachen sie an, aber sie antworteten nur einsilbig, wollten keinen Kontakt zu uns oder fürchteten ihn vielleicht auch, denn im Heimatland kam zu jener Zeit die Kunde über Westkontakte auf merkwürdige Weise eher an, als die Reisenden selbst und hatte häufig bedrängende „Befragungen" im Schlepptau. Wer allerdings nach Aden reisen konnte, gehörte jedoch schon zu den „bewährten" Genossen und niemand von uns ahnte damals, dass es damit zwei Jahre später vorbei sein sollte. Wer weiß, wo sie heute stecken, aber manchen Menschen kommen wie Fettaugen in jedem System nach oben, benötigen nach großen Turbulenzen zwar etwas Zeit, dann aber schwimmen sie wieder obenauf. Ob das auch auf diese Damen und Herren zutrifft wissen wir nicht, aber nach unserer flüchtigen Einschätzung könnte es sein.

Diesen „Korb", den wir von unseren Landsleuten erfuhren, beeindruckte uns nicht sonderlich und wir widmeten uns wieder unserem Bier, schauten auf unser Schiff und ließen die Eindrücke der letzten Stunden Revue passieren. Sicher, in drei Stunden bekommt man nicht viel mit. Es ist wie ein Blitz in der dunklen Nacht. Es leuchtet hell auf, man erkennt etwas von der Umgebung, aber bevor man etwas genauer identifizieren kann, ist es schon wieder dunkel. Gelegentlich prägen sich jedoch solche Erlebnisse ein und hinterlassen vor dem geistigen Auge ein schnappschussartig eingefrorenes, aber dennoch befriedigendes Bild.

Selbstverständlich kennen wir Aden nicht und wenn einer von uns erwähnt, er sei im Zusammenhang mit unserer Forschungsreise im Jemen gewesen, so ist das zwar formal nicht verkehrt, aber natürlich dennoch in gewisser Weise eine Hochstapelei. Aber es war ohne Zweifel ein interessanter und lohnender Abend mit einer neuen Impression, was es alles auf der Welt gibt und deshalb waren wir alle zufrieden.

Zehn Tage später ging unsere Reise durch das Rote Meer und den Golf von Aden in Djibouti, also wenn man so will an der Wurzel des Horns von Afrika, zu Ende. Als wir morgens erwachten, lag die „Meteor" bereits im Hafen. Da unser Rückflug erst für Mitternacht des nachfolgenden Tages geplant war, so konnten wir auch hier noch einen flüchtigen Eindruck dieser Weltecke erwarten. Der erste Rundblick vom Schiff präsentierte eine mit dünnen Bäumchen bestandene Pier, ein etwa kreisrundes Hafenbecken und jenseits davon die hellen Regierungsgebäude des Stadtstaates. Ein kleiner Delfin prustete durch das Hafenbecken und durch eine Reihe dümpelnder Dhaus bekam die Szenerie das entsprechende fremdländische Flair.

Die höhersteigende Sonne verwandelte die Luft in eine heiße, flirrende Masse, die unseren Bewegungsdrang drastisch einschränkte. Wir blieben apathisch an Bord, denn das, was uns hier geboten wurde, war auch uns zu viel, obwohl wir nach sieben Wochen im Roten Meer einiges gewöhnt waren. Als aber die tropische Nacht hereinbrach und die ersten Lichter der Stadt zu uns herüberschienen, hielt es uns nicht mehr auf dem Schiff.

In kleinen Gruppen strebten wir dem Zentrum Djiboutis zu, wobei wir zunächst einen etwas langweiligen Weg durch das merkwürdig leere und kaum geschäftige Hafengelände hinter uns bringen mussten. Interessant waren für uns Nordeuropäer die „Lagerschuppen", die nur aus vier tragenden Balken und einem Dach als Schutz gegen die Sonne oder gegen den alle paar Jahre niedergehenden dünnen Regen bestanden. Ansonsten lagerten die Waren völlig frei und auch nicht in irgendeiner Weise unter Verschluss.

Für längere Zeit trafen wir keinen Menschen außer den paar Schwarzen, die am Hafeneingang offensichtlich so etwas wie eine „Wache" darstellten. Sie waren in vertrautem Geschwätz vertieft, nahmen von uns keine Notiz und als wir etliche Stunden später auf dem Rückweg hier vorbeikamen, hatte sich an diesem Bild nichts geändert. Der Hafen von Dakar und der von Djibouti unterschieden sich durchaus nicht nur durch ihre geographische Position. Es war hier noch eine andere Welt, ein Relikt mit dem Lebensrhythmus der 50er oder 60er Jahre.

Das anschließend zu durchquerende Regierungsviertel bestand aus einer Reihe hübscher, heller Bauten in einer gepflegten Anlage, die sich aber durch die gänzliche Abwesenheit von Menschen auszeichnete. Ja, war denn in diesem Ort überhaupt jemand am Leben? Die Antwort bekamen wir mit Annäherung an das Stadtzentrum. Es wurde urplötzlich lebendiger, heller, voller. Autos kurvten durch die Straßen, Menschen waren unterwegs, Geräusche und Lärm verrieten den vitalen Teil des Ortes.

Da wir bar jeder einheimischen Münze waren, betraten wir eine von außen etwas dubios wirkende Wechselstube, deren zweifelhafter Eindruck im Inneren noch verstärkt wurde. Der Raum enthielt nichts außer einem Tisch einem Stuhl, einer frei am Kabel hängenden Glühbirne und einem relativ beleibten, orientalisch bekleideten und eher verschlagen wirkenden Geldhändler. Die ganze Szenerie wirkte sehr abenteuerlich. Bei dem Geschäft machte der mit einer Fliegenklatsche bewaffnete Mann ein Gesicht als ging es an seine eigene Geldbörse. Hätte er noch einen Fes aufgehabt, er hätte dem Film „Casablanca" entsprungen sein können. Aber er war offensichtlich ehrlich, denn die Wechselkurse standen auf einer Tafel im Fenster, die übergebenen Summen stimmten rechnerisch und da wir das ganze Geld an diesem Abend „verjubelten" und nicht gesteinigt wurden, dürfte auch kein Falschgeld darunter gewesen sein.

Wir schlenderten zum Markt und mischten uns in den relativ dichten Trubel, der sich aus allen Altersstufen der Bevölkerung zusammensetzte: Kinder und Jugendliche, kräftige erwachsene Männer, dicke und schlanke, hübsche und hässliche Frauen, Greise, Blinde, Gehbehinderte mit Krücken und was es so in einer afrikanischen Stadt alles noch gibt. Dazwischen Hunde in größerer Zahl und immer wieder Weiße. Hochgewachsene europäische, kantige Männer in kurzärmeligen Hemden, glattrasiert und mit stoppelartigem, kurzgeschorenem Haupthaar. Die Mitglieder der "Légion Etrangère", der Fremdenlegion. Neben Südfrankreich, Korsika, Madagaskar, Tahiti und Französisch-Guayana ist Djibouti ein Stützpunkt dieses Truppenteils.

Der Markt entpuppte sich als eine Art Bretterbudenlandschaft durch die sich die Massen drängten. Ein kleiner, in ärmlichem Gewand gekleideter Junge heftete sich mit bettelnder Hand an meine Fersen und ließ nicht locker. Direkt neben mir mischte er sich in unsere Gruppe und folgte mir auf Schritt und Tritt. Er sagte nichts dabei, ließ kein Wort fallen, sondern hielt nur seine offene Hand hin. Eine bedrängende Geste, die aber mein Herz trotzdem nicht erweichen konnte. So tragisch das ist, aber ihm eine Kleinigkeit zu geben, was ja überhaupt keiner Erwähnung wert wäre, verbietet sich. Gibt man einem von diesen sehr agilen Kerlchen etwas, so bricht ein Damm und wie aus der Versenkung erscheinen Unmassen an ähnlichen Kindern und Jugendlichen, die ebenfalls ihre Hand aufhalten. Den Fehler habe ich Jahre vorher in der West-Bank begangen und das daran anschließende Theater wollte ich nicht noch einmal erleben.

Thomas meinte noch, ich solle vorsichtig sein, sonst hätte ich den heute Abend noch in der Koje. Für diese freche Bemerkung wurde er fast umgehend gestraft, denn unser Junge ließ von mir ab und wendete sich ihm zu. Ich war frei und Thomas hatte für die nächste viertel Stunde enge Begleitung. Als er dann merkte, dass bei keinem von uns etwas zu holen war, verschwand er plötzlich auf Nimmerwiedersehen in der Menge.

Das Angebot des Marktes zeigte die ganze Spannbreite der Dinge, die man in Djibouti zum Leben braucht. Kleidung, Stoffe, Teller und Töpfe, Gewürze, Nahrungsmittel und dergleichen tägliche Dinge mehr. Daneben gab es aber auch Stände, die die gesamte Pracht der Tropenmeere feilboten. Conchylien, also die Gehäuse der sehr schönen Schnecken und Muscheln der Korallenriffe, die wahrscheinlich aus dem angrenzenden Golf von Tadjoura stammten. Glänzende, leuchtende Cypraeen, wohldekorierte Coniden, blasig aufgetriebene Bursiden, Tridacnen, Spondyliden und so weiter. Für Muschelsammler ein Paradies, das schnell einen gefüllten Koffer zur Folge haben kann. Daneben gab es die urigen Kiefer der Schwertfische, Haigebisse und leider auch die Panzer von Schildkröten. Obwohl ich zu der damaligen Zeit noch ein aktiver Sammler war, habe ich nichts gekauft, denn die gewerbsmäßige „Ausschlachtung" der Korallenriffe wollte ich nicht unterstützen. Dafür sind die Tiere zu selten und die Riffe zu anfällig. Diese nicht wenigen Verkaufsstände deuten aber auf einen gewissen Tourismus hin, denn wer soll die Sachen schon kaufen? Die Einheimischen nicht und die Fremdenlegionäre wohl gleich gar nicht.

So ließen wir uns durch die Gassen treiben und genossen die fremdartigen Eindrücke, wobei wir in der Tat das Gefühl hatten, in der Zeit 20 oder 30 Jahre zurückversetzt worden zu sein. So anders waren unsere Impressionen im Vergleich zu Dakar, aber auch zu Port Sudan und Aden. Mag sein, dass die Anwesenheit der Fremdenlegionäre dieses Bild mitbestimmte und wir dadurch gelegentlich den Eindruck hatten, durch eine französische Besitzung kurz vor dem Ende der Kolonialzeit zu streifen. Etwa so stellten wir uns Algerien am Vorabend der Aufstände vor. Das Algerien, das Albert Camus in seinen Büchern beschrieben hat.

Wir gelangten an einen Platz mit mehreren Restaurants und so kamen wir zu dem Entschluss, vor der Heimkehr auf das Schiff noch ein Bier zu trinken. Wir stellten zwei Tische zusammen, was zu einer Diskussion mit dem dicklichen Wirt führte, der das nicht gerne sah, aber dann doch klein beigeben musste. Das Lokal war vornehmlich von Europäern, d. h. fast ausschließlich von Fremdenlegionären besucht und erlaubte von der Terrasse einen schönen Blick auf das

Treiben in den Straßen. Unser Wirt führt in seiner rechten Hand ein kleines Rohrstöckchen, dessen Sinn wir verstanden, als wir merkten, dass diverse kleine dunkelhäutige Jungs zwischen den Tischen hin- und her wuselten und versuchten, diverse Kleinigkeiten an den Mann zu bringen. Diese flinke Bande versuchte der Wirt immer wieder zu vertreiben, wobei er gerne sein Rohrstöckchen gebraucht hätte. Allein, die Jungens waren einfach zu schnell und er konnte zu unserer Freude – der Wirt war uns nicht sympathisch – nichts ausrichten. Nach zwei Bier mieteten wir uns eine Taxe, fuhren zurück zum Schiff und beendeten diesen Tag auf dem afrikanischen Kontinent.

# Almut, die Quallen und der liebe Gott

Wir hatten Sommer. Hohen Sommer sogar und einen heißen Tag. Wie so oft in jenen Jahren waren wir in aller Frühe mit unserer Forschungsbarkasse, der „Sagitta", aufgebrochen, um in der Kieler Bucht und besonders in der Eckernförder Bucht nach Ohrenquallen zu suchen. Station anfahren, Netz raus, Netz schleppen, Netz einholen. Den Fang an Quallen sortieren, Größen und Gewichte ermitteln, Geschlecht feststellen und bei Weibchen eine Probe von Larven nehmen, die in speziellen Bruttaschen heranwachsen. Dies war Teil eines auf vier Jahre angelegten Forschungsprogramms zur Ausleuchtung der ökologischen Rolle von Quallen in der Kieler Bucht. Ich ahnte damals noch nicht, dass mich diese Tiergruppe insgesamt rund 18 Jahre beschäftigen sollte.

Diese Saison machten es uns unsere Quallen aber nicht leicht, denn die Bestände waren viel geringer als das Jahr davor und wir mussten viele Fänge ausführen, um eine Anzahl zusammenzubekommen, die eine vernünftige statistische Auswertung zuließ. Dafür waren unsere Quallen aber dick und fett, oder genauer gesagt groß und schwer. Durchmesser bis über 30 cm waren keine Seltenheit und das mittlere Gewicht der erwachsenen Tiere lag bei rund einem Kilogramm. Den Sommer vorher waren sie viel graziler und brachten im Mittel nur 400 Gramm auf die Waage. Ein interessanter Unterschied, den ich später auf Nahrungsengpässe durch die hohe Individuenzahl zurückführen konnte.

Im Laufe unserer Erkundungsfahrt - Almut war mit dabei und half mir bei den Protokollen - waren wir in die Eckernförder Bucht gelangt und Mittag war herangerückt. Hans meinte, er wolle entgegen dem sonst Üblichen den Motor der Barkasse völlig abstellen, damit alle in Ruhe Mittag machen könnten.

Als die Maschinengeräusche erstarben, umfing uns eine seltsame Ruhe. Fast keine Geräusche drangen an das Ohr außer ein ganz leises Rauschen von den Autos auf den Uferstraßen der Bucht. Die See war in der windlosen Hochdrucklage spiegelglatt. Ein paar faule Lachmöwen dümpelten in einiger Entfernung reglos auf dem Wasser und draußen in der großen Bucht sahen wir in der dunstigen Mittagsglast einige Marineschiffe lautlos ihren Kurs verfolgen.

So drifteten wir sachte mit der Strömung durch die Bucht und aßen still unser Butterbrot. Die uns umgebende Ruhe und der Frieden unseres Daseins verleiteten nicht zu Gesprächen. Wir dösten in der Sonne, hingen unseren Gedanken nach und schauten versonnen über das Wasser der Bucht. Hans hatte sich hinter sein Steuerrad geklemmt und blinzelte in die glitzernde Wasserfläche, Helmut, der Matrose der „Sagitta", lehnte an einem Poller und tat einfach nichts, Almut und ich enterten auf das Kajütendach des Schiffchens, wir legten uns lang und ließen unseren Gedanken freien Lauf.

Die Ruhe und das weit entfernte leise Summen des Verkehrs machte uns müde und beinahe wären wir eingeschlafen, hätten wir uns nicht irgendeiner Eingebung folgend auf den Bauch gedreht und ins Wasser gestarrt. Das war interessant, konnten wir bei dem hohen Sonnenstand doch tief in das klare Wasser schauen. So sahen wir kleine Wunder, die wir im alltäglichen Forschungsbetrieb eigentlich kaum zur Kenntnis nahmen.

Zunächst zog ein kugelförmiger Regebogen die Aufmerksamkeit auf sich, eine langsam dahintreibende Rippenqualle, deren Wimperplättchen im Sonnenlicht irisierten und in allen Farben des Spektrums aufleuchteten. Die Fangfäden waren weit ausgeworfen und bildeten zwei grazile, gardinenartige Vorhänge. Darauf befinden sich die Klebekapseln, mit denen das Tier seine Nahrung fängt: Die Seestachelbeere war beim Angeln. Langsam trieb sie achteraus, wurde undeutlicher, war verschwunden.

Danach Leere, nur blaues Wasser. Aber hoppla, was war das? Ein rötlicher Sack von einigen Zentimetern Länge kam heran. Auch er leuchtete gelegentlich im Regenbogenspektrum auf und verriet dem Fachmann, dass es ebenfalls eine Rippenqualle war. Allerdings von ganz anderer Art als unsere Seestachelbeere wenige Minuten vorher, denn die Beroe – so heißt sie – fängt nicht mit Tentakeln, sondern stülpt sich mit ihrer breiten Mundöffnung über ihre Opfer, nämlich Seestachelbeeren.

Geisterhaft tauchte das Tierchen auf und verschwand wieder in der Weite des Meeres. Und wieder blaue Leere. Aber nicht lange, dann pulsierte eine kräftige Ohrenqualle heran. Im Vergleich zu den beiden anderen war sie höchst aktiv, wobei mit jeder Kontraktion des Schirmes die Tentakeln das hineinströmende Wasser durchseihten und für uns unsichtbare Krebse und anderes Kleingetier fingen.

Das Meer ist das ureigenste Element aller Quallen. Seit mehr als einer halben Milliarde Jahre kreuzen sie durch die Ozeane und ihre Körper unterscheiden sich am wenigsten von dem sie umgebenden Lebensraum. Zu 96 - 98 % aus Wasser bestehend, ist ihr Köper eigentlich nur ein verstrebtes Gerüst, zwischen dessen Gestänge das Wasser den Körper trägt und ihn ausmacht. Kein Wunder, dass sie an Land nur arme Häufchen bilden, die Abscheu oder Verachtung hervorrufen.

Im Wasser gehören sie zu den grazilsten Gebilden des Tierreiches, mit z. T. meterlangen Tentakeln, fahnenartigen Strukturen und fantastischen Formen und Farben Allerdings auch mit Giftkapseln bewehrt, die höllisch wehtun können und gelegentlich sogar gefährlich werden.

Viele Forscher haben sich in ihren Bann ziehen lassen. Das vielleicht anrührendste Beispiel ist Ernst Haeckel. Eine neue Art benannte er als eine letzte traurige Referenz nach seiner geliebten Frau Anna Sethe, die nach 3 Jahren Ehe mit nur 29 Jahren verstarb: „Desmonema annasethe".

Zeugnis trauriger Liebe: Desmonema anasethe (Bilddiagonale).

Quelle: Ernst Haeckel, Kunstformen der Natur, Tafel 8, 1899, wikimedia commons, gemeinfrei.

Wir verschwendeten keinen Gedanken an Messwerte, Daten und Fakten und schauten ihrem getragenen Tanz im Wasser zu und imaginierten uns in ein Meer vor 500 Millionen Jahren. Seit dieser Zeit treiben Quallen durch die See, Generation um Generation entsteht und vergeht. Kontinente wandern, Gebirge erheben sich und werden flacherodiert, Saurier kommen und gehen, ganze Tierstämme verschwinden, aber die Quallen schweben weiter. Sie treiben durch die Ozeane, stranden, lösen sich in ihre Elemente auf, aber andere Generationen mit neuen Varianten tragen das Erbe weiter.

Damals, vor ungefähr 540 Millionen Jahren, gab es den „Urknall" des Lebens, die so genannte Kambrische Explosion. Nach geologischen Maßstäben entstand urplötzlich eine Unzahl an Organismenstämmen, ohne dass bisher entsprechende Vorläuferformen gefunden wurden. Besonders beeindruckend sind dabei die Fossilien des Burgess Shale in Kanada, die eine reiche Fülle auch weichhäutiger Tiere bewahrt haben, sowie eine Reihe von Organismentypen, die derartig skurril sind, dass entsprechende Namen vergeben wurden.

Hallucigenia ist so ein Organismus, dem der Bearbeiter diesen Namen gegeben hat, weil er seinen Augen nicht traute: Ein schmaler, langer Körper, der von diversen stelzenartigen „Beinen" getragen wurde und die gleichen Auswüchse auf dem Rücken trug. Oder Anomalocaris, wohl der bedeutendste Räuber im Meer zu seiner Zeit. Er erinnert hinten an einen Tintenfisch und vorne an einen Skorpion. Für uns auf unserem Schiffchen war aber bedeutsam, dass Quallen und Rippenquallen ebenfalls in diesen frühen Schiefern enthalten sind, sie gehören also zur ersten Garnitur des Lebens.

Vielleicht gibt es den Organisationstyp „Qualle" auch schon viel länger. In den australischen Ediacara – Hills wurden 1949 merkwürdige Fossilien gefunden, für die später eine weltweite Verbreitung festgestellt wurde: Die Reste der Ediacara – Fauna. Das Problem ist, dass keines der Fossilien mit Sicherheit an die kambrischen Formen angeschlossen werden kann und es so erscheint, als hätte das vielzellige Leben zweimal gestartet. Einmal vor ungefähr 600 Millionen Jahren mit der weichhäutigen und mit den heutigen Organismen nicht vergleichbaren Ediacara-Fauna und dann etwa 60 Millionen Jahre später mit der kambrischen Explosion, auf die letztendlich alle heute lebenden Formen zurückgehen.

Was aus der Ediacarafauna wurde, ist unbekannt. Dennoch deuten einige Fossilien darauf hin, dass der „Typ Qualle" bereits dort verwirklicht wurde, ohne dass eine direkte Verwandtschaft mit den heutigen Quallen gibt.

Bilder aus der „Anderswelt": Oben eine künstlerische Darstellung der Ediacara-Biota. Ob es damals schon Quallen in unserem Sinne gab, ist extrem umstritten. Sicher nachgewiesen sind sie aber aus dem Kambrium vor 520 Millionen Jahren. So wie unten dargestellt mag es in einer Meeresregion ausgesehen haben, die heute mitten in China liegt. Oben: Wikimedia / commons, Smithonian Institution, Ryan Sommer. Unten: https://science.sciencemag.org/content/363/ 6433/1338 Illustration: Z. H. Yao and D. J. Fu. Beide zur Nutzung freigegeben.

Worin liegt nun der evolutionäre Trick der Quallen, der ihnen geholfen hat eine halbe Milliarde Jahre zu überstehen? Ganz einfach, in dem hohen Wasseranteil! Alle Quallen sind minimalistisch gebaut: Sie enthalten wenig organische Masse, also Proteine, Fette, Kohlenhydrate und andere organische Bestandteile, sie haben keine wirklich komplex gebauten Organe und weisen nur ein paar einfache Nervenknoten auf. Kein Kopf, kein Gehirn, keine Nieren, keine Leber, aber sehr leistungsfähige Fortpflanzungsorgane – die sind wichtig. Der Rest ist Bindegewebe mit Muskelzellen für die Kontraktion und spezialisierten Zellen für den Stoffwechsel.

Dies alles zusammen würde ein nur recht kleines Tier ergeben. Die „Ur-Quallen" waren daher auch anfangs noch sehr klein, müssen aber irgendwann einmal „entdeckt" haben, dass es Sinn macht, diese geringen Bestandteile mit Wasser zu verdünnen. Das Ergebnis war auf einmal ein großes Tier. Eine Qualle hat das 20fache Volumen eines Krebses mit gleicher organischer Masse. Quallen haben sich also, ziemlich locker formuliert, mit Wasser aufgepumpt.

Große Körper haben aber den Vorteil, dass es weniger Fressfeinde gibt und der hohe Wasseranteil macht sie zusätzlich für viele Räuber uninteressant. Große Körper ermöglichen außerdem, ein großes Raumvolumen im Wasser kontrollieren und nach Nahrung absuchen zu können. Die Wahrscheinlichkeit, etwas Fressbares zu finden steigt mit der Größe bzw. mit der Dimension der Oberfläche. Genau darauf kommt es den Quallen an und deswegen sind sie groß, scheibenförmig und mit vielen oberflächenvergrößernden Anhängen versehen.

Gleichzeitig bedingt der niedrige organische Gehalt nur einen relativ geringen Nahrungsbedarf. Eines kommt noch hinzu: Ein Organismus, der praktisch „randvoll" mit Meerwasser ist, weist ein nur unwesentlich höheres spezifisches Gewicht auf als das umgebende Wasser. Daher sind die Energieinvestitionen in die Fortbewegung und gegen das Absinken in der Wassersäule minimiert. Werden dann auch noch aus den Körperzellen schwere Sulfationen gegen jeweils zwei leichtere Chloridionen ausgetauscht, wird der Effekt noch gesteigert.

Durch die Kombination aller dieser Strategien können „Nahrungsüberschüsse" akquiriert werden. Ist genügend Nahrung vorhanden, so können die Überschüsse in das Körperwachstum und die Fortpflanzung investiert werden und die Quallen können wie in dem Jahr, von dem ich berichte, sehr groß werden. Ist Nahrung jedoch nur in geringen Mengen vorhanden, etwa weil es sehr viele Quallen gibt, die sich den Tisch teilen, so müssen sie sich bescheiden und bleiben kleiner. Sie sind aber dennoch in einer besseren Position als die kleinen Planktontiere, da sie immer noch eine höhere Raumpräsenz aufweisen.

Ein alternativer Weg, mit Nahrungsüberschüssen umzugehen, ist eine gesteigerte Fortpflanzungsrate. Diesen Weg ist eine andere Gruppe des „gelatinösen Planktons" (so der wissenschaftliche Sammelbegriff) gegangen. Salpen sind mit den Wirbeltieren verwandt und haben mit unseren Quallen eigentlich gar nichts zu tun. Aber sie sind auch den gelatinösen Weg gegangen, investieren überschüssige Nahrung aber nicht in das individuelle Wachstum, sondern in eine enorme Vermehrung, denn innerhalb von nur zwei, drei Tagen können sie zu Millionen im Wasser auftauchen.

Interessant ist auch, dass es in der Tiefsee einen Muschelkrebs mit Namen Gigantocypris gibt. Er besteht zu 96 % aus Wasser, hat die Dimension einer Murmel und ist somit sehr viel größer als verwandte Arten, die maximal gerade mal 1 – 2 mm erreichen. Das Auftauchen der gelatinösen Organisation bei wenigstens drei zoologisch weit voneinander entfernten Gruppen legt nahe, dass dieser „Trick" im Rahmen der Evolution auch drei Mal unabhängig voneinander „erfunden" wurde. Es scheint sich zu rentieren.

Mittlerweile war es uns auf dem Dach der Barkasse ziemlich heiß geworden, wir wollten aber noch nicht wieder runter. Also zogen wir uns unsere schweren Arbeitsschuhe und die Socken aus. Obwohl kein Wind war, brachte dies Abkühlung und als Almut bäuchlings auf dem Dach lag und ihre ungemein zarten und hübschen Füße in der Luft räkelte, erwischte ich mich bei dem Gedanken, dass die Evolution doch auch ein paar reizende nichtakademische Aspekte aufweist.

Wir schauten wieder ins Wasser und träumten weiter. Unsere Quallen haben also einen Stammbaum und ein Beharrungsvermögen, gegen den uralte Adelsgeschlechter ephemere Erscheinungen sind. Ein Fossilfund aus dem oberen Jura, also vor ca. 150 Millionen Jahren, mit dem Namen Hydrocraspedota mayri gleicht unserer Ohrenqualle frappierend. Zeigt die Kalkplatte doch den kreisförmigen Körper, vier zentrale ohrenähnliche Abdrücke und ganz zarte Spuren der Mundarme. Sie muss unserer heutigen Qualle sehr ähnlich gewesen sein.

Vielleicht war sie es sogar schon. Wie auch immer, sie alle bzw. die Vorfahren haben Eiszeiten überlebt und Meteoriteneinschläge, sie wurden von Krebsen gejagt, die wir nur noch als Abdrücke aus Schieferplatten kennen, sie haben die warmen und kalten Meere besiedelt und treiben in lichtdurchfluteten Schichten genauso gut wie in der schwärzesten Tiefsee. Eine beeindruckende Leistung für „primitive Tiere", die fast nur aus Wasser bestehen.

Aber vielleicht ist dies das Geheimnis: Einfachheit, Flexibilität und höchste Übereinstimmung mit dem umgebenden Medium. Das warf die Frage auf, was denn unter dem evolutionären Erfolg zu verstehen ist, von dem wir immer in den Büchern lesen, Ist es das Hervorbringen komplexer Formen wie Primaten und Menschen? Sicher nicht, denn Insekten sind extrem erfolgreich.

Sind es Lebewesen, die in vielen verschiedenen Arten Millionen von Jahren alle Ökosysteme beherrschen wie die Dinosaurier? Wenn Ja, war dann ihr Aussterben ein Erfolg? Oder sind es solche Formen, die sich wie die frühen Säugetiere, über lange, lange Zeit mit kleinen und wenigen Arten durchschlagen, um dann in einem günstigen Moment in großer Formenfülle aufzutreten und die Erde zu dominieren? Sind es unsere Quallen, die mit einem Meistertrick der Energetik alle Veränderungen auf unserem Planeten überlebt haben?

Oder ist die Frage vielleicht nur unsinnig, zu menschlich, weil Erfolg in der Natur nicht objektiv definierbar ist, sondern ein Menschenkonzept ist, dass außerdem noch entlang geschichtlicher und kultureller Prozesse wandelbar ist? Ist nicht jede Lebensform allein dadurch erfolgreich, dass sie lebt? Egal wie klein oder groß sie ist und egal ob sie einige Hunderttausend oder Jahrmillionen die Erde besiedelt.

Unsere Ohrenqualle war schon lange verschwunden als unsere Gedanken anfingen, ins Leere zu laufen und wir die Lust daran verloren. Wir drehten uns noch einmal auf den Rücken und ließen uns die Sonne auf den Pelz brennen, da überraschte mich Almut mit einer direkten Frage: „Du bist doch Christ. Glaubst Du an die Evolution? Ich pfiff innerlich leise durch die Zähne, keine ganz einfache Frage. „Nein, ich glaube nicht an die Evolution" bemerkte ich nach einiger Zeit in etwa, denn den genauen Wortlaut habe ich damals nicht notiert. „Die Evolution ist eine wissenschaftliche Theorie. Ein Produkt menschlichen Geistes, der versucht, diverse, an sich unabhängige Naturvorgänge und deren Zusammenwirken in einem einheitlichen Konzept zu erfassen.

Ich zweifele überhaupt nicht an den zu beobachtenden Prozessen, die zu einer Veränderung von Organismen und Arten führen. Die „Evolution" ist aber lediglich eine vom Menschen erdachte Sammelbezeichnung für diese Naturabläufe. Da bin ich Nominalist. An wissenschaftliche Theorien glaubt man jedoch nicht: Man wendet sie an und prüft sie. Sie mögen sich bewähren, aber eventuell müssen sie auch geändert oder verworfen werden falls sie sich nicht bewähren oder eine alternative Theorie sich als fruchtbringender erweist. An den in der Natur ablaufenden Prozessen ändert sich bei so einem Theoriewechsel natürlich nichts. Wenn wir heute in der Theologie über Gottesbilder diskutieren, so sind Theorien immer „Naturbilder", niemals die Natur selbst, wie schon Wittgenstein sehr geistreich bemerkt hat.

Man sollte deswegen zu den Theorien immer ein distanziertes Verhältnis bewahren, sie können an der Natur vorbeigehen. Das geozentrische Weltbild zum Beispiel war gegen Ende des Mittelalters ein ausgefeiltes System mit hohem Erklärungswert, hoher Vorhersagekraft und mit den Mitteln der Zeit hoher mathematischer Genauigkeit. Aber es war eine Konstruktion, kein „Abbild" der natürlichen Verhältnisse. Die eben genannten Genauigkeitseigenschaften reichen nicht, um eine Theorie als „wahr" zu betrachten.

Newtons Mechanik ging von wirkenden Gravitationskräften, einem absoluten euklidischen Raum und einer absoluten von minus Unendlich bis plus Unendlich ablaufenden, immer gleich getakteten und für alle Beobachter gleichen Zeit aus. Die Relativitätstheorie hat das umgeschmissen. Wissen wir heute, ob nicht eines Tages eine grundlegende Revision unserer Evolutionsvorstellungen notwendig wird?

Ich glaube aber, liebe Almut, Du möchtest auf etwas anderes hinaus: Wie halte ich es mit der Schöpfung, dem Schöpfungsbericht und der Bibel und die daraus angeblich abgeleitete Konstanz der Arten? Nun, der Schöpfungsbericht ist viel genialer als die meisten denken, denn er macht gar keine Aussage dazu, dass mit den Tieren, Pflanzen, Lebewesen diese uns hier entgegentretenden Organismen gemeint sind. Da heißt es zum Beispiel „Es soll das Wasser vom Gewimmel lebender Wesen wimmeln, und Gefiedertes soll über der Erde fliegen unter der Wölbung des Himmels" Und ähnliche Konstruktionen.

Der Schöpfungsbericht ist hoch abstrakt und arbeitet mit Kategorien, die in der Juristensprache „unbestimmte Rechtsbegriffe" genannt werden. Außerdem sagt der Bericht nicht, wie die Lebewesen eigentlich entstehen, es heißt nur „er schuf". Aber wie? Dazu gibt es keine Aussage. Der Schöpfungsbericht, insbesondere der jüngere Schöpfungsbericht – das ist der, der ganz am Anfang steht -, ist kein Biologielehrbuch und auch kein Werkstattbericht Gottes, sondern eine Erklärung warum überhaupt etwas existiert.

Das erlaubt zwei Interpretationen. Erstens, der Schöpfungsbericht will uns gar nichts Konkretes über die Entstehung der Lebewesen sagen, sondern ist eine Art Grundsatzerklärung Gottes, etwa in dem Sinne: „Ich habe diese Welt geschaffen, Ich habe das Lebende lebendig gemacht, Ich habe Dich geschaffen, Adam. Ich habe damit eine Beziehung zu Dir aufgenommen, und Du hast die Beziehung zerbrochen". Die restlichen 2000 Seiten der Bibel handeln nämlich von dem Bemühen, diese Beziehung wieder zu heilen. Das ist der Kern der Bibel und keine Naturaufklärung. Der Schöpfungsbericht ist dann eine Art Einleitung zu einem Beziehungsdrama, in der dargelegt wird, wer wo steht.

Damit entfallen alle Spekulationen, ob es nur die jetzt lebenden Organismen gab, ob Arten konstant oder veränderbar sind. Die Evolutionstheorie steht in keinerlei Widerspruch zu dieser Interpretation, weil von ganz anderen Dingen die Rede ist. Es geht hier nicht um konkurrierende Aussagen.

Die zweite Möglichkeit wäre, dass es wirklich und konkret um die Schöpfung geht, wobei aber nicht festgelegt ist, welche Organismen gemeint sind. Ich würde dann sagen, dass Gott das Leben als allumfassendes Potenzial schuf, also so etwas wie die platonische „Idee", also eine Art Urbild, eine dem Gotteswort innewohnende ewige Inhärenz, die sich zu den angemessenen Zeiten und an den angemessenen Orten in echten Arten manifestiert. Die Naturprozesse, die wir unter dem Evolutionsbegriff zusammenfassen, sind dann nichts anderes als die Explikationswege der dem Gotteswort innewohnenden Inhärenz.

Du schaust komisch wegen der Inhärenz? Ein Beispiel mag meinen Gedanken verdeutlichen: Wenn Du eine übersättigte Zuckerlösung herstellst, so hast Du eine klare Flüssigkeit ohne irgendwelche Festkörper. Dennoch enthält diese Lösung das Potenzial oder die Inhärenz eines wunderschönen Kristalls, eines Kandis also. Hängst Du nämlich einen Faden in die Lösung, so wird sich in relativ kurzer Zeit der Zucker daran absetzen. Es wird ein Kristall entstehen. Die Inhärenz bricht sich im Konkreten Bahn. Das Vorhandensein und die Form des Konkreten hängen also von den Bedingungen ab.

Evolution bedeutet „Aufrollen" und genau so kann man das Verhältnis zwischen unserer wissenschaftlichen Evolutionstheorie und dem Schöpfungsglauben sehen: In der Evolution wird die dem Gotteswort inhärente Schöpfungspotenz konkret entfaltet. Das ist aber keine wissenschaftliche Frage. Ich erkenne in dem Text jedenfalls keine Aussage, die zwingend dahin zu interpretieren ist, dass es nur die Tiere und Pflanzen gibt, die wir hier sehen. Wenn bestimmte christliche Gruppen das so machen, ist es ihre Interpretation.

Deshalb versuchen wir als Wissenschaftler auch nur das „Wie" dieses Schaffensvorgangs nachzuvollziehen. Das „Warum" werden wir nicht erklären können und ist kein Thema der Wissenschaft. Wie jemand Naturerkenntnisse in ein Weltbild integriert, ist nicht festgelegt. Dazu macht Wissenschaft schlich keine Aussagen.

Und deswegen gibt es eine ganze Menge wirklich hervorragender Wissenschaftler, Evolutionsbiologen, Genetiker, Physiker, die an Gott glauben. Der Gottesglaube schließt nicht aus, die Welt unter dem Konstrukt der Evolution zu betrachten. Daraus umgekehrt, also aus der Evolution, ableiten zu wollen, es gäbe keinen Gott, ist nicht statthaft, denn die Wissenschaft klammert die Gottesfrage immer bewusst und gewollt aus. Man nennt das übrigens methodologischen Atheismus. Was man aber nicht untersucht, kann man auch nicht widerlegen.

Diejenigen, die mit Verweis auf die Evolution oder den Zufall ein göttliches Wirken ausschließen wollen, die Welt nur als seelenlosen Zufall wirbelnder Atome betrachten, merken meist nicht, dass Sie mit ihrer Interpretation bereits den Bereich des Glaubens betreten haben. Die Naturwissenschaft beantwortet immer nur funktionale Fragen, niemals ontologische Fragen. Der Materialismus oder der Atheismus ist ein Glaube. Genauso wie der christliche oder der muslimische Glaube.

Ich halte übrigens gottesgläubige Naturwissenschaftler für die kühneren Denker. Solche, deren Horizont nicht am Gartenzaun des Materiellen, des Mess- und Berechenbaren endet, sondern die weitergehen und dabei Dinge als wirklich akzeptieren, die sich nicht beweisen lassen. Auch auf die Gefahr hin, dass sie ausgelacht werden. Aber die Idealisten bringen diese Welt weiter, die Realisten schlagen sich nur den Bauch voll.

Das eigentliche Problem ist, das eingefleischte Kreationisten keinen Millimeter von ihrer Meinung abrücken und semimilitante atheistische Naturwissenschaftler ebenfalls nichts anderes gelten lassen als ihre Meinung. Ich mag solche Betonpfeiler nicht, sie verabscheuen alternative oder ergänzende Vorstellungen und ich halte sie in gewissem Sinne für geistig beschränkt"

Ich war fertig mit meinem Wortschwall und sah Almut an, dass ich sie damit überfahren hatte. Nicht überfordert, überfahren. Aber sie nahm es nicht übel. Lächelte mich an, klopfte mir sanft auf die Schulter und meinte breit grinsend „Du bist schon ein komischer Heiliger. Im Übrigen ist mir jetzt die Sonne zu viel, ich habe einen Zustand, der mir Mitleid mit einem Brathähnchen eingibt. Lass uns nach unten gehen". Also stiegen wir wieder auf Deck hinunter, wo wir noch den Rest der Mußestunde im Schatten genossen.

Alle spürten wir einen tiefen Frieden, der uns heiter und gelassen machte. Kein Hetzen nach Stationen, Proben, Daten, sondern reines Auskosten des Augenblicks, völlige Übereinstimmung mit dem Treiben der Quallen, des Schiffchens, das unsere Stimmung in dieser Stunde symbolisierte, und völlige Ergebung in unsere Gedankenspielereien und Fantasiereisen. Kein Motor, keine kreischenden Winden, keine anschlagenden Blöcke und polternde Scherfüße. Kein Kurs, keine Absicht, nur treiben lassen.

So ging es noch eine Weile, aber langes Schweigen hält der Mensch wohl nicht aus und so entstand langsam ein ruhiges Gespräch über dies und das. Mit der Zeit löste sich der Frieden in erste Unruhe auf, was durch eine Daumenpeilung an einer Landmarke begann, ob und wie weit wir getrieben wären. Wir erhoben uns und torkelten stimmungsmäßig noch ein wenig umher, aber dann streckten wir uns sinnbildlich, warfen den Motor an und steuerten die nächste Station an. Ich machte das Netz für den nächsten Fang bereit.

Es gibt Augenblicke, die sich nicht dem Vergessen entziehen, und so steht unsere verzauberte Stunde des Friedens, des Treibens, der Hirngespinste und der Fragen nach Gott und der Welt in jenem Sommer noch nach weit über dreißig Jahren klar und deutlich in meiner Erinnerung. Almut lebt jetzt irgendwo, Hans hat schon lange die große Forschungsreise angetreten, die uns allen bevorsteht, was aus Helmut geworden ist, weiß ich nicht und ich bin Rentner und Opa. Vieles wurde vergessen, einiges kann ich in meinen Reistagebüchern nachlesen, diese Stunde aber ist mir immer noch so präsent als hätte ich sie gestern gelebt.

# Korallen – oder von der Symbiose

„Die zauberhaften Korallenbänke des Roten Meeres aus eigener Anschauung kennen zu lernen, war schon seit langer Zeit mein lebhafter Wunsch" gesteht 1873 der berühmte deutsche Zoologe Ernst Haeckel. Ja, die Korallenriffe sind schon ein Hotspot des Lebens im Meer und von einer unvergleichlichen Schönheit und Ästhetik. Kein Buch über das Meer, kein Film, der ihnen nicht einen Großteil seines Umfanges widmet und nicht wenige Bildbände über „das Meer" begnügen sich damit, viele bunte Bilder von Korallen, Fischen, Krebsen zu bringen, ohne sich mit solchen Nebensächlichkeiten wie den Ozeanen der hohen Breiten abzugeben.

Korallenriffe gehören zweifelsohne zu den auffälligsten und ältesten Bauten von Tieren auf unserem Planeten. Seit dem Ordovizium, also seit etwa 480 – 450 Millionen Jahren, sind uns Korallenriffe bekannt und viele Riffe liegen heute nicht mehr im Meer, sondern sind zu hohen Gebirgen geworden, wie z. B. die Dolomiten, der Dachstein und auch unsere Zugspitze. Allerdings waren die damaligen Korallen völlig andere Arten als heute, aber dies tut nichts zur Sache und der Besuch eines lebenden Korallenriffes ist immer einen Besuch wert.

Wir waren daher hoch erfreut, als während eines Aufenthaltes in Port Sudan unsere sudanesischen Gastgeber sich erboten, uns eine Stelle zu zeigen, wo wir – nach ihren eigenen Angaben – einen wundervollen Korallengarten besichtigen konnten. Auch ohne Tauchgeräte, denn die hatten wir nicht mit und die meisten von uns waren auch gar keine Taucher. Masken und Schnorchel hatten wir aber „vorsichtshalber" alle im Gepäck. Außerdem wäre der Aufwand an der meerseitigen großen Riffkante zu schwimmen viel zu groß und letztendlich bei unseren bescheidenen Ausrüstungen auch zu gefährlich gewesen. Außerdem, so einer der Wissenschaftler, sei es durchaus interessant, mal zu sehen, wie sich so ein Riff von der Landseite entwickelt.

In mehreren Autos gelangten wir in flotter Fahrt zu einer geeigneten Stelle rund 16 Km südlich von Port Sudan, fuhren von dem durch braune Einöde ziehenden Asphaltband direkt zum Strand hinunter und begannen ohne Umschweife mit den Vorbereitungen zu unseren Erkundungen.

Dazu gehörte neben Badehose, Taucherbrille und Schnorchel auch das Anlegen eines T-Shirts, denn als ich mir bei einer Oberflächenschnorchelei in der Ägäis einen ungeheuren Sonnenbrand auf dem Rücken geholt hatte, hatte ich mir geschworen, nie mehr ohne Oberbekleidung unter subtropischer oder tropischer Sonne durch das Wasser zu wandern.

Darüber hinaus zog ich mir noch ein paar alte Turnschuhe an, denn in den warmen Meeren gibt es viele stachelige, stechende und zudem giftige Tiere, auf die zu treten man tunlichst vermeiden sollte. Gewöhnlich reichen die derben Gummiflossen an den Füßen, aber da diese aus Platzgründen nicht verfügbar waren, mussten eben die Turnschuhe herhalten.

Ich war gerade dabei, in das Wasser zu gehen, als der laute Ruf „Haie, Haie!" unserer Führer alle aus dem Wasser beorderte. In der Tat waren durch das Fernglas die charakteristischen dreieckigen Flossenspitzen an der seewärtigen Seite des Riffs zu sehen. Zwar ist es nicht so wahrscheinlich, dass die Raubfische auch in den rückwärtigen Riffbereich kämen, aber wir wollten hier kein Risiko eingehen. Also stiegen wir wieder in die Wagen und fuhren ein paar Kilometer weiter.

Der Rundblick dort zeigte uns in gehöriger Entfernung vom Land den weißen Gischtsaum der seewärtigen Riffkante und landwärts davon die ruhige, blaue Wasserfläche des so genannten Rückraumriffs. Keine Flossenspitzen weit und breit, ein gutes Zeichen, wenn auch keine Garantie.

Typischerweise zeigen die den Küsten vorgelagerten Korallenriffe eine charakteristische Gliederung. Auf der seewärtigen Seite grenzt die Riffkante den Komplex gegen das offene Meer ab und kann als eine Art Mauer mit einer bestimmten Breite aufgefasst werden. Dies sind die eigentlichen Riffe, die man im Fernsehen zu sehen bekommt und die in der Regel die höchste Lebensentfaltung aufweisen. Ungeheure Fischmengen konzentrieren sich an diesen Abhängen, die Haie gehen in erster Linie in diesen Regionen auf die Jagd. Das Riff selbst steigt häufig aus mehreren Zehnern gelegentlich sogar Hunderten an Metern aus der Tiefe bis nur wenige Zentimeter unter den Wasserspiegel auf. Es ist ein natürlicher Schutzwall gegen die Gewalten des Meeres und daher ein hervorragender Küstenschutz.

Die Oberkante dieser Mauer, das Riffdach, kann einige Meter bis einige Hundert Meter breit sein, bei Ebbe trockenfallen und ist bei Flut häufig auch nur wenige Dezimeter mit Wasser bedeckt. Zum Land schließt sich daran die Lagune oder ein Riffkanal an, der eine größere Tiefe aufweist, aber mit einzeln stehenden und bis an die Wasseroberfläche reichenden Korallenhorsten und – türmen durchsetzt ist. Ideale Schnorchelgebiete für Laien, da meist haifrei und ohne Wellenschlag, aber auch mit einer geringeren Lebensvielfalt als die Riffkante. Im flachen Wasser des Strandbereiches gibt es dann noch die Strandriffe,

Korallenbildungen mit flachen Strukturen, eher teppichartig ausgebreitet und deutlich geringer besiedelt als die anderen Bereiche.

Wir stiegen in das Wasser und wateten durch die flachen Uferbereiche dem Tieferen zu. Allerdings war das Gehen schwierig bis nahezu unmöglich. Immer wieder trat ich in tiefe Löcher, während mein Fuß beim nächsten Schritt auf einer Anhöhe zu stehen kam, so dass ich in den merkwürdigsten Stellungen durch das Wasser stakste. Die Kollegen machten keine bessere Figur, aber leider hat keiner dieses wahrscheinlich köstliche Bild fotografiert. Als die Wassertiefe so einen Meter überschritt, warf ich mich hin, um nun schwimmend meinen Weg fortzusetzen.

Der Blick durch die Maske zeigte mir in der Tat einen Meeresgrund, der lückenlos von Hügeln und tiefen Löchern übersät war, kein Stück flachen Grundes weit und breit. Auf diesem Boden konnte man nicht vernünftig laufen. Außer dieser Berg- und Tallandschaft gab es nichts zu sehen, der Sandgrund war völlig steril, aber in seinem Inneren wahrscheinlich von Krabben bewohnt, die diese tiefen Löcher gebuddelt und den Abraum sehr sorgfältig zu Hügeln geschichtet hatten. Keine Algen, keine größeren Tiere und von Korallen war schon gleich gar nichts zu sehen.

Ich war ein gutes Stück geschwommen als sich die Hügellandschaft auf einmal verlor und in einen schütter mit fädigen, bräunlichen Algen bewachsenen, nun mehr oder weniger flachen Grund überging. Die Sicht war hier in Strandnähe eingeschränkt, reichte aber, um die hier siedelnden drei größeren Organismentypen genauer unter die Lupe zu nehmen.

Zwischen den fädigen Algen lagen dicke, braune Würste, die, mit Verlaub, an Hundemist erinnerten. Das waren große, bis 30 cm lange Seegurken, jene etwas unförmigen und keine besondere Ästhetik ausstrahlenden Verwandten der Seesterne und Seeigel.

Daneben standen grünlich-braune „Tannenzapfen", Vertreter der Algengattung *Turbinaria*, bei der tetraederförmige Blätter mit den Spitzen von einem zentralen Stängel ausgehen, so dass die Tetraederbasen nach außen orientiert sind. Dadurch entsteht eine nahezu geschlossene Schicht mit nur schmalen Spalten zwischen den Blättern, die entfernt an Tannenzapfen erinnerten.

Die dritte Gruppe an Bewohnern waren nun aber schon Blumentiere, denn wir fanden zarte Zylinderrosen, Verwandte unserer Seerosen, deren Körper neben dem charakteristischen Tentakelkranz eine lange keilförmige Röhre bildet, die es ihnen erlaubt, sandige Untergründe zu besiedeln. Unsere Seerosen können dies nicht und sind daher auf harten Untergrund angewiesen.

Die Blumentiere oder Anthozoa sind übrigens mit unseren Quallen verwandt. Der Zoologe unterscheidet – in angemessener Vereinfachung - drei wichtige Gruppen: Die Anthozoa mit den Seerosen, den Zylinderrosen, aber auch mit der überbordenden Vielfalt der Korallen, die „Wassertiere" oder Hydrozoa mit kleinen Polypen und meist auch kleinen Quallen oder Medusen und die „Bechertiere" die Scyphozoa, zu denen die bekannten großen Quallen gehören. Grundsätzlich leben alle drei Gruppen als Polypen auf dem Meeresboden.

Diese Polypen sind einfach und mehr oder weniger becherförmig gebaut, besitzen einen zentralen Magen- und Darmraum, haben oben eine Mundöffnung und einen oder mehrere Kränze randständiger Tentakeln, die Nesselkapseln aufweisen, mit denen Sie Zooplankton und andere Organismen als Nahrung fangen.

Bei den Hydrozoen und Scyphozoen sieht der Lebenszyklus wie folgt aus: Die Polypen leben am Boden und entsenden zur entsprechenden Jahreszeit (bei uns meist im Frühjahr oder Frühsommer) die Medusen in den freien Wasserkörper. Die Medusen wachsen heran, sind die Geschlechtstiere und entwickeln nach der Befruchtung der Eier kleine freischwimmende Larven. Diese streunen einige Tage durch das Wasser und wenn sie nicht gefressen wurden, so setzen sie sich am Boden fest, entwickeln sich zu neuen Polypen und schließen den Kreis.

Eine Ausnahme bilden die Blumentiere, denn sie kennen kein Medusenstadium, sondern die Larven entwickeln sich im weiblichen Polypenkörper und werden dann als kräftiger, milchiger Strom in das freie Wasser abgegeben. Aber davon abgesehen, gibt es erheblich viele Ausnahmen von diesem Grundschema.

Mit diesem Vorwissen gewappnet schwamm ich weiter. Der Meeresboden wandelte sich langsam, denn die ersten steinigen Flächen erschienen und der Sand dünnte fast vollständig aus und plötzlich war da ein kleines, etwa 10 cm im Durchmesser messendes, stahlblaues Polster: Die ersten Korallen! Ich schwamm ganz nahe heran und konnte die kleinen Tentakeln der winzigen Polypen unterscheiden, die in den Wasserströmungen auf Nahrung hofften. Ein kleines Stückchen weiter überzogen gelbliche Polster einen aus dem Grund herausragenden Stein, der Korallengürtel war endlich erreicht.

Der Korallenteppich verdichtete sich, wurde gelegentlich jedoch noch von größeren Sandflächen unterbrochen, die dick mit Seegras bewachsen waren und zwischen denen wir eine Anzahl großer, nur im Roten Meer vorkommender Schnecken (*Strombus tricornis*) entdeckten. Davon gab es hier offensichtlich eine ganze Menge, denn am Strand hatten wir neben einer Feuerstelle einen Haufen leerer Schalen gefunden, deren Bewohner mit hoher Wahrscheinlichkeit dem Hunger der ansässigen Bevölkerung zum Opfer gefallen waren und die wir in unseren Rucksäcken als „Souvenirs" verschwinden ließen.

Auf einmal sackte der Meeresboden ab, die Sicht wurde klar und eröffnete den Blick auf eine traumhafte Landschaft: Aus dem ebenen, etwa vier Meter tiefen Grund wuchsen eine Menge senkrechter, an Hochhäuser erinnernder Säulen empor, die sich bis kurz unter die Wasseroberfläche erstreckten. Diese Säulen waren über und über mit einer erlesenen Auswahl der farbigsten Korallen übersät, und von einer Unzahl an Fischen umschwebt, die sich alle bevorzugt um ihre eigene Säule scharten. Aus der Entfernung war deutlich zu erkennen, dass die Fischdichte genau in der Mitte zwischen diesen hoch aufragenden Korallenhorsten am geringsten war.

Mit kräftigen Schwimmzügen traten wir in diese Landschaft ein und „wanderten" von Säule zu Säule. Überall reichstes Leben, die Horste waren mit Korallenpolstern dick bewachsen, die in allen Form- und Farbvariationen das Biologenauge verwöhnten. Die meisten Arten waren uns unbekannt, lediglich die Porites- und Acroporakolonien vermochte ich mit einiger Sicherheit zu identifizieren.

Roten, gelbe, bräunliche und blaue Polster wetteiferten um die Gunst des Auges, die Tentakelkronen der geöffneten Polypen zeigten fleischige Ärmchen neben filigranen, netzartigen Strukturen, bunte, grazile Krabben turnten über die Kolonien, eine kleine Tridacna-Muschel war an ihren kobaltblauen Mantelrändern zu erkennen. Dazwischen krustiges, nicht zu identifizierendes Material, vielleicht Kalkalgen. Kleine Schwämme fanden sich ebenso wie aufgelagerte Moostierchen, dann wieder ein paar kleinster, porzellanartiger bunter Krebschen. Die hübschen, aber arg giftigen Conus-Schnecken krabbelten auf den Stöcken umher und das ganze Gebilde war voller Leben.

Um die Säulen entfaltete sich das geschäftige Treiben der bunten Fische, die sich hierhin und dorthin wendeten, sich den tieferen Regionen zuwandten, nur um wenige Minuten später wieder aufzusteigen. Gelbe Pinzett- und Schmetterlingsfische beteiligten sich mit ihren dünnen Schnauzen und den fahnenartig ausgezogenen Rückenflossen an dem Korso. Dicklippige Papageifische mit ihren kräftigen, korallenknackenden Kiefern umgaben mich genauso wie Doktorfische in verschiedensten Formen und Farben. Dazwischen ein Haufen kleiner, mir unbekannter Fischchen. Ein reges Treiben, eine lichtdurchflutete bunte und exotische Welt mit ungeheurem Form- und Farbreichtum.

„Diese Pracht zu schildern vermag keine Feder und kein Pinsel" ruft uns Ernst Haeckel auch noch nach fast 150 Jahren zu, und er hat Recht. Hören bzw. lesen wir weiter, was Haeckel enthusiastisch schreibt: *„Ein Vergleich dieser formenreichen und farbenglänzenden Meerschaften mit den blumenreichsten Landschaften gibt keine richtige Vorstellung. Denn hier unten in der blauen Tiefe ist eigentlich alles mit bunten Blumen überhäuft und alle diese zierlichen Blumen sind lebendige Korallentiere. Die Oberfläche der größeren Korallenstöcke ist mit Tausenden von lieblichen Blumensternen bedeckt. Auf den verzweigten*

*Bäumen und Sträuchern sitzt Blüte an Blüte. Die großen Blumenkelche zu deren Füßen sind ebenfalls Korallen. Ja sogar das bunte Moos, das die Zwischenräume zwischen den größeren Stöcken ausfüllt, zeigt sich bei genauerer Betrachtung aus Millionen winziger Korallentierchen gebildet. Die prächtigen bunten Aktinien des Roten Meeres, die blauen Xenien, die grünen Ammotheen und die gelben Sarkophyten wetteifern an leuchtender Farbenpracht mit den in allen irisfarben strahlenden Blumenkelchen, die wie durch Zauber aus den scheinbar toten Kalkgerüsten der Steinkorallen hervorsprossen. Metallglänzende Fische von den sonderbarsten Formen und Farben spielen in Scharen um die Korallenkelche, gleich den Kolibris, die um die Blumenkelche der Tropenpflanzen schweben. Und alle dies Blütenpracht übergießt die leuchtende arabische Sonne in dem kristallhellen Wasser mit einem unsagbaren Glanze."*

Ja, es sind besonders die Farben, die ins Auge springen, die gelb, rot, blau und grün schimmernden Korallenkörper, die gebänderten Krebskörper oder die wie isoliert auftretenden roten Streifen, die sich bei genauerem Hinsehen als völlig durchsichtige, nur mit zwei roten Streifen versehene Glaskrebse entpuppen. Die Schneckenhäuser sind gebändert, gesprenkelt, braun, gelb, rot gezeichnet und selbst eine Seegurke war grün.

Aus: Haeckel, E. (1876): Arabische Korallen, Reimer, Berlin. Quelle: Wikimedia commons, gemeinfrei

Dabei sind die Korallen eigentlich gar nicht farbig, denn die Farbe bekommen sie von kleinen, einzelligen Pflanzen, die in ihren Geweben leben und „Zooxanthellen" heißen. Diese Zooxanthellen gehören verschiedenen systematischen Gruppen an, wichtiger ist aber, dass sie mit den Korallen in einem engen Austausch leben. Die Korallen stellen den Wohnraum, damit auch Schutz sowie stickstoffhaltige und phosphorhaltige Nährstoffe für die Algen. Mit der Atmung der Korallen wird auch Kohlendioxid freigesetzt, was die Algen ebenfalls benötigen.

Die Zooxanthellen andererseits erzeugen als Pflanzen mit Hilfe des Lichtes und der Nährstoffe Kohlenhydratverbindungen, die sie an die Korallen abgeben und ihnen als zusätzliche Nahrung neben dem Fang von Plankton dienen. Außerdem halten sie den Kohlendioxidspiegel im Tier niedrig, das dadurch in der Lage ist, Kalk abzuscheiden und ein festes Kalkskelett zu bilden. Dies geht aus chemischen Gründen nicht, wenn viel Kohlendioxid vorhanden ist.

Die riesigen Riffe, die Dolomiten und andere Gebirge auf der Basis von Korallenkalken verdanken ihre Existenz also letztendlich der Wirkung von nicht in Zahlen anzugebenden mikroskopisch kleinen Pflänzchen, die wir heute Zooxanthellen nennen. Korallen und Zooxanthellen leben somit zusammen, sie bilden eine „Symbiose".

Solche Symbiosen sind in den tropischen Meeren weit verbreitet und finden sich in einzelligen Organismen, in Schwämmen, Muscheln, Quallen und vielen anderen. Zumindest ein Hintergrund für diese Häufung ist die generelle Nährstoff- und Nahrungsarmut tropischer Gewässer, so dass eine enge Verzahnung zwischen Pflanzen und Tieren sich im Laufe der Evolution als Überlebensfaktor herausgebildet hat. Symbiosen sind aber weder auf das Meer noch auf die Tropen beschränkt, ja man kann sagen: Sie finden sich überall. Selbst der Mensch lebt in einer Symbiose mit seinen Darmbakterien.

Leben ist die Erfolgsgeschichte von Symbiosen. Das begann schon vor langer, langer Zeit, also etwa vor etwas über 2 Milliarden Jahren. Damals wimmelte es in den Meeren von bakterienähnlichen Zellen, die unterschiedlichste Stoffwechselleistungen zustande brachten. An höheres Leben war noch überhaupt nicht zu denken. Irgendwann einmal nahm einer dieser Zelltypen eine andere Zelle auf, die darauf spezialisiert war, chemische Substanzen unter Sauerstoffverbrauch hoch effizient für die Energiegewinnung zu nutzen.

Diese aufgenommene Zelle wurde nicht etwa verdaut, was durchaus hätte passieren können, sondern beide gemeinsam bildeten eine Symbiose zum gegenseitigen Nutzen, denn für die ursprüngliche Ausgangszelle bedeutete dies, dass sie „Nahrung" durch die Mitarbeit der aufgenommenen Gastzelle, dem „Endosymbionten", mit einem höheren Wirkungsgrad nutzen konnte als vorher.

Damit war im Prinzip jener Zelltyp geboren, der heute alles höhere Leben ausmacht. Der Endosymbiont wurde zu einem festen Bestandteil der ursprünglichen Wirtszelle und beide waren nicht mehr zu trennen. Heute hat der Endosymbiont den Namen „Mitochondrium" und die Tätigkeit dieser Mitochondrien liefert die Energie für unseren Körper und nötigt uns, zu atmen.

Damit nicht genug. Etliche Millionen Jahre später nahmen einige der bereits symbiotischen Zellen weitere Endosymbionten auf, die – der Vorgang ist äußerst komplex und im Detail unübersichtlich - sich zu den „Plastiden" entwickelten und in der Lage waren, mittels des enthaltenen Chlorophylls aus Kohlendioxid, Wasser und Licht zuckerhaltige Verbindungen herzustellen und dabei Sauerstoff freizusetzen. Die erste moderne Pflanzenzelle war geboren.

Diese extrem vereinfachte Darstellung macht deutlich, dass – überspitzt formuliert - alle höheren Organismen, egal ob Baum, Koralle oder Mensch aus einer riesigen Ansammlung eigentlich urtümlicher, vor rund zwei Milliarden Jahren entstandener symbiotischer Zelltypen bestehen. Wir alle leben und existieren als Ergebnis von Symbiose. Hätten sich diese Ur-Zellen damals nicht vereinigt, sähe das Leben völlig anders aus und uns, den Baum und auch die Koralle würde es nicht geben. Wir sind Symbiose.

Die Natur ist in ihren Baumaterialien – locker gesprochen – erzkonservativ: Was sich einmal entwickelt hat, wird im Prinzip beibehalten. Sie ist aber andererseits in der Variation, der Umgestaltung und Neuverwendung bestehender Strukturen extrem dynamisch und „einfallsreich". Aus einfachen, im Prinzip immer gleich gebauten symbiotischen Grundzellen werden Riech- und Sehzellen, leitende Nervenzellen, Muskelzellen und viele andere. Die Kiemenbögen der Haie sind bei uns Menschen zu Gehörknöchelchen geworden. Da wurde nichts neu erfunden, aber das Bestehende variiert. Die fünf Glieder der Wirbeltierpfote kann man in Flügeln, Flossen, Hufen, Händen wiederfinden. Dynamische Variation und symbiontische Beziehungen sind das Geheimnis des Lebens.

Wenn wir nun insbesondere den Begriff der Symbiose weiter fassen wollen als die Biologen und Sym-Biose, Zusammen-Leben, was die wörtliche Bedeutung ist, allgemeiner auffassen, so gibt es Sym-Biosen auf allen Ebenen.

Zunächst auf zellulärer Ebene wie bereits erläutert, aber auch innerhalb der Einzelorganismen. Jede Zelle in einem Pflanzen- oder Tierkörper steht zumindest mit den Nachbarzellen in einem stetigen Austausch, es gibt keine isolierten Zellen, die allein und unabhängig für sich in einem Organismus leben und wirken und keine Beziehungen zu den Nachbarzellen haben. Sym-Biose manifestiert sich in den Wirkbeziehungen zwischen den Zellen in einem Gewebetyp, dann innerhalb von Organen, zwischen Organen und letztendlich innerhalb des gesamten Organismus.

Sym-Biosen, ich verwende hier diese Schreibweise, um einer Verwechslung mit dem schärfer definierten biologischen Fachterminus vorzubeugen, gibt es sodann zwischen Organismen, also z. B. zwischen der Koralle und den Zooxanthellen oder den Knöllchenbakterien und den Hülsenfrüchtlern wie Bohnen, Erbsen oder Erdnüssen. Das sind die Symbiosen im biologisch strengen Sinne und häufig erkennt man gar nicht mehr die Ausgangsorganismen: Flechten sind eine Symbiose aus Pilzen und Algen (oder alternativ Cyanobakterien – „Blaualgen"), aber sie sehen weder dem einen noch dem anderen ähnlich.

Zusammenleben findet aber auch statt auf der Ebene zwischen den Organismen bzw. den Organismengruppen in einem Ökosystem. Das Ökosystem Riff, das Wattenmeer, der freie Ozean oder der Wald existiert durch eine Unzahl von Wirkbeziehungen der in ihnen lebenden Mikroorganismen, Pilze, Pflanzen und Tieren, die in der Regel nicht ohne massive Störungen künstlich zu durchbrechen sind. Alle sind aufeinander angewiesen. Das Ökosystem als solches ist also eine Sym-Biose. Einsichtig wird dies für Nichtbiologen besonders dann, wenn Wirkungen leicht erkennbar sind.

So gibt es im Pazifik vor Kanada große Kelpwälder, also riesige Bestände an bis zu 50 m langen Braunalgen. Es sind echte Urwälder, in denen Seeotter nach Seeigeln jagen. Werden die Otter aber dezimiert oder ausgerottet, so sterben auf Dauer die Kelpwälder, denn die Seeigel vermehren sich rasant, schädigen einerseits die Braunalgen direkt und fressen andererseits die jungen Pflänzchen. Ist der Kelp aber erst verschwunden, verhungern die Seeigel und das Ökosystem ist tot bzw. nicht mehr existent. Arten wie der Seeotter in den Algenwäldern Kanadas werden daher als „Schlüsselarten" bezeichnet.

Das Beispiel zeigt dabei, dass bereits eine einzige fehlende Art das ganze Ökosystem gefährden kann, aber auch, dass Sym-Biose, in dem erweiterten Sinne von „Beziehung" oder „Aufeinander angewiesen sein" für den Einzelorganismus nicht immer positiv sein muss. Das Gnu-Kalb, das dem Löwen als Nahrung dient, stabilisiert das System, aber es hätte – könnte man es fragen – sicher eine andere Lösung bevorzugt. Naturliebe darf niemals in romantische Schwärmerei, in Harmoniesucht, zu „Bessere-Welt-Idealen" ausarten oder als eine esoterisch-ätherische Traumwelt verstanden werden.

Die oberste Ebene der Sym-Biosen ist dann das Interagieren und Zusammenleben von ganzen Ökosystemen. Wie weiter unten dargestellt, interagieren die offene Nordsee und das Wattenmeer stark miteinander, wobei Mal der eine, Mal der andere der Nutznießer ist. Vor der westafrikanischen Küste kommt es bedingt durch den Harmattanwind immer wieder zu gewaltigen Staubwalzen, die über das Meer getragen werden. Ein nicht unerheblicher Anteil davon wird bis in die Amazonas-Regenwälder getragen und ist eine Quelle von Nährstoffen für das dortige Ökosystem.

Das Zusammenleben von Organismen und ihr komplexes Wirkungsgefüge wird umrahmt von den jeweiligen Umweltbedingungen wie Niederschlag, Temperatur, Bodenbeschaffenheit, Salzgehalt im Meer usw. Aber die Lebensgemeinschaften wirken auf die Umweltfaktoren zurück. Im Urwald werden rund zwei Drittel der täglichen Niederschlagsmenge durch die Verdunstung seitens der Pflanzen bereitgestellt und nur ein Drittel durch seitlichen, so genannten advektiven Transport geleistet. Der Wald macht sich seinen eigenen Regen. Stirbt der Wald, vertrocknet die Landschaft. Ein Zusammenhang, den bereits Alexander von Humboldt erkannt hat.

Im Ozean werden durch Auftriebserscheinungen insbesondere an den Westseiten der Kontinente Wassermassen in Oberflächenbereiche geführt, die relativ reich an Kohlendioxid sind. Durch die Entwicklung des Phytoplanktons in den lichtdurchfluteten Schichten wird viel von dem Kohlendioxid gebunden, der pH-Wert steigt auf Werte über 8, was wiederum der Bildung von Kalk zugutekommt.

Korallen, im Meerwasser treibende Schnecken, bestimmte Protozoen und vor allem eine bestimmte Gruppe von treibenden Pflänzchen, bilden Kalkgehäuse. Nach deren Tod sinken diese Gehäuse auf den Meeresgrund womit einstmals freies Kohlendioxid in Form von Kalk für geologische Zeiträume gebunden ist. Dies trägt oder besser gesagt trug (neben vielen anderen Prozessen) bisher zu einer Stabilisierung des Kohlendioxidwertes in der Atmosphäre bei. Biologische Prozesse wirken sehr wohl auf umweltbezogene Rahmenparameter zurück.

Dabei können auch scheinbare Katastrophen ein verarmendes Ökosystem neu strukturieren. In den Riffen gibt es hoch produktive Korallenarten, die die Eigenschaft haben, andere Arten zu überwachsen und damit zu verdrängen. Der betroffene Riffabschnitt wird immer artenärmer und einseitiger, da nicht nur die betroffenen Korallen verschwinden, sondern auch die mit ihnen assoziierten Lebewesen.

Abhilfe schaffen z. B. Wirbelstürme, wenn sie nicht zu stark sind. Der mit den Stürmen sich auftürmende Seegang zerstört die Korallen und lässt ein weitgehend steriles Riff zurück. Dies wird aber schnell neu besiedelt, wobei eine hohe Artendichte und ein vielfältiges Riffleben entstehen. Bis nach Jahren die dominierende Art erneut anfängt, den gesamten Raum für sich zu beanspruchen. Dann wird es mal wieder Zeit für einen Hurrikan...

Dieser Mechanismus ist unter Ökologen als „Intermediate Disturbance Hypothesis" – auf Deutsch etwa „Hypothese mittelschwerer Störungen"- bekannt. Das gibt Raum für neue Entwicklungen.

Letztendlich geht es auch bei evolutiven Prozessen um Sym-Biosen. Kaum etwas hat der Akzeptanz und dem Verstehen der Evolutionstheorie mehr geschadet als Ausdrücke wie „Kampf ums Dasein" oder „Selektion". Im ersteren Falle wird eine kriegerische Natur impliziert, in der ein dauernder unerbittlicher Kampf zwischen Arten um Lebensraum, Ressourcen und anderes herrscht. Solche Kämpfe kommen sicher vor, sind aber durchaus nicht die Regel.

Beim Begriff „Selektion" frage ich mich unwillkürlich, wer denn hier selektiert, denn Selektion ist immer ein aktiver Vorgang. Da ein Schöpfergott heute meist nicht als existent angenommen wird, ist es „Die Natur" oder „Die Evolution" die hier selektiert. Dabei wird aber übersehen, dass hier in der Natur ablaufenden Prozessen ein ontologischer Status gegeben wird, den sie nicht haben. „Die Evolution" ist eine wissenschaftliche Theorie, keine ontologisch selbstständige Entität. Wenn der vermeintlich „erledigte" Schöpfergott durch die Begriffe Natur bzw. die Evolution ersetzt wird, werden diesen gottähnliche, numinose, Eigenschaften zugeschrieben.

Als Darwin sein berühmtes Werk mit der Analogie zu Haustierrassen und der durch Menschen betrieben „Zuchtwahl" eröffnete, war der Begriff der Selektion noch passend, da ja der Mensch eingreift. Die natürliche Selektion ist jedoch ein Regulationsprozess der keinen Eingreifenden kennt. Auch nicht die Natur, denn die ist ein begriffliches Abstraktum.

Wir dürfen dazu die Frage stellen, ob unsere Sichtweise auf die Natur nicht auch durch unsere Sprachregelungen mitbestimmt wird. Eine aggressive Sprache wirft ein anderes Bild auf die Natur als eher neutrale Ausdrucksweisen. Sicher kann man den „Struggle for Life" als „Kampf ums Überleben" übersetzen, „Struggle" bedeutet aber auch „Ringen um", „sich bemühen" oder auch „Anstrengung". Eine Pflanze oder ein Tier in klimatisch ungünstigen Situationen „kämpft" nicht mit den Umweltbedingungen.

In ähnlicher Weise ist das „Survival of the fittest" nicht unbedingt das „Überleben des Stärkeren" es kann auch mit „Fortwähren des am besten Eingepassten" völlig korrekt übersetzt sein. Begriffe wie „Einpassung", „Anstrengung", „sich bemühen" können durchaus echte Kämpfe enthalten, aber sie reduzieren das Leben nicht auf derart aggressive Modalitäten. Moderne Evolutionsbiologen sehen das genauso.

Ein heute leider immer noch eher machtintendierter Umgang mit der Natur wirkt sich einerseits in den Sprachgewohnheiten aus, was andererseits wieder zur Art des Umganges mit der Natur beiträgt. Wer die Natur als Feind oder als auszubeutendes Objekt betrachtet, wird dies sprachlich ausdrücken und damit diese Haltung zementieren und kommunizieren. Dabei sind diese Machtintentionen kulturhistorisch sicher durchaus erklärlich, denn sie mögen aus den Zeiten stammen, als die Menschen die Wälder rodeten, die Sümpfe trockenlegten und fruchtbaren Boden der Natur unter unsäglichen Mühen abringen mussten. Das verhärtet. Aber diese Zeiten sind vorbei.

Evolution ist daher meines Erachtens weit besser als die Fähigkeit beschrieben, sich in das Beziehungsgeflecht abiotischer und biotischer Ökosystemvariablen inklusive eines ausreichenden Potentials an Konkurrenzfähigkeit gegenüber anderen Arten einbinden zu können. Eine neue Genvariante wird beweisen müssen, ob sie „Sym-Biose"-fähig ist und das Aussterben von Arten ist letztendlich das Ergebnis einer nicht bzw. nicht mehr gelingenden Interaktion mit den Rahmenbedingungen. Selektion darf also verstanden werden als gelingende oder misslingende „Sym-Biose".

Dabei stellen die Ökosysteme „Inseln evolutionärer Stabilität" zur Verfügung. Das soll bedeuten, sich entwickelnde Organismentypen werden nur dann sich etablieren können, wenn Sie die Bedingungen dieser Stabilitätsinseln erfüllen. Anpassung ist also nichts anderes als Lösungen für die Stabilitätsinsel zu finden.

Zwei sehr einfache Beispiele mögen das verdeutlichen. In den Brandungszonen des Meeres leben Napfschnecken mit einem mützenförmigen Gehäuse, sowie Seepocken, also festsitzende Krebse mit einer Reihe von kleinen Kalkplättchen, die den Körper umgeben und wie eine ebenfalls hoch-mützenförmig geformte Schale schützen. In der Brandung sind diese Tiere starken Druckbelastungen durch die Wellen ausgesetzt, die insbesondere bei Sturm enorm hohe Werte aufweisen. Theoretisch könnten diese Kräfte die Schalen und die Organismen zerstören.

Eine hohe Form der Schalen leitet jedoch die Kräfte zur Seite und damit zur Unterlage ab, ohne dass eine Zerstörung der Konstruktion eintritt. Es ist wie bei einem Kirchengewölbe, wo die Druckkräfte des Daches über Säulen in den Boden abgeleitet und damit die Kirchenmauern entlastet werden.

Daher werden sich in der Brandungszone solche Individuen, solche Genvarianten, behaupten, die feste, hoch gebaute Gehäuse ausbilden. Die hohe Gehäuseform ist die Stabilitätsinsel. Da die Lösung bei beiden nicht miteinander verwandten Tiergruppen auftritt, sprechen die Biologen von „Konvergenz", also schlicht gleiche Lösung für gleiche Probleme.

Allerdings, eines ist zu bedenken: In einem System gibt es nicht nur eine, also gewissermaßen „die" Stabilitätsinsel, sondern durchaus mehrere. Im gleichen Lebensraum wie die Napfschnecken leben auch die Ohrschnecken (Haliotis, Abalonen). Die haben aber sehr flache Gehäuse und bieten den Wellen kaum Widerstand. Sie sind nicht minder erfolgreich.

Das zweite Beispiel sind unsere Steinkorallen. Ihre Stabilitätsinsel ist die Symbiose mit den Zooxanthellen. Ohne sie können sie in der nahrungsarmen

Umwelt weder bestehen noch Kalkgehäuse bauen. Das symbiotische Zusammenwirken von Organismen mit unterschiedlichen Bedürfnissen und Fähigkeiten hat sich in vielen Fällen als Stabilitätsinsel bewährt.

Evolutionärer Erfolg ist damit dann gegeben, wenn eine Art in dem jeweiligen Beziehungsgeflecht agieren und zu den anderen biologischen und nichtbiologischen Komponenten in eine letztendlich stabile Beziehung treten kann. Deshalb können einfache Organismen evolutionär genauso erfolgreich sein, wie hochspezialisierte Arten. Auch deswegen könnte es durchaus sein, dass der Mensch über kurz oder lang als evolutionärer Misserfolg zu beurteilen ist. Denn seit einiger Zeit gelingt die Einbindung in die natürlichen Prozesse nicht mehr.

Allerdings gibt es Aussterbeereignisse, die schlicht Unfälle sind. Der Einschlag eines Meteoriten an der Grenze zwischen Kreide und Tertiär soll das Ende der Dinosaurier durch eine drastische Änderung fast aller Umweltparameter bewirkt haben. Da war die Passung abrupt verloren gegangen. Den Unfall definieren wir heute juristisch als ein „plötzliches, zeitlich und örtlich bestimmbares und von außen einwirkendes Ereignis" das einen Schaden zur Folge hat. Dies können wir hier anwenden. Ähnliches gilt für gewaltige Vulkanausbrüche, Erdbeben, Flutwellen und andere.

Solche, aber auch weniger dramatische Ereignisse, werden im Kontext der Evolution gerne als „Zufälle" bezeichnet, wenn sie eine bedeutende, häufig abrupte Änderung im Evolutionsgeschehen nach sich ziehen. Das verleitet viele zu dem Schluss, dass alle derzeit lebenden Organismen, einschließlich des Menschen, (mit) ein Ergebnis des Zufalls sind. Der Gang der Evolution ist also nicht vorhersehbar, ein reines Würfelspiel. Da insbesondere die Zufallsthese gerne von Nichtfachleuten falsch verstanden wird, mag angedeutet sein, dass Naturwissenschaftler den Begriff „Zufall" als Vokabel für „Unwissenheit" verwenden.

Der Zusammenstoß mit dem Kometen war kein „zufälliges" Ereignis, denn es war durch die Bahndaten der beiden Himmelskörper schon lange festgelegt und wäre für einen Astronomen durchaus vorhersehbar gewesen. Zufällig war vielleicht eher, dass es die Saurier getroffen hat, denn die Lebensentwicklungslinie ist eben nicht so klar vorhersehbar.

In einer kausalen Welt wäre jedoch der Zufall bei genügender Systemkenntnis vorhersehbar und er ist in der Tat in sehr vielen Fällen rückblickend (mit einer gewissen Wahrscheinlichkeit) begründbar. Aber wir werden nie alle Systemzustände kennen, weshalb eine Vorhersage – auch evolutiver Ereignisse – nicht möglich ist und auch auftretende Weichenstellungen nicht immer begründbar sind. Dennoch sind die lebenden Organismen, einschließlich des Menschen, keine „Laune", keine „Willkür" der Natur. Sie sind aufgrund kausal ablaufender Prozesse entstanden, die in aller Vollständigkeit aber nicht rückwirkend zu überblicken und vorausschauend nicht zu erfassen sind.

Warum verbreite ich mich an dieser Stelle aber derart über dieses Thema, wo wir doch mitten im köstlichsten Korallengarten schweben? Weil es nicht auszuschließen ist, dass die Korallen aussterben. Und das wird kein Unfall sein, es ist vorhersehbar. Ich glaube, die meisten Leser haben schon etwas von dem „Korallenbleichen" gehört. Dies tritt bei hohen Verschmutzungen auf, bei stark verändertem Salzgehalt und anderen Faktoren, die aber meist nur lokal begrenzt bleiben.

Der globale Klimawandel mit erhöhten Meerwassertemperaturen weist jedoch viel größere Dimensionen auf und könnte damit theoretisch weltweit alle Riffe betreffen. Bei zu hohen Temperaturen verlieren die Zooxanthellen ihre Fähigkeit zur Photosynthese. Damit wird die Nahrungszufuhr für die Korallen vermindert und - schlimmer – es kommt zu Stressreaktionen der Algen, was auf die Korallen giftig wirkt. Die Korallen stoßen daher die Zooxanthellen ab, wodurch sie ihre Farbe verlieren oder nur noch blässliche Farbmuster zeigen, also „bleichen".

Die Symbiose ist beendet, die Partner sind allein nicht mehr lebensfähig, die Korallen sterben ab. Sterben aber die Korallen, so geht das gesamte Riff zu Grunde. Das Beziehungsgeflecht der „Sym-Biose" Riff gerät durcheinander, bricht zusammen und zurück bleibt eine tote, leere Wüste, die von den Ozeanwellen erodiert wird. Opfer einer Destabilisierung des Systems durch den Menschen: Die Korallen werden von ihrer Stabilitätsinsel gedrängt.

Die Folgen sind absehbar: Unzählige Arten, die in den Riffen leben werden aussterben, Millionen Jahre während Entwicklungslinien abgeschnitten, sämtliche Potenziale für die Zukunft zerstört. Die Riffbauten werden abgetragen, die Küsten vor den Ozeangewalten nicht mehr geschützt. Vielleicht werden in etlichen Millionen Jahren die Riffreste wie die Dolomiten in die Luft ragen. Aber es finden sich keine fossilen Schnecken und Muscheln mehr darin, keine Wohnbauten von Würmern und keine Spuren einstigen Lebens.

Wird es uns einst so wie möglicherweise den Korallen gehen. Zerstören wir selbst unsere „sym-biotischen" Beziehungen? Wir zerstören Natur und wundern uns, wenn es plötzlich auf den Menschen zurückschlägt. Könnte es sein, dass ein wohlbekanntes Virus nur deshalb auf den Menschen übergesprungen ist, weil die „puffernden" Mitglieder von tierischen Infektionsketten und deren Interaktionen nicht mehr vorhanden sind? Wir wird das globale System reagieren, wenn es keine Korallenriffe mehr gibt, der Amazonas-Regenwald durch Palmölplantagen ersetzt ist? Wird sich der Mensch selbst von seiner Stabilitätsinsel drängen?

„Diese Pracht zu schildern vermag keine Feder und kein Pinsel." Dieser Ausdruck war – um hier den eigentlichen Handlungsfaden wieder aufzunehmen - bereits für unser ärmliches Rückraumriff mehr als erfüllt. Wie musste es dann erst an der Riffkante aussehen? Welche Farben- und Formenvielfalt, welche

Fülle an Leben! Welche evolutionär explizierte Gottesschöpfung! Ich wagte kaum, mir das vorzustellen und ich beschloss, den Versuch zu wagen, dorthin zu gelangen.

Ich tauchte auf und schätzte die Entfernung. Es war noch ein gehöriges Stück, denn obwohl ich recht weit vom Strand entfernt war, betrug die Strecke bis zu dem Brandungsstreifen noch etwa doppelt so viel. Ich verschwand wieder unter der Wasseroberfläche, klemmte den Schnorchel fester zwischen die Zähne, schwebte mit kräftigen Schwimmzügen durch den Korallengarten, entschlossen, ihn ohne Umschweife in Richtung offene See zu verlassen.

Die Horste hörten auf einmal auf und der graue Boden lag wieder steril unter mir, während ich direkt unter der Wasseroberfläche und durch mein Plastikrohr mit der notwendigen Luft versorgt durch das Wasser zog. Auf einmal kippte der Meeresboden unversehens weg und verschwand in unergründliche Tiefen. In dieser Gegend wird die äußere Riffkante durch einen breiten, bis zu 60 m tiefen Kanal vom Rückraumriff getrennt und nun befanden sich mehrere Zehner an Metern unter mir, was doch zu einem komischen Gefühl führte.

Diese Strecke galt es aber zu überwinden, um in einen noch prächtigeren Lustgarten zu gelangen. Per aspera ad astra, durch die Widerwärtigkeiten zu den Sternen. Mein Weg führte weiter hinaus in die See. Ohne Pause und mechanisch schwamm ich unter Wasser immer weiter, verharrte dann aber doch für einen kurzen Moment, schaute mich um und erschrak. Um mich herum war nichts mehr, nur noch eine monotone blaue Umgebung ohne Dimensionen. Allein die helle Wasseroberfläche über mir zeigte an, wo oben war. Ich tauchte auf, sah mich um und erkannte, dass ich erst die Hälfte des Weges geschafft hatte. Die Strecke war ohne Hilfsmittel und nach bereits anderthalb Stunden im Wasser zu weit.

Dann verschwand ich wieder in dem blauen Nichts zwischen der Wasseroberfläche und dem Grund irgendwo in nicht absehbarer Tiefe. Meinem Blick zeigte sich nichts, gar nichts, nur diese klare, aber dennoch undurchdringliche Bläue des Meeres, in dem sich kein Tier zeigte, keine Struktur dem Auge festen Halt bot und die sich nach unten in der Schwärze der Tiefe verlor.

Eine große Einsamkeit, ein „horror vacui", beschlich mich, ein Gedanke durchzuckte mein Hirn, „so also sieht die Umgebung eines ertrinkenden Seemannes aus", aber das war gleich wieder vorbei. Ich dachte an die Haie und die vernünftige Taucherregel, niemals allein loszuziehen, der verführte Verstand setzte wieder ein und ich kehrte um.

# Tränentage

Es hat immer wieder Tage gegeben, die wir gerne nicht erlebt hätten. Als Uwe beim Zählen von Seehunden aus der Luft mit seiner Maschine im Watt zerschellte, machte sich Erschütterung im Institut breit. Nichts bringt uns die Vergänglichkeit des Lebens plakativer vor Augen, wie der verlassene Schreibtisch eines verunglückten Kollegen. Notizen noch nicht fertig geschrieben, den Schreiber mal schnell zur Seite gelegt, ein Apfel noch auf der Ablage. Komme gleich wieder! Nein, Uwe, Du kommst nie mehr wieder, genau wie Renate, Rolf oder Conny. Mitten im Leben sind wir vom Tod umfangen. Das mittelalterliche „media vita in morte sumus", nichts hat sich geändert, wir wollen es nur nicht wahrhaben.

Die stärksten dieser Tränentage erlebten wir aber am Ende unserer Fahrt in das Rote Meer. Wie schon geschildert liefen wir am Ende unserer Expedition in den Hafen von Djibouti ein, verbrachten einen interessanten Abend an Land und packten am nächsten Morgen unsere Sachen. Die Ablösung aus Deutschland sollte in den Vormittagsstunden eintreffen und es galt, bis dahin die Kabinen auf Vordermann gebracht zu haben.

Einige von uns wollten noch ein paar Tage in Djibouti verbringen, um Ausflüge in das wilde und geologisch höchst interessante Afar-Dreieck zu unternehmen. Sie zogen mit ihren Sachen in ein Hotel der Stadt. Andere, so auch ich, sollten gegen Mitternacht nach Paris und von dort weiter nach Hamburg fliegen. Kurz vor Mittag traf dann auch die Ablösung auf dem Schiff ein, was zu einem großen „Hallo" führte. Die bisher von uns bewohnten Kabinen waren mittlerweile leer und sauber, so dass die Kameraden ohne große Umschweife einziehen konnten.

In den nachfolgenden Stunden tauschten wir uns noch über unsere Erlebnisse aus, fragten nach dem Wetter in Deutschland, besprachen fachliche Dinge, sahen uns die Laboratorien an, kurz es fand eine Übergabe statt. Die nachfolgende Crew sollte unsere Arbeiten im Indischen Ozean unter anderen Gesichtspunkten fortsetzen und ihren Fahrtabschnitt in Oman beenden.

Nachdem dies alles geregelt war, drängte es die Neuankömmlinge in den exotischen Ort, zum Sightseeing, Einkauf und Kneipenbesuch. Einige unserer

Kameraden begleiteten sie, andere blieben an Bord. Ganz im Gegensatz zu meinen sonstigen Gewohnheiten verspürte ich keinerlei Drang, mich noch einmal in die Stadt zu begeben und selbst der Kneipenbesuch mochte mich nicht reizen. Ein ungewöhnliches Verhalten, denn ich habe in jener Zeit keine Hafenkneipe ausgelassen, die sich mir in den Weg stellte, aber irgendein dumpfes Gefühl hielt mich zurück, ohne dass ich wirklich sagen kann, was es war. Eine Ahnung? Innere Stimme? Wie auch immer, aber dies sollte der Tag werden, an dem mir mein arrogantes Lächeln über Menschen vom Gesicht gewischt wurde, die erzählten, sie seien durch Gottes Hilfe vor Schaden bewahrt worden.

Die Gruppe verschwand also im Hafengebiet und keine ahnte, dass wir drei davon nicht mehr wiedersehen würden. Niemand von uns wusste zu diesem Zeitpunkt, dass zur gleichen Zeit in Djibouti die höchsten Sicherheitsvorkehrungen getroffen wurden bzw. waren. Es fand dort die erste internationale Konferenz der IGADD-Staaten statt. IGADD ist die Abkürzung für „Intergovernmental Authority on Draught and Development" und ist bzw. war (mittlerweile existiert die Nachfolgeorganisation IGAD) ein Zusammenschluss der Staaten Djibouti, Sudan, Äthiopien, Kenia und Uganda und Somalia und beschäftigte sich mit Fragen der Einrichtung von Frühwarnmechanismen für humanitäre Notlagen wie Dürren, Hungersnöte und dergleichen. Im Rahmen dieser ersten Konferenz befürchteten die Behörden Probleme, aber davon wussten wir nichts.

Dann senkte sich die Nacht über das Land, die Temperaturen wurden angenehmer und ein schöner Tropenabend stand bevor, der uns vor dem Heimflug noch einmal an Deck versammelte, wo wir uns gemütlich zusammensetzten und die Ereignisse der letzten Wochen Revue passieren ließen. Gegen halb acht jedoch war es mit dem Idyll vorbei: Christoph kam auf die „Meteor" gehetzt und berichtete mit wirren Haaren und leichenblassem Gesicht in dürren Worten, im Ort hätte eine Explosion stattgefunden. Es sei damit zu rechnen, dass Kollegen diesem Ereignis zum Opfer gefallen wären. Starres Entsetzen machte sich breit. Mit der Zeit trafen noch einige andere Kollegen und weitere Nachrichten auf dem Schiff ein. Es wurde klar, dass es offensichtlich einen Bombenanschlag auf das Restaurant „Historil" gegeben hatte, aber über die Anzahl der Opfer und wer nun genau betroffen war, erfuhren wir nichts.

Die Schiffsleitung und der Fahrtleiter beorderten alle Leute an Bord und zu einer Versammlung in die Schiffsbar. Zum Abzählen. Da saßen wir dann stumm und mit niedergeschlagenen Gesichtern auf den Barhockern und Sesseln. Acht Leute fehlten, es waren auch keine Nachrichten über ihren Verbleib zu erhalten. Im Laufe des Abends erfuhren wir dann über die verschiedensten offiziellen und inoffiziellen Kanäle, dass drei Kameraden sofort tot waren, der Rest verletzt in ein Krankenhaus gebracht worden sei.

Wie sich später herausstellte hatte ein junger Palästinenser in einer Tasche oder einem Koffer einen Sprengsatz in diesem von vielen Fremdenlegionären und anderen Europäern besuchten Lokal deponiert und zwar, wie sich herausstellte, mehr oder weniger direkt neben den Tisch, an dem unsere Kollegen saßen und wo auch wir einen Tag vorher praktisch zur gleichen Zeit gesessen hatten. Ein Tag früher und ich hätte diese Zeilen vielleicht nicht mehr schreiben können. Dies wussten wir an dem Abend aber noch nicht, doch zeigten die Erzählungen der Heimgekehrten, wie nahe Tod und Leben beieinander liegen und welche trivialen „Randbedingungen" über Existenz oder Nicht-Existenz entscheiden.

Christoph, zum Beispiel, hatte sich der von Bord gehenden Gruppe angeschlossen und war mit ihr durch die Straßen gewandert. Als sie in das Lokal eintraten und auf der Terrasse Platz nahmen, wollte Christoph Wein trinken. Das Gasthaus führte aber nur Bier und andere, härtere Sachen. Der enttäuschte Weintrinker verabschiedete sich daher nach gewisser Zeit von der Gruppe und zog in das gleich nebenan gelegene Nachbarlokal um. Hier saß er ebenfalls auf der Terrasse und hatte direkten Blickkontakt mit den anderen. Dann gab es einen grellen Blitz, einen lauten, trockenen Knall, das Dach über der Terrasse stürzte ein, Mauerwerk, Menschen und Gegenstände wurden durch die Luft geschleudert.

Nur wenige Sekunden oder Minuten nach dem Ereignis rannten Einwohner, Sicherheitskräfte, Sanitäter, verstörte Besucher über den Platz vor den beiden Kneipen. Eines der überlebenden und dabei sehr erheblich verletzten Opfer erzählte mir später, dass er von dem Vorfall gar nichts richtig mitbekommen hätte. Irgendwie war es nur eine nicht zu realisierende Mischung aus Helligkeit, Feuer und Lärm und dann fand er sich ohne Übergang mitten auf dem Platz im Straßenstaub liegend wieder und überall rannten Menschen durcheinander. Schreiend? Die Frage konnte er nicht beantworten, denn sein Hörvermögen war weg. Dann wurde es dunkel um ihn.

Christoph hetzte genauso aus dem verschonten Lokal wie alle anderen auch, aber wohin sich wenden? Die Straßen waren durch Sicherheitskräfte verdächtig schnell abgesperrt, wie sollte er zur „Meteor" kommen? Ein kleiner Junge, eines dieser pfiffigen, flinken schwarzen Kerlchen, die wir am Vorabend in der Kneipe so bewundert hatten, zog ihn bei der Hand weg und führte ihn durch diverse obskure Gassen und Wege zum Hafen.

Eine völlig unbedeutende Lappalie rette der Gruppe, die ins Afar-Dreieck wollte, Leben und Gesundheit. Sie hatten sich ja bereits im Laufe des Tages in das Hotel eingemietet, aber zu 19 Uhr Ortszeit mit den Neuankömmlingen verabredet. Da aber einer der Wissenschaftler noch ein Telefonat nach Deutschland zu erledigen hatte, verzögerte sich der Abgang auf Grund von Schwierigkeiten mit der Verbindung um rund eine viertel Stunden. Als sie endlich starten wollten, erschütterte der Explosionsdruck die Scheiben und Mauern des Hotels.

Genau genommen hatte das Unglück schon viel früher begonnen. Der Start unserer Reise in das Rote Meer wurde nämlich um einen Monat nach hinten verschoben. Eigentlich sollten wir bereits Mitte Dezember, also noch vor Weihnachten, aufbrechen und nicht erst Ende Januar. Dann wären wir im Februar im Djibouti gewesen und unsere Kollegen wären bei dem Anschlag mitten auf dem Indischen Ozean und damit in Sicherheit gewesen. Aber irgendetwas brachte diesen Zeitplan durcheinander und zu allem Überfluss hatten wir ihnen das Lokal, das wir ja vom Vorabend kannten und in dem wir gute Erfahrungen gemacht hatten, auch noch empfohlen. Damit zog das Schicksal seine Schlinge zu.

Am 18. März 1987 um kurz nach sieben Uhr abends kamen so völlig sinnlos 13 Menschen um und 41 wurden mehr oder weniger schwer verletzt, wobei aus unseren Reihen Annette, Marco und Daniel sofort starben. Alle drei waren junge Studenten in einem Alter von 24 bzw. 27 Jahren. Hans-Wilhelm war wie ich 32, überlebte zunächst, starb aber wenige Wochen später nachdem er sich vermeintlich auf einem deutlichen Weg der Besserung befunden hatte. Eine Krise trat ein und das vierte Licht erlosch. Vier weitere Kollegen, überlebten verletzt und haben noch heute z. T. schwer an den Nachwirkungen des Attentats zu tragen.

An Bord war uns dies alles natürlich noch nicht klar. Zunächst stand die Frage im Vordergrund, was nun mit uns geschehen sollte. Es hieß, das für uns vorgesehene Flugzeug von den Seychellen würde aus Sicherheitsgründen nicht landen. Dies hätte einen Zwangsaufenthalt von etwa fünf Tagen nach sich gezogen, da der Flugverkehr in dieser Weltgegend ziemlich dünn war. Wie es dann weitergehen sollte, war unklar. Die beiden Fahrtleiter, also der alte und der neue, der Vertreter der deutschen Regierung sowie Kapitän und Funker waren auf das höchste eingespannt und versuchten zu klären und zu regeln, was ging. Ich beneidete sie nicht um ihre Aufgabe und gelegentlich ist es sehr angenehm, nicht in den vordersten Reihen zu stehen. Gegen 22:30 Uhr kam dann die Nachricht, wir würden nun doch mit der Maschine ausgeflogen. Alle, auch die Gruppe, die noch ein paar Tage bleiben wollte.

Zur angegebenen Zeit holte uns ein Bus ab und fuhr uns durch die leeren Straßen. Keine Menschen waren unterwegs, selbst die hartgesottenen Fremdenlegionäre verschwunden. Alle Kneipen hatten dicht, die Häuser waren dunkel. Unser Weg führte an der zerstörten Gaststätte mit seinem herabgefallenen Terrassendach vorbei, eine gespenstische Atmosphäre lag über der Stadt, die uns das Frösteln lehrte. Dann im Jumbojet nach Hause.

Mit einer speziellen Maschine der Bundeswehr wurden die Toten und Verletzten nach Hause gebracht, die „Meteor" ging in See und leistete eine der traurigsten Forschungsfahrten in der Geschichte der deutschen Meereswissenschaften ab, denn alle acht Opfer sollten an dieser Reise teilnehmen. Niemand von unserer Crew aus dem Roten Meer war betroffen. Immer wieder wurde in den Funksprüchen aus dem Indischen Ozean nach dem Zustand der Verletzten gefragt, immer wieder kam der Wunsch „hoffentlich schafft es Hans-Wilhelm".

Hans-Wilhelm hat es nicht geschafft, was mich stärker berührte als bei den drei Studenten. Ich kannte ja alle vier Opfer, aber es wäre gelogen, zu behaupten, ich hätte zu den drei Studenten eine tiefere Beziehung gehabt. Ich kannte sie aus dem Großpraktikum, hatte ihnen die Unterstützung des älteren, erfahreneren Kollegen angedeihen lassen, habe mit ihnen gesprochen und gescherzt, mehr aber auch nicht. Hans-Wilhelm war dagegen ein alter Studienkollege von mir. Wir haben zusammen die ersten Seefahrten unternommen, das zoologische und das meereskundliche Großpraktikum überstanden, uns über die Professoren lustig gemacht, im gleichen Institut gearbeitet. Wir kannten uns seit vielen Jahren, waren zwar keine Freunde im eigentlichen und tiefen Sinne, aber sehr gute Bekannte, die einander schätzten.

Die Trauerfeier für Hans-Wilhelm war von einem Ausmaß, das ich noch nicht erlebt hatte und fand an einem der Tragik hohnsprechenden schönen Frühlingstag statt. Die Sonne schien auf die langsam ergrünenden Bäume des Friedhofs, die Vögel sangen, überall regte sich das Leben, die Eichhörnchen huschten schon zwischen den Büschen und wir trugen einen Kollegen zu Grabe.

Die kleine Kapelle war hoffnungslos überfüllt und die Reden und Ansprachen mussten über Lautsprecher nach außen übertragen werden, wo sich eine Menge versammelt hatte, die in die Hunderte ging. Das Kieler Institut war, glaube ich, vollzählig angetreten, dazu Vertreter der Universität, weitere Freunde, Kameraden, Kollegen anderer bzw. auswärtiger Institute. Kopf an Kopf standen wir mit ernsten Mienen zusammen. Einige weinten hemmungslos, andere – so auch ich – kämpften gegen die Tränen mit mehr oder minder schlechtem Erfolg. Man stützte sich, Pärchen hatten sich in die Arme genommen, es standen Leute sich gegenseitig tröstend zusammen, die sonst im täglichen Einerlei kaum etwas miteinander zu tun hatten. Grimmig verschlossene Gesichter verrieten ihre aufgewühlten Emotionen dadurch, dass sie krampfhaft keine zeigen wollten. Nein, das war keine der üblichen „artigen" Pflichtveranstaltungen, jeder der Anwesenden war von ehrlicher und tiefer Trauer erfüllt.

Diese Tage veränderten alle, die irgendwie in die Ereignisse eingebunden waren. Es blieben nicht nur die Narben der äußeren Verletzungen, sondern auch die der Seele. Selbst uns, die wir in dem Sinne ja nichts zu leiden hatten und nur entsetzte Zaungäste waren, hängt es in der einen oder anderen Weise bis heute nach. Und sei es nur, dass wir heute Nachrichten über Attentate mit anderen Augen sehen als „Otto Normalverbraucher", der nie mit diesen Dingen in Berührung kam und achselzuckend zu den Fußballspielen zappt. Mich hat nie die Frage verlassen, warum ich nicht in der Kneipe war, wie sonst üblich. Ich habe damals alles „mitgenommen", was sich mir bot. Und was war das eigentlich für ein Gefühl, das mich an Bord zurückhielt? Ich habe es sofort als etwas

Besonderes begriffen, konnte es aber nicht handhaben. Erst langsam schälte sich bei mir die Überzeugung heraus, dass ich die Stimme Gottes gehört hatte, er hatte sich mir über ein Gefühl mitgeteilt und in einer Unlust, meinen sonst üblichen Gewohnheiten zu folgen. Heute bin ich gläubiger Christ und überzeugt, dass mich Gott damals gerettet hat. Aber warum mich und nicht die anderen? Solche Ereignisse können in den Glauben führen oder die Absage an Gott bewirken. Leben verändern sich – so oder so.

Davon waren wir aber bei der Trauerfeier noch weit entfernt. Wir erwiesen den Ermordeten die letzte Ehre. Aufrichtung und erschüttert. Nach Ende der Feier bin ich in ein damals bekanntes Kieler Studentenlokal gegangen und habe meine Trauer mit Guinness, mit sehr viel Guinness, zugedeckt.

# Lappaloma

Wir standen vor der Biscaya weit draußen im Atlantik. Etwa 1000 Kilometer westlich der französischen Küste und knapp 700 km südwestlich von Irland. Es stürmte, die Anzeige der Windgeschwindigkeit stand wie angenagelt bei 24 m / s oder rund 47 Knoten. Das ist der Grenzbereich zwischen Windstärke 9 und 10. Dementsprechend sah das Meer aus. Beeindruckende Wellen wanderten über die See und zwangen uns eine erhebliche Berg- und Talfahrt auf.

Seit unserer Ausreise von Cuxhaven knapp eine Woche vorher, war dies bereits der zweite Sturm, der uns durchschüttelte, denn am Ausgang des Kanals blies uns eine „10" ebenfalls mitten in das Gesicht. Graue Wellen und über die See wandernde Schaumstreifen drängten in den trichterförmigen Kanaleingang und behinderten das Weiterkommen ganz erheblich. Als wir dann endlich frei von Land waren, ließ der Wind nach, aber die See beruhigte sich nicht so schnell und während der nachfolgenden zwei schwachwindigen Tage arbeitete die „Heincke" noch ganz erheblich.

Dann begann das Barometer wieder zu fallen, der Wind nahm erneut zu und fachte die noch vorhandenen Wellen schnell wieder an. An dieses Bild sollten wir uns während dieser vierwöchigen Messreise noch gewöhnen, denn es folgte eine Starkwindlage nach der nächsten. Dazwischen eingestreut immer mal ein oder zwei ruhige Tage.

Die Biscaya ist ein besonderes Gewässer. Nicht etwa wegen der Stürme, die es hier gibt, die gibt es überall. Sondern wegen des Umstandes, dass, wenn man erst in der Bucht ist, an drei Seiten von Land umgeben ist. Das ist für alle Seeleute keine angenehme Situation, vor allem nicht auf einem Segelschiff. Denn ein den Winden ausgesetztes und treibendes Schiff läuft auf drei Seiten Gefahr auf „Legerwall" zu kommen. Das bedeutet, im Lee des Schiffes bzw. des Windes liegt Land und eine Strandung ist durchaus möglich. In der Biscaya sind durch die drei Landseiten auch bei drei Windrichtungen Legerwallsituationen möglich: Aus West, Südwest und Nordwest – und das sind nun mal die Hauptwindrichtungen in dieser Gegend.

Das gilt aber nicht nur für Segelschiffe, sondern auch für Motorschiffe, die etwas schwach auf der Brust sind und für solche mit Motorschaden und eingeschränktem Antrieb. Ähnlich ist es in der Nordsee und an der Jütland-Halbinsel. Wer einen Ausflug auf Süderoogsand macht, findet noch immer die Wrackreste der „Ulpiano", die am Heiligen Abend 1870 strandete. Unweit davon entfernt steht eine mehrfach versetzte und erneuerte Rettungsbake, in die sich Seeleute retten können, wenn das Schiff auf dem Sand strandet. An der Nordspitze der dänischen Küste, gibt es die „Jammerbucht". Das sagt alles. Wir waren also gut beraten, mit unseren Untersuchungsgebiet bei 47° N und 20° W einen respektierenden Abstand zur Biscaya zu halten.

Alle Arbeiten waren eingestellt, das Arbeitsdeck im achterlichen Bereich des Schiffes taumelte hin und her, in regelmäßigen Abständen kam „Rasmus" an Deck und überschüttete unsere Arbeitsfläche mit einer wild schäumenden Wasserflut, die sich erst kurz vor den Mitschiffsbauten verlief. Eine respektable See ergoss sich über das Schanzkleid, schlug einen der signalroten Rettungsringe aus der Verankerung und warf ihn in den Ozean. Da trieb er achteraus, wurde von den Wellen in die Höhe und wieder in die Täler getragen, wurde kleiner und verschwand auf Nimmerwiedersehen. Kurz danach erschien der 1. Offizier und sammelte gut angeleint alle noch verbliebenen Rettungsringe ein. Die guten Stücke sollten ja schließlich nicht nutzlos im Meer umhertreiben. Kaum war unser Mann wieder in Sicherheit, prasselte es auch schon wieder auf das Deck, klatschte gegen die Poller und kehrte über die Heckschleppe und die Speigatten wieder dahin zurück, wohin die Wassermassen eigentlich gehören. Der hintere Teil war zweifelsfrei unpassierbar.

Geschützter war der Bereich bei den Laborausgängen, der im Schutz der Aufbauten frei von Wasser gehalten wurde und bei dem sich lediglich die kaum erwähnenswerten Reste des achterlichen Furors verliefen. Ja, ein Streifen von etwa 1 m Breite und 3 m Länge blieb vollständig trocken und stellte unseren sicheren Standplatz da, wenn wir uns das beeindruckende Bild der aufgewühlten See ansehen wollten.

Als wir uns nach dem Abendessen zu dritt wieder auf diesen schmalen Streifen begaben, war da noch ein viertes Lebewesen: Eine Taube. Unglücklich trippelte sie hin und her, versuchte den größtmöglichen Abstand zum Menschen einzuhalten, vermied es aber, nasse Füße zu bekommen. Sobald die Rinnsale aus dem hinteren Teil des Decks an die Grenze zu dem trockenen Bereich gelangten, huschte das Tierchen vor dieser Front weg, wobei sie dann auch die Nähe des Menschen aufsuchte. Offensichtlich hatte sie ihre schwierige Situation erkannt, denn sie flog nicht weg. Der Sturm hätte sie sofort erfasst und ohne weitere Umschweife in die See geworfen. Tauben sind für ein Fliegen bei Starkwind nicht geschaffen und die auf dem Achterdeck brodelnden Wassermassen hätten mit ihr, wenn sie sich zu Fuß zu weit vorgewagt hätte, ebenfalls kurzen Prozess gemacht. Tauben schwimmen nämlich noch weit schlechter als sie bei Sturm fliegen. Es konnte also nur eine Frage der Zeit sein, bis sie irgendeinen Fehler beging und vom Meer geholt würde. Das wollten wir vermeiden und beschlossen, sie zu retten.  Unsere große „Fangaktion" ging völlig unspektakulär über die Bühne, denn unser Täubchen ließ sich ohne Gegenwehr oder Fluchtversuche aufnehmen und in das Labor bringen.

Kein gutes Wetter für Tauben.

Es war ein hübsches Tier, nahezu weiß, aber mit einigen braunen Flecken und verräterischerweise einer Reihe von Schmierfettresten im Gefieder, die sich die Taube wahrscheinlich irgendwo an unseren Winden geholt hatte. Sie hatte einen schlanken Körperbau und ähnelte daher so gar nicht den gedrungeneren Formen unserer Straßentauben. Wir vermuteten, dass es sich um ein Zuchtexemplar handeln müsse. Möglicherweise eine Brieftaube. Da sich aber von uns keiner mit diesen Dingen auskannte, musste dies Vermutung bleiben. Auch war nicht klar, wann und wie sie auf unser Schiff gekommen war, aber wir vermuteten, dass sie während der Kanalpassage zu uns gekommen ist. Möglicherweise hatte sie versucht, die Wasserstraße zu überfliegen und war dann entweder ermattet oder in den heranbrausenden Sturm gekommen und auf der „Heincke" notgelandet.

Wie auch immer, wir konnten sie nicht mehr mit gutem Gewissen sich selbst überlassen, da wir noch weiter auf den Atlantik wollten. Wir mussten unsere Taube in „Schutzhaft" nehmen. Aber wo sollte sie hin? Einer von der Mannschaft brachte erfreulicherweise einen großen Pappkarton ohne Deckel, in dem er normalerweise irgendetwas aufbewahrte. Den Karton hatte er schnell entleert und stellte ihn für unseren gefiederten Freund zur Verfügung. Wenn man bedenkt wie roh häufig die Seemänner mit Fischen und insbesondere mit dem Hai umgehen, so ist man erstaunt, dies bei Vögeln in das völlige Gegenteil umschlagen zu sehen.

Vögel an Bord werden fast durchgängig immer gut behandelt, gehätschelt und gepflegt und niemand würde es ohne Not wagen, ihnen etwas zu Leide zu tun. Wahrscheinlich hat das irgendeinen halbmythischen Hintergrund. Wir staffierten also den Karton mit saugfähigem Papier aus, das erstens für die Füße angenehmer gewesen sein dürfte, aber auch die Reinigung erleichterte und verkürzte, setzten unsere Schutzbefohlene hinein und verschlossen den großen „Käfig" mit den Resten eines alten Fischernetzes, das irgendwo in den Tiefen der Laderäume aufgefunden wurde. Dann stellte sich natürlich die Frage der Ernährung, denn selbstverständlich hatten wir kein Vogelfutter an Bord. Der Koch bot rohe, harte Erbsen an, die versuchsweise dem Tier angeboten wurden. Aber es wollte nicht fressen. Nun, vielleicht war sie zu aufgeregt und so gingen wir wieder unseren eigentlichen Beschäftigungen nach.

Am nächste Tag ging es immer noch drunter und drüber und eine Inspektion des Taubenkäfigs ergab, dass „La Paloma" (gesprochen: Lappaloma) – wie wir unsere Taube kurzerhand getauft hatten – über Nacht erstens alle Erbsen brav weggefressen hatte und zweitens mit ihrem Pappkarton in irgendeine Ecke gerutscht war, weil gestern im Eifer des Gefechtes niemand daran gedacht hatte, ihn gegen Seegang zu sichern. Dies wurde nun nachgeholt und dann wurde Lappaloma bis zum Ende der Reise mit Erbsen gefüttert. Sie hat aber diese völlig einseitige Ernährung sehr gut überstanden und es wurden keine Zeichen von Skorbut, allgemeiner Kraftlosigkeit oder von anderen Mangelerscheinungen beobachtet.

Die nachfolgenden drei Wochen verging kein Tag, an dem wir nicht Lappaloma unsere Aufwartung machten, in den Käfig schauten, einige aufmunternde Worte mit ihr sprachen, für Sauberkeit sorgten und die obligatorischen Erbsen verabreichten. Immer wenn man sich mit ihr unterhielt, legte sie den Kopf zur Seite und schaute einen direkt an, trippelte ein paar Schritte durch den Käfig, legte den Kopf auf die andere Seite und sah uns mit dem anderen Auge an. Keine Spur von Angst vor dem Menschen. Auch dies schien uns ein Beweis dafür zu sein, dass sie kein echtes Wildtier war und aus irgendeinem englischen oder französischen Taubenschlag stammte. Madame oder Madam, das war hier die Frage, die die Gemüter bewegte. Nun, wir beschlossen, dass sie Engländerin sei. Engländer sind seit langer Zeit als erfolgreiche Taubenzüchter bekannt und selbstverständlich würde nur eine englische Taube Zuflucht auf einem Seeschiff nehmen.

Insbesondere unsere vier mitreisenden Wissenschaftlerinnen nahmen sich der Taube mütterlich an, was häufig zu lautstarken Begeisterungsausbrüchen führte und der langgezogene Ausruf, „Aaaach, ist die nieeeeeedlich!" klingt mir noch heute im Ohr. Wir Herren schauten uns dann gelegentlich vielsagend an, behielten aber unsere Bemerkungen für uns. Jedenfalls solange bis kein Damenohr mehr in der Nähe war, dann aber wünschten wir sie irgendwo hin.

Diese Möglichkeit hätte nun aber tatsächlich – wenn auch vielleicht nicht ganz ernst gemeint - bestanden. Etwa nach Ablauf der Hälfte der Reise trafen wir uns mit dem Kieler Forschungsschiff „Poseidon", das in ähnlicher Mission wie wir unterwegs war. Um Überschneidungen in unseren Arbeiten zu vermeiden, verabredeten die beiden Fahrtleiter ein Treffen auf „Poseidon" um entsprechende koordinierende Gespräche zu führen. Peter, unser Fahrtleiter, fuhr aber nicht selber rüber, sondern schickte unsere Frauencrew mit den entsprechenden Instruktionen zur „Poseidon".

Als die Damen mit dem Schlauchboot wohlbehalten dort angekommen waren meinte er zu dem anderen Peter – unserem Techniker – und mir „Ist das nicht schön ruhig an Bord? Wollen wir nicht die günstige Stunde nutzen, ein Gläschen Sherry trinken und anschließend ein kleines Mittagsschläfchen machen?" Das ließen wir uns nicht zweimal sagen und so hockten wir kurz darauf in der Fahrtleiterkammer und überlegten, ob wir die Frauen nicht doch gleich auf „Poseidon" lassen könnten. Was, wenn wir jetzt einfach wegführen? Dann folgte ein Stündchen in der Koje und nachmittags um vier ging es wie gewohnt weiter. Mit Frauen. Und sie fanden unsere Taube immer noch sooo niedlich.

Die Tage vergingen. Bei gutem Wetter wurde die Kiste mit Lappaloma an Deck gestellt, damit sie auch etwas Frischluft und Sonne tanken konnte. Sobald es aber zu wehen begann und die Wellen zulegten, wurde sie wieder in das Schiff gebracht. Viel Bewegung konnten wir ihr natürlich nicht bieten, vielleicht gerade einen Viertel oder Drittel Quadratmeter zum hin- und herlaufen, aber Fliegen lag natürlich gar nicht drin. Das Tier schien dies aber nicht weiter zu beeindrucken, fraß brav seine Erbsendiät, schaute rechts, schaute links und war uns auch sonst keine sonderliche Last. Jeden Morgen war Routinekontrolle, Säuberung des Käfigs, wobei sich Lappaloma ohne weitere Gegenwehr ruhig in die Hände nehmen ließ, ein paar Erbsen nahm sie auch aus der Hand und dann wurde sie wieder abgesetzt, das Fischernetz verschloss wieder den Eingang und wir und die Mannschaft gingen unserem Tagesgeschäft nach.

Landvögel sind nicht unbedingt eine Seltenheit auf See, da sie in den Häfen selbstverständlich auch Schiffe als Landeplätze verwenden. Verlässt dann das Schiff den Hafen und der Vogel verpasst unglücklicherweise aus irgendwelchen Gründen die rechtzeitige Rückkehr, so ist er quasi ein Gefangener. Gelegentlich sieht man daher während einer Reise irgendeinen kleinen Singvogel um die Masten und den Schornstein flattern. In der Regel kann man sie nicht einfangen und wenige Tage später findet ein aufmerksamer Beobachter den kleinen, ausgemergelten Körper tot an Deck.

Singvögel haben einen hohen Stoffwechsel und sind nicht sehr robust, aber welche Nahrung kann ein Schiff bieten? Bei Körnerfressern mag ja der eine oder andere Matrose noch irgendetwas Brauchbares in der Küche finden und an eine geeignete Stelle streuen, aber reine Insektenfresser sind eigentlich von vornherein zum Tode verurteilt. Außerdem verdursten viele auch, da sie keine geeignete Wasserquelle an Bord finden können. Zwar müssen viele Vögel nicht trinken, da sie genügend Wasser aus der Nahrung ziehen können, aber wenn diese fehlt oder wenn es nicht die richtige Nahrung ist, ist es auch um den Flüssigkeitshaushalt bei ihnen schlecht bestellt.

Aber selbst wenn so ein kleiner Reisebegleiter gefangen und betreut werden kann, ist das noch keine Garantie für sein Überleben. Vor der westafrikanischen Küste haben wir mal einen kleinen, sehr hübschen Singvogel entdeckt, der in seiner Not sogar in unsere Räumlichkeiten eindrang. Dennoch war das Einfangen nicht ganz einfach, gelang aber nach einigen Fehlversuchen. Auch für ihn wurde ein Pappkarton eingerichtet, aber nur wenige Stunden später lag er tot in der Kiste, was alle bedauert haben. Singvögel sind in den meisten Fällen extrem stressanfällig und die Aufregung der Gefangennahme zusammen mit dem Futter- und Wassermangel hat ihn umgebracht. Dies wäre unserer stoischen Taube sicher nicht passiert, denn Tauben sind alles andere als Hektiker.

Hin und wieder wird ein Schiff auch mal als Zwischenstopp zum „Durchatmen" gewählt. Im September 1983 ging es mal wieder nach Bornholm. Als wir bei der Hinfahrt nachts südlich der schwedischen Küste standen, wurde die „Alkor" von einem Schwarm Bachstelzen „heimgesucht". Wir saßen in der Messe und wunderten uns, als auf einmal einer dieser hübschen Vögel mit wilden Flügelschlägen über unseren Köpfen kreiste und offenbar den Ausgang nicht mehr fand. Wir versuchten ihn rauszuscheuchen und sahen dann das ganze Deck voller Bachstelzen, genau genommen waren alle Aufbauten, das Schanzkleid, die Poller und was es sonst noch so an Bord gibt mit Bachstelzen besetzt. Es erinnerte sehr stark an Hitchcocks „Vögel", nur dass unsere Piepmätze sehr viel friedfertiger waren. Als wir zu Bett gingen saß die ganze Vogelschar, die wahrscheinlich mehrere hundert Köpfe zählte, noch traulich zusammen. Am nächsten Morgen waren alle weg. Der Steuermann berichtete, dass sie im ersten Morgengrauen losgeflattert und als schwarze Wolke nach Süden, in Richtung auf ihre wärmeren Überwinterungsplätze, entschwunden sind.

Nun aber zurück zu Lappaloma. Natürlich dauerte unsere Reise nicht ewig, denn nach dreieinhalb Wochen, davon zusammengenommen zwei mit Windstärken über sieben, gingen wir auf Heimatkurs. Wir mussten uns nun mit der Frage beschäftigen, was mit unserem Schutzbefohlenen passieren sollte. Es wurde beschlossen, den Käfig im Kanal unverschlossen an Deck zu stellen und so der Taube die Möglichkeit zu geben, nach eigenem Gutdünken wegzufliegen. Sollte sie aber nicht in die Freiheit zurückkehren mögen, wollte Detlef sie mit nach Hause nehmen. Er hatte einen Garten und beabsichtigte, dann für Lappaloma einen entsprechenden Verschlag zu bauen.

Erfreulicherweise bekamen wir nun für ein paar Tage wirklich wunderschönes Sonnenwetter, so dass wir an Deck sitzen konnten und Sigrid sogar eine Hängematte auf dem Peildeck aufhängte. Himmel und See erstrahlten in tiefstem Blau, eine Wohltat nach der ganzen Durchschüttelei in den drei Wochen davor. Als an Backbord die weißen Kliffs von Dover in Sicht kamen wurde der Taubenkäfig an Deck gebracht, das Fischernetz entfernt und alle schauten voller gespannter Erwartung, was nun passieren würde. Es geschah aber nichts, unser Taube schaute etwas erstaunt, dachte aber gar nicht daran, wegzufliegen.

Am nächsten Tag war die Kiste jedoch leer. Niemand hatte Lappaloma wegfliegen sehen und wir wissen daher auch nicht, welche Richtung sie einschlug. Madame oder Madam, die Frage sollte auch jetzt und für immer ungeklärt bleiben. Adieu, kleine Taube, und weiterhin guten Flug. Wenn du erzählen könntest, welches „Seemannsgarn" würdest du verbreiten. Von dem großen Wasser, dem starken Wind und den hohen Wellen. Von den Menschen, deiner herumrutschenden Pappbox, der Erbsenmast und aufgeregten Mädels. Und dann natürlich die Geschichte deiner wunderbaren Rettung. Wie sich plötzlich das Gefängnis öffnete, du den Geruch des Landes in die Nase bekamst, die Unruhe, das erste Ausbreiten der Flügel nach Wochen. Du erzählst wie du höher und höher stiegst, das Schiff auf blauer See immer kleiner wurde, der Wind dir frisch um die Flügel wehte und du Kurs nahmst auf deine Heimat. Ein Verschollener, der zurückkehrt. Aber wahrscheinlich würde es dir niemand glauben.

# Im Eis

Ein besonderes Stück Erde, nicht mehr ganz Land und noch nicht ganz See: Das Wattenmeer. Zweimal am Tag dringt ein langes Wellental in die Nordsee ein und gibt ein Stück des Meeresbodens zur Besichtigung frei. Da wimmelt es von Würmern und Krebsen, Schnecken ziehen über den Grund und hinterlassen langgezogene Spuren, aus kleinen Löchern dringen Blasen und bei schräger Aufsicht scheint das Watt mit Millionen kleiner Warften übersäht zu sein, die Kothäufchen des Wattwurmes. Muschelbänke erstrecken sich wie Riffe entlang der Rinnen und die anmutigen Seegräser liegen ohne die tragende Kraft des Wassers scheinbar niedergemäht auf dem Sediment. Vögel stelzen über den Boden und stochern mit den Schnäbeln im weichen Boden nach Nahrung. Gelegentlich ringt eine zurückgebliebene Scholle nach Luft.

Über einer Hallig scheint ein gigantischer Mückenschwarm zu stehen, eine dunkle Wolke, die sich mal hierhin mal dorthin verlagert. Gänse, die sich aus Nordeuropa und Sibirien kommend, für den Weiterflug stärken. Das Watt ist Rast- und Tankstelle.

Die Sonne steht tief und sendet ein goldenes Licht über die sumpfigen Watten und die gerippelten Sände. Aberhundert Reflexe von kleinen Pfützen blitzen aus dem dunklen Boden. Derweil rollt hinter dem Horizont ein gewaltiger Wasserwall heran. Die Dellen füllen sich langsam mit Wasser, die Wasserarme werden breiter und vereinigen sich zu Strömen. Sandflächen sind auf einmal isolierte Bänke, die ständig kleiner werden. Das Meer kehrt zurück, die Zeit, wo Menschenaugen diese Wunder sehen durften, ist vorbei. Bald flutet wieder die Nordsee, wo eben noch der Austernfischer stocherte, die Kinder sich nach Muscheln bückten.

Das war also meine neue wissenschaftliche Heimat. Ich hatte es mir eigentlich anders gedacht, denn nach meinen Arbeiten im Nordatlantik, in den Tropen und der Ostsee wollte ich ins Eis. In die Arktis oder womöglich sogar in die Antarktis. Für einen Bio- und Ökologen ist es wichtig, möglichst viele unterschiedliche Systeme zu studieren, um Erfahrungen zu sammeln und Vergleiche anstellen zu können. Meine Polarträume platzten aber immer wieder aus unterschiedlichen Gründen.

Das Kapitel wäre damit bereits jetzt zu Ende, wäre ich nicht doch auf eine Eisfahrt gekommen – wenn auch völlig anders als ich es mir gedacht hatte.

Zum Sommer 1990 bot sich mir die Chance, in ein großes, fünfjähriges Forschungsprojekt bei der Wattenmeerstation der biologischen Anstalt Helgoland auf Sylt „einzusteigen". Es ging um Fragen des Stoffaustausches zwischen der Wattenmeerregion und der angrenzenden Nordsee.

Ich habe eine große Vorliebe zu Inseln, bin ein „Inselsammler" und habe bis heute während meiner dienstlichen und privaten Reisen mehr als 40 Inseln besucht oder auf ihnen gewohnt. Mit Zeitspannen zwischen einigen Stunden und fünf Jahren. Außerdem bot die Wattenmeerforschung mir einen neuen, erweiternden beruflichen Aspekt, denn diese amphibische, für Stunden trockenfallende, dann wieder überflutete Welt kannte ich zwar aus meinen Jugendjahren auf Langeoog, aber wissenschaftlich hatte ich in dieser Region noch nichts unternommen. Da ich zum Zeitpunkt der Entscheidung Sylt noch nicht kannte, übte das Angebot einen ungeheuren Reiz auf mich aus. Ich nahm also an.

Wie sich der Leser leicht denken kann, zeichneten sich meine Seereisen in den folgenden Jahren durch einen völlig anderen Charakter als in den Jahren davor aus. Meist hatten wir nur wenige Zentimeter bis Meter an Wasser unter dem Kiel, später, im zweiten Teil des Projektes, überstieg die Wassertiefe keine 36 Meter. Lächerlich im Vergleich zu meinen Arbeiten im tiefen Ozean.

Wie bereits im Kapitel über die Missgeschicke mitgeteilt, arbeiteten wir zunächst im Königshafen, wobei wir uns des Forschungskatamarans „Mya" bedienten, änderten aber das Vorgehen im Frühjahr 1993. Es sollte nun das gesamte Sylter Rückraumwatt zwischen dem Festland und den Ostseiten der Inseln Sylt und Römö untersucht werden. Bedingt durch den Hindenburgdamm und den Römödamm, die beide die jeweiligen Inseln mit dem Festland verbinden, ist die Bucht mit Ausnahme eines einzigen Durchganges von der Nordsee abgeschlossen.

Dieser Durchlass ist eine tiefe Rinne zwischen den beiden Inseln, das „Lister Tief", die sich dann in drei große Hauptpriele aufteilt: Das Römö-Tief zieht in nordöstliche, das Hoyer Tief in südöstliche Richtung und die Lister Ley verläuft in ziemlicher Nähe von Sylt mehr oder weniger direkt nach Süden. Damit fließt alles Wasser, das durch Ebbe und Flut transportiert wird durch das Lister Tief, eine ideale Vereinfachung für Wissenschaftler. Wir brauchten nur ein bis an den Rand mit Wissenschaftlern gefülltes Forschungsschiff in das Lister Tief zu legen und möglichst umfassend die Konzentrationen aller gewünschten Stoffe zu erfassen. Wüssten wir dann, wie viel Wasser durch die Rinne fließt, könnten wir verhältnismäßig einfach ausrechnen, wie viele Kilo oder Tonnen an diesen oder jenen Substanzen hin und hergeschoben wurden. Das war der Ansatz, der letztendlich auch funktioniert hat.

Allerdings konnten wir für diesen Projektteil die „Mya" wegen viel zu geringer Kapazitäten nicht nutzen. Es musste ein größeres Forschungsschiff her, die „Heincke", etwa 50 Meter lang, 1000 BRT, und damals gerade mal zwei Jahre für die Biologische Anstalt im Dienst. Es ergab sich allerdings eine Schwierigkeit: Die „Heinke" war viel zu groß für den kleinen Lister Hafen, konnte also nicht direkt beladen werden. Daher mussten wir ein etwas umständliches Verfahren wählen. Am Tage des Reisebeginns sammelten sich die Wissenschaftler mit ihren Materialien bei der Wattenmeerstation.

Die „Heincke" fuhr derweil von Helgoland oder Cuxhaven nach Sylt und ging in Sichtweite des Instituts in tieferem Wasser vor Anker. Dann beluden wir „Mya" mit unserem Kram und fuhren in einer oder mehreren Touren zur „Heincke" und gingen an Bord. War alles auf dem Schiff, verholte „Heincke" an die eigentliche Forschungsposition, nämlich je eine Station im Lister Tief und nach ca. anderthalb Wochen zur anderen Station in der Lister Ley. Während der ganzen Zeit blieb das Schiff vor Anker, wir nutzten es also als schwimmende Messplattform. So kam es, dass ich in den vier unternommen „Fahrten" zwar 61 Tage auf See war, aber höchstens 40 Seemeilen zurückgelegt wurden.

Die letzte dieser Fahrten fand im Frühjahr 1994 statt, am Ende eines langen, kalten Winters. Seit Wochen lagen die Temperaturen tief im Minusbereich, meist war es windstill, wehte aber doch ein Lüftchen, „schnitt" es einem in die Ohren und die Nase. Das Wetter war dabei sonnig, also eine echte Kälte-Hochdrucklage als Ableger oder „Ausbuchtung" des sibirischen Winterhochs mit aus dem Osten heranwandernden Luftmassen. Die Insel verschwand so langsam im winterlichen Weiß, wobei kaum Schnee fiel, aber dicker Reif sich auf Pflanzen und Häuser legte, der langsam zu massivem Eis wurde. Gelegentlich taute ein Teil in der Mittagssonne auf, gefror aber sofort wieder, wenn die Sonneneinstrahlung verschwand. Eine eigentümliche Ruhe kam über Sylt, die zu langen Spaziergängen mit anschließendem gemütlichem Tee in einem Lokal oder Café einlud. Das Meer lag völlig still da und bewegte sich nur im Rhythmus der Gezeiten.

Mit der Zeit begann es zuzufrieren. Zunächst erstarrte der Lister Hafen. Zwischen den Schiffen bildete sich erst eine dünne, durchsichtige Eisschicht, die aber langsam dicker und undurchsichtiger wurde, alle Boote „zusammenkittete" und für Wochen zur Tatenlosigkeit verdammte. Niederschlagende Luftfeuchtigkeit überzog die Schiffchen mit einer dicken, z. T. bizarr geformten Eisschicht, die immer dicker wurde. Reling, Aufbauten, Deck, gespannte Taue, die Festmacherleinen, Poller, Treppen und Leitern verschwanden unter dickem Eis. Unsere „Mya" war kaum wiederzuerkennen, alles weiß und dick vereist.

Gleichzeitig griff das Eis auf das Watt über. Zunächst gefroren die strandnahen Bereiche, aber allmählich überzog sich die ganze Wasseroberfläche mit einer weißen Eisschicht. Zwar sorgten die wechselnden Wasserstände und die

Strömungen der Gezeiten zunächst für offene Flecke und Rinnen aber mit der Zeit verschwanden auch diese. Die Fähre von Römö nach Sylt musste ihren Betrieb einstellen, die Anlegestelle in List verschwand im Eis. Auch auf der eigentlichen Nordsee bildete sich Eis, das zwar nie zu einer festen Decke gefror, aber große und dicke Eisschollen schwammen in der See.

Das Eis im Watt wurde immer dicker und wir mussten uns überlegen, was mit unserer Frühjahrsfahrt werden sollte. Am Strand nahmen wir Proben des Eises und maßen seine Dicke, die sich irgendwo zwischen 10 und 15 cm bewegte. Gelegentlich fanden wir auch 30 oder 40 cm, aber wir konnten erkennen, dass hier mehrere Schichten übereinanderlagen, die wahrscheinlich durch die Tidenbewegungen aufeinander geschoben waren. Etwas weiter vom Strand entfernt, blieb es bei ca. 10 – 15 cm als glatte Eisdecke.

Viele Telefonate zwischen Sylt und der Schiffsleitung surrten durch den Draht, um die verschiedenen Varianten der Eis- und Wetterentwicklung durchzuspielen. Ungefähr zwei Wochen vor dem Termin stand fest, dass bei diesem Wetter eine Fahrt aussichtslos sei. Zwar wäre es möglich gewesen, in das Eis einzudringen und vor Anker zu gehen, aber bei den anhaltenden tiefen Minustemperaturen musste davon ausgegangen werden, dass das Eis weiter wachsen würde und die „Heincke" nach einer Woche an ihrer Ankerstation vom dicker werdenden Eis „eingeschlossen" und festgefroren wäre.

Da kam uns das Wetter rechtzeitig zu Hilfe. Die Temperaturen stiegen von rund −10° C auf etwa den Gefrierpunkt und variierten im Tageslauf zwischen +2° und −2° C. Damit rückten die Temperaturen über den Gefrierpunkt des Meerwassers, so dass nicht mit einer weiteren Neubildung zu rechnen war. Auch die Wettervorhersagen stimmten darin überein, dass die größte Macht der Kälteperiode gebrochen war. Zwar reichten die niedrigen Temperaturen, das vorhandene Eis zu „erhalten", aber neues würde nicht hinzukommen. Unter diesen Umständen erklärte sich der Kapitän der „Heincke" bereit, es zu wagen.

Selbstverständlich konnten wir aber nicht die „Mya" für den Transport verwenden, denn der Lister Hafen und alle Boote blieben weiterhin unter einer dicken Eisschicht verborgen. Also wurde alles in Lastwagen gepackt und eine kleine Karawane begab sich von der Insel auf die Tour nach Cuxhaven. Wir überquerten per Fähre die Elbe und beluden das Schiff, nur um über See an unseren Ausgangspunkt zurückzukehren. Komplizierter ging es nicht, aber unter den gegebenen Umständen hatten wir keine andere Wahl.

Die Überfahrt selbst verlief ohne besondere Vorkommnisse. Die Nordsee lag völlig glatt vor uns und die einzigen Wellen erzeugte unser Schiff. Die Sonne schien von einem blankgeputzten Himmel und zauberte ein sehr schön anzusehendes blaues Meer, auf dem die wenigen noch in der Nordsee treibenden Eisschollen hell und strahlend glänzten. Das meiste Nordseeeis war mittlerweile an den Küsten der Inseln oder des Festlandes gestrandet und lag an den Stränden als dicke Brocken, die in den nachfolgenden Tagen und Wochen langsam zerschmolzen.

Im Fahrtwind war es allerdings unangenehm kalt, so dass wir unsere Spaziergänge an Deck entweder auf die windgeschützten Teile beschränkten oder nur relativ kurze Zeit im Freien verbrachten. Wo der Wind nicht hinkam, staute sich allerdings ein wenig die von der Sonne kommende Wärme und wir konnten uns an diesen Stellen sogar für ein Viertelstündchen setzen und in die funkelnde See schauen. Alle hatten eine leicht erregte Stimmung, denn es war noch nicht klar, ob wir unsere Reise so durchführen konnten, wie wir es uns gedacht hatten. Andererseits ist so eine Eisfahrt in der Nordsee ein seltenes Ereignis, dass einem nicht jedes Jahr geboten wird. Nach meinen Erinnerungen war die Nordsee letztmalig 1979 so schwer mit Eis bedeckt, davor im Frühjahr 1970 als ich auf Langeoog am Rand des Meeres durch das Eis brach. Allerdings mag mir das eine oder andere Jahr auch entfallen sein.

Als wir in das Lister Tief einbogen sahen wir die Eismassen vor uns. Eine scheinbar völlig ebene weiße Fläche, die das gesamte Meer bedeckte und sich von Insel zu Insel und von dort bis zum Festland erstreckte. Der Kapitän verringerte die Geschwindigkeit als wir uns der Eisdecke näherten und ging vorsichtig mit dem Bug an die Kante. Mit gedrosselter Maschinenkraft erprobte er das Eis. Es gab ein krachendes Geräusch und die Ebene erhielt einen langen, aber dünnen Riss, der sich über einige Zehner an Metern erstreckte. Hier drangen wir ein, schoben das Eis vorsichtig zur Seite, wobei es sich über- und untereinander schob und an den Rändern kleine Wülste bildete.

Es ging besser als befürchtet. Wie ein Reißverschluss öffnete sich das Eis, immer entlang des ersten Risses, der sich bei weiterem Eindringen der „Heincke" zunehmend in die Länge zog. Dann ging es über Steuerbord in die Lister Ley hinein. Die Kollegen aus dem Institut standen mit Feldstechern bewaffnet vor dem Haus, einige auch am Strand und schauten zu, wie wir uns langsam durch das Eis schoben. So etwas hatten sie noch nicht gesehen und außerdem wurde die Gelegenheit genutzt, sich winkend noch einmal zu grüßen. Während wir tiefer in die „Arktis" vordrangen, huschten sie zurück in die warmen Räumlichkeiten. Bald danach hatten wir unseren Liegeplatz erreicht und ließen den Anker fallen. Es rasselte, krachte, platschte und zurück blieb ein ordentliches Loch im Eis sowie kurze, hohe Wellen, die über die Eiskanten schlugen. Die Maschine wurde abgestellt und es trat Ruhe im Schiff ein.

Bisher hatten alle sich an Deck den Fortgang der Geschehnisse angesehen, nun hieß es aber Labore einräumen, Betten beziehen, Spinde einräumen und alles für die am nächsten Tag startende vierwöchige Messkampagne vorbereiten. Als der Morgen dämmerte ging es dann los. Neben der Steuerbordwand wurde mittels größerer Gewichte, die an den Windendraht angeschäkelt wurden, zunächst ein großes Loch in das Eis gestanzt. Dann gingen die Geräte zum ersten Mal durch dieses Loch zur Arbeit, was im stündlichen Rhythmus wiederholt wurde. Unser Loch fror zwar nicht zu, bewegte sich aber von der Stelle. Das Eis war keine kompakte, festliegende Masse, sondern wurde durch die Tidenströme sachte hin- und hergeschoben. Standen wir ruhig auf dem Deck so war ein leises Knacken und Knistern im Eis zu hören, was von den Spannungen zeugte, die die Tidenströme hervorriefen. Im Schiffsinneren war die ganze Zeit über ein ständiges Schaben und Kratzen an der Bordwand zu hören, dass von den Bewegungen des Eises herrührte und dabei langsam die Farbe vom Stahlrumpf kratzte.

Ich war auf allen vier Unternehmungen als Fahrtleiter tätig. Das hieß, ich musste in Zusammenarbeit mit der Schiffsführung die Reihenfolge der wissenschaftlichen Arbeiten koordinieren und die z. T. widerstrebenden Interessen der einzelnen Fachgruppen miteinander in Einklang bringen. Jeder wollte so viel Zeit wie nur möglich für die eigenen Arbeiten. Eine Menge Zusatzarbeit, da ich ja mit Peter und Thomas noch das wissenschaftliche Programm zu bearbeiten hatte.

Allerdings gewährte diese Position auch einen ganz klaren Vorteil: Ich residierte in der Fahrtleiterkammer, die genau genommen aus zwei Räumen bestand. Zunächst ein großes Wohn- und Arbeitszimmer mit einem mächtigen Schreibtisch, einem eigenen Bordcomputer, auf dessen Bildschirm mir fortwährend die wesentlichen Daten wie Position, Wassertiefe, Windstärke und -richtung und dergleichen angezeigt wurden, dazu eine große Couch mit einem für Besprechungen geeigneten Tisch und den dazu gehörenden Stühlen. Durch eine Tür ging es in den Schlafraum, von etwa 6 m², mit einem Doppelstock-Bett und zwei Spinden. Diese üppigen Räumlichkeiten gestatteten ein für Bordverhältnisse geradezu luxuriöses Wohnen. Viele große Fenster erlaubten einen Blick auf das ein Stockwerk tiefergelegene Arbeitsdeck und auf die See.

Im Moment war da aber nur eine weiße Eisfläche zu erkennen. Kleine Bewegungen auf dem Eis konnte ich mit meinem Feldstecher als Eiderenten identifizieren, die mangels freien Wassers ziellos zu Fuß über das gefrorene Meer watschelten. Bräunliche Flecke auf den Eisflecken entpuppten sich als Entenmist, den sie normalerweise dezent im Meer versenkt hätten. Aber was sollten die armen Tiere jetzt anderes machen? Vor den nach achtern gerichteten Fenstern war eine Plattform mit einem seitlich gelegenem Windenstand. Diese Fläche diente mir als Beobachtungsposten, von dem ich – hoch über den Leuten stehend – alles genau überblicken konnte. Mit den Händen auf dem Rücken stolzierte ich gelegentlich darauf herum und kam mir vor wie Hornblower auf dem Achterdeck seines Schlachtschiffes.

Das Eis lag zunächst als geschlossene Decke relativ ruhig, so dass wir z. T. unsere Eislöcher für die Geräte mehrfach verwenden konnten. Gelegentlich spekulierten wir, ob uns das Eis tragen könne und ob wir nicht versuchen sollten, zu Fuß um das Schiff zu gehen, um ein paar sicherlich spektakuläre Fotos zu machen. Wir ließen es aber sein, denn die erhöhten Temperaturen, die Sonneneinstrahlung und die Kräfte der Gezeitenströmungen schwächten den weißen Panzer des Wattenmeeres, der sich folgerichtig nach einigen Tagen zu verändern begann. Offensichtlich verbarg sich im Eis ein unsichtbares Netz an Gefügestörungen, denn durch die andauernde Wirkung dieser zerstörerischen Kräfte zerbrach die kompakte Eisfläche langsam in große, mehrere hundert Quadratmeter umfassende Platten, die durch dünne Wasserstränge voneinander getrennt waren.

Meereis ist ein ganz besonderer Stoff. Das beginnt schon mit dem Gefrieren. Wasser gefriert bekanntlich bei 0° C, Meerwasser aufgrund des hohen Salzanteils aber erst bei ca. -2° C, wobei allerdings der exakte Gefrierpunkt vom jeweils herrschenden Salzgehalt abhängt. So gefriert die deutlich salzärmere Ostsee sehr viel häufiger, in ihren von Süßwasser dominierten östlichen Teilen praktisch jedes Jahr, während die Nordsee – wie schon erwähnt – eher selten zufriert.

Beim Gefrieren passiert aber etwas Merkwürdiges. Es bilden sich die ersten Eiskristalle, die jedoch aus reinem Süßwasser bestehen. Das Salz sammelt sich derweil als kräftige Sole in diversen Kanälen zwischen den Eiskristallen. Es kommt zu einer „Entmischung", ja man kann es fast mit einer Destillation vergleichen. Da die Sole mit zunehmender Vereisung auch immer salziger wird, verweigert sie sich selbst dem Einfrieren, da der Gefrierpunkt immer tiefer in den Minusbereich rutscht. Frisches Eis ist daher eine Mischung aus Süßwasserkristallen und mit starker Salzsole gefüllten Gängen.

Da sehr salzreiches und kaltes Wasser aber eine hohe Dichte hat, also sehr „schwer" ist, läuft die Sole aus ihren Kanälen nach unten ab und geht in das darunterliegende Meerwasser über. Das Eis wird dadurch immer weniger salzig und ist letztendlich von typischen Süßwassereis nicht mehr zu unterscheiden.

Außerdem werden bei diesem Prozess Luftbläschen im Eis eingeschlossen, das Eis wird weiß. Gerät das Eis dagegen unter hohen Druck, wie z. B. in einem Gletscher, so werden langsam die Luftbläschen herausgedrückt und das Eis wird blau. Blau wie der Ozean und das junge Eis ist weiß wie die Gischt. Beides bewirkt durch die gleichen Effekte: In jungem Eis und in der Gischt ist es die viele Luft, die das Licht als „Totalreflektion" unverändert zurückstrahlt. Das tiefe Wasser und das alte Eis haben diese Luftblasen nicht und absorbieren daher vornehmlich die roten und gelben Anteile des Sonnenlichts, so dass die blaue Farbe übrigbleibt.

Es geht aber noch weiter. Da das Eis letztendlich Süßwassereis wird, taut es nicht etwa bei dem oben genannten Gefrierpunkt von ca. - 2°C, sondern „ganz normal" bei etwa 0° C. Das Eis entwickelt daher ein gewisses Beharrungsvermögen, eine Asymmetrie im Gefrier- und Tauprozess. Außerdem wirft das weiße Eis die Sonnenstrahlen zurück (physikalisch gesprochen: Es erhöht die „Albedo") und verhindert bzw. verzögert so seine Erwärmung durch die Sonne und damit den Tauvorgang. Auch dies ist ein Mechanismus, der das einmal gebildete Eis stabilisiert.

Deswegen sind unsere Polkappen auch so wichtig: Sie kühlen den Planeten und die Abkühlung wird durch Meeresströmungen und globale Luftmassenbewegungen den sich stark erwärmenden Ozeanregionen und Ländereien der niederen Breiten zur Verfügung gestellt. Das Ganze ist ein ausgesprochen diffiziles Gleichgewicht, was für den Nordatlantik grob durch die wichtigsten Meeresströmungen veranschaulicht werden kann. Ausgehend vom Golf von Mexiko fließt der Golfstrom mit warmem Wasser erst an der nordamerikanischen Küste entlang, biegt dann in den offenen Atlantik ab und fließt an den europäischen Küsten nach Norden. Europa wird dadurch „geheizt". Irgendwo bei Spitzbergen verliert sich der Golfstrom in die Arktis, der er mit seinem immer noch relativ warmen Wasser etwas von der Kälte nimmt.

Andererseits verlässt der Ostgrönlandstrom eisbeladen die Arktis und fließt an der Ostküste Grönlands, Kanadas und den USA nach Süden, dadurch werden die subtropischen und tropischen Bereiche gekühlt und der Arktis Kälte entzogen. Nur aufgrund dieses Stromes konnte die Titanic gegen einen Eisberg fahren. Sie war ja nicht auf Kreuzfahrt im Norden, sondern auf dem Weg nach New York.

Wie sieht es nun aber unter dem Eis aus? Wie gesagt tritt die hochsalzige Sole aus dem sich bildenden Eis in das darunter liegende Meerwasser über. Diese „Aufsalzung" verhindert, dass sich das Eis nach unten ausdehnt, da eine gut isolierende Schicht (wegen der gestiegenen Albedo und den Lufteinschlüssen) sich darüber befindet und der Gefrierpunkt in der dünnen Schicht darunter sehr niedrig ist. Eis wächst daher in der Regel nur von oben durch Regen, Schnee oder andere Niederschlagsvarianten. Sehr dickes und mehrjähriges Polareis hat daher seine ältesten Teile unten. Außerdem wird so verhindert, dass der Ozean in seiner gesamten Tiefe durchfriert. So etwas gibt es zwar bei ganz flachen Gewässern, aber bereits bei uns im Watt mit seinen geringen Wassertiefen kommt das nicht vor und unter unserer Eisdecke war ein großes Volumen flüssigen Wassers.

Außerdem wirkt die Eisbildung im Nordatlantik bei einem wichtigen Prozess mit. Im Winter, wenn es kalt wird, starke Winde durch Verdunstung den Salzgehalt ansteigen lassen und dann noch die aufsalzende Wirkung der Eisbildung

hinzukommt, wird das Wasser so dicht, so „schwer", dass es im großen Maß-
stabe absinkt. Dieses absinkende Wasser bleibt aber nun nicht etwa am Boden
liegen, sondern es geht in mittleren Tiefen auf eine sehr lange Reise nach Süden, fließt durch den ganzen Atlantik, umfließt das Kap der Guten Hoffnung,
gelangt bis in den Indik und den nördlichen Pazifik. Sowohl im Indik als auch im
Pazifik steigen diese Wassermassen letztendlich wieder auf und fließen als nun
warmer Oberflächenstrom den gesamten Weg bis in den Nordatlantik zurück.
Nach vielen Jahren ist es wieder da und steigt im folgenden Winter erneut ab.

Dieser „Global Conveyor Belt" tauscht Wärme aus und bringt Sauerstoff in
die Tiefen der Meere. Es ist ein ungemein lebenswichtiger Prozess für den Planeten. Aber dieser Vorgang ist in Gefahr. Die Klimaerwärmung und das Ab-
schmelzen der Polkappen und des grönländischen Inlandeises bewirken den Zu-
fluss riesiger Massen von Süßwasser in den Nordatlantik. Das Meerwasser ist
nicht mehr salzig genug. Heruntergesetzte Salzgehalte und die allgemein nachlassende Kälte im Rahmen der Erwärmung erschweren das Absinken der Wassermassen. Noch ist es erschwert, wird es eines Tages verhindert, hat dies nicht
auszudenkende Konsequenzen. Ebenso wie die nachlassende Kälte an den Polen. Das Eis schmilzt, die Albedo lässt nach, die Pole verlieren ihre Kälte, die
Abkühlung niederer Breiten lässt nach, die Erwärmung wird beschleunigt....

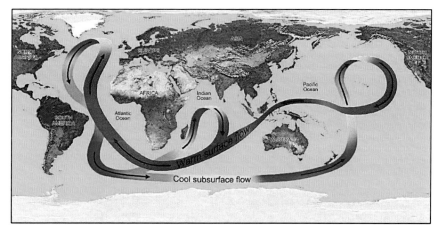

Schematische Darstellung der eben beschriebenen Ozeanzirkulation. Start-
punkt ist der Nordatlantik, wo die durch Eisbildung und Verdunstung aufgesal-
zenen sehr kalten Wassermassen in die Tiefe sinken und den Weg nach Süden
antreten. Allerdings ist der Absinkregion etwas nördlicher als hier dargestellt.
Wärme, fehlende Eisbildung und abschmelzendes Süßwasser aus Grönland gefährden den Vorgang. Quelle: Wikimedia commons / gemeinfrei, Autor: NASA.

Nach diesem Ausflug nun aber zurück in unser Wattenmeer. Wir nahmen durch unser Eisloch unsere Proben und konnten so ermitteln, dass das Watt während unserer Fahrt ein „Partikelräuber" war. So wurden mit jeder Tide im Mittel 22.000 Tonnen an Partikeln in das Watt importiert, aber nur 18.000 Tonnen wieder hinausgetragen. Runde 4.000 Tonnen blieben also im Watt und wurden entweder gefressen oder auf dem Meeresboden abgelagert.

Anders sah es dagegen bei dem Pflanzennährstoff Stickstoff aus. Zwar wurden rund 700 – 800 Tonnen in das Watt gespült, diese kamen mit der Ebbe aber auch wieder heraus und wir konnten keine Überschüsse, egal in welcher Richtung, feststellen.

Dieses Muster passte zur Situation, denn unter dem Eis konnten trotz hellen Sonnenscheins die Pflanzen nicht sehr effektiv Photosynthese betreiben, da es durch das Eis an Licht mangelte. Also wurden auch keine zusätzlichen Nährstoffe gebraucht als die, die sowieso vorhanden waren. Für die Partikel gab es aber eine Reihe von Konsumenten, etwa die hoch effektiven Muschelbänke, die unabhängig vom Licht sind. Sie waren offensichtlich ausreichend aktiv, um Material aufzunehmen und vieles wird auf dem Meeresboden gelandet sein um gleich oder später durch den Wattwurm „verarbeitet" zu werden. Welche Anteile aber tatsächlich sofort gefressen wurden und wieviel sich ablagerte, konnten wir mit unseren Methoden nicht ermitteln. Aber die Grobbetrachtung machte Sinn.

Eisbedeckung und Eisgang zerstören auch Lebensgemeinschaften. Nach dem schweren Eiswinter 1978 / 1979 waren im Königshafen – der großen Bucht im Norden Sylts – die Seegraswiesen, die Muschelbänke und die diversen Algenvorkommen schwer geschädigt. Relativ unbeeindruckt haben lediglich die flachen Sände mit ihren Vorkommen des Wattwurmes und anderen Geschöpfen die Eisperiode überstanden. Im nachfolgenden Sommer zeigte die Bucht aufgrund fehlender Pflanzenbestände daher einen starken Austrag an Pflanzennährstoffen.

In unseren Sommeruntersuchungen etliche Jahre später war dagegen der Königshafen ein starker Konsument an Stickstoff- und Phosphorverbindungen weil es wieder gut ausgebildete Pflanzengemeinschaften gab. Eis spielt also nicht nur global, sondern auch lokal eine wichtige strukturierende Rolle im Ökosystem Meer. Dies ist übrigens ein weiteres Beispiel für die Intermediate Disturbence Hypothese, also für mittelschwere Störungen, die neue Entwicklungen zulassen.

Unser Eis kam im Rhythmus der Gezeiten mehr und mehr in Bewegung. Die einzelnen Platten verschoben sich zueinander und wurden mit dem ablaufenden Wasser langsam in die Richtung des Lister Tiefs gezogen und von dort in die Nordsee verfrachtet. Bei einlaufendem Flutstrom jedoch kam das Eis zu einem großen Teil wieder in die Bucht zurück.

Die Fähre von Römö nahm wieder ihren Betrieb auf, hatte aber massive Schwierigkeiten, den Anleger zu erreichen. Sie versuchten mit entsprechenden Maschinenmanövern, die Eisdecke zu lockern und fortzuschieben. Das gelang aber nur teilweise, da der entstehende Wasserschwall die gebrochenen Eisbrocken eher verdichtete als lockerte. Wenn es nicht so gut lief, brauchte die Fähre mehr als fünfzehn Minuten bis sie am Anleger fest war, was die Überfahrtszeiten und den Fahrplan durcheinanderbrachte. Aber mit solchen Problemen sind die Inselbewohner vertraut. Nur eingefleischte „Landratten" ohne besondere Kenntnis der Verhältnisse und knapper Zeitkalkulation erwarten im Herbst oder Winter an den Küsten völlig termingerechte Überfahrten.

Für unsere Arbeiten entstanden durch die veränderte Lage ebenfalls Schwierigkeiten, da es immer ein heikles Unterfangen ist, Geräte durch ein selbst geschaffenes oder ein auf natürlichem Wege entstandenes Loch im Eis zu Wasser zu lassen bzw. aufzuhieven. Durch das Treiben des Eises wurde das Verlustrisiko deutlich erhöht. Mit kleinen Wasserschöpfern oder den robusten Messsonden ging das noch hin, aber die Planktonnetze erforderten höchste Aufmerksamkeit und Vorsicht. Bei einer Öffnungsweite von mehr als einem halben Meter musste das Loch schon eine erhebliche Dimension aufweisen und einigermaßen ruhig liegen. Es galt ja zunächst das über 2 m lange Netz wie einen Faden in das vorhandene Nadelöhr zu „fädeln" und anschließend auch noch den oberen Rahmen heil in das Wasser zu bringen.

Das Aufhieven gestaltete sich noch heikler, da nun natürlich zuerst die Fangöffnung an der Oberfläche erschien und es tunlichst zu vermeiden galt, Eis zu fangen. Ein Eisbrocken im Netz konnte ohne weitere Probleme das zarte Netzgewebe mit vielen Löchern übersähen oder ganz unbrauchbar zu machen. Nicht selten hievten wir das Netz bis kurz unter die Oberfläche und mussten dann warten bis eine vorbeitreibende Fehlstelle im Eis ein hinreichend großes Loch bot, um das Planktonnetz dann mit möglichst hoher Geschwindigkeit zu bergen. Hier kam mir meine Erfahrung aus der Ostsee zugute, die sich ja durch ihren niedrigeren Salzgehalt und den fehlenden Tidenströmen viel häufiger mit Eis bedeckt als die Nordsee. Dort hatte ich schon in manchem Winter mit diesem Problem zu kämpfen gehabt und die oberste Tugend in diesem Falle hieß Geduld, warten bis die rechte Lücke kommt und dann schnell und entschlossen handeln. In der Anfangsphase habe ich dabei manches Netz durch falsche Entscheidungen tatsächlich oder - mit Glück - nur beinahe beschädigt, aber mittlerweile konnte ich das und daher gab es hier im Sylter Wattenmeer keine Verluste.

Wer nicht im Labor oder am Schreibtisch gebunden war, verbrachte die meiste Zeit im Freien. Das Wetter blieb mit Temperaturen um den Gefrierpunkt moderat kalt, aber sehr schön sonnig und nahezu windstill. Die Meteorologen hatten also Recht behalten. Gut bekleidet war es daher auf den Decks relativ angenehm und die meisten Kollegen genossen den Anblick der vereisten Welt und suchten sich ein angenehmes Plätzchen um die knappe Freizeit zu genießen. Allerdings zehrte offensichtlich die Kälte den Körper aus, denn wir haben auf dieser Fahrt „gefuttert" wie die Scheunendrescher. Den Koch hat's gefreut, denn mag man sein Essen, ist der Smut zufrieden.

Die Krönung war eine „Reibekuchenorgie", wobei ich das Gefühl hatte, er hätte für uns mehrere Hundert Stück verarbeitet, die auch alle ihren natürlichen Weg gingen. Als das Abendessen vorbei war, türmte er noch 20 oder 30 auf einen Teller und stellte sie zur allgemeinen Bedienung auf seinen Ausgabetresen. Noch vor 21 Uhr waren sie alle weg.

Für mich war und ist die „Heincke" eines der angenehmsten Schiffe auf denen ich gefahren bin. Nicht zu klein, aber auch nicht zu groß. Der Kontakt mit der Mannschaft ist allein durch die räumlichen Gegebenheiten vergleichsweise eng. Dazu passt auch, dass es keine getrennten Messen für Wissenschaftler und Mannschaft gibt. Jede Partei hat eine Hälfte des Raumes, der nur durch eine gitterartige Trennwand einen dezenten Sichtschutz aufweist. Auch herrschte auf diesem Schiff kein „Steward-Unwesen", wie es auf den größeren Schiffen typisch ist. Ich benötige niemanden, der mir mein Essen an den Tisch trägt, auch wenn das sicher gelegentlich ganz nett ist.

FS „Heincke". Quelle: Wikimedia commons, gemeinfrei, Autor: studgeogr

Insbesondere die Bedienungswut auf der neuen „Meteor" empfand ich eher als lästig. Nicht nur, dass der Speisesaal mit sehr feiner Tischdekoration und entsprechender Bedienung aufwartete, nein, ich war ja geradezu erschüttert, als an einem der ersten Morgen eine Stewardess bereitstand, mein Bett zu machen. So etwas mag ich nicht. Ich habe mich daher immer auf den Schiffen am wohlsten gefühlt, auf denen man sein Essen beim Smut abholte und sich selbst um seine Dinge kümmerte. Mein Bett kann man vielleicht machen, wenn ich alt bin, aber doch nicht in der Blüte der Jahre.

Das Essen in der Kombüse zu holen, bedeutete auch, mit dem Koch ein paar Worte zu schwatzen, einen Scherz zu tauschen oder sein Essen zu loben. Mit der Mannschaft zusammenzusitzen hieß auch, die Kameradschaft an Bord zu festigen. Meist nie zum Nachteil der wissenschaftlichen Ergebnisse, denn in Sonderfällen wurde gerade deswegen mehr geleistet als Heuervertrag oder Dienstanweisungen vorschrieben.

Ich bin kein Freund von Standesunterschieden und wüsste nicht, warum Wissenschaftler vom Rest des Schiffes „abgesondert" werden sollten. Um es mal sehr drastisch auszudrücken: Sollte es draußen zu hart kommen, würden wir uns über die gleiche Reling übergeben. Was ist also der Unterschied? Und eines muss ich sagen, ich sitze lieber mit einem Seemann bei einer Flasche Bier und einer Zigarette auf einem Poller und schaue am Ende des Arbeitstages in die untergehende Sonne, als mich ständig nur in akademischen Kreisen aufzuhalten und als „besondere" Person behandelt oder bedient zu werden.

Diese milden, „gleichmacherischen", aber auch heute noch zutreffenden Gedanken gab mir die warme Fülle der Reibekuchen ein als ich nach dem Mahl gesättigt zusammen mit den anderen untätig in den Sesseln saß und durch die geöffnete Tür dem Koch bei seinen Aufräumarbeiten zusah. Das Eis schabte immer noch geheimnisvoll kratzend und ratschend am Schiffsrumpf entlang und Platte für Platte passierte unsere Ankerposition.

Da fiel mir noch die Eisgeschichte der letzten Sommerfahrt ein, die ich meinte, den neuen Kollegen erzählen zu müssen. Damals dürfte sich so mancher Badegast gewundert haben. Als ich nämlich eines schönen Augustmorgens – wir hatten herrlichstes Sommerwetter mit ungewöhnlich warmen Tagen – der Messe zustrebte, hörte ich aus einem der Kühlräume das lautstarke Palaver von zwei Männerstimmen. Ich kam neugierig hinzu und siehe, sie standen im Kühlraum und berieten über eine ca. 1 m hohe und ungefähr 70 cm breite Eispyramide, die sich mitten im Kühlraum vom Boden in die Höhe erhob. Eine etwas undichte Leitung hatte Tropfen für Tropfen sehr langsam aber beständig zu Boden gesandt, wo das Wasser dann gefror und langsam diese Pyramide aufschichtete.

Lange Zeit hatte man das Ungetüm geduldet, nun aber musste es endlich mal beseitigt werden. Man vertagte sich dafür auf den frühen Nachmittag, wo der Koch nicht so viel an Vorbereitungsarbeiten wie am Vormittag hat.

Als dann der Zeitpunkt gekommen war, wurde das Monstrum fast in einem Stück vom Boden gerissen und als ganzer Block mit nur wenigen Verlusten mühsam an Deck geschleppt. Dann ging er außenbords. Mit einem lauten, klatschenden Geräusch verschwand er in der Tiefe, aber schon kurz danach konnten wir den Eisblock wieder an der Oberfläche begrüßen, wo er sich noch ein paar Mal unentschlossen hin- und her wälzte bis er eine stabile Lage fand. Dann trieb er mit der Strömung ab, genau auf die Badestelle und die im Wasser schwimmenden Menschen zu. Die dürften sich nicht schlecht darüber gewundert haben, mitten im August beim Baden einen massiven Eisblock in der See anzutreffen. Ich fürchte, niemand wird das Rätsel seiner Herkunft gelöst haben.

Die Waken, Rinnen und offenen Stellen im Eis wurden allmählich immer größer und das ganze Eisfeld kam in dauernde Bewegung. Es begann der Prozess des „Ausräumens" denn mit jeder Ebbe wurden riesige Eisplatten in Richtung Lister Tief und Nordsee transportiert. Mit nicht geringer Geschwindigkeit zogen die Schollen an unserem Schiff vorbei und manche kamen auf Kollisionskurs direkt auf uns zu.

Die Ausmaße der größten Platten waren nicht leicht abzuschätzen, aber 50 mal 50 m erschienen uns keine Übertreibung zu sein. So ein Monstrum hat eine Masse von 200 bis 300 Tonnen, die in diesen Fällen direkt gegen den Bug trieben. Zuerst schnitt die sich zum Bersten streckende Ankerkette wie ein Buttermesser in die Scholle und hinterließ einen dünnen, langen Kanal, dann traf die Platte auf den Bug. Wir merkten kurz den Druck im Schiff, dann aber spaltete die Schiffspitze das Eis wie ein Keil das Holz. Die Scholle riss zunächst viele Meter und dann immer weiter und weiter auf, bis wir die ganze Platte in zwei Hälften geteilt hatten, die mit Rumoren an den Schiffseiten entlangzogen.

Davon unberührt gingen unsere Arbeiten weiter und wurden nur kurz unterbrochen, um nicht die Geräte zu verlieren. Das ganze Geschehen zog sich über Tage hin, aber des Transportes an Eis schien kein Ende zu sein. Tag und Nacht zog aus dem südlichen Sylter Watt das Eis heran, passierte unsere Position, wurde gelegentlich von der „Heincke" geteilt und verschwand in der Nordsee. Auf diese Weise passierte auch manche Eiderente gemütlich auf dem Eis sitzend unsere Position, wobei sie uns sehr interessiert musterte und den Kopf hin und her bewegte.

Immer noch fanden wir es an Deck wesentlich interessanter als in den Kabinen und so schauten wir weiterhin gerne dem treibenden Eis zu. Es war auch immer noch sonnig. Über Funk wurde uns mitgeteilt, dass sich erstens an den Sylter Oststränden dass angedriftete Eis zu Wällen übereinander schob, die teilweise zwei, gelegentlich sogar drei Meter hoch aufragten und dass zweitens ein Artikel über unsere Fahrt in der „Cuxhavener Rundschau" erschienen war, den wir wenige Tage zuvor mit Textbeiträgen und Zahlenmaterial unterstützt hatten.

Mit der Zeit wurde das Eis aber tatsächlich seltener, die großen Platten blieben aus und mehr und mehr „Kleinzeug" trieb in der See. Dann kam der Tag, an dem wir morgens an Deck kamen und nur eine reine Wasserfläche sahen, kein Eis mehr weit und breit. Die selten wiederkehrende Situation des zugefrorenen und nahezu unschiffbaren Wattenmeeres war für diesmal vorbei und wir fanden alle, dass wir uns beglückwünschen konnten an dieser doch ungewöhnlichen Fahrt teilgenommen zu haben. Die nächste Gelegenheit dafür würde sich vielleicht erst wieder in 10 oder 15 Jahren ergeben, wer weiß das?

# Forscherglück, Forscherskepsis

Wie in allen Naturwissenschaften ist auch die biologische Meereskunde ein Ringen um Erkenntnisse, die nur mit einem hohen Aufwand zu erhalten sind. Typischerweise vollzieht sich unsere Tätigkeit in komplexen Interaktionen zwischen Theorien, Hypothesen, Feldbeobachtungen und gezielten Experimenten sowie – ganz wichtig – durch mehr oder wenige aufwändige mathematische Analysen.

Häufig führen erst statistische Betrachtungen und komplexe Modellbildungen zu aussagefähigen Ergebnissen. Auch aus diesem Grund benötigt z. B. die Auswertung einer Forschungsreise mehrere Jahre und in vielen Fällen sind die dann erzielten Ergebnisse abstrakt und wenig anschaulich, erscheinen als dürre Zahlen oder nur den Fachleuten verständliche Diagramme.

Das ist das wissenschaftliche Schwarzbrot. Nahrhaft, aber trocken und nicht immer leicht verdaulich. Daneben gibt es aber auch immer wieder Situationen, in denen die Natur ihre Phänomene so präsentiert, dass sie wie Geschenke auf den „geplagten" Wissenschaftler kommen. Es ist, als riefe die Natur einem zu: „Schau her, wie schön ich bin!". Diese Situationen gehören dann zu den beglückenden Momenten des Forscherlebens und so eine Gelegenheit will ich vorstellen.

Wir befinden uns noch immer im Wattenmeer. Allerdings nicht im eisigen Frühjahr 1994 sondern vier Monate früher im Oktober. Wie bereits an anderer Stelle erwähnt, zielte unser Forschungsprojekt darauf ab, die Abhängigkeiten zwischen der freien Nordsee und dem Watt zu erkennen und messend zu beschreiben. Insbesondere ging es unserer Arbeitsgruppe darum, festzustellen, welche Massen an chemischen Substanzen und Plankton mit der auflaufenden Flut in das Wattenmeer getragen wurden und wie viel mit der Ebbe wieder abfloss.

Dazu unternahmen wir jeweils im Frühjahr, Sommer, Herbst und Winter etwa zwei- bis dreiwöchige Messkampagnen mit „Heincke". Das war auch im Oktober 93 so und es war geplant, insgesamt acht vollständige Tidenzyklen, geteilt in zwei Blocks von je vier Zyklen, zu untersuchen. Diese Teilung war aus logistischen Gründen notwendig, denn es sollten stündlich Proben bearbeitet werden. Bei vier vollständigen Zyklen sind das 50 Stunden mit nur sehr wenig und unterbrochenem Schlaf in denen ca. 1000 Werte ermittelt wurden. Danach ist auch eine Crew aus drei Mann „fertig".

Den ersten Messblock im Oktober erledigten wir bei einem ordentlichen Weststurm, der uns das ganze Watt durcheinanderbrachte. Der Wind war so stark, dass das Wasser aus dem Sylter Wattenbecken gar nicht mehr ablief. Niedrigwasser fiel aus und von einem Austausch konnte gar nicht die Rede sein. Wir waren unzufrieden! Sicher gehören Stürme zur Dynamik des Meeres, aber musste es jetzt sein? Wir wollten doch die Abhängigkeiten zunächst einmal ungestört beobachten. Nun, wir schliefen uns erst einmal aus und gönnten uns die Pause von zwei Tagen, die für andere Forschergruppen reserviert war.

Dann auf zum zweiten Teil! Das erste Geschenk der Natur war das Wetter. Nach dem Sturm stellte sich eine jener wunderbaren herbstlichen Hochdrucksituationen ein, die morgens Nebel, dann aber für den Rest des Tages Sonnenschein bringt. Wenn wir in der Frühe an Deck kamen, waren Land und See in dichten Nebel gepackt und wir kamen uns vor wie in Watte gehüllt. Ab ungefähr neun Uhr begann sich der Nebel zu verteilen, wurde immer dünner und dann überflutete uns die Sonne mit ihren Strahlen für die weiteren Stunden des Tages.

Das Meer hatte sich vollständig beruhigt, der Wellenaufruhr war vorbei und das Wasser nahezu völlig glatt. Die Flut- und Ebbströme wälzten sich gemächlich im Rhythmus der Gezeiten ein- und auswärts und zum Abend wurden uns wirklich grandiose Sonnenuntergänge geboten, die das ganze Watt mit verschiedenen Gelb- und Rottönen überfluteten. Die beiden Leuchtfeuer des Sylter Ellenbogens zeichneten sich als schwarze Schattenrisse vor einem blutroten Himmel ab und im rötlich strahlenden Wasser waren nur die kleinen Wirbel der Flutströme zu erkennen und deuteten uns die Stromdynamik an. Es war einfach nur sehr schön.

Bei einem dicht gepackten Messprogramm schaut man sich in der Regel die entstehenden Werte zunächst gar nicht genau an. Sofern etwas zu notieren war, wurde es notiert, aber eine Gesamtübersicht fehlte auch deshalb, weil mehrere Personen an den Arbeiten und Niederschriften beteiligt waren. Dennoch nahm ich mir nach dem ersten Tidenzyklus die Zeit, mal über die Ergebnisse zu schauen. Eher aus Pflichtgefühl als aus wahrem Interesse. Aber was war das? Ich stutzte. Die Werte der im Wasser gelösten Stickstoffverbindungen zeigten Ansätze einer rhythmischen Variation.

Wir hatten die Messungen bei Niedrigwasser begonnen. Zu der Zeit hatten wir hohe Werte vorgefunden, die aber mit auflaufendem Wasser immer niedriger wurden, ihr Minimum zu Hochwasser erreichten und dann mit dem ablaufenden Wasser wieder anstiegen. Meine Müdigkeit war wie weggeblasen und ich nahm mir die anderen Protokolle vor. Die Silikatverbindungen – wichtige

Nährstoffe für bestimmte Planktonalgen – zeigten das gleiche Muster. Bei Chlorophyll war es nicht so klar, schien aber umgekehrt zu sein. Hier zeigte sich bei Hochwasser eine kleine Spitze. Chlorophyll ist der grüne Pflanzenfarbstoff, der sowohl in den Landpflanzen als auch in den Planktonalgen vorhanden ist und von uns zur einfacheren Erfassung der Bestände an Phytoplankton gemessen wurde.

Ich trommelte den Rest der Gruppe zusammen und wir sahen uns das an. Dies war im Prinzip genau das, was wir erwartet hatten, wenn es denn Unterschiede zwischen der Nordsee und dem Wattbereich gäbe. Wenn wir die Resultate des ersten Tidenzyklus interpretierten, waren in der Zeit im Watt viele freie Nährstoffe vorhanden, die im Nordseewasser fehlten. Dort aber gab es dagegen mehr Pflanzenplankton als im Watt.

Diese Ergebnisse beflügelten alle und ich habe in den restlichen 36 Stunden keine so motivierte Mannschaft erlebt wie diese. Zunächst wurden sofort auf Millimeterpapier die schon ermittelten Werte eingetragen und die Zeichnung so ausgelegt, dass auch die noch kommenden Messwerte eingetragen werden konnten. Die Zeichnungen für die einzelnen Messparameter wurden an die Wände des Raumes geklebt und sobald die Ergebnisse fertig waren sprang der jeweilige Kollege an die Blätter und zeichnete die Ergebnisse ein. Wenn jemand sich mal zwei bis drei Stunden Schlaf gegönnt hatte, dann betrat er das Labor mit jeweils einer der Fragen „steigen sie?" oder „fallen sie?", je nachdem was „dran" war.

Um es kurz zu machen, wie produzierten in diesen 50 Stunden die für mich schönsten Ergebnisse meiner Wissenschaftlerlaufbahn und ich gebe drei der Kurvenzüge hier als Beispiele wieder. Sie sind wie ein offenes Buch, in dem der Wissenschaftler klar und deutlich ablesen kann, was sich zwischen Wattenmeer und Nordsee in jenem Herbst abspielte. Dafür wollen wir uns die Darstellung nun genauer ansehen.

Auffällig ist sowohl für die Nährstoffe Stickstoff und Silikat (wichtig für die Diatomeen oder Kieselalgen) als auch für den grünen Pflanzenfarbstoff (Chlorophyll) eine ausgeprägte Flut – Ebbe - Variation. Allerdings mit unterschiedlichen „Phasenlagen", denn die Stickstoffkonzentrationen sind bei Niedrigwasser (NW) am höchsten, der Indikator für die Menge des Pflanzenplanktons jedoch bei Hochwasser (HW). Die gestrichelte Linie in der Abbildung auf der nächsten Seite gibt die Niedrigwasserlagen an.

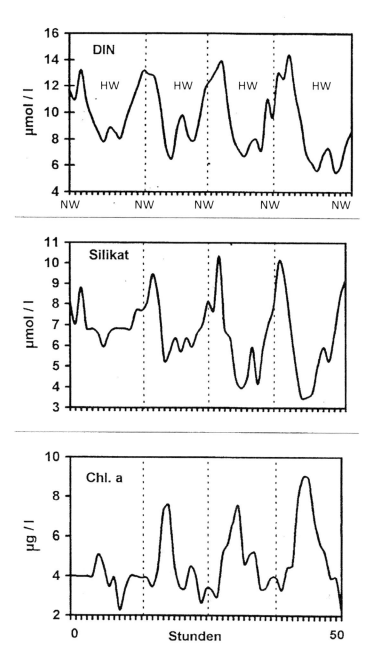

Tidenbedingte Variation der Pflanzennährstoffe Stickstoff (oben, DIN = Dissolved inorganic nitrogen) und Silikat (mitte) sowie der Phytoplanktonbiomasse gemessen als Chlorophyll a – Konzentrationen. Weiteres siehe Text. Original.

Das zeigt ganz klar die räumlichen Unterschiede: Im Wattenmeer fanden sich viele Nährstoffe, die mit der Ebbe Richtung Nordsee transportiert wurden. Die allmählich ansteigenden Konzentrationen deuten zudem darauf hin, dass die besonders nährstoffreichen Wasserkörper im innersten Watt vorhanden waren und zuletzt an unserem Messort vorbei getragen wurden.

Es mag dem Leser dabei auffallen, dass die höchsten Werte jeweils erst nach Niedrigwasser erreicht werden. In dem Zusammenhang muss man aber wissen, dass im Sylter Wattenmeer auch nach dem „offiziellen" Niedrigwasser noch für gewisse Zeit Wasser aus der Bucht fließt. Der „Kenterpunkt" des Stromes liegt wie in vielen anderen Gebieten auf der Welt deutlich nach dem Niedrigwasser. Erst dann beginnt das Wasser einzuströmen und genau dann sanken die Werte in unserer Studie auch sofort ab.

In der offenen Nordsee waren also die Konzentrationen an Nährstoffen deutlich niedriger als im Watt, dafür zeigte sich dort aber ein deutlich höherer Bestand an Planktonalgen. Die Situation war in beiden Gebieten völlig gegensinnig. Während das Watt also mit ablaufendem Wasser Nährstoffe in die Nordsee exportierte, brachte die auflaufende Flut Phytoplankton in die Bucht. Wie wir später nachrechneten gab das Watt während aller vier Tiden insgesamt z. B. 11 Tonnen anorganische Stickstoffverbindungen an die Nordsee ab und erhielt im Gegenzug 2,7 Tonnen Chlorophyll. Dies entspricht etwa einer Gesamtmenge von 100 – 200 Tonnen Pflanzenmaterial für die im Watt lebenden Planktonfresser.

Aber die Kurven zeigen auch noch etwas anderes an. Wie leicht zu erkennen ist, steigern sich die maximalen Chlorophyllwerte von Tide zu Tide. Erst ganz wenig am Anfang dann immer mehr bis auf das Dreifache des Anfangswertes im Tidenzyklus IV. Ganz klar: Hier wuchs unter unseren Augen eine „Blüte" in der Nordsee heran. Nach dem Sturm beruhigte sich das aufgewühlte Wasser, treibende Schwebstoffe sanken ab, so dass die Sonnenstrahlen dieser schönen Tage tief in eine mehr oder weniger klare Wassersäule eindringen konnten. Ideale Voraussetzungen für das Wachstum der kleinen mikroskopischen Pflänzchen. Daher verdreifachte sich die Pflanzenmenge innerhalb von 40 Stunden. Das ist die so genannte Herbstblüte, die in den Lehrbüchern beschrieben ist.

Das entsprechende Gegensignal kann der aufmerksame Leser sowohl in der Stickstoff- als auch der Silikatkurve erkennen: Die minimalen Werte bei Hochwasser sinken immer tiefer, werden also immer niedriger, was als Spiegel der notwendigen Bedürfnisse an Nährstoffen durch die sich vermehrenden Planktonpflänzchen zu verstehen ist. Da eine erhebliche Abnahme an Silikat stattfand, können wir sogar sagen, dass die Hauptmasse der Phytoplanktonblüte durch Diatomeen, zu Deutsch: Kieselalgen, gebildet wurde. Eine typische Erscheinung für den Herbst.

Die Kurven geben aber auch Rätsel auf. Warum z. B. wächst eigentlich im Watt keine solche Blüte heran, es sind doch genügend Nährstoffe vorhanden? Auch an Licht mangelt es offensichtlich nicht. Nun, wir wissen es nicht. Eine Erklärung wäre, dass zwar viele Pflänzchen heranwachsen, die aber gleich wieder durch Pflanzenfresser am Boden, insbesondere Muscheln, aufgefressen werden. Dann scheint es uns nur so, als würde nichts passieren. Diese Wasser – Boden – Kopplung funktioniert in den flachen Wattgebieten natürlich sehr viel besser und schneller als in der tieferen offenen Nordsee. Aber das muss Vermutung bleiben.

Dazu kommen die Rätsel der Unterstrukturen. Man muss kein Fachmann sein, um etwas erstaunt zu erkennen, dass in allen vier Tidenzyklen die jeweils beiden niedrigsten Nährstoffwerte durch einen kleinen „Zwischenberg" getrennt sind. Ähnlich beim Chlorophyll zu Hochwasser. Das Phänomen ist so regelmäßig, dass es kein Zufall oder ein immer mal wieder vorkommender Messfehler sein kann.

Aber wo kommt es her? Möglicherweise wird hier am Beobachtungsposten ein Wasserkörper vorbei getrieben, der einer flacheren Region entstammt, die dem Watt ein klein wenig ähnlicher ist als die tiefere offene Nordsee. In Frage käme die flache Untiefe von Røde Klit Sand etwa 12 Seemeilen nordwestlich, aber es bleibt eine sehr vage Vermutung.

Wie dem auch sei, dieser kleine Berg und die uhrwerkähnliche Rhythmik seines Erscheinens zeigt an, dass das Flutwasser nicht „irgendwie" als ungeordnete Masse, sondern in definierten Bahnen einfließt. In dem ganzen Flutgeschehen herrscht Ordnung und die einzelnen Wasserparzellen (wenn man es so ausdrücken darf) dringen in einer festgelegten Reihenfolge in die Bucht ein. Sonst wäre der „Zwischenberg" mal hier mal da, nein er kommt zu einem bestimmten und festgelegten Zeitpunkt. Das Watt „arbeitete" während der Beobachtungsperiode mit der Präzision eines Uhrwerks. Zumindest bei ruhigem Wetter, denn starker Wind oder Sturm dürfte die Ordnung stark beeinflussen.

Wir waren begeistert von den Ergebnissen und standen nach dem Ende unseres Messmarathons noch eine gute Zeit vor den Kurven an den Laborwänden, freuten uns und diskutierten die Ergebnisse. Dann schalteten wir die Apparate ab, schlossen unsere Chemikalienflaschen und begaben uns in unsere Kabinen.

Hätten wir damals noch den Nerv gehabt, die Werte aller Messungen zu vergleichen, so hätten wir bereits dort sogar noch schönere Aussagen erhalten. Wie die Abbildung auf der nächsten Seite zeigt, konnten wir gut den Übergang von der „chaotischen" Sturmsituation zur „geordneten" Ruhesituation dokumentieren.

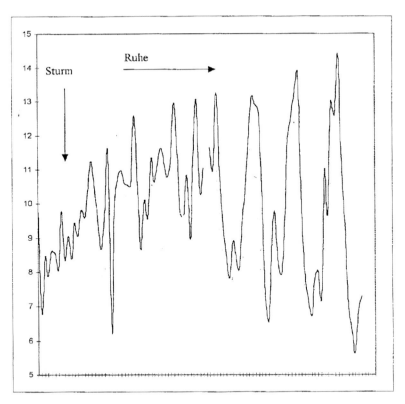

Aufzeichnung aller Stickstoffwerte während der acht untersuchten Tidenzyklen (DIN, μmol / l). Original.

Deutlich zu erkennen ist der Einfluss des Sturms: Es liegen nur niedrige Werte vor, die sich nicht wesentlich ändern. Das (hier) stickstoffarme Nordseewasser wird durch den Winddruck in das Lister Tief gedrückt und verhindert das Abfließen des Wassers aus dem Wattenbecken. Mit Abflauen des Sturmes steigen die Werte, da im Rhythmus der Gezeiten wieder Wasser aus dem Watt abfließen kann. Zunächst ist der Austausch noch „zaghaft" bis sich dann in den letzten 3 untersuchten Tiden das kräftige und voll umfängliche Austauschgeschehen durchgesetzt hat.

Das wusste ich nach Abschluss der Messkampagne noch nicht. Aber trotzdem: Als ich mit meinem Kopf nach dem 50 h- Einsatz auf das Kissen bettete und noch ein wenig zum Bullauge schaute, stellte sich bei mir schnell jenes merkwürdige Zwischenstadium ein, das weder Schlaf noch Wachheit ist und ich empfand dabei eine tiefe Befriedigung. Eine Freude über das Erlebte, über die wunderbaren Messergebnisse, das schöne Wetter, die Begeisterung der Kollegen: Du bist ein Meeresforscher. Gibt's was Schöneres auf der Welt?

Der Autor, etwas müde wirkend, während einer der 50 h -Messkampagnen. Foto: Reineke, 1993 überlassen.

Es gab aber auch die anderen Tage. Die Tage der Skepsis, der Ratlosigkeit und des Gefühls, dass alles was Du tust eigentlich nichtig, ein „Haschen nach Wind" ist. Dieses Gefühl beschlich mich schon auf meiner ersten Reise als wir den Fischen im Nordatlantik nachstellten. Immer wieder kletterte ich in den wachfreien Zeiten auf das Peildeck und schaute staunend über die riesige Wasserfläche, die uns umgab.

Hier senkten wir unsere Netze und unsere Messinstrumente in die See und ermittelten irgendwelche Werte. Die nächsten Stationen liegen 20 Seemeilen voraus bzw. an der Steuerbord- und Backbordseite. Die letzte lag 20 Seemeilen zurück. Unsere Werte würden also als mehr oder weniger repräsentativ für einen Seeraum angesehen, der in jeder Richtung von unserer jetzigen Position 10 Seemeilen beträgt. Damit sitzen wir im Zentrum einer imaginären Fläche von 20 mal 20 = 400 Quadratseemeilen. Das sind fast 1400 km$^2$! Und auf diese Fläche sollen unsere einsamen Werte von dieser konkreten Station wenigstens annähernd übertragbar sein? Ja, sind wir denn größenwahnsinnig? Wer da nicht ins Grübeln kommt, muss schon aus sehr rohem Holz geschnitzt sein.

Amerikanische Wissenschaftler haben ein interessantes Experiment gemacht. Sie sind zu einer Station in der Sargassosee gefahren und haben bestimmte biologische Prozesse in der Wassersäule an aufeinander folgenden Tagen gemessen. Die Ergebnisse waren teilweise dramatisch verschieden. Dies wirft ein Licht auf die Güte und die Zufälle einer Forschungsreise, denn in der Regel wird an einer Station eine Mess-Serie gefahren und dann geht es zur nächsten Station weiter. Was nun, wenn ich einen besonders günstigen oder ungünstigen Tag erwischt habe? Dann wird das gemessene Ergebnis für lange Zeit als Faktum in den Annalen der Wissenschaft stehen, obwohl es nur die Ausnahme war, denn während der meisten Zeit des Jahres könnte es genau anders sein.

Aus diesen Gründen habe ich den Expeditionen und ihren Ergebnissen nur bedingte Bedeutung beigemessen und in der Tat habe ich meine wesentlichen wissenschaftlichen Ergebnisse in unseren Heimatgewässern erzielt. Dort, wo ich bei Bedarf täglich losfahren konnte und nach entsprechender Zeit hinreichende Datensätze zusammentragen konnte, um derartige Zufälligkeiten auszuschließen oder zumindest erkennen zu können.

Schauen wir doch noch einmal auf die oben gezeigten Kurven. Eine fiktive Expedition, die zufällig an einem der Tage bei Niedrigwasser ihre Proben genommen hätte, würde ein Ergebnis für repräsentativ halten, dass es nicht ist. Es fehlen völlig die dynamischen Aspekte und ein Wissenschaftler einer zweiten, aber sechs Stunden später eintreffenden Crew würde sich fragen, was denn die Kollegen da gemessen hätten.

Forschungsfahrten führen in der Regel nur zu Momentaufnahmen und können Aussagen treffen, wie es zu einem bestimmten Zeitpunkt in dem untersuchten Ökosystem aussah. Die daraus abgeleitete – wenn auch nie explizit geäußerte – Darstellung einer „typischen" Situation ist eine Hoffnung, aber keine exakte Wissenschaft mehr.

Dennoch, wenn man lange genug diese Art der Wissenschaft betreibt, so fängt man mehr und mehr an, die Ergebnisse zu „glauben" und das kritische Hinterfragen droht verloren zu gehen. In der Tat gelangen wir aufgrund von vielen Forschungsreisen, Experimenten und dem Gedankenschweiß von Wissenschaftlern aller Nationen offensichtlich zu korrekten Vorstellungen über den Ozean. Karl Popper hat für solche Situationen ein schönes Bild gefunden. Jede unserer Forschungsreisen gleicht einem Pfahl im Sumpf, auf den allein man kein Haus bauen kann. Erst sehr viele Pfähle im schlammigen Grund ergeben eine tragfähige Basis für das Haus. Sicher, gelegentlich müssen Pfähle repariert oder gar ausgetauscht werden und gelegentlich kann es sogar vorkommen, dass große Teile des Hauses umgebaut werden müssen, da sie nicht mehr zu den vorhandenen Pfählen passen. Aber an der Existenz des Hauses und dessen grundsätzlicher Architektur ist dann nicht mehr zu rütteln.

Allen Vergleichen zum Trotz: Häufig wenn ich an Deck stand und über die lange, hohe Dünung eine kobaltblauen See schaute, fragte ich mich, ob wir nicht verrückt sind, uns einzubilden, wir könnten mit unseren Zahlen und Theorien diesen Ozean, diesen immensen Naturraum jemals erfassen.

# Die Seekarte

In meinen sehr grob chronologisch angeordneten Darstellungen bin ich mittlerweile am Anfang der 1990er Jahre angekommen. Nun aber, einer plötzlichen Eingebung folgend, will ich von dort fast anderthalb Jahrzehnte für eine ganz kurze Erinnerung zurückspringen.

Damals, als „gehobener Student" und Diplomand hatte ich wie viele meine Kommilitoninnen und Kommilitonen einen Job als so genannter „Hiwi", als wissenschaftliche Hilfskraft. Die Abkürzung rührt noch von der älteren Bezeichnung „Hilfswissenschaftler" her, die aber schon zu meiner Zeit nicht mehr gebräuchlich war.

Mir oblag dabei die technische Ausstattung verschiedener Praktika am Institut für Meereskunde, das Herrichten der Arbeitstische, das Verwalten von Mikroskopen und diverse andere damit verbundene Tätigkeiten. Am liebsten ging ich aber mit Heidi, der verantwortlichen Technischen Assistentin, auf Tierfang, denn wir wollten im Praktikum ja lebende Tiere zeigen und keine konservierten Leichen. Wenn das Institut direkt am Meer angesiedelt ist, hat man ja die besten Voraussetzungen dafür.

Also beluden wir regelmäßig die „Sagitta" mit einem Haufen Eimer, Wannen, Schalen und Probentöpfen, nahmen eine grobe Dredge sowie einen leichten Backengreifer mit, versorgten uns mit Kaffee und Butterbroten, der notwenigen Kleidung, grüßten Helmut und Hannes freundlich wenn wir an Bord enterten und dann ging es für einen Tag in die Kieler Bucht.

Wir sind – wenn es der Wind zuließ – bei jedem Wetter gefahren, egal ob Eisgang war oder Sommerhitze. Wir hatten auch immer mal wieder unterschiedliche Fanggeräte an Bord, aber eines durfte niemals fehlen: Heidis Seekarte.

Heidi hatte einige Jahre zuvor die glorreiche Idee gehabt, die Ergebnisse ihrer Ausfahrten in eine Seekarte der Kieler Bucht einzutragen. Dadurch wurden unsere Fahrten systematisiert und waren nicht vollständig dem Zufall überlassen. Außerdem ergab sich mit der Zeit eine ganz brauchbare Übersicht, was in der Kieler Bucht am Boden lebte.

Wenn wir also durch die Kieler Förde der offenen Bucht zustrebten, wurde zunächst Heidis Seekarte entrollt und darüber nachgedacht, was wir brauchten und wo wir es mit hoher Wahrscheinlichkeit finden konnten. „Seesterne? – ja da fahren wir am besten nach Falshöft. Schlangensterne leben auf weichen Böden, also wäre es einen Versuch in der Vejsnäs-Rinne wert. Ringelwürmer kriegen wir lässig bei Boknis Eck und für Seeanemonen müssen wir einige der Stationen anfahren, deren Grund mit kleineren und größeren Steinen bedeckt ist."

Auf diese Weise wurde ein Plan gemacht und es war ein wenig wie Einkaufen gehen. Der Professor bestellte diese und jene Tiere und wir klapperten die „Läden" ab, um sie ihm zu bringen. Heidis Karte erinnerte mich auch immer irgendwie an Käpt'n Ahab und seine Walkarte im Film „Moby Dick". In der entsprechenden Szene sitzt er hasszerfurcht vor seiner Karte und studiert die darauf vermerkten Zugbahnen der Wale, um letztendlich vorherzusagen, dass er den geisterhaften weißen Wal im Februar irgendwo mitten im Pazifik treffen kann. Damit hört der Vergleich aber auch auf, denn wir waren durchaus lustig gestimmt, wollten keine Wale überwältigen und auch heil wieder in den kleinen Institutshafen einfahren.

War die angestrebte Position erreicht, gingen die Fanggeräte außenbords. Auf harten Unterböden die Dredge, bei Weichböden der Backengreifer. Eine Dredge ist nichts anderes als ein rechteckiger Eisenrahmen, in das ein grobes sackförmiges Netz eingehängt ist. Das Gerät wird über den Meeresboden gezogen und sammelt alles ein, was auf dem Boden liegt oder in den oberen wenigen Zentimetern des Sediments lebt.

Kam die Dredge an Bord, polterten in der Regel einige Steine an Deck, dazu Muscheln, diverse Krebse und unterschiedliche Würmer, Seesterne und gelegentlich ein verschlafener Fisch, der sich nicht rechtzeitig in Sicherheit gebracht hatte.

Nun hieß es sortieren! Die einen Tiere in diese Kiste, die anderen in jene. Dabei war eine gewisse Vorsicht angebracht, denn sowohl einige Krebse also auch Würmer neigten dazu, sich in der Schale über die Artgenossen herzumachen und ein Blutbad anzurichten. Das ging natürlich nicht, weshalb Krebse besser mit Würmern oder Muscheln gemischt wurden und nicht mit Artgenossen. Seesterne konnte man dagegen wieder nicht mit Muscheln zusammensetzen usw.

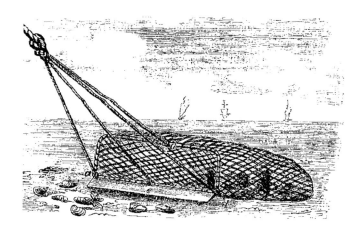

Die Dredge in einer alten Darstellung von 1895. Unsere sah im Prinzip genau so aus, nur dass Stahl- statt Hanfseile verwendet wurden (Aus: W. Marshall, Die Deutschen Meere und ihre Bewohner, Twietmeyer, Leipzig, 1895, S. 259)

Interessant wurde es auch, wenn die Dredge Algenbüschel mit nach oben brachte. Darin leben viele Tiere, die an das Leben zwischen den Algen angepasst sind. Das betrifft sowohl die Färbung als auch die Möglichkeiten, sich z. B. festzuklammern. Typisch sind auch relativ schlanke Formen mit kräftigen Greifhaken und dunkleren Färbungen, wobei zwischen Rotalgen halbtransparente bis rötliche Tiere angetroffen werden konnten. Daneben gibt es auch festsitzende Formen, wie bestimmte Röhrenwürmer oder sogenannte Moostierchen. In solchen Fällen wurde das ganze Algenbüschel mitgenommen, damit die Studenten darin herumstöbern konnten und schon allein aus dem Suchen nach Organismen etwas über den Sinn dieser „Phytalgemeinschaften" lernten.

Die Ergebnisse der Fänge wurden mit Heidis Seekarte abgeglichen, ob es Neuigkeiten zu notieren gab, oder ob noch Tiere ausständen und ggf. noch weitere Fänge durchgeführt werden sollten. Dies war meeresbiologische Klein- bzw. Routinearbeit zur Ausbildung einer neuen Wissenschaftlergeneration. Nicht immer ist alles „große Expedition" oder „hohe Forschung" gewesen. Aber wir waren auf See und studierten die Fauna – und zu erleben gab es immer etwas.

Die Weichbodenstationen wurden mit dem Backengreifer bearbeitet, der im Prinzip wie eine Baggerschaufel funktioniert und uns einen Aushub an Meeresboden von ca. 20 cm Tiefe nach oben brachte. Hier fanden wir die grazileren Tiere. Die eleganten Schlangensterne, dünnwandige eingegrabene Muscheln, kleine Würmchen und feingliedrige Krebse. Allerdings musste der Schlamm mit einem Wasserstrahl durch ein Sieb gespült werden, wobei das Schiff und die Geräte nicht immer sauber blieben.

Diese Fahrten hatten für uns jüngere Leute auch noch einen anderen berufsvorbereitenden Aspekt: Wir lernten, dass nass zu werden und klamme Finger zu haben, zum Berufsalltag gehört. Dies schon deshalb, weil wir alle Arbeiten an Deck selber ausführten. Nur die Winde wurde durch Helmut bedient, der Rest lag bei uns. Gerade im Winter fluchten wir deshalb nicht wenig, denn alles schien nass, hart, kalt und schwer zu sein. Das hält den akademischen Dünkel im Zaum und praktisch alle Wissenschaftler, mit denen ich gefahren bin, haben an Bord bei den „ernsthaften" Forschungsfahrten so viel selber gearbeitet, wie es geht.

Das ist nicht überall so, denn ein Gastwissenschaftler in Afrika brachte sich seinen „Diener" mit an Bord, der die praktische Arbeit tat und der Herr Wissenschaftler wartete in aller Ruhe auf die von jeglicher Drecksarbeit befreiten und vorbereiteten Proben. Ich bin eher für die harte Tour, aber das muss jeder selbst entscheiden.

Obwohl wir uns bzgl. des Wetters gut informierten, konnte es doch passieren, dass wir in einen für „Sagitta" grenzwertigen Seegang kamen. Dann waren sowohl die Fangtätigkeiten als auch die Sortierarbeiten besonders „lustig". Die Geräte schwangen wild hin und her, der Fang konnte nur etwas ungeordnet auf dem Deck abgelegt werden und gelegentlich kam es vor, dass eine „einsteigende Welle", die größten Teile unserer Ernte einfach wieder ins Meer spülte.

Gelegentlich sehnten wir uns jedoch solche Bedingungen zurück, nämlich in den superheißen Sommertagen, wenn die Kieler Bucht völlig glatt dalag und die Sonne mit aller Macht auf unser kleines Boot schien, so dass selbst die Stahldecks heiß waren und die nassen Arbeiten keine Kühlung brachten. Fischten wir dagegen zwischen Eisschollen, wünschten wir uns doch lieber wieder in den Sommer. Der Mensch ist wohl nie zufrieden!

Wir eilten anhand der Seekarte von Station zu Station, nahmen Proben und sortierten. Dabei waren wir uns eines Risikos nicht voll bewusst: Wie leicht wir Weltkriegsmunition hätten fangen können. Der Boden der Bucht war auch Ablagerungsort für alte Munition aus dem Zweiten Weltkrieg und manche Bombe, die schlecht gezielt geworfen wurde, landete statt an Land im Wasser. Heute wird das zu einem drängenden Problem, aber vor vierzig Jahren fehlte noch eine entsprechende Sensibilität – obwohl wir im Prinzip davon wussten und es auch ausgewiesene Gebiete gab, die wir besser nicht befischten. Wir haben aber Glück gehabt und nie Problematisches gefunden.

Langsam füllten sich unsere Gefäße und die Seekarte wurde verbessert. Hier wurde etwas ergänzt, dort etwas eingeklammert (weil wir Erwartetes nicht fanden), gelegentlich wurde Eingeklammertes gestrichen. Bodengemeinschaften sind dynamisch und können sich verändern. Tiere, die heute an dieser Stelle leben, können aus irgendwelchen Gründen abwandern bzw. sich nicht mehr entwickeln. Plötzlich tauchen sie dann an einer Stelle auf, die vorher nicht durch sie besiedelt war.

Und dann gab es noch die weißen Flecke, also die Gebiete, die wir noch nie befischt hatten. Gelegentlich suchten wir daher neue Regionen auf, nahmen Proben und konnten unsere Vorstellung von der Verteilung der Tiere in der Bucht erweitern. Die Karte entwickelte sich zu einer Informationsquelle zur Besiedlung der Kieler Bucht, die auch andere Wissenschaftler zur ersten groben Orientierung nutzten. Sie wussten dann, wo es für ihre Forschungen sinnvoll sein konnte, entsprechende Untersuchungen einzuleiten.

Wenn dann die Sonne sank, waren unsere Probengefäße gut gefüllt, wir hatten ausreichend „eingekauft" und kehrten meist gut gelaunt, wenn auch müde, gelegentlich auch durchgefroren oder durchgeschüttelt oder durchgeschwitzt zurück. Die Studenten konnten kommen. In einer oder spätestens in zwei Wochen würde es wieder raus gehen. Die Fahrten haben mir immer viel Freude bereitet.

# Das Meer und ich

Es gibt Berge von Bücher, die über die Seefahrt schreiben, Erfahrungsberichte von fast allen Typen schwimmfähiger Gefährte, aber die allermeisten beschränken sich auf die Darstellung von Fahrtverläufen, Begegnungen mit Schiffen, Tieren, Menschen, Erlebnissen an Bord oder an Land. Kaum ein Autor stellt sich dagegen die Frage, was das Seeleben für ihn, für seine Persönlichkeit, bedeutet. Woraus zieht jemand seine Befriedigung, gerade sich einem Beruf auf dem Meer zu widmen, oder zu fragen, wie komme ich mit der See zurecht? Was schenkt sie mir, was verlangt sie mir ab, welchen Preis zahle ich für glückliche Stunden in der Dünung subtropischer Gewässer? Ist es nicht merkwürdig, dass über Hunderte von Seiten Faktum an Faktum gereiht wird, aber der Berichtende in seiner Persönlichkeit kaum hervortritt?

In diesem Kapitel will ich mir selbst Rechenschaft legen und nachspüren, was mir das Meer gibt oder gegeben hat. Immer wieder, von dem ersten Tagen meiner Seebegeisterung bis heute, habe ich mir die Frage gestellt, was mich am Meer derart fasziniert. Wieso bin ich gerne auf Wochen in einer abgeschlossenen Gemeinschaft weit weg von zuhause unterwegs und werde trotzdem der ewig gleichen Gesichter nicht überdrüssig? Was ist es, dass ich bei dem Anblick eines den Hafen verlassenden Schiffes „Hummeln im Hintern" kriege und mitmöchte?

Das Meer, oder besser noch der offene Ozean mit seiner immerwährenden Dünung, dem unendlichen Himmel, den ein Landbewohner fast nie zu sehen bekommt, den Wolkengebirgen, die über dem Horizont auftauchen, aber auch die zartfarbigen Sonnenaufgänge haben mich immer in ihren Bann geschlagen. Während solcher Stunden bewegten meine Gedanken auch die angeschnittenen Fragen, denn die Faszination durch die See ist heute noch genau so groß wie am ersten Tag. Nichts ist verloren gegangen. Ich habe das Meer in fast allen seinen Bewegungszuständen und bei allen Wetterlagen kennen gelernt. Außer bei sehr schwerem Sturm oder Orkan, denn ich habe – wie man so sagt – allzeit gute Fahrt gehabt und gewisse Erfahrungen muss man ja vielleicht auch gar nicht machen. Meine anfängliche, bereits in der Pubertät erwachte und damals noch naiv verklärte Begeisterung für das Meer wurde bis heute nicht durch die Realitäten abgeschliffen.

Es ist vielleicht komisch, aber ich mag Sonnenaufgänge lieber als Sonnenuntergänge. Wahrscheinlich weil die Sonnenaufgänge der Beginn von etwas Neuem sind, ein Aufbruch. Aufbruch ist und war wichtig für mich. Das abgehende Schiff reizt mich mehr als das einfahrende. Ich möchte an Bord sein, wenn es in See geht, nicht wenn es in den Hafen einläuft.

Oft, sehr oft, bin ich mit der „Alkor" oder „Mya" in der Morgendämmerung hinausgefahren und immer war dieser Aufbruch mit einer Freude und Leichtigkeit verbunden, die mein Innerstes berührt haben. Jedes Mal, wenn es auf das Meer ging, egal ob für einen Tag, für eine Woche oder für einen Monat, verschloss ich pfeifend meine Wohnung, schulterte mein Gepäck und schritt frohen Mutes der See entgegen. Mit jedem Schritt näher zum Hafen fielen Alltäglichkeiten von mir ab oder traten, besser gesagt, in den Hintergrund, denn natürlich ist das Meer kein Mittel, sich seiner Pflichten oder Bedrängnisse zu entziehen. Man kann sie aber vertagen.

Wenn dann die Schiffspropeller schlugen und wir die Kieler Förde im morgendlichen Dunst entlang fuhren, die Lichter der Kräne bei HDW sich mit dem ersten Licht des Tages vermischten, die Fördedampfer die Menschen zu ihren Arbeitsstätten brachten, die noch verschlafenen Eiderenten sich erschreckt vor unserem heranrauschenden Schiff in Sicherheit brachten, dann empfand ich das Leben als besonders lebenswert. Die Lungen füllten sich mit der frischen Luft des Morgens, allmählich begann sich „Alkor" im Seegang zu bewegen, der Kaffee war fertig, die Sonne stieg über dem Ostufer auf, das Ehrenmal von Laboe zog an Steuerbord vorbei und dann ging es in voller Fahrt und angefüllt mit Tatendrang in das Arbeitsgebiet: In die Eckernförder Bucht, rüber nach Boknis Eck oder Falshöft, zur Vejsnäs-Rinne, nach Fehmarn, Bornholm oder wohin auch immer.

Also ein Aufbruch. Aber wohin? Zunächst natürlich in das Naturerlebnis der See. Wind, Wellen und Wolken, die unterschiedlichen Stimmungen während des Tagesverlaufes, im Wandel der Jahreszeiten oder in unterschiedlichen Meeresregionen haben mich immer fasziniert. Dazu die verschiedenen Begegnungen mit Meerestieren, Walen, Haien oder den kleineren Wundern des Ozeans, die für alle immer eine Unterbrechung der Bordroutine bereithielten. Ich kann stundenlang auf einem Peildeck stehen und zuschauen, wie das Schiff durch das Meer pflügt. Meine Augen folgen dem Spiel der Wellen oder erfreuen sich an einer mittelschweren See, die noch Genuss zulässt und nicht schon einen Grad erreicht hat, bei dem man nur an sich, an den Standplatz und gegebenenfalls an die Sicherheit zu denken hat. Immer wenn das Gefährt in das Wellental fällt, könnte ich „Juchhu" schreien und habe es einige Male in aufkeimendem Übermut auch wirklich getan. Natürlich nur, wenn es keiner gehört hat, denn ein wenig peinlich wäre mir dieser „Ausbruch" dann doch gewesen. Dies alles will ich hier aber nicht wiederholen, denn ich denke, dass diesem Aspekt in anderen Kapiteln hinreichende Würdigung widerfahren ist.

Auf mich übten die langen Törns noch aus anderen Gründen eine tief gehende Faszination aus. Nirgendwo sonst übt man sich in einer gewissen Form der Demut und lernt, die Dinge so zu nehmen, wie sie kommen. Ein Schiff auf dem Weltmeer ist ja eine völlig isolierte Gemeinschaft, die – von wirklich schweren Fällen abgesehen – kaum oder gar nicht Hilfe von außen erwarten kann. Bestehende Probleme müssen immer von den Fahrtteilnehmern unter Anwendung der an Bord befindlichen Mittel gelöst werden. Dies betrifft sowohl die rein technische Seite als auch die menschlichen Probleme.

Was ich dabei als besonders wertvoll erachte, ist, dass wir uns keiner Situation durch „Weglaufen" entziehen konnten. Wir lernten das Aushalten von bedrängenden Situationen, wie z. B. den Umgang mit der Seekrankheit oder mit Heimweh, die Bedrängnis bei Sturm, hohem Wellengang und anderen hässlichen Seiten der Naturgewalten oder die Anwesenheit von Menschen, mit denen wir Konflikte hatten. Wir lernten also, uns den Problemen zu stellen und Schwierigkeiten zu meistern. Allein oder gemeinsam. Es gab keine billigen Alternativen außer der Übernahme von Verantwortung und den daraus resultierenden Willen, Schwierigkeiten die veränderbar sind, auch wirklich zu verändern und Dinge hinzunehmen, die wir eben nicht ändern konnten. Verantwortung zu übernehmen hieß in einigen Fällen daher auch schlicht, die Zähne zusammenzubeißen und nicht zu klagen.

Diese Situationen brechen die eigenen Überheblichkeiten und die eingebildete Wichtigkeit, machen bescheiden, stärken aber auch das Selbstbewusstsein und das Gefühl für die eigenen Möglichkeiten. Der Mensch reift und wird seetauglich, ein Begriff, der weit mehr umfasst, als den Umstand, sich bei hohem Seegang nicht übergeben zu müssen. Ich persönlich glaube, dass dies die „Nagelprobe" ist, um herauszufinden, ob man dem Meer etwas abgewinnen kann oder nicht. Wer solche Situationen erlebt, ausgehalten und gemeistert hat, ist entweder der See „verfallen", oder er ist ein für alle Mal fertig mit ihr. Dazwischen gibt es meiner Überzeugung nach nichts. Darüber hinaus stählen diese Erfahrungen auch für das Leben an Land. Geduld, Hingabe und das „Nerven-Bewahren" in kritischen Situationen kann man gar nicht besser trainieren als auf See und in der weiten, stillen Einsamkeit unter dem alles umspannenden Himmel.

Was ich hier beschreibe gilt zunächst erst einmal nur für mich. Ich weiß aber aus persönlichen Gesprächen, gelegentlich aus auch anderen Quellen, dass viele, genau genommen fast alle Aspekte ebenso oder so ähnlich von anderen Kollegen empfunden werden. Das verwundert mich nicht, denn die Menschen sind sich sehr viel ähnlicher als wir es dem äußeren Schein nach vermuten würden und das Meer stellt an alle die gleichen Herausforderungen. Allerdings ist nach meinem Eindruck die „Tiefe" dieser Erfahrungen unterschiedlich ausgeprägt und spiegelt dann doch die Unterschiede zwischen den Individuen wider.

Der eine ist besonders empfindsam, andere etwas gröber strukturiert und gelegentlich wird einer nur durch heftige „Einschläge" angerührt.

Die See fordert aber nicht nur, sie gibt auch. Die positive Kehrseite dieser eher ernsten Erziehung ist eine gesteigerte Sensibilisierung für das Schöne, das Angenehme. Die Seele erfreut sich an einem farbigen Sonnenuntergang, einer ungeplanten kulinarischen Delikatesse, dem Besuch eines Vogels auf dem Schiff oder dem Auftauchen eines Wals. Ich bin bereits zufrieden, nach eines langen Tages Arbeit in Ruhe an Deck zu sitzen, den warmen Wind über die Haut und durch die Haare gehen zu fühlen, auf ein dunkelblaues Meer zu schauen und vielleicht mit einem Kollegen ein Bier zu genießen. Die Bedürfnisse werden so einfach, so schlicht, es gibt keine zusätzlichen Stimuli und man benötigt auch keine mehr. Das ist es, was ich oben mit den Begriffen Demut und Bescheidenheit auszudrücken versucht habe.

Wenn man für Wochen auf dem Meer ist, wird der Geruchssinn geschärft und die Augen sehen Dinge, die wir sonst nicht eines Blickes für würdig erachten. Natürlich werden weder Nase noch Augen während der Schiffsreise besser, aber sie sind völlig anderen Anforderungen ausgesetzt. Die Überlagerung, die Reizüberflutung ebbt ab und nach Wochen nehmen daher die Sinnesorgane Eindrücke sehr viel intensiver auf. Wir stellen fest, welche Nuancen das blaue Meer bietet und wie arm unsere Sprache ist, diese Vielfalt zu beschreiben. Man glaubt gar nicht, wie viele unterschiedliche Grautöne die nordische See bietet, die wir mit unseren Begriffen wie „stahlgrau", „blaugrau", „silbrig grau" usw. nur sehr holzschnittartig erfassen können. Das Meer riecht auch unterschiedlich. Die Differenzen sind zwar gering, aber doch wahrnehmbar. Mit Glück kann man bereits die Nähe von Land oder von Häfen riechen, bevor sie über dem Horizont auftauchen.

Auch die Sicht auf das Land intensiviert sich. Ich erinnere mich noch sehr gut an eine Heimfahrt von Cuxhaven nach Kiel. Als wir in See gingen, zeigte die Vegetation noch ein vornehmlich winterliches Gepräge, nun aber, nach Wochen auf dem Atlantik, prangte das ganze Land in wunderbaren Farben. Die Bäume zeigten das zarte, helle Grün, das nur dem Frühling eigen ist, die Obstbäume standen in gelber oder roter Blüte, die Magnolien hatte ihren weiße Kelche weit geöffnet und begannen sogar schon zu welken, die Wiesen waren ein saftig grüner Pelz auf der Erde und die Äcker zeigten einen weichen, grünen Flaum. Vögel zwitscherten in allen Bäumen und Sträuchern, die Elbe wälzte sich braun-grau zwischen frühlingshaft farbigen Ufern dem Meer zu. So drall und dicht, so voller Leben, so intensiv hatte ich bisher das Fest des nach langem Winter wieder erwachten Lebens noch nicht wahrgenommen. Ich war überwältigt von dieser Pracht, gerührt, stand dieser Explosion von Vitalität mit einem ohnmächtigen Erstaunen gegenüber.

Das Ehepaar de Flers schreibt in einem ihrer Bücher über die Wüste: „Ihre Weitläufigkeit bietet aber auch Stille, innere Einkehr und eine Nacktheit, die zum Wesentlichen hinführen, und vermittelt ein Gefühl der Einheit sowie des Glücks der eigenen Existenz." Wer möchte anzweifeln, dass diese Worte auch für das Meer gelten. Die Leere der See, die große Einsamkeit, ist zweifelsohne gelegentlich beängstigend und bedrängend, aber sie ermöglicht auch den Zugang zu sich selbst. Nirgendwo sonst habe ich mich mehr gespürt als während der arbeitsfreien Stunden auf dem Ozean. Oben auf den Peildecks der verschiedenen Schiffe, unter dem riesigen Zelt des Himmels und mit Blick auf die grenzenlose Weite des Meeres. Nirgendwo erlebte ich glücklichere Momente, keine Periode meines bisherigen Lebens wünsche ich mir so sehr zurück wie diese seelenweitenden Stunden auf hoher See.

Das In-See-Gehen war daher für mich immer auch der Eintritt in eine andere Welt. Ein Schiff ist ja so etwas wie ein Zauberkasten, denn sobald der Hafen hinter uns lag, begann ein neuer Lebensrhythmus. Die erste, schon bald nach dem Auslaufen einsetzende Veränderung war der nahezu gänzliche Verlust der so genannten „Bürgerlichen Zeitrechnung". Die Tage verschwammen ineinander und die Beziehung zu unseren stark strukturierten Wochen zerbrach in einem beruhigenden Gleichmaß der Tage. Wer an Land seiner Arbeit nachgeht, durchlebt ja den an den Wochenverlauf angepassten Wechsel von hektischer Betriebsamkeit und Ruhephasen. Am Montag „starten" wir richtig durch, erleben am Mittwoch häufig einen Tiefpunkt der Stimmung, dann kommt die Freude auf das Wochenende, das Wochenende selbst und letztendlich ist wieder Montag. Ich empfinde diesen Rhythmuswechsel als anstrengend. Zumal wir alle dazu neigen, unser „Leben" vor allem an diesen beiden Tagen des Wochenendes zu entfalten und dabei nicht selten in eine Betriebsamkeit kommen, die einem Arbeitstag nicht nachsteht.

Auf See ist das Erleben für mich ein ganz anderes gewesen. Ein Tag nach dem anderen zog mit der Sonne herauf und verging in dem Dämmerschein der abendlichen See. Ob Montag, Mittwoch oder Sonntag war, war eigentlich nur mit Hilfe eines Kalenders feststellbar. Sicher, Donnerstag und Sonntag gab es Brötchen zum Frühstück und Kuchen zum Kaffee. Auf vielen Schiffen war der Samstag „Eintopftag", um den Koch zu entlasten und ihm an diesem Tage eine längere Freizeit zu gewähren. Aber die Tatsache, dass es ein Donnerstag, ein Sonntag oder vielleicht ein Dienstag war, spielte dabei nicht die entscheidende Rolle, sondern die Tatsache, dass etwas Leckeres auf den Tisch kam. Der Wochentag an sich hatte seine Bedeutung verloren, das Leben wurde nicht mehr in Wochen zerhackt, nie habe ich so im „Heute" gelebt wie auf dem Meer. Es gab nur noch Tage.

Und Weltentrücktheit. Bereits ab dem zweiten Tag auf See verloren die meisten wichtigen Themen des täglichen Lebens sofort an Bedeutung. Die Sorgen des Alltäglichen blieben an Land zurück. Kein Einkaufen mehr, keine Telefonate, keine Termine, kaum Besprechungen. Es mussten keine Rechnungen mehr bezahlt werden, niemand spannte mich für Ziele ein, an denen ich eigentlich kein Interesse hatte. Die großen Weltnachrichten wirkten merkwürdig weit weg. Im Grunde interessierten sie uns auch gar nicht, wurden nur aus „Pflichtgefühl" wahrgenommen, um hinterher nicht völlig desorientiert wieder an Land zurückzukehren. Wir lebten in unserer eigenen Welt, beschäftigten uns mit den Arbeiten und hatten einen klar strukturierten Tag aus Wachen, Mahlzeiten, Freizeit und Schlaf.

In gewisser Weise konnten wir auch das Denken einstellen, denn alles war vor der Fahrt vorbereitet und lief jetzt mehr oder weniger nach Plan ab. So hatten die Forschungsfahrten für mich etwas Erholsames an sich. Es wurde zwar gearbeitet, aber wenn Freizeit war, dann hatten wir im reinsten Sinne des Wortes freie Zeit. Es gab sie nicht, die tausenderlei Anforderungen, die noch die Freizeit zu einem großen Teil in Arbeit anderer Qualität umwandeln. Wir konnten unseren Interessen nachgehen: Lesen, Nachdenken über das Geschäft der Seefahrt, mit dem Feldstecher das Meer nach ungewöhnlichen Organismen absuchen, Skat spielen, wenn es sein musste, auch mal ein Video anschauen. Die Welt war das eine, unser Schiff etwas anderes. Um es mal etwas pointiert auszudrücken: Wir hatten Urlaub von dem Rest der Menschheit.

Dies sind selbstverständlich keine generell neuen Beobachtungen, denn immer wieder finden wir in den Literaturen ähnliche Gedanken und ich war daher nicht überrascht, in Melvilles „Moby Dick" die folgenden Zeilen zu entdecken: „ Meist sind diese Zeiten in der Südsee von einer wundersamen Ereignislosigkeit – du hörst keine Neuigkeiten, du bekommst keine Zeitung in die Hand, kein Extrablatt voll unnötig aufgebauschter Nichtigkeiten stört das Gleichmaß deiner Gedanken – keine häuslichen Misshelligkeiten, keine Bankkrachs, keine fallenden Kurse, keine Gedanken über die Zusammenstellung der nächsten Mahlzeit, denn für drei Jahre liegen die Lebensmittel an Bord in Kisten verstaut und der Speisezettel ist unverändert immer derselbe."

Ganz so isoliert lebten wir im Zeitalter der verschiedensten Telekommunikationsformen zwar nicht, aber im Grunde hatte sich wenig an diesem wunderbaren Zustand geändert. Mögen sich auch die Techniken und die Lebensrhythmen der Menschen drastisch geändert haben, das Meer hat sich nicht gewandelt und sein Pulsschlag gebietet in unveränderter Weise über die Empfindungen der Menschen, die auf ihm zu Gast sein dürfen.

Allerdings wird diese Situation nur von jenen als angenehm empfunden, die auch etwas mit sich anfangen können, die sich ohne äußere Anregungen selber beschäftigen können und sich in einer abgegrenzten Gemeinschaft, der Einsamkeit und den fehlenden, oder doch zumindest geringen „zivilisatorischen" Reizen wohlfühlen. Dies ist nicht jedem gegeben und ich glaube daher nicht, dass jeder prinzipiell für ein Seeleben geeignet ist. Es muss eine Art innere Entsprechung zwischen der Persönlichkeit und den Anforderungen der Seefahrt geben. Ist diese nicht vorhanden, wird sich der- oder diejenige nur unwohl fühlen. In der Tat hatten wir den einen oder anderen angehenden Kollegen, dem wir rieten, sich eine fachliche Nische zu suchen, die keine wochenlangen Seefahrten erfordert.

Sind die geschilderten Aspekte, die von mir und andern als Vorzüge empfundenen Eigentümlichkeiten der Seefahrt nicht aber eine Flucht aus der Realität? Wenn wir uns außerhalb des Wirkungskreises der gesamten Menschheit begeben, leben wir da nicht einer Scheinwelt? Was hat die Menschen zu allen Jahrhunderten auf See getrieben? Sicher die Not, der Zwang, sich seinen Lebensunterhalt zu verdienen, für manche der Traum von Gewinn, von Profit, von einem neuen Leben, der dann doch sehr häufig im Moder einer unbekannten Küste seinen letzten Atemzug tat.

Aber immer waren Schiffe auch die Sammelbecken für die Enttäuschten, die Gekränkten, die Verlierer, die weniger Konkurrenzfähigen. Ist die eben erwähnte „innere Entsprechung" nicht auch Ausdruck, dass jemand letztendlich mit dem Landleben nicht zurechtkommt? Wer zur See geht, vermeidet die Komplexität der menschlichen Gesellschaft und begibt sich in eine relativ fest gefügte und übersichtliche Struktur. Die Aufgaben sind klar umrissen, die Kollegen bekannt, Zerwürfnisse können mit den Mitteln der jeweiligen Zeit relativ leicht überwunden werden. Dem Zwang, ständig eigene Entscheidungen treffen zu müssen, steht das Wort des Kapitäns entgegen und entbindet von dieser elenden Pflicht. Man kann sich des gefährlichen, aber süßen Genusses des „Geführt-Werdens" ergeben. Der Seemann als letztendlich schwache Person in einem starken Körper?

Ich gebe gerne zu, dass dies auch für mich zutrifft. Ich empfand es als wirklich angenehm, mich auf Zeit aus der Hetze und der Hektik des Alltagslebens zu verabschieden und sehr intensiv und konzentriert nur für mich und meine mir selbst gewählte Aufgabe zu leben. Die Arbeit eines Wissenschaftlers beschränkt sich ja nicht nur auf die reine Forschung. Es ist zusätzlich ein breites Spektrum an Verwaltungstätigkeiten zu erledigen, von denen die Beschaffung der erforderlichen Finanzmittel sicher die notwendigste, aber auch die nervtötendste Arbeit ist. Dazu kommen Vorlesungen, Praktika, Reisekostenabrechnungen, Abteilungssitzungen, die Abfassung von Berichten und Publikationen, Telefonate, Koordinierungs- und Steueraufgaben aller Art, Öffentlichkeitsarbeit und, und, und.... Diesen ganzen Wahnsinn galt es zu betreiben, um überhaupt forschen zu können, sich einen Namen zu machen, im Gespräch zu bleiben, im Gedrängel der Konkurrenten nicht nach hinten zu rutschen. Zu bestimmten Zeiten stieg der Verwaltungsaufwand derart, dass die eigentliche Forschung, also die Aufgabe, wofür mich die Gesellschaft mit ihrem Steueraufkommen ausgebildet hat, hintanstehen musste.

Die Forschungsreise schuf eine klare Zäsur. Eine Pause, einen Aufschub, denn irgendwann mussten die Arbeiten selbstverständlich erledigt werden. Aber zunächst konnte ich erst einmal ruhig durchatmen, meinen wissenschaftlichen Aufgaben so lange am Tage nachgehen wie ich wollte, die Abgeschiedenheit durch die See, das Schiff, diese klösterliche Enklave auf dem Weltmeer, und die Natur genießen. Die Einschränkungen der Seereise haben mir nie etwas ausgemacht, im Gegenteil, ich suchte sie so oft wie es möglich war. Vielleicht auch als Flucht aus dem meiner Natur möglicherweise widersprechenden viel zu komplexen Lebensumfeld. Meine Sehnsucht beim Anblick des auslaufenden Schiffes ist daher weniger auf neue Ufer, als vielmehr auf das Verlassen des Alltäglichen gerichtet.

Was, so lautet die sich aufdrängende Frage, begründet nun die Befriedigung, ein Meeresforscher zu sein, von der dieses Buch durchweht ist? Für mich lässt sich das in drei Punkten zusammenfassen:

Zunächst das Erlebnis der freien See, des großen Himmels, der Majestät des Meeres und des teilweisen Heraustretens aus Raum und Zeit. Dann auf jeden Fall die Faszination durch die Tier- und Pflanzenwelt und die Freude an der organischen Form, sowie das Staunen über die sich offenbarenden Zusammenhänge. Und nicht zuletzt das Erlebnis einer Gemeinschaft an Bord, die das Ausleben akademischer Standesunterschiede nicht duldet und der damit verbundene Wille, gemeinsam etwas zu erreichen.

Jeder einzelne Punkt kann auch in anderen Tätigkeiten erlebt werden, aber in der Meeresforschung vereinigen sich diese drei Aspekte. Da ich mich dabei sehr wohl befand, hätte es nach meinem Dafürhalten immer so weitergehen können.

Aber dann kam der Abschied von der See. Abschied von der See? Niemand kann ewig zur See fahren. Früher oder später verlässt jeder von uns zum letzten Mal das Schiff, sei es aus Altersgründen, wegen schlechter Gesundheit, weil er arbeitslos geworden ist oder – wie bei mir – weil er nur in einem anderen Beruf eine Zukunft sieht, die auch Frau und Kind nachhaltig ernährt. Egal, was es ist, der Tag wird kommen.

Aber ist dies ein Abschied von der See? Ich für meinen Teil glaube, dass es keinen Abschied von der See gibt. Die aktive Phase ist zu Ende, ein für alle Mal, das ist richtig. Aber die See ist in uns, wer sie lange genug kennen gelernt hat, kann sich ihr nicht mehr entziehen. Ich habe eine ganze Reihe von Gesprächen mit „Ehemaligen" geführt, die Sucht nach dem Meer ist nicht tot. Ein Freund von mir, damals bereits seit etlichen Jahren an Land, hat die gleichen Erfahrungen gemacht wie ich: Die Seefahrt lässt uns nicht mehr los.

Wir saßen an einem schönen Sommerabend auf meinem Balkon im zweiten Stock über jener Stadt im Rheinland, die damals vorübergehend mein zuhause war. Angenehm zurückgelehnt schauten wir durch das Balkongitter auf den sich dahinter und darüber ausbreitenden blauen Himmel, der mit zarten Federwölkchen dekoriert war. In gewisser Weise ähnelte das Balkongeländer einer Reling und unser Blick auf den Himmel war dem von unseren Fahrten recht ähnlich. Die Situation beschwor alte Bilder herauf und so eröffnete er mir, dass er kurze Zeit vorher als Vertreter seines Ministeriums von einer norddeutschen Universität zu einer kleinen Rundfahrt mit Empfang und Dinner auf einem Forschungsschiff eingeladen war. Nichts Besonderes, der Versuch der Wissenschaft, Geldgeber und Ministeriale zu umgarnen, ihnen einen netten Abend zu bereiten, Kontakte zu knüpfen, Gespräche zu führen und dabei für ein paar Stunden über die Nordsee zu kutschen.

Das war belanglos, eine dienstliche Pflichtübung, die aber einen hohen emotionellen Kontrapunkt aufwies. Als alle an Bord waren, die Maschinen starteten, das Schraubenwasser weggedrückt wurde und das Schiff ablegte, schossen ihm auf einmal die Tränen in die Augen. Er musste einen anderen Platz aufsuchen, angestrengt in die Weite blicken und seine Emotionen niederkämpfen, die natürlich bei dieser Veranstaltung fehl am Platze waren. Das Meer war in ihm hochgekommen.

Eine ähnliche Erfahrung habe ich in einem Buchladen gemacht. Als ich während meiner Stöberei einen bestimmten Raum betrat, war dieser mit den Geräuschen und dem leichten Vibrieren der Abluftanlage angefüllt. Irgendwelche Gegenstände schlugen rhythmisch im Takt dieser Vibrationen aneinander und sorgten für eine leise, aber bekannte Geräuschkulisse. Das kannte ich, mein Gott, das klang wie damals im Labor der alten „Meteor"! Ich schloss für einige Sekunden die Augen und driftete in meinen Gedanken weg. Wenn du jetzt die Augen aufmachst, dann siehst du die bekannte Ausstattung, die Verkleidung der Wände, die beiden Laborflaschen, die auf Grund der Maschinenvibrationen sachte gegeneinander schlagen, das Bulleye wird den Blick auf die westafrikanischen Gewässer zulassen und bewegt sich der Raum nicht ganz leicht hin und her?

Zwar wurden mir nicht die Augen feucht, aber ich war erstaunt, erfreut, aber auch ein wenig erschrocken darüber, wie mich die Vergangenheit einholte. Ähnliche Emotionen steigen in mir auf, wenn ich heute wieder die Abgasfahne eines Seeschiffes rieche oder auch damals die eines Lastkahnes auf dem Rhein in die Nase kriegte. Dieser typische Geruch, möglicherweise noch das schlagende Geräusch der Maschinen, das Klacken der Kette beim Aufnehmen des Ankers oder die Betriebsgeräusche von Deck führen die Gedanken und Wünsche immer wieder auf See.

Das Bild des traurigen Seemannes, der jeden Abend auf den Deich oder in den Hafen geht und noch einmal hinauswill, dieses in unzähligen Filmen und Liedern romantisierte Klischee, ist nicht völlig verkehrt. Es entspricht zumindest in Teilen tatsächlich der Realität, auch wenn es vielleicht stark übertrieben ist. Aber würde uns jemand einladen, noch zur Stunde für vier Wochen aufs Meer zu fahren, wir waren uns bei dem Treffen damals einig, wir würden unsere Sachen packen, uns formvollendet von unseren wahrscheinlich entsetzten Frauen verabschieden und gut gelaunt an Bord gehen.

Dabei habe ich mich immer gefragt, was mich mehr reizt: Der wilde, faszinierende Notatlantik mit seinen Vogelschwärmen und dramatischen atmosphärischen Stimmungen, oder doch lieber die warmen, kobaltblauen Gewässer der Subtropen und Tropen? Ich komme zu keiner Entscheidung, denn den Nordatlantik halte ich für großartig und eine beeindruckende Impression, die warmen Regionen einfach nur für schön. Mein Bücherregal mag jedoch einen Hinweis auf die rechte Einschätzung geben. Dort stehen drei dickleibige Fotobücher mit über 340 Seiten voll Fotos aus dem Nordatlantik. Daneben aber nur 200 Seiten mit den Warmwasserfahrten. Für den westafrikanischen Auftrieb würde ich andererseits aber wieder den Nordatlantik hintanstellen. Unentschieden!

Nun könnte ich ja mit Kreuzfahrten meine Bedürfnisse befriedigen. Aber das ist bei weitem nicht das Gleiche. Es macht einen Unterschied, ob Du als Teil einer Crew wochenlang auf See bist, um dort etwas zu arbeiten und dabei im wahrsten Sinnes des Wortes mit den Wellen auf gleicher Augenhöhe zu tun hast, oder ob Du dich auf einem riesigen Pott, diesen modernen schwimmenden Häuserblocks, zusammen mit 2000 Menschen von Hafen zu Hafen schleppen lässt. In der Regel hat das Meer dabei keine größere Rolle als die Kulisse, das Wichtige sind typischerweise die Häfen und die Party. Das ist nicht die Art von Seefahrt, die ich liebe.

Außerdem ist es nicht nur die Seefahrt an sich, sondern auch die Wissenschaft vom Meer, die wachbleibt. Obwohl ich nicht mehr dazu verpflichtet und ohne irgendwelchen wissenschaftlichen Einfluss bin, bilde ich mich mehr oder regelmäßig „in meinen Themen" fort. Das Internet ist da eine segensreiche Einrichtung. Ich will es immer noch wissen. Ja, ich würde gerne noch mal in das Herz des Nordatlantiks, die Islandgewässer, vorstoßen, oder in die blauen Weiten aufbrechen. Zum Beispiel in die Sargassosee oder beim makaronesischen Archipel über die Große Meteorbank kreuzen und das Plankton studieren. Meeresforscher ist man von Herzen, nicht von Anstellung.

Deswegen freut es mich, jetzt noch einmal auszufahren und den blauen Edelstein in seiner Schönheit mir und dem Leser vor Augen zu führen.

# Der blaue Edelstein

Ich erwache in meiner Koje durch ein sanftes, rhythmisches Schaukeln. Die Vorhänge, die den Ausgang meiner Bettstatt gegen Licht und Sicht abschirmen schwingen gemütlich hin und her, lassen immer wieder mal einen Lichtstrahl zu mir durch.

Ich schiebe also die Vorhänge auf und sehe Lichtreflexe, von der See zurückgeworfene Sonnenstrahlen, die im Rhythmus der Dünung über die Kabinendecke wandern. Raus aus der Koje und an das Bulleye! Das Herz schlägt mir höher, denn ich schaue auf eine tiefblaue, bewegte See unter einem helleren und strahlenden Himmel. Eine Windstärke sechs hat den Ozean mit weißen Schaumkronen dekoriert, die ungeheuer hübsch mit der blauen See kontrastieren.

Seit fünf Tagen sind wir unterwegs. Haben unser Schiff in Cuxhaven beladen, sind nach Helgoland rüber, um noch einen Mann und etliche Geräte zu übernehmen. Abends dann noch einmal durch die Bars, aber schweigen wir drüber. Im Kanal und der Biscaya hatten wir graues und relativ unsichtiges Wetter. Aber jetzt! Jetzt nähern wir uns den sonnigen Regionen.

Wir wollen nach Madeira und dort Planktonuntersuchungen machen, beginnen aber schon jetzt, am Südende der Biscaya, mit den Arbeiten. Wir haben uns kurzfristig entschlossen, nicht faul rumzusitzen, sondern auf unserem Kurs zu versuchen, den Übergang von dem nordatlantischen zum subtropischen Plankton zu dokumentieren. Heute Mittag um 12 Uhr geht es los. Ich habe wie üblich die 2. Wache, d. h. von 12 – 18 Uhr und von 0 – 6 Uhr morgens. Es ist also noch etwas Zeit.

Ich gehen an Deck, atme die frische Morgenluft ein, frühstücke, nehme noch einen Kaffee mit nach oben, setze mich auf einen Poller und schaue auf die See, die hier am Achterdeck gerade ein bis anderthalb Meter unter mir wogt.

Dann ist Station, die erste von vielen, die dem Studium der hier beheimateten in der See treibenden Pflanzen und Tiere, dem subtropischen Plankton, gewidmet sind. Der gewählte Kurs zieht genau zwischen den Azoren und Madeira durch, führt uns von Station zu Station, um endlich in einem rechteckigen Stationsgitter westlich von Madeira zu enden. Zurzeit befinden wir uns aber erst auf der Höhe von Kap Finisterre, der nordwestlichsten Ecke Spaniens.

In den folgenden Tagen wird es ständig wärmer. Der Stahlkörper des Schiffes heizt sich langsam auf, eine Messung im Labor ergibt 29° C. Das ist schweißtreibend, denn anders als an Deck gibt es hier keinen kühlenden Fahrtwind. Die Bekleidung wird bei allen spärlicher bis nur noch eine Hose übrig ist. Wir kommen uns für Momente wie auf einer Kreuzfahrt vor, aber an den Stationen verwandeln wir uns in etwas merkwürdig aussehende Wesen.

Egal ob Tropen oder Nordmeer, drei Dinge werden aus Arbeitsschutzgründen immer getragen: Gummistiefel mit Stahlkappen, die die Zehen schützen, ein Helm gegen Beschädigungen des Kopfes und grobe Handschuhe gegen Verletzungen der Hände. So stehen sie also da, die Damen und Herren Meeresforscher und warten auf den Wasserschöpfer. Halbnackte Gestalten mit martialischen Stiefeln und unmöglichen Kopfbedeckungen. Durchbricht das Gerät dann schäumend die Meeresoberfläche und hängt tropfend neben der Bordwand, wird es von vielen Armen nach innen gezogen und an Deck gesetzt. Dann erfolgt noch ein Hol mit dem Planktonnetz, aber sobald dieser erledigt ist, heißt es raus aus den Stiefeln, runter mit dem Helm!

Nach Abschluss der Laborarbeiten bin ich in der Pause bis zum nächsten Messpunkt wieder an Deck. Ich schaue zum Bug. Das Schiff arbeitet in einer Mischung aus Dünung und aufgesetzter Windsee. Beim Eintauchen in die Wellen wird ein Schwall blendend-weißer Gischt in die Luft geschleudert, Tröpfchenkaskaden ziehen als zarter Schleier über das Meer und bilden im Sonnenlicht einen kurzzeitigen Regenbogen über der dunklen See. Die vom Schiff weggedrängten Schaummassen werden in die Tiefe gemischt und erscheinen dabei in einem schwachen Grünton. Der warme Wind weht mir durch die Haare.

Oh, welch eine Lust! Es gibt nichts Schöneres auf dieser Welt, als unter einem wolkenbetupften blauen Himmel in diesen subtropischen Breiten gegen eine mittelhohe See anzuarbeiten. Die Bewegungen des Gefährtes sind zwar kräftig, aber noch weich und moderat, erinnern an einen Tanz, haben noch nicht die brachiale Härte höherer Windstärken. Die Luft hat noch nicht die schwüle, lastende Hitze der inneren Tropen, der frühe Morgen ist noch kühl und erfrischend, die Nächte lau und angenehm.

Da, plötzlich, eine Bewegung an der Wasseroberfläche in der Nähe des Bugs. Eine Reihe ca. 20 cm langer Fische, fliegender Fische, schießt in die Luft, sie breiten die Flossen aus und der ganze Trupp von 10 – 15 Tieren segelt unter einem leisen, sirrenden Geräusch in einem großen Halbkreis davon, um 50 oder 60 Meter weiter wieder in das Wasser einzutauchen. Nach wenigen Minuten das gleiche Schauspiel. Den Fischen ist das auf sie zurasende Schiff Angst einflößend und so nutzen sie diesen ungewohnten Trick der Natur, sich in Sicherheit zu bringen und tatsächliche oder vermeintliche Feinde verdutzt zurückzulassen.

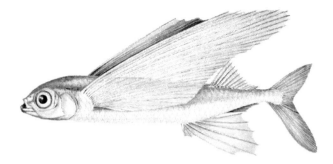

Fliegender Fisch (Exocoetes volitans). Deutlich zu erkennen sind die tragflächenartig verbreiterten Brustflossen sowie die die verstärkte untere Hälfte der Schwanzflosse, die für den Antrieb vor dem Flug sorgt. Quelle: Wikimedia commons, gemeinfrei

Fliegende Fische werden wir für die nächsten drei Wochen fast täglich zu Gesicht bekommen. Aber dies sind nicht die einzigen Lebewesen, die das Wasser verlassen und sich in den Luftraum erheben. Unsere studentischen Hilfskräfte haben etwas entdeckt und rufen mich herbei. In einiger Entfernung springen stromlinienförmige Gestalten regelmäßig aus dem Wasser. Delfine? Nein, auch ohne näheres Hinsehen wird klar, dass dies keine sind. Zu unelegant, zu mechanisch. Durch das Fernglas erkenne ich eine Reihe kleiner Flossen sowohl zwischen Rücken- und Schwanzflosse als auch am hinteren Teil des Bauches, das charakteristische Kennzeichen der Makrelenfamilie. Es sind Thunfische, die dort aus dem Wasser schnellen.

Als wären meine Fernglasblicke eine Einladung gewesen, sind sie wenige Minuten später da und umspielen das mit 10 Knoten fahrende Schiff mit Leichtigkeit. Mal zum Bug, dann sind sie wieder am Heck, plötzlich aber wieder vorne. Eine kleine Gruppe von sieben oder acht sehr schön gezeichneten Tieren „spielt" um das Schiff. Die Schwanzflosse erstrahlt in einem leuchtenden Gelb, ähnliche Zeichnungen finden sich am Kopf, der Körper erscheint dunkel. Länge ca. 80 cm. Ich kann die Art nicht sicher identifizieren, aber es scheinen die „Yellow-Fins" zu sein. Sicher bin ich mir aber nicht.

Das Schauspiel als solches versammelt die gesamte Crew an Deck. Nein, diese Fische haben keine Angst und sind wohl auch nicht auf der Jagd. Sonst würden sie sich nicht von unserem Schiff ablenken lassen und diesem folgen.

In jeder Minute legen wir dreihundert Meter zurück, eine Strecke, die bei Ablenkung während der Jagd einen sicheren Beuteverlust bedeuten würde. Nach einiger Zeit werden wir ihnen aber langweilig, sie verschwinden in der Weite der See und wir gehen wieder brav an unsere Arbeit.

Etwa auf Höhe der Azoren beobachten wir eine drastische Umstellung im Plankton. Die Menge der im Wasser treibenden mikroskopischen Pflanzen sinkt übergangslos von einer Station zur nächsten auf die Hälfte der vorher gemessenen Werte. Bei den ebenfalls meist mikroskopischen Tieren stellen wir zwar keine Veränderung in der Menge fest, wohl aber in der Zusammensetzung. Bestimmte kleine, meist nur 1 mm erreichende Ruderfußkrebse (für Fachleute: Calanoide Copepoden) machten bisher 70 – 80 % aller Tiere aus, jetzt sind es auf einmal aber nur noch 30 – 40 %. Dafür steigt der Anteil einer anderen Kleinkrebsgruppe deutlich an (für Fachleute: Harpacticoide und poecilostomatoide Copepoden). Es kommt also gewissermaßen zu einem Austausch. Daneben finden wir nun Tiergruppen, die für die subtropisch-tropischen Meere charakteristisch sind und die wir bisher nicht gefunden hatten, wie z. B. viele kleine Staatsquallen. Gleichzeitig steigt der Salzgehalt des Meerwassers deutlich an.

Alle diese Veränderungen zeigen an, dass wir in die große subtropische Drehscheibe des Nordatlantiks eingetreten sind, an dessen westlicher und nördlicher Seite der Golfstrom nach Norden und später nach Europa zieht. Ein Teil des Golfstromes jedoch strömt zusammen mit weiteren Wassermassen an der afrikanischen Küste nach Süden und gliedert sich dann in Äquatornähe in eine massive Westströmung ein, die an der amerikanischen Küste wiederum den Golfstrom speist. Es ergibt sich das Bild eines riesigen Rades, wie es sich in jedem besseren Atlas nachschlagen lässt.

Neben dem Roten Meer und dem Persischen Golf zeigen die Subtropen auf Grund hoher Verdunstung und geringer bis ausbleibender Niederschläge die höchsten Oberflächensalzgehalte im Ozean. In Äquatornähe, besonders aber in den höheren nördlichen und südlichen Breiten sinken die Salzwerte wieder ab.

Diese Meeresregionen, diese sich drehenden gigantischen Wasserlinsen von etlichen tausend Seemeilen Durchmesser im Nord- und Südatlantik, im Pazifik und südlichen Indischen Ozean gelten als die lebensärmsten Gebiete im Ozean. Die blaue Farbe der See wurde schon früh als die „Wüstenfarbe" des Meeres erkannt, die optische Schönheit kontrastiert scharf mit der Armut an pflanzlicher Grundnahrung, Fischen und anderem Getier.

Woher kommt das? Wir dürfen uns zur Vereinfachung das Meer zweigeteilt vorstellen. Die oberen 100 – 200 m sind eine warme, lichtdurchflutete, aber nährstoffarme Deckschicht. Darunter liegt die kalte, meist dunkle aber ungeheuer nährstoffreiche Tiefenschicht. Beide Schichten sind in der Regel scharf getrennt und haben keinen wesentlichen Wasseraustausch miteinander.

Die Pflanzenproduktion findet in der lichtdurchfluteten Deckschicht statt, wofür das Phytoplankton Stickstoff-, Phosphor-, Silizium- und einige Spurenverbindungen, wie z. B. Eisenkomplexe, benötigt. Der Bestand an diesen Grundstoffen ist aber begrenzt, so dass nur eine kleine Biomasse durch Pflanzen und Tiere aufgebaut werden kann und die ganze Lebensgemeinschaft davon abhängt, die existierenden Nährstoffe möglichst effizient im System zu recyclen. Dies erfolgt durch Ausscheidungen von Tieren, mechanischer Zerstörung von Organismen mit anschließender Freisetzung flüssiger Bestandteile (z. B. beim Fressen), Herauslösen aus Kotmaterial und mikrobieller Umsetzung.

Dem stehen die Verluste gegenüber, die z. B. durch das Heraussinken von toten Tieren oder Pflanzen, dem Absinken von Kot und anderem aus der Deckschicht entstehen. Das System würde irgendwann „leer" laufen, gäbe es nicht gelegentlich durch Stürme bedingte Injektionen des nährstoffreichen Tiefenwassers in die Deckschicht und die insgesamt geringe, aber dennoch nicht vollständig zu vernachlässigende Fixierung von Stickstoff aus der Luft durch bestimmte Mikroorganismen. Außerdem gibt es eine nicht unerhebliche Produktion im Grenzbereich der beiden Schichten, also dort, wo schon eine erste Anreicherung an Nährstoffen vorhanden ist und gerade noch genug Licht für die Pflanzen vorhanden ist.

Da in den Tropen und Subtropen – Sonderstandorte wie Auftriebsgebiete jetzt nicht berücksichtigt – diese Zweischichtung des Ozeans über das ganze Jahr stabil ist, sind die Bestände an Plankton, Fischen und anderen Organismen eher gering.

Anders sieht es in den nördlichen und südlichen Breiten aus. Bedingt durch die starke Abkühlung, das Herabsinken der kalten Wassermassen, Eisbildung und unterstützt durch heftige Stürme wird die warme sommerliche Deckschicht im Winterhalbjahr zerstört und es kommt zu einer kräftigen Durchmischung. Am Ende des Winters liegt dann eine mehr oder weniger homogene, kalte und nährstoffreiche Deckschicht vor.

Unter diesen Umständen können sich darin mit zunehmender Tageslänge enorme Planktonmassen entwickeln, die das Wasser grün färben und letztendlich die Grundlage für eine reiche Nahrungskette abgeben, die auch große Fischbestände zulässt. Während der Sommermonate erwärmt sich das Wasser, es stellt sich die oben beschriebene Zweischichtung ein und es kommt auch in den hohen Breiten zeitweilig zu Nährstoffmangel.

Um es fast schon sträflich kurz zu machen: In den Nord- und Südbreiten ist die warme und nährstoffarme Deckschicht auf den Sommer begrenzt, in den Subtropen und Tropen existieren diese limitierenden Bedingungen aber das ganze Jahr. Daher die „Wüstenfarbe", daher die Armut an sichtbaren Großorganismen und auch im Plankton. In den höheren Breiten werden dagegen die durchlichteten Oberflächenbereiche im Jahresrhythmus immer wieder „aufgefüllt".

Allerdings zeigen jedoch die subtropischen Wirbel einen bedrückenden Reichtum: Plastikmüll. Die Konzentrationen liegen in allen Wirbelregionen der Erde jeweils zwischen 1000 und 2500 g / km$^2$. In den anderen Ozeangebieten sind es nur zwischen 0 und 200 g / km$^2$. Alles, was in den Wirbel irgendwann hineinkommt, verbleibt dort sehr lange, der Austausch ist gering. Die Wirbel sind daher ein Museum oder Mahnmal unseres Raubbaues am Meer.

Das erinnert mich an meine jugendlichen Inseljahre ein halbes Jahrhundert zurück. Schon damals fanden wir Burschen Plastikflaschen und – tüten, Fischkörbe aus derbem Kunststoff, Teile von Fischernetzen und dergleichen mehr am Strand. Nur dachten wir uns nichts dabei, sondern nahmen es vordergründig als das, was es ist: Müll halt.

Vor vierzig Jahren war ich als junger Student mit „Mamma Tours" auf Kreuzfahrt im Mittelmeer und musste zusehen, wie der Müll in blauen, zugebundenen Plastiksäcken über Bord ging und lange in unserem Kielwasser tänzelte. Das fand ich schon bedenklich.

Heute treiben riesige Plastikmengen in Form von Flaschen, Tüten, Netzen in den Wirbeln aller Ozeane. Das gleiche Spektrum wie während meiner Inselzeit. Es hat sich nichts geändert, außer dass es mehr geworden ist. Das finde ich jetzt entsetzlich.

Dazu kommen enorme Massen als Mikroplastik. Das Perfide daran ist die Kleinheit, denn der normale Gesichtssinn erfasst sie nicht. Das Wasser scheint klar und rein, aber der Badende ist umgeben von Millionen kleinster Plastikpartikel, die entweder schon so klein in das Meer gekommen sind oder aus Zerreibung größerer Produkte entstanden sind. Dieses Mikroplastik findet auch Eingang in die Nahrungskette. Mit welchen Effekten?

Es ist leider immer das Gleiche: Vor Irland fanden wir nur einen einzigen großen Kabeljau während einer vierwöchigen Fangperiode, in der Ostsee diskutierten wir die überbordenden Nährstoffeinträge, hier sind Plastikreste unsere Begleiter, im Wattenmeer berechneten wir aus unseren Zirkulationsmessungen, was wohl ein Tankerunfall für die Lebensgemeinschaften bedeuten könnte. An der Universität von Oslo konnten wir anhand von seit Jahrzehnten konservierten Bodenproben nachverfolgen, wie sich die Lebensgemeinschaft im Oslofjord allmählich von einer vitalen und diversen Lebensgemeinschaft zu einer stinkenden, nur noch von einem einzigen Wurm dicht besiedelten Kloake entwickelt hatte. Wehrt euch, die ihr dies lest!

Kehren wir zu den erfreulichen Aspekten zurück. Armut in den warmen Gewässern heißt geringe Menge, nicht geringe Vielfalt. Das tropische Plankton gehört zu dem variationsreichsten des ganzen Planeten und darf daher weder in seiner Formenvielfalt noch in seinem „Leben und Weben" als erforscht gelten.

Daher ist es nicht verwunderlich, dass wir bald auf die Vertreter der „Blauen Flotte" treffen, wie sie ein Wissenschaftler mal bezeichnet hat. Es ist eine merkwürdige Tatsache, dass viele der oberflächennah lebenden Schwebetiere der See in diesen Regionen blau gefärbt sind. Da finden wir die kleinen so genannten „Segelquallen" *Porpita* und *Velella*, deren Gallertkörper in dunklem Blau gehalten sind. Auch die berüchtigte Portugiesische Galeere (*Physalia physalis*), eine Staatsqualle mit entsetzlich brennenden und unter Umständen für den Menschen gefährlichen Tentakeln ist blau. *Janthina*, eine 1 cm große schalentragende Schnecke der offenen See, trägt ein blaues Gehäuse auf ihrem Rücken und die schalenlose Schnecke *Glaucus* ist völlig in Blau gehalten. Aber auch unter den kaum 1 mm großen Ruderfußkrebsen gibt es besonders bei oberflächennah lebenden Arten blau gefärbte Vertreter.

Manche Forscher vermuten, dass diese Farbe als Tarnung vor Angriffen aus der Luft, also vor Seevögeln, schützt. Klar, ein blauer Organismus ist auf einer blauen See kaum zu entdecken. Das mag für die größeren Tiere hingehen, aber was ist mit den Kleinkrebsen? Keine Möwe könnte diese kleinen Tierchen je fischen, also macht dieses Argument hier keinen Sinn. Eine alternative Erklärung versucht daher, diese Farbe als Schutz gegen die mit der heftigen Sonneneinstrahlung verbundene UV-Strahlung zu interpretieren. Völlig überzeugend ist das aber auch nicht.

Apropos *Janthina*. Diese Schnecke erstaunt nicht nur durch ihre blaue Schale. Wie – so mag sich der aufmerksame Leser fragen - kann eine „schwere" schalentragende Schnecke schweben. Dafür hat sich die Natur einen phänomenalen Trick ausgedacht. Das junge Tier baut aus seinem Speichel Luftkissen! Zunächst ein Schleimpäckchen, das in seinem Inneren eine große eingeschlossene Luftblase beinhaltet. Dann wird noch so ein Päckchen gebaut und noch eins und noch eins. Alle Päckchen werden sauber zu einem einige Zentimeter großen Schaumfloß zusammengefügt, das die Schnecke für ihr gesamtes Leben trägt. So treibt sie gewissermaßen auf einer Luftmatratze über das Meer.

Was der Badegast also tunlichst vermeiden sollte, ist für *Janthina* Lebensprinzip. Wenn das Tier erwachsen ist, hat es die Fähigkeit, ein Schlauchboot zu bauen verloren und ist auf Gedeih und Verderb an ihr Floß gebunden. Sollte sie durch einen Unglücksfall davon getrennt werden, so sinkt sie unwiderruflich in die Tiefe und in den Tod.

Aber nicht nur der Floßbau ist erstaunlich, sondern auch der Nahrungserwerb. Sie lebt von allen möglichen „qualligen" Tieren, wie z. B. der oben erwähnten *Velella*. Trifft sie auf ihr wesentlich größeres Opfer, so wird das

Schlauchboot mit einem Schleimfaden an dem Opfer befestigt. Genauso, wie ein Boot am Poller vertäut wird. Die Schnecke verlässt das Floß, kriecht auf dem Opfer herum, frisst vielleicht gut die Hälfte davon auf, begibt sich wieder auf ihr Floß, wirft die Leine los und treibt weiter über das Meer. Bis wieder etwas Fressbares angetroffen wird.

Im Übrigen sind die beiden Segelquallentypen *Porpita* und *Velella* keine wirklichen Quallen oder Medusen, sondern treibende Polypenstöcke. Sie stammen von bodenbewohnenden Formen ab, haben aber den ungeheuer großen freien Wasserkörper des Meeres, das Pelagial, erobert. So konnten sie ihren Lebensraum und die damit verbundenen Möglichkeiten erweitern. Dabei treiben sie hin und wieder in großen Ansammlungen von mehreren Tausend Individuen über die Meere und werden als Zeugnis des Golfstromes gelegentlich selbst bei den Britischen Inseln gefunden. Da es sich um Polypenstöcke handelt, erzeugen sie „regelkonform" kleine Medusen, die aber nicht sehr auffällig sind.

Wir erfreuen uns bei jedem Fang über die bizarren Lebewesen der Hochsee. Mal sind es Vertreter der „Blauen Flotte", dann wieder mit vielen Stacheln bewehrte Krebslarven, die gelatinösen Geisterkörper der Salpen haben schon den großen Botaniker und Dichter Adalbert von Chamisso in ihren Bann geschlagen und nicht zuletzt das Heer an Kleinkrebsen überrascht mit immer neuen Formen. Auch wir Profis kennen durchaus nicht alle Tiere der Tropen und manche ungewöhnliche Gestalt, die heute das Auge erfreut, wird uns später in der Studierstube bei der Bestimmung eine schwere Nuss zu knacken geben.

Das gilt in gleicher Weise auch für die Vertreter des Pflanzenplanktons, die in diesen Regionen ebenfalls eine ungewöhnliche Formenvielfalt entwickelt haben. Da gibt es an Anker erinnernde Arten und solche, die einem mittelalterlichen Ritterhelm gleichen. Wer von den mediterranen Märkten das Ochra-Gemüse kennt, ist erstaunt, die gleichen Formen en miniature im Plankton zu finden. Bestimmte Pflänzchen sind mit wunderschönen ornamentierten Schalen oder Kalkplättchen bedeckt, wohingegen andere in schwerer Zellulose-Panzerung vorbeischweben oder gar so etwas wie ein Segel tragen. Die Kieselalge *Planktoniella sol* gleicht einer winzigen Sonnenscheibe und huldigt so durch ihren kleinen Körper der großen Lebensspenderin am Himmel.

Alle sind mit kindlicher Freude dabei und mancher Fang wird mit „Ah" und „Oh" kommentiert. Zusammengesteckte Köpfe über Eimern, Glasschalen oder dem Mikroskop bezeugen die allgemeine Begeisterung über die organische Form. Uns interessiert im Moment der akademische bzw. wissenschaftliche Hintergrund kaum, wohl aber die Freude an der ästhetischen Wirkung, der „künstlerischen" Ausgestaltung der Pflanzen und Tiere.

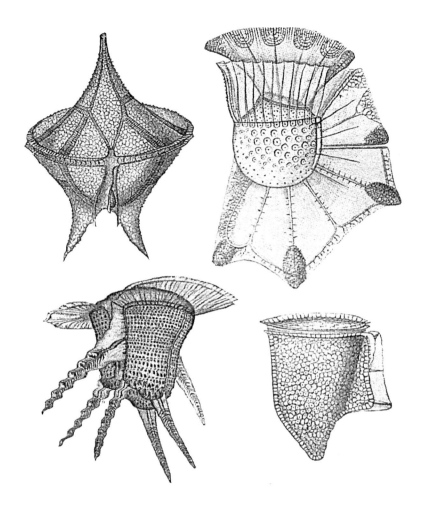

Beispiele für die bizarren Formen des tropischen Pflanzenplanktons in historischer Darstellung. Das Bild zeigt Vertreter der Dinoflagellaten (Aus: C. Chun, Aus den Tiefen des Weltmeeres, Gustav Fischer, Jena, 1900, S. 70)

Viele dieser Formen sind ein Triumph der Geometrie mit mathematisch exakt organisierten Schalen und regelmäßig in alle Raumrichtungen angeordneten Stacheln, Noppen oder Poren. Quallen bestechen durch ihre glasartigen, gelegentlich irisierenden Körper mit zartesten Anhängseln und den fragilsten Körpern des Tierreichs, manche Krebse weisen abenteuerlichste Formen mit sehr genau arrangierten Beinchen und Stacheln auf. Viele dieser Anhängsel erinnern an Federn oder sind Quasten feinster Härchenbüschel.

Manche Körper, wie z. B. bei den Krebsen *Lucifer* und *Rhabdosoma*, sind zu dünnen, langen Stäbchen ausgezogen, andere haben ei- oder tropfenform, die Brustregion der Langustenlarve ist als fast kreisförmige, transparente Scheibe geformt, während der Rest des Tieres nur noch aus dünnen Beinchen besteht. Die so genannten Elaphocaris-Stadien bestimmter Krebse scheinen nur aus Stacheln zu bestehen, Sapphirinen, ebenfalls kleine Krebse, sind hauchdünne Scheiben, deren Oberflächenstruktur das Sonnenlicht in allen Farben reflektiert. Daher zucken in unseren dunklen Eimern immer wieder geheimnisvolle rötliche oder bläuliche Lichtblitze auf.

Und so geht es weiter, immer neue Formen, neues Staunen, neue Begeisterung. Wir haben in diesem Bereich uns unser kindliches, begeisterungsfähiges Gemüt bewahrt und bei dem aufgeregten Geplapper würde mancher Außenstehende nicht eine Crew sonst ernsthafter Wissenschaftler vermuten. Es ist die gleiche Entdeckerfreude, die uns damals bereits als kleine Jungs in kurzen Lederhosen an die Gewässer trieb, um in durchlöcherten Eimern Stichlinge zu fangen oder in „wilder Jagd" Molchen nachzustellen. Alles nur ein wenig akademisch verfeinert. Aber ohne kindliches Gemüt, ohne den Spaß am Neuen, am Ausprobieren, am schlichten Spiel, ist Wissenschaft nicht möglich.

Der Aphorismus, dass Forschung zu 90 % aus Transpiration und lediglich zu 10 % aus Inspiration bestünde, ist zwar richtig, greift aber zu kurz. Das Kreative steckt im Spiel, in der Begeisterung für das Objekt, in der Neukombination von Fakten und Ideen. Dieser Aspekt ist aber weder mit „Inspiration" noch „Transpiration" richtig beschrieben, beinhaltet aber durchaus Aspekte von beidem.

Auch wohl aus diesem Grund tun sich die Philosophen so schwer, Wissenschaft zu definieren. Die Bemühungen der Denker, Sätze aufzustellen, die mit „Wissenschaft ist, wenn..." beginnen, scheitern in der Regel an der Realität. Auch die arrogante Unterscheidung zwischen „harter Wissenschaft" wie etwa Physik und Chemie und „weicher Wissenschaft" wie Ökologie oder Zoologie zeigt weniger Qualitätsunterschiede im Wissenschaftsprozess an als vielmehr das Unvermögen der Denker, die unendliche Breite der Vielfalt dieses Bereichs menschlicher Kreativität in ein umfassendes Gedankengebäude zu pressen.

Wir jedenfalls haben unabhängig von diesen trockenen Diskussionen unseren Spaß an unseren Tieren und unserer Tätigkeit, auch wenn die Mannschaften auf den Forschungsschiffen unsere Arbeit gelegentlich leicht ironisch kommentieren. Irgendwie scheinen Seeleute nur glücklich zu sein, wenn sie Gerätschaften handhaben, deren Gewichte schon sinnvoll in „Tonnen" angegeben werden können. Bei unseren Netzen mit ihren höchstens 25 – 30 kg Gewicht, aber vor allem bei den häufig sehr viel leichteren Konstruktionen, mögen sie nicht so richtig einsehen, dass es für diese subalternen Dinge notwendig sei, eine Winde zu bemühen. So hat es sich auf fast allen Forschungsschiffen eingebürgert, den Planktonfang als „Wasserspiele" abzutun. Nun denn, sie haben ihre Auffassung, wir unsere und ein wenig verrückt sind wir beide.

Wenn wir mal ins Spekulieren kommen, so eher über das „Paradox des Planktons", wie es ein bekannter Ökologe viele Jahre zuvor formuliert hatte. Wie, so fragte er sich, kann es sein, dass in dem strukturlosen, leeren, freien Wasserkörper, dem Pelagial, von Seen und Ozeanen so eine hohe Vielfalt an Organismen lebt? Nach den Theorien müssten die konkurrenzfähigen Arten sich durchsetzen und wenige Arten müssten alles dominieren.

Das Problem hat sich dadurch gelöst, dass wir durch die Arbeit einer Unzahl an Forschern, zu denen wir letztendlich auch gehörten, gelernt haben, dass das Pelagial eben nicht strukturlos ist. Da gibt es Wirbel und Fronten, Mikroinjektionen von Nährstoffen, Partikelwolken, schleimige Aggregate und vieles mehr.

Ein vorbeischwimmender 1 mm großer Ruderfußkrebs verwirbelt das Wasser und hinterlässt eine Fahne an Exkreten. Knackt er eine Kieselalge, um den Inhalt zu fressen, so erwischt er nicht alles, einiger Zellsaft gelangt ins Wasser. Sowohl die Exkrete als auch die Zellsäfte dienen anderen Organismen als Nährstoff oder Nahrung. Eine ähnliche Fahne an nutzbaren Stoffen hinterlässt ein absinkender Kotballen und viele Planktonpflanzen geben einen Teil ihrer produzierten Kohlenhydrate in gelöster Form in das Wasser ab. Da die Zellen in bestimmten Abständen auftreten, bilden sich Mikrozonen höherer und niedrigerer Konzentrationen an diesen gelösten Assimilaten.

Die Dimensionen solcher Zonen erhöhten Nährstoffangebotes sind aber in den meisten Fällen mikroskopisch klein und sie bestehen nur für Sekunden oder wenige Minuten. Für uns Forscher kaum erreichbar – für die Bewohner der offenen See aber schon.

Denn wir lernten auch, dass das Meer voll von Bakterien und kleinsten Zellen ist, dass Viren eine regulierende Rolle spielen und vieles mehr. Produktions- und Konsumptionszyklen vollziehen sich hauptsächlich in Raum- und Zeitskalen von Zentimeter bis Meter und Minuten bis Stunden.

Insbesondere die Rolle von Bakterien wurde völlig neu erkannt. Ich lernte im Studium noch, dass Bakterien im freien Wasser nicht von großer Bedeutung sind. Ein Befund, der lange kritisch beäugt wurde, aber die Experimente zeigten nichts anderes.

Der Argwohn war aber berechtigt, denn es war ein Methodenproblem. Früher wurden Wasserproben auf Nährstoffplatten aufgetragen und die sich entwickelnden Kolonien gezählt. Die Ergebnisse waren mager, aber nicht, weil es an Bakterien mangelte, sondern einfach, weil sie die Nährstoffe nicht mochten und daher nicht wuchsen.

In den 1970er Jahren entwickelten findige Wissenschaftler Farbstoffe, mit denen verschiedene Zelltypen angefärbt werden konnten, so dass eine direkte mikroskopische Analyse möglich wurde. Und auf einmal war das Meer voll von Bakterien, Viren, kleinsten Protozoen und anderen Organismen die meist kleiner als 2 / 1000 Millimeter sind. Dies kannten wir vorher alle nicht.

Heute dürfen wir davon ausgehen, dass jeder Fingerhut voll Meerwasser etwa 1 Million Bakterien, 10 Millionen Viren, etliche Tausend kleinster und einige Hundert größerer Protozoen enthält. Das sind natürlich nur „Daumenwerte", denn die exakten Zahlen können örtlich wie zeitlich durchaus variieren, aber als gut zu merkende Leitlinie reicht dies.

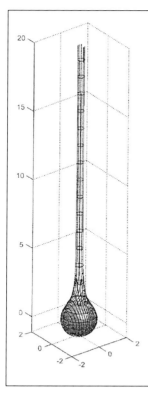

Beispiel für die Fahne an herausgelösten Stoffen aus einem sinkenden organischen Partikel. Durch das Herauslösen werden in diesem einfachen Fall auf einer langen, aber dünnen Strecke die Konzentrationen der Stoffe gegenüber den Umgebungsbedingungen drastisch erhöht.

Diese erhöhten Konzentrationen sind für Mikroorganismen durchaus nutzbar, entziehen sich aber der Messung, da sie eine Länge von vielleicht 30 Partikelradien haben und vielleicht 1 Radius dick sind (Zahlen in der Zeichnung sind die Anzahl der Radien des Partikels). Da die Partikelgröße meist unter 1 mm beträgt, ist die „Fahne" höchstens 3 cm lang und 1 mm dick.

Dies ist ein Beispiel für die schwierige Wissenschaft, die physikalische und mathematische Modellierungen braucht, um zu Erkenntnissen zu kommen.

Abb. aus: T. Kiørboe, A Mechanistic Approach to Plankton Ecology, Princeton University Press, 2008, Seite 49

Das Bild von der Struktur des Pelagials sowohl in Seen als auch im Meer hat sich völlig gewandelt. Wir mussten auch erkennen, dass unsere einfachen Nahrungskettenvorstellungen Phytoplankton – Zooplankton – Fisch völlig unzureichend waren, um den Wasserkörper des Meeres, insbesondere in den Tropen und Subtropen, biologisch zu charakterisieren. Mikrobielle Interaktionen zwischen Blaualgen (Cyanophyceen), Bakterien, Viren und Protozoen machen den Hauptteil des Stoffwechsels des Pelagials aus, einiges davon gerät dann auch in die klassische Nahrungskette.

Es stellte sich zudem heraus, dass die primäre Leistung der Photosynthese in erster Linie von diesen ganz kleinen Zellen geleistet wird und nicht etwa von unserem alt gewohnten Pflanzenplankton aus Kieselalgen, Dinoflagellaten und diversen anderen Gruppen. Es wurde alles auf den Kopf gestellt.

Die hohe Vielfalt an Planktonorganismen in allen Meeresregionen, also nicht nur in den Tropen, ist somit das Ergebnis komplexer Interaktionen, mikrobieller Prozesse und mikrostrukturierter Umgebungsbedingungen auf kleinen Skalen, aber mit hohen Umsatzraten. So verstanden wir jetzt wirklich ein weiteres Paradox, nämlich dass wir in der Regel viel höhere Bestände an Tieren und damit an Konsumenten finden als Pflanzen bzw. Produzenten.

Wie ernähren sich die vielen Tiere von den wenigen Pflanzen, war unsere verdutzte Frage. Ganz einfach, durch Wegfraß neuer Zellen, die wir mit unseren Methoden gar nicht zu Gesicht bekommen. Teilt sich eine Zelle innerhalb einer Stunde zwei Mal, so sind es vier Zellen. Es ist also eine Vervierfachung des Bestandes. Wenn allerdings drei davon gleich wieder weggefressen werden, so haben die Tiere ausreichend Futter, aber wir kriegen die drei gefressenen Zellen gar nicht mehr zu Gesicht und finden nur die eine Zelle. Die Zeithorizonte unserer Methoden waren zu lang, wir erfassten mit den bis dahin „bewährten" Methoden die Dynamik nicht mehr.

Selbstverständlich sind jenen kleinskaligen Prozesse auch großskalige und langfristige überlagert, etwa jahreszeitliche Variationen, die ganze Meeresgebiete umfassen. Aber das ist nur „on Top" und z. B. in unseren Subtropen viel weniger ausgebildet als in den Meeren höherer Breiten.

Nun verstanden wir auch den Unterschied zwischen Land- und Ozeanökosystemen. Landökosysteme sind in der Hauptsache durch einen hohen Pflanzenbestand aus größeren Gewächsen gekennzeichnet, etwa in Wäldern, Savannen und Steppen. Diese Bestände erneuern sich langsam, etwa in Zeiträumen von Wochen bis Jahrhunderten und sie sind großflächig vorhanden. Limitierend auf Landökosysteme sind die Bewässerungsbedingungen, Nährstoffmangel herrscht im Allgemeinen nicht, kann aber z. B. in Mooren oder im Regenwald gelegentlich vorkommen. Die Masse aller Konsumenten ist eher niedriger als die gesamte Pflanzenmasse.

Das Ökosystem des offenen Ozeans hat dagegen nur einen geringen Bestand an nachweisbaren Pflanzen – oder besser – Produzenten, die zudem fast alle mikroskopisch klein sind. Die Erneuerungsraten sind aber im Wasser sehr viel höher als am Land und liegen im Bereich von Stunden bis Tagen oder auch mal Wochen. Tiere werden im Vergleich zu den Produzenten in hohen Zahlen gefunden und können aufgrund der hohen Umsatzraten der Produzenten existieren. Großorganismen wie Fische und Wale leben nur von einem Bruchteil der produzierten organischen Masse. Limitierend ist in der Regel die Nährstoffversorgung.

Beide Systemtypen tragen in etwa jeweils die Hälfte der jährlichen globalen Sauerstoffproduktion bei. Dabei können die Landökosysteme mit dem großen, schweren Wasserrad einer Mühle verglichen werden. Es dreht sich sehr langsam, aber aufgrund seiner Größe gelingt es ihm, alles anfallende Wasser zu bewältigen. Den offenen Ozean müssen wir dann als ein kleines Mühlrad verstehen, dass sich aber sehr schnell dreht und deswegen doch die gleiche Leistung wie das große Mühlrad erbringt.

Es sind spannende Zeiten und wenn wir nicht gerade über diese Dinge diskutieren, so vergehen die Tage im wohltuenden Gleichmaß von Wache, Schlaf und ein wenig Müßiggang. Wir arbeiten eine Station nach der anderen ab, fangen Tiere, bestimmen Salzgehalt und Temperatur des Meerwassers, ermitteln, wie viel pflanzliches Leben sich im Ozean entwickelt, essen, trinken, lachen und arbeiten, durchmustern die See nach ungewöhnlichen Tieren, genießen die lauen Nächte und arbeiten.

Der Arbeitstag hat bei uns prinzipiell mindestens 14 Stunden, gelegentlich geht es sogar rund um die Uhr, aber niemanden stört dies, denn unsere Arbeit befriedigt uns. Oh, glücklich derjenige, dem es gegönnt ist, sein Hobby zum Beruf machen zu können und dann auch noch in diesen wunderbaren Meeresregionen zur See fahren zu dürfen.

Während wir nach Wochen unserem südlichsten Punkt der Reise zustreben, zieht langsam die Nacht herauf. Im letzten Abendsonnenschein versammeln wir uns auf dem Achterdeck und genießen in beschaulicher Runde eine Flasche Sherry. Nach zwei kleinen Gläsern verabschiede ich mich, da ich um 0 Uhr wieder zur Wache antreten muss und verziehe mich wie schon so häufig auf ein paar Stunden in die Koje. Zwanzig Minuten vor dem Wachwechsel werde ich geweckt, nehme wie üblich einen Kaffee und erscheine um Mitternacht an Deck.

Ich habe diese Nachtwachen – wenn wir von der ersten Reise absehen – immer freiwillig und gerne gemacht. Es ist dann so schön ruhig auf dem Schiff, nur der Wachpartner und der Wachhabende der Mannschaft sind an Deck. Der Rest schläft. Gerade in diesen warmen Gewässern sind die Nachtwachen von einer eigentümlichen ruhigen Atmosphäre. Wir bearbeiten unsere Stationen und nutzen die Wartezeiten dazwischen, um auf dem Deck zu sitzen, ein wenig zu quatschen, in das Wasser oder die Sterne zu schauen. Gerade hier, weit ab von jedem Land, jedem Dunst und den vielen störenden Lichtquellen der Zivilisation, entfaltet der Sternenhimmel eine ungeheure, atemverschlagende Pracht.

Ich lege mich zwischen zwei Stationen mit meinem Feldstecher oben auf das Peildeck, dem höchsten und dunkelsten Punkt an Bord, setze das Glas an und gehe über den Himmel spazieren. Stern an Stern blinkt mir in die Augen, dazwischen kleinere und größere Nebelflecke anderer Sternsysteme. Das mit bloßem Auge hier ungewöhnlich klar auszumachende silbrige Band der Milchstraße löst sich in Myriaden von Sternen auf. Einer neben dem anderen und dabei in Wirklichkeit doch so weit voneinander entfernt, dass in den meisten Fällen die Lebensspanne eines Menschen nicht reichen würde, die Distanz selbst mit Lichtgeschwindigkeit zu durchreisen. Der Andromedanebel – unweit der Cassiopeia - tritt in mir nicht bekanntem Glanz auf. Es ist so dunkel, so klar hier, dass unser Nachbarplanet, die Venus, heute Abend kräftig wie eine Positionslampe leuchtete und eine Lichtstraße auf die See warf. Aber nicht mit dem kalten, weißlichen Licht des Mondes, sondern in einem warmen, goldenen Ton.

Noch unter dem Eindruck dieses Sternenhimmels, den ich auf dieser und anderen Reisen regelmäßig durchmustert und bewundert habe, steige ich wieder vom Peildeck und unterhalte mich ein wenig mit Heinz, dem Decksmann der Wache und Sigrid meiner Wachkameradin von den physikalischen Ozeanographen.

Heinz ist in den Nächten immer mit Knüpfwerk beschäftigt. Aber nicht mit Fischnetzen wie man vielleicht meinen könnte, sondern mit Hängematten. Unter Verwendung zweier durchbohrter Besenstiele als Spannstreben für die Matte und einer Menge Netzgarn entsteht gerade wieder ein passables Stück. Eine erste hat er schon fertig und gegen eine Flasche Whisky eingetauscht, die zweite steht kurz vor dem Abschluss. Ob es noch zu einer dritten kommen wird ist unklar, denn sein Verbrauch an Besenstielen – eigentlich ja als Ersatz für Besen gedacht – hat beim Bootsmann ein nicht zu überhörendes Knurren hervorgerufen. Auch der Verbrauch an dem teuren Kunstfasertauwerk für private Zwecke ist natürlich nicht akzeptabel. Aber das stört Heinz relativ wenig.

Gegen fünf Uhr in der Frühe beenden Sigrid, Heinz und ich die südlichste Station der Reise. Auf 31° 30′ N, 23° 40′ W, etwa 330 Seemeilen südwestlich Madeira bei einer Wassertiefe von rund 5500 Metern. Der Wendepunkt der Fahrt ist erreicht, nun geht es heimwärts. Kaum haben wir die Geräte an Deck, macht die Schiffsführung „Dampf auf", wendet und geht mit Volldampf und rechtweisendem Kurs von 45°, also exakt NO, auf Heimreise. Dieser markante Wegepunkt war auch der Grund für die Sherryparty der jetzt noch tief schlafenden Kollegen.

Nun, das können wir jetzt auch! Da unsere Wache mit Abschluss der Arbeiten de facto beendet ist, schenken sich Sigrid und ich ein wirklich großes Glas Sherry ein. Wir setzen uns auf zwei Achterdeckpoller und genießen den Wein, während im Osten langsam die Sonne aufgeht und nach einem rötlichen Himmel und der in diesen niedrigen Breiten typisch kurzen Dämmerungszeit, hell, gleißend und als scharf geschnittene Scheibe über dem Horizont aufgeht. Innerhalb weniger Minuten ist es heller Tag.

Es kommt Leben in das Schiff. Wachwechsel bei der Mannschaft, die ersten Wissenschaftler erscheinen und schauen mit noch kleinen Augen in den jungen Tag. Wir beide haben dagegen bereits das Stadium unmotivierten Gekichers erreicht und verziehen uns leicht bedüselt für die nächsten Stunden in die Koje.

Wieder im Vollbesitz aller geistigen Kräfte, wenn auch mit etwas „pelziger" Zunge, erfahre ich am frühen Nachmittag die Hiobsbotschaft des Tages: Die Entsalzungsanlage ist kaputt. Unser Schiff bestreitet seine Frischwasservorräte aus dem ständigen Entsalzen von Meerwasser, der Bunkervorrat beträgt daher nur schwache 750 Liter. Dementsprechend hat die Schiffsleitung bereits Maßnahmen angeordnet, nämlich die Sperrung der Waschmaschine für Zeugwäsche, was insbesondere unsere Damen hart trifft, während die in dieser Beziehung laxeren Herren das nur mit einem Achselzucken quittieren. Außerdem ist das Duschen auf ein Mal pro Tag zu begrenzen. Auch damit lässt es sich leben. Im Schiffsdeutsch heißt so etwas „Herausnehmen unwichtiger Verbraucher".

Gleichzeitig ist eine Diskussion über das Anlaufen eines Hafens zum Nachbunkern losgebrochen. Die Meinungen schwanken zwischen Ponta Delgada auf den Azoren und Porto in Portugal. Ich setze mich für die Azoren ein, da ich gerne mal meinen Fuß auf eine dieser Inseln setzen möchte. Letztendlich entscheidet aber die Schiffsführung für Porto, da dies die deutlich geringere Abweichung von unserem Heimatkurs bedeuten würde. Logistisch völlig in Ordnung, touristisch aber hinter den Azoren deutlich zweite Wahl.

Zunächst setzen wir unseren Kurs aber unbeirrt fort und treffen am nächsten Vormittag auf Wale, die sich breit und behäbig in unmittelbarere Nähe des Schiffes durch das Wasser wälzen. Ein Anblick, der alle an Deck treibt. Ich entere ganz nach oben auf das Peildeck, da von dort durch den spitzeren Blickwinkel ein Großteil der Sonnenreflexe ausgeschaltet wird und ich ungehinderter in das Wasser schauen kann. In diesem unerhörten Blau der See sind die dunklen Massen der Wale sehr klar auszumachen.

Durch meinen „herausragenden" Beobachtungsposten bekomme ich auch mit, dass wir beinahe einen Wal überfahren hätten. Direkt vor dem Bug taucht das gewaltige Tier auf, zunächst kommt die breite Fluke ins Blickfeld, dann der lange, spindelförmige Körper. Aus meiner hohen Position ist gut zu erkennen, wie schlank und hydrodynamisch auch der größte Wal gebaut ist, während man

aus der flachen Deckposition nur die immer auf- und abtauchenden Fleisch-
berge sieht, die aber nichts über ihre Form verraten.

Der Kopf des gefährdeten Wales ist nicht zu erkennen. Der Körper verschwindet nach vorne einfach im Blau der See. Mit unseren 10 Knoten Marsch-
geschwindigkeit holen wir ihn schnell ein und ein Unfall scheint unvermeidlich.
Wir laufen so schnell auf, dass auch ein Ausweichmanöver des Schiffes gar nicht
mehr zum Tragen kommen würde.

Kurz vor der Kollision macht aber der nun offensichtlich aufgeschreckte Wal
einen einzigen gewaltigen Schlag mit der Fluke und weg ist er. Abgetaucht in
die Tiefe und nun geschützt vor unserem Schiff. Bei seinem Start hinterließ der
Wal noch einen großen Haufen rötlich gefärbten Kotes, der sich schnell im Wasser verteilte. Die Farbe stammt nicht etwa von Blut, sondern von bestimmten
Krebsen, die die Wale gerne aus dem Wasser seihen. Ich habe weder vorher
noch hinterher einen Wal zu Gesicht bekommen, der sich bei unserer Annäherung vor Angst in die Hose gemacht hat.

In der Nacht bekommen wir Seegang. Es beginnt mit einem zaghaften rhythmischen Schwingen, das sich aber innerhalb kurzer Zeit zu einem heftigen „Arbeiten" des Schiffes aufschaukelt. In den letzten Tagen hatten wir absolut ruhige See, nur ab und zu Felder von „Katzenpfoten", der absolut kleinsten Einheit, die an Wellen auftreten kann. Nun geht es aber gehörig auf und ab und
auch ein bemerkenswertes Rollen, also Schaukeln nach den Seiten, registriere
ich im halbwachen Zustand.

Wer lange oder häufig genug zur See unterwegs ist, gewöhnt sich einen
„aufmerksamen" Schlaf an. Obwohl man tief schläft, registriert das Unterbe-
wusstsein die Veränderungen der Bewegungen im Schiff. Egal, ob der Seegang
zu- oder abnimmt oder sich die Vibrationen des Schiffes durch einen anderen
Maschinenlauf verändern, der geübte Seefahrer registriert dies und wird wach.

Schon häufig bin ich mitten aus tiefem Schlaf erwacht als sich das Schiff aus
der Marschfahrt mit seinem einheitlichen Vibrationsmuster einer Station näherte und das „Rangieren" begann. Die Geräuschkulisse ist dann eine andere,
das leichte Rütteln des Schiffskörpers wird unregelmäßig, der gesamte Bewe-
gungszustand ändert sich. Es soll Schiffsingenieure geben, die selbst kleinste
Veränderungen in den Drehzahlen der Motorwellen im Schlaf bemerken und
sofort hellwach sind. So fein ist mein Gefühl nun nicht ausgeprägt, aber für die
gröberen Aktionen reicht es allemal.

Am Morgen wird dann der Grund für das Geschaukel sichtbar. Uns läuft eine
wirklich drastische Dünung von Backbord, dabei aber leicht von vorne aus etwa
300° bis 320° bezogen auf die Längsachse des Schiffes entgegen. Massive blaue
Wellenberge heben und senken das Schiff in dem ruhigen und unaufgeregten

Rhythmus, der der Dünung eigen ist. Birte, unsere Technische Assistentin, hat es nicht mehr aus dem Bett geschafft und liegt mit übler Seekrankheit danieder.

Das Zentrum des Wellenfeldes ist die Biscaya, dort hat ein erheblicher Sturm getobt, der – wie uns die Wetternachrichten belehren – nun in die Deutsche Bucht gezogen ist und dort mit Orkanböen die Küsten Niedersachsens und Schleswig-Holsteins traktiert. Peter ruft seine Frau auf Sylt an und bekommt bestätigenden Bericht, denn nach ihren Aussagen ziehen schwere dunkle Wolken mit hoher Geschwindigkeit über die Insel, das Dünengras wird vom Sturm gepeitscht, die Bäume biegen sich und entledigen sich aller Äste, die nicht fest genug sind und das Meer wirft schwere Brecher an den Weststrand.

Für diejenigen, denen Seegang nichts antut, ist die aus dem ehemaligen Sturmgebiet herauslaufende Dünung ein sehr schönes Erlebnis. Wir haben immer noch besten Sonnenschein, hohe Temperaturen und einen Edelstein von Ozean. Jeder genießt dies auf seine Weise. Ich habe mir meinen Platz auf den backbordseitigen Pollern des Achterdecks gewählt und bringe die Hälfte der folgenden zwei Tage, mal mit, mal ohne Kaffee, auf diesem Platz zu. Ich kann mich nicht sattsehen an diesen hohen dunkelblauen Wasserbergen, die auf das Schiff zuwandern, sich wie eine Wand neben mir aufbauen, dann das Schiff sanft aber sehr nachdrücklich auf ihre Rücken heben und wieder in das nachfolgende Tal absetzen.

Oben, vom Wellenkamm, haben wir einen großartigen Blick auf den tiefblauen Ozean, der mit einigen weißen Schaumkrönchen unter einem ebenfalls blauen, aber deutlich helleren Himmel wogt. Dann folgt wieder der Blick auf die herannahende blaue Wasserwand. Herrlich, herrlich! Nur Birte hat nichts davon und flucht mit verbissenen Zähnen und grünem Gesicht. Die Arme, selbst die Rettung durch den angestrebten Hafen entfällt, da es der Mannschaft gelungen ist, die Entsalzungsanlage wieder in Ordnung zu bringen. Wir haben keine Wasserprobleme mehr.

Zwei Tage später durchlaufen wir die Biscaya. Bei ruhigstem Wetter, spiegelglatter See aber deutlich gefallenen Temperaturen. Es sind wieder Socken und Jacken erforderlich. Was haben wir für ein Glück gehabt! Wären wir nur eine Woche früher hier angekommen, hätten wir einen üblen „Tanz" in der Biscaya mitgemacht. So aber haben wir nichts auszustehen. Nun werden die Sachen gepackt, die Labore aufgeräumt und gereinigt. Der Blauwasserbereich liegt für diesmal hinter uns und mit der Einfahrt in den Kanal verschwinden wir in dem einheitlichen Grau, das unsere Küsten in diesem Jahr so beharrlich belagert.

# Am Strand

Wieder am Strand. Es ist jetzt 52 Jahre her, dass ich das erste Mal mich nach Muscheln bückte und auf das Meer schaute. Was hat sich nicht alles getan in diesem halben Jahrhundert! Der Tag neigt sich.

Vielleicht liebe ich daher diese besondere Stunde am Abend. Nein, nicht den Sonnenuntergang, diese tausendfach fotografierte Szene, wenn die Sonnenscheibe den Horizont berührt und die Touristen am Strand und in den Lokalen in die Hände klatschen als hätten sie der Vorstellung einer Schauspieltruppe beigewohnt, die ihrer Langeweile und ihrer Ziellosigkeit Einhalt gebietet. Nein, diese nicht, sondern die Stunde danach, wenn die Dunkelheit sich langsam über den Strand breit macht, im Westen der Himmel aber noch hell ist und auf die Pfützen und Wasserläufe des ebbeleeren Sandes Reflektionen und letzte Lichtpunkte setzt.

Die Badegäste sind gegangen. Essenszeit. Die paar Strandwanderer, die sich nicht an das Korsett aus Bade-, Flanier- und Essenszeiten halten, begegnen einander als sich Verstehende.

Ich höre leise Musik. Junge Leute haben eine gigantische Sandburg gebaut und sechs oder sieben Leiber sitzen um ein Lagerfeuer, einer spielt Gitarre. Ich nehme an, dass sie jung sind, vielleicht stimmt es gar nicht, denn viel sehen kann ich nicht mehr und die Musik kommt auch nur in Fetzen an mein Ohr. Ja, ich wünsche, es wären junge Menschen, die noch offen sind für die Schönheiten der Natur und an solchen Abenden die Sehnsucht nach dem Guten der Schöpfung in sich aufnehmen.

Ich liebe diese Stunde der sich einstellenden Ruhe. Damals, als ich mit der „Heincke" vor dem Sylter Ellenbogen immer wieder für zwei oder drei Wochen vor Anker lag, habe ich jedes Mal versucht, diese Stimmung zu erhaschen. Es waren grandiose Szenen, wenn das letzte Sonnenlicht den Himmel erst gelb, dann rötlicher, purpurner färbte und sich bereits die klare Bläue der sommerlichen Nacht über unserem Schiff ausbreitete. Erste Sterne wurden sichtbar, manchmal der Mond im Osten. Das Wasser des Meeres strömte um unser Schiff, ganz ruhig, ohne Wellen, kleine Wirbel bildeten sich am Heck, die rötlich schimmerten und dann sich in dem immer dunkler werdenden Meer verloren.

Die zwei Leuchttürme am Ellenbogen schickten ihre Strahlen durch die hereinbrechende Nacht und standen gleichzeitig als dunkle Silhouetten vor dem Himmel. Ich genoss die Ruhe und die sich anbahnende Erneuerung der Natur.

Genauso hier am Strand. Ich bewundere die Dichter, die solche Stimmungen in wenige Worte zu fassen vermögen und mich ganz durchdringen. *„Ans Haff nun fliegt die Möwe und Dämmerung bricht herein, über die feuchten Watten spiegelt der Abendschein"*. Damit ist alles gesagt, was ich hier über eine halbe Seite auszudrücken versucht habe. Ja, die Möwen sind heimgekehrt, ab und zu fliegt noch ein Nachzügler in sein mir nicht bekanntes Refugium, aber sonst ist der Himmel leer.

Ich wandere weiter in den Bereich, wo der Strand durch ein weites Vorland vom Deich getrennt ist. Ich bin auch hier allein. In der Ferne die Lichter der Hotels, der Restaurants, des geschäftigen Lebens. Die Läden sind noch offen. Hier: Nichts. Kein Wanderer, kein Spaziergänger, nur ich. Mein Weg führte nicht von ungefähr hierher. Ich will es hören, ich will sie hören, die Stimmen des Vorlandes. Heute ist wenig Wind, es rauscht nicht in den Ohren und so höre ich in das Vorland hinein.

Da ist ein vielstimmiges Konzert, da flötet und piept es, es trällert, singt, zirpt, zwitschert, kiwittet, trommelt und quakt. Aber pianissimo, keine laute Vorstellung, sondern ein intimer Austausch zwischen den Gräsern, Büschen, an den Ufern der das Vorland durchziehenden Kanäle und auf dem Wasser. Die leichte Brandung untermalt die Sinfonie mit einem zarten Cantus firmus. Wie auf einer Blumenwiese, über der ein Klangteppich summender Insekten liegt, dieses sonore Brummen von überall an das Ohr dringt. Selbst der sonst so laute Austernfischer ruft dezent in die hereinbrechende Nacht.

*„Einsames Vogelrufen, so war es immer schon"*. Ja, so war es immer schon, aber von einsamen Vogelrufen kann hier keine Rede sein. Es ist eine vielstimmige Unterhaltung, der letzte angeregte Austausch des Tages. Das vibriert von Leben, da ist Schöpfung. Alles was sich über den Tag am Himmel ausgebreitet war, hierhin und dorthin flog, sich über die See und weite Landstrecken verteilt hatte, wird jetzt zur Nacht zusammengezogen, gleichsam konzentriert in der Salzwiese.

Es ist wie das Potential des Lebendigen, noch versteckt und nur in Andeutungen erkennbar, aber morgen wird es sich geradezu explosionsähnlich aus den Wiesen und Röhrichten erheben und sich entfalten. Ähnlich wie bei einer Nuss oder einer Kastanie, dunklen Früchten, die in sich einen gewaltigen Baum enthalten. Zu gegebener Zeit wird er sich entfalten und zusammen mit anderen die Landschaft dominieren. Das Leben steckt in seinem Potential.

Jeder Vogel, jeder Wurm und alles was unter dem Himmel lebendig ist beherbergt in sich das Potential zukünftiger Arten und Lebensgemeinschaften.

Jede Art, die ausstirbt verhindert ein für alle Mal die Entfaltung von Leben und vielleicht sogar die Ausformung von Lebensgemeinschaften und Ökosystemen.

Was ist eigentlich Leben? Die Frage treibt mich seit Jahrzehnten um. Als ich vor 45 Jahren studierte, präparierte ich mich quasi durch alle Tierstämme, um Morphologie und Anatomie zu lernen. Leben war aber nicht mehr in den konservierten Objekten – ich sezierte Leichen. Wir untersuchten die Wirkung von Leberenzymen und töteten Frösche, nur um einen Beinnerv zucken zu sehen. Da war kein Leben, der Frosch war tot. Wir lernten viel über Genetik und studierten Evolutionsmechanismen. Wir sammelten Wissen und wussten hinterher alles über das, was zusammen mit Leben auftritt. Aber nicht, was Leben *ist*.

Leben ist nicht Genetik und es ist auch nicht Evolution. Sie gehören beide zweifelsohne dazu. Genauso wie die physiologischen Abläufe in den Verdauungsorganen, die hormonellen Regulationen und alle anderen Mechanismen, denen sich Biologen widmen. Ja, was lebt, hat eine Physiologie, ja, es unterliegt der Evolution, ja, die Tiere reagieren auf Schlüsselreize und haben ein Appetenzverhalten. Aber das beantwortet meine Frage nicht.

Als ich in der marinen Ökosystemforschung tätig war, lernte ich Zusammenhänge zwischen Lebensgemeinschaften und meine Bewunderung des Lebens stieg, aber meine Grundfrage blieb unbeantwortet.

Sie ist es noch heute. Ich bin davon überzeugt, dass alle unsere wissenschaftlichen Bemühungen die Kennzeichen des Lebens sehr gut beschreiben, auch wenn es noch tausenderlei Lücken gibt. Aber was Leben „eigentlich" ist – damit ist die Naturwissenschaft überfordert.

Die Frage kann nur spirituell beantwortet werden. Ich bin Christ und das, was eigentlich Leben ist, ist für mich eine Gabe Gottes. Der Einhauch, die Ruach, göttlichen Geistes. Das widerspricht aber weder den Erkenntnissen der Naturwissenschaften noch der Theorie einer Evolution.

Beide können gut miteinander auskommen, wenn man die Bibel nicht als Naturkunde-Lehrbuch missversteht und die Evolutionstheorie als das nimmt, was sie ist: Eine wissenschaftliche Theorie zur kausalen Analyse von bestimmten Naturabläufen und die überhaupt nicht die Frage nach einem Gott stellt. Die Frage nach dem Sinn, die Deutung, muss jeder für sich selbst beantworten. Das kann die christliche Botschaft sein, es können aber auch andere spirituelle Einstellungen sein.

Wer jedoch Christ ist, für den hat Leben höchste Priorität und muss Leben schützen. Nicht nur das des Menschen, sondern aller Kreatur. Dabei denke ich auch an jenen unsäglich schwierigen und missverständlichen Satz der biblischen Schöpfungsgeschichte: *„Seid fruchtbar und mehret euch und füllet die Erde und machet sie euch untertan und herrschet über die Fische im Meer und über die Vögel unter dem Himmel und über alles Getier, das auf Erden kriecht."*

Missverständlich deshalb, weil wir „untertan" und „herrschen" im Sinne einer selbstbezogenen Machtausübung interpretiert und übersetzt haben. Ein genauerer Blick auf die beiden hebräischen Worte zeigt aber nach den Forschungen der Spezialisten, dass beide dem bäuerlichen Umfeld einschließlich der Hirtentätigkeiten entstammen. Insofern wären angemessenere Übersetzungen „urbar machen" und „walten, verwalten".

Dabei kann der in der Bibel häufig verwendete Vergleich mit dem Hirten auch für unsere Zukunft eine vielleicht zunächst nicht erwartete Modellfunktion erfüllen.

Der Hirte setzt sicherlich Grenzen: Hier Mensch, dort Vieh und das alles abgegrenzt gegen die Wildheit der Natur, gegen die Löwen, Wölfe, Hyänen. Aber der Hirte pflegt seine Tiere, er macht sie gesund soweit es in seiner Macht steht, er verteidigt sie gegen Feinde, er hilft ihnen beim Lammen, er sucht sie, wenn sie verloren gegangen sind. Kurz, er nutzt sie und geht pfleglich mit ihnen um. Beide sind voneinander abhängig, sie bilden eine „Sym-Biose".

Diese Beherrschung der Erde, das „Dominium terrae", ist bisher – und in den letzten Jahrhunderten besonders – nicht weise, nicht klug und nicht rücksichtsvoll erfolgt. Dabei nützt es auch nichts, den biblischen Satz als veraltet oder nicht mehr zeitgemäß beiseite zu schieben.

Als René Descartes den Menschen als Herrscher und Besitzer der Natur bezeichnete und Francis Bacon darauf bestand, die Natur auf die Folter zu spannen und ihr mit angelegten Daumenschrauben ihre Geheimnisse abzulocken, sie als Sklavin zu behandeln, übernahmen sie das Anspruchs-, Gebrauchs- und Machtdenken in die beginnende Naturwissenschaft. Die moderne Naturwissenschaft hatte diesbezüglich bereits in ihren Anfängen die Unschuld verloren. Die Naturwissenschaft ist eine Antwort zur Sinnhaftigkeit des Lebens und der Natur bis heute schuldig geblieben.

Was erforderlich ist, ist ein neues Denken über, eine neue Sicht auf die Natur und eine Rückbesinnung auf spirituelle Grundlagen. Aber achten wir darauf, nicht die falschen Diskussionen zu führen. In letzter Zeit – um ein Beispiel zu bringen - ist es modern geworden, Kreuzfahrten als unnötige oder gefährliche Umweltbelastungen zu verdammen. Sicher gibt es lokal gesehen massive Probleme mit den Schiffsmonstern, die eine Kontingentierung in Häfen und Fjorden rechtfertigen, und eine verbesserte Antriebs- und Abgastechnik notwendig machen, global spielen sie aber eine völlig untergeordnete Rolle.

Den ca. 400 – 500 Kreuzfahrtschiffen stehen, je nach Quelle, 50.000 bis 90.000 Handelsschiffe entgegen. Darunter eine ganze Armada riesiger Containerschiffe, die das Volumen der Kreuzfahrtschiffe bei weitem übertreffen. Alle angetrieben mit billigstem Schweröl und dadurch hohe Emissionen aussendend. Und was ist in den tonnenschweren Containern drin, wo ein Schiff so viele transportiert, dass das Gesamtgewicht größer ist als das aller Kreuzfahrt-touristen zusammen? Die Elektronikartikel, die neuesten Handys, Spielkonso-len und Fernseher aus China, die billigen Textilien aus Bangladesch und Indien, an denen die Tränen der Kinder- und der Sklavenarbeit kleben, die Industriear-tikel, die in Billiglohnländern produziert werden, damit wir kostengünstig ein-kaufen können, die Weine aus Kalifornien, das Obst aus Australien, die Lecke-reien aus Peru. Ich bin dafür, jedes Produkt mit einer $CO_2$ – Ampel, grün, gelb, rot, zu versehen, die darstellt, welchen „Rucksack" das Produkt durch Rohstoff-abbau, Produktion, Transport und Distribution trägt. Ich fürchte, mancher Fahr-rad fahrende Klimaschützer würde rot anlaufen.

Es verleitet mich, Paulus zu zitieren: *„Da ist keiner, der gerecht ist, auch nicht einer"* Wir sind alle schuldig, wir sind alle gefragt! Unser *aller* Konsumverhalten zwingt die Welt in die Knie, nicht das der Kreuzfahrer!

Das Stimmengewirr im Vorland nimmt ab, Ruhe kehrt jetzt auch in der Vo-gelwelt ein. Ich wandere langsam zurück, das Maximum der sommerlichen Dunkelheit ist erreicht und dennoch erkenne ich den Strand, den Deich, die Dü-nen, auf die ich zulaufe. Ein sandgeformtes Wellengewoge, das an die hohe See erinnert. Mit Gischtfahnen und –kronen wo der Sand noch unbewachsen ist, als düstere Sturmsee in dem Graudünenbereich. Ich setze mich in den weichen Sand und hänge weiter meinen Gedanken nach. Welche Erkenntnisse ziehe ich „als Summe" aus meiner über 50jährigen Beschäftigung mit der Natur? Das sind nicht die eigentlichen Forschungsergebnisse. Sie werden veralten oder sind es bereits.

Es ist eine tiefe Bewunderung der Natur, insbesondere des Lebendigen, ver-bunden mit der ebenfalls tiefen Überzeugung, dass der Mensch und der Rest der Natur nicht getrennt sind, wir sind eine „Sym-Biose". Geht es der Natur schlecht, leidet der Mensch. Eigentlich eine Trivialität, aber dennoch die Ein-sicht, die wir leider wieder neu entdecken müssen.

Ein einziges mutiertes Virus führt uns unsere Vulnerabilität vor Augen, zeigt uns die von zivilisatorischen Leistungen nur knapp verdeckte Abhängigkeit von den Naturprozessen. Natur ist nur im Erleben – auch dem schmerzlichen – als Natur zu erfassen.

Wir sind immer noch Gegenstand der Selektion. Ein Virus „säubert" die Po-pulationen von schwachen Organismen. Das klingt zynisch, aber unsere Emp-findungen sind den Naturprozessen ziemlich egal – sie werden sich immer durchsetzen. Verschmutzte Gewässer, ein sich wandelndes Klima, Brandrodun-gen in Urwäldern lassen nicht nur Eisbären und Orang-Utans aussterben. Auch uns.

Nehmen wir einmal an, der Klimawandel würde die Temperaturen weiter anheizen, was wahrscheinlich ist. Viele Landstriche wären unbewohnbar, heiße, trockene Ödnis unter einer erbarmungslosen Sonne, ganze Küstenregionen werden im Meer verschwinden. Die Bilder des Tsunami 2004 sind eine Zeitrafferdarstellung des ansteigenden Meeresspiegels. Es werden sich Menschenströme in Bewegung setzen, gegen die die derzeitigen Migrationswellen eine Lappalie sein werden. Da helfen auch keine Mauern mehr, diese Menschen werden nichts, aber auch gar nichts mehr zu verlieren haben. Es wird alles anders werden.

Mir fällt Jesaja 24 ein: *„Die Erde wird taumeln wie ein Trunkener und wird hin und her geworfen wie eine schwankende Hütte; denn ihre Missetat drückt sie...".* Ja, wir sind alle daran beteiligt. Mit dem Finger auf andere zu zeigen ist wenig hilfreich, der Balken sitzt im eigenen Auge genauso wie der Splitter bei meinem Gegenüber.

Weil wir alle unseren Beitrag zur Belastung leisten, können wir aber auch alle etwas dagegen tun. Jeder an seinem Platz und mit seinen Mitteln. In der Geschichte des Lebendigen haben alle Arten versucht, möglichst lange zu überleben. Das ist legitim und trifft auch auf uns zu. Wegen unserer Abhängigkeit, wegen der „Sym-Biose", müssen wir aber die Natur achten und wie der Hirte pflegen und hegen, heilen, wo wir können und schützen, wo es notwendig ist. Dann dürfen wir auch weise nehmen. Naturschutz ist immer auch Menschenschutz.

Ein wichtiges Anliegen wird es dabei sein, den Kindern die Natur nahezubringen, die jungen Menschen zu lehren und ihnen die Schönheiten zu zeigen. Nur wer etwas als wertvoll erachtet, wird es auch bewahren wollen. Bestimmt Blumen, lernt Vögel kennen, begeistert euch für Muscheln und Schnecken am Strand und redet davon! Geht mit euren Kindern auf Stichlingfang oder Molchjagd - wenn ihr noch welche findet. Aber lasst sie anschließend wieder frei! Macht Kreuzfahrten – aber vielleicht anders als bisher. Nicht Party, sondern Naturbetrachtung sollte die wesentliche Freizeitbeschäftigung sein. Schaut nicht auf die fremden Häfen, sondern auf das Meer, die Vögel, die Wale und Delfine und nehmt dies in eure Herzen auf. Ihre Reedereien, nehmt Naturscouts mit und bietet zusätzliche naturkundliche Vorträge an.

Unsere Abiturienten und auch viele Studenten können gelehrt über die Evolution und die neuesten gentechnischen Tricks reden, bringen es aber häufig nicht fertig, einen Löwenzahn von einer Sumpfdotterblume zu unterscheiden und halten den Dompfaff für einen geistlichen Stand. Leben wir zu sehr in virtuellen Welten? In künstlichen Welten?

Niemand nimmt uns die Entscheidung ab: Wollen wir immer mehr Waren, Verkehr, Spaß, Virtualität oder macht es Sinn, zu verzichten.

Als Christ nehme ich mir in meinem Buch die Freiheit, meine persönliche Überzeugung klar und deutlich auszudrücken: Wir wollen die Natur, das Leben und damit auch uns bewahren, weil es Gottes gute Schöpfung ist. Dabei halte ich den alten mönchischen Dreiklang für das geeignete Handlungskonzept: Ora et labora et lege. Also frei übersetzt: Habe eine spirituelle Grundlage, studiere und handele! Die Transzendenz gibt uns die Motivation, die Naturwissenschaft die Erkenntnis und die Technik sowie unser Verhalten sind die Modalitäten des Handelns.

Ich erhebe mich aus dem Sand, schaue noch einmal über den dunklen Strand. Das Lagerfeuer lodert noch kräftig und immer noch erklingt Musik. Was für ein schöner Planet! Ich stelle mir vor, wie er voll von Vogelklängen, Walgesängen und Musik durch das Weltall treibt, ich als schwebender Astronaut diesen ganzen Wohlklang hören kann und dann meinen Blick werfe auf einen leblosen, schweigenden Mond.

Wir haben es in der Hand, unser eigenes Überleben und das dieser Erde zu sichern. Damit unterscheiden wir uns dramatisch von Riesenfarnen und Dinosauriern. Wer sich gegen die Natur vergeht, vergeht sich gegen die Menschen. Natur- und Umweltschutz sind tätige Nächstenliebe! Oder wie Henry Beston sich in seinem „Haus am Rand der Welt" präzise ausdrückte: „Wer die Natur gering schätzt, schätzt auch den Menschen gering".

# Ein Bild als Nachwort

Ein Basstölpel leidet unter einer enormen Hitzeperiode auf Helgoland im Sommer 2020. Die Felsen waren glühend heiß, kein Windhauch regte sich. Die ganze Kolonie war völlig inaktiv und versuchte durch „Hecheln" die der Überhitzung zustrebenden Köper abzukühlen.

Heiße Sommer hat es immer schon mal gegeben, aber auch in Norddeutschland steigt ihre Häufigkeit und Intensität. Der Gesichtsausdruck des Vogels sei als Symbolbild verstanden, was uns erwartet.